W0258648

Theorie geregelter Systeme

E. Pestel/E. Kollmann, Grundlagen der Regelungstechnik

E. Kollmann/B. Dirr, Lösungen regelungstechnischer Aufgaben

H. Schlitt, Stochastische Vorgänge in linearen und nichtlinearen Regelkreisen

H. Schwarz, Einführung in die moderne Systemtheorie

In Vorbereitung:

S. Brockmann, Synthese optimaler Regelkreise

N. Korn, Analyse nichtlinearer Regelkreise

M. Thoma, Theorie linearer Regelungssysteme

H. Schwarz

Einführung in die moderne Systemtheorie

Mit 82 Bildern, 2 Tabellen und
64 Beispielen

SPRINGER FACHMEDIEN WIESBADEN GMBH

Herausgeber der Reihe „Theorie geregelter Systeme":
Prof. Dr.-Ing. E D U A R D P E S T E L

ISBN 978-3-322-96127-3   ISBN 978-3-322-96261-4 (eBook)
DOI 10.1007/978-3-322-96261-4

1969

Best.-Nr. 4851

Vorwort

Im Laufe der letzten 10 Jahre hat sich ein Wandel in der der Regelungstheorie zugrundeliegenden Systemtheorie vollzogen. Verbunden mit dem Einsatz digitaler Rechenanlagen für die Analyse und Synthese komplexer Regelungssysteme und vor allem auch durch den direkten Einsatz solcher Rechenanlagen als Prozeßrechner bedingt, ergänzt in zunehmendem Maße eine algebraische Systembeschreibung die in der „klassischen" Theorie vorherrschenden Übertragungs- und Frequenzgangfunktionen. Diese oft als „modern" apostrophierte, eng mit den Begriffen *Zustandsvektor, Zustandsraum* und *Bewegungsgleichungen* verknüpfte Systembeschreibung besteht dabei im Grunde nur aus wiederentdeckten und modern aufbereiteten altbekannten Methoden der Mechanik und Physik, die im Laufe des 19. Jahrhunderts entwickelt wurden.

Die Einführung der algebraischen Systembeschreibung und der damit verbundenen Methoden und Verfahren hat sich in den USA und der UdSSR stetig vollzogen und hat auch sehr früh schon in der Ausbildung der Ingenieure an den Hochschulen seinen Niederschlag gefunden. Dennoch sind auch im angelsächsischen Schrifttum im Vergleich zu der großen Zahl der der klassischen Regelungstheorie gewidmeten Lehrbücher bisher nur relativ wenige „moderne" Systemtheorien erschienen, und ein guter Teil hiervon ist darüberhinaus von Mathematikern verfaßt und für den Ingenieur nicht immer leicht verständlich.

Ich habe mir hier die Aufgabe gestellt, eine vor allem in der deutschsprachigen Literatur der Regelungstechnik bestehende Lücke durch eine besonders an den Ingenieur gerichtete Einführung zu verkleinern. Ausgehend von den von *Pestel* und *Kollmann* im ersten Band dieser Reihe dargestellten Ergebnisse und Methoden der Theorie linearer Regelungssysteme werden Grundlagen der algebraischen Systemdarstellung behandelt. Das Hauptanliegen besteht darin, dem Studenten der Regelungstechnik ein einführendes Lehrbuch an die Hand zu geben, das auch dem in der Praxis stehenden Regelungstechniker eine Hilfe zur Einarbeitung in die weiterentwickelte Regelungstheorie sein kann. Um das Einlesen zu erleichtern, wurde so weit wie irgend möglich auf die in Deutschland eingeführten Bezeichnungen und Nomenklaturen Rücksicht genommen, obwohl dies zu anderen Bezeichnungen als in der angelsächsischen oder der zugrundeliegenden mathematischen Literatur führte. Daneben wurde weitgehend auf die Darstellung der Ableitungen und der Beweise der bei der Systembehandlung verwendeten mathematischen Sätze und Theoreme verzichtet, da diese als von der Mathematik bereitgestellte Hilfsmittel für die Ingenieurarbeit aufgefaßt werden. Damit eng zusammenhängend wird der mathematisch geschulte Leser vielleicht einer präziseren Ausdrucksweise statt der gewählten ingenieurmäßigen den Vorzug geben. Andererseits hoffe ich, daß auch mittels der durch die Organisation des Textes hervorgehobenen Definitionen, Sätze und deren jeweilige Voraussetzungen und durch zahlreiche, die Verfahren erläuternde Beispiele die Einarbeitung und das Einprägen der wichtigsten Ergebnisse wesentlich erleichtert wird. Wenn diese Schrift dazu beiträgt, der algebraischen Systembeschreibung in der Regelungstechnik in Lehre, Forschung und Praxis zu einem schnelleren Eingang zu verhelfen, hat sie ihre Aufgabe erfüllt.

Es werden nur lineare zeitinvariante kontinuierliche Übertragungs- und Regelungssysteme behandelt. Vorausgesetzt werden, neben Grundkenntnissen der Regelungstechnik soweit sie z. B. in Band 1 vermittelt werden, nur die Grundelemente des Matrizen- und Determinantenkalküls, wie sie jedem Ingenieurstudenten aus dem Mathematikunterricht geläufig sind. Der Stoff ist, abgesehen von der Einleitung, in acht Kapitel gegliedert. Der Abschnitt 2 dient im wesentlichen der Einführung und zeigt, ausgehend von bekannten Ergebnissen der Systemtheorie, einen ersten Zusammenhang dieser Ergebnisse mit dem dynamischen Gleichungssystem für die Zustandsbeschreibung. Abschnitt 3 bringt eine recht breite Darstellung der Methoden, mit denen zu gegebenen Übertragungsfunktionen von Systemen dynamische Gleichungssysteme zu finden sind. In Abschnitt 4 wird diese Darstellung für wichtige Systeme der Regelungstechnik fortgesetzt. Der die Beschreibung von Vektorräumen behandelnde Abschnitt 5 bringt wesentliche mathematische Grundlagen für die Zustandsraumbeschreibung. Das Übertragungs- und dynamische Verhalten linearer Systeme und damit zusammenhängende Fragen zur Fundamentalmatrix eines Systems behandelt Abschnitt 6. Die für die in Abschnitt 8 besprochenen Begriffe *Beobachtbarkeit* und *Steuerbarkeit* eines Systems so wesentlichen Struktureigenschaften einer Matrix werden in Abschnitt 7 besprochen. Den Abschluß bildet Abschnitt 9 mit einer knappen Einführung in die Stabilitätsanalyse und speziell in die Ljapunovschen Stabilitätsdefinitionen. Diese Aufzählung zeigt, daß vor allem auch auf die Darstellung der modernen Optimierungstheorie, die wesentlich mit der Zustandsraumbeschreibung verbunden ist, verzichtet wurde, da eine einigermaßen abgerundete Einführung in dieses Gebiet den Rahmen dieser Einführung gesprengt hätte.

Das vorliegende Buch entstand während meiner Tätigkeit am Institut für Regelungstechnik der Technischen Universität Hannover und mein herzlicher Dank gilt zunächst Herrn Professor Dr. *H. Schlitt* für seine weitgehende und interessierte Förderung meiner Arbeit. Danken möchte ich auch meinen Kollegen vom Institut und besonders Herrn Dipl.-Ing. *K. Himmelskamp* für anregende Diskussionen und Verbesserungsvorschläge. Dem Herausgeber, Herrn Professor Dr.-Ing. *E. Pestel*, danke ich aufrichtig für seine Unterstützung und Förderung und die Aufnahme dieser Schrift in seine Reihe. Dem Verlag Friedr. Vieweg & Sohn gebührt mein Dank für seine ausgezeichnete Arbeit und das bereitwillige Eingehen auf meine Wünsche.

Hannover, Sommer 1968   *H. Schwarz*

Inhaltsverzeichnis

1. Einleitung

Die Aufgaben der theoretischen Nachrichten- und Regelungstechnik, und dabei besonders der beide Disziplinen verbindenden Systemtheorie, bestehen darin, geeignete Methoden und Verfahren bereitzustellen, mit deren Hilfe komplizierte technische und physikalische Gebilde in bezug auf ihr dynamisches Systemverhalten und ihr Vermögen, Nachrichten und Informationen zu übertragen, analysiert und synthetisiert werden können. Die wichtigste Methode der Systemtheorie, mit der so unterschiedliche Apparaturen wie Nachrichtenübertragungssysteme, chemische Prozesse, Flugzeuge und Raumfahrzeuge, Kraftwerke und vieles andere mehr gleichermaßen gut und übersichtlich beschreibbar sind, besteht darin, von diesen Systemen jeweils ein abstraktes mathematisches Modell herzustellen, das unter weitgehendem Verzicht der Darstellung technologischer Einzelheiten das Systemverhalten möglichst vollständig und/oder einfach beschreibt, so daß, bei Vorgabe der jeweiligen Anfangszustände und der erregenden Ursachen, die Wirkungen des Systems richtig vorausbestimmt werden können. Wenn diese physikalisch-mathematischen Modelle also auch nur zunächst der Analyse des Verhaltens physikalisch technischer Systeme dienen, so sind sie doch auch gleichermaßen gut geeignet, solche Systeme zu synthetisieren, die ein vorgegebenes Verhalten erhalten sollen.

Die der Systemtheorie zugrundeliegenden Modelle oder dynamischen Systeme können grundsätzlich in zwei, erst bei näherem Hinsehen sich als grundverschieden erweisende Klassen eingeteilt werden:

a) die axiomatischen Modelle und

b) die empirischen Modelle.

Die ersteren werden aus als bekannt vorausgesetzten oder unterstellten Bewegungsgleichungen des Systems abgeleitet und können dann im weitesten Sinne als eine Verallgemeinerung der Newtonschen Gesetze gedeutet werden. Bei den Modellen der zweiten Klasse wird unser Wissen über ein System im wesentlichen aus experimentellen Daten über das Ein-/Ausgangs- oder Ursache-/ Wirkungsverhalten gespeist, wobei diese Modellvorstellung eng mit dem Begriff des „Schwarzen Kastens" verknüpft ist. Wenn in Wahrheit heute in der Systemtheorie auch eine Vermischung beider Gesichtspunkte beobachtet werden kann, so hat sich die in der naturphilosophischen Vorstellung des letzten Jahrhunderts begründete und in der Vergangenheit und Gegenwart sich als so fruchtbar erwiesene Vorstellung des „Schwarzen Kastens" doch so in das Denken und Arbeiten des Ingenieurs eingeprägt, daß vielfach der Blick für die Tatsache verloren gegangen ist, daß dieser Weg bei speziellen Fragestellungen auch einmal in einer Sackgasse enden kann. Insbesondere bei komplizierteren vermaschten Regelungssystemen sind in der Vergangenheit eine Reihe durchaus gravierender Fehlschlüsse gezogen worden, die ihre Ursache in unzureichenden Systemmodellen haben. Es ist sicherlich vor allem das Verdienst von *Kalman* [9], darauf hingewiesen zu haben, daß bei komplizierteren Systemen eine Beschreibung durch das sogenannte *Klemmenverhalten* alleine nicht auszureichen braucht, sondern daß zur vollständigeren und richtigeren, d. h. Irrtümer vermeidenden, Darstellung auch die Berücksichtigung sogenannter Strukturprobleme gehört. Faßt man die oben unterschiedenen zwei Modellvorstellungen in anderen Worten als *interne* bzw. im zweiten Fall als *externe* Beschreibungsmöglichkeit auf, so können mit Hilfe der axiomatischen Modelle gerade die gewünschten Strukturprobleme berücksichtigt werden. Geht man bei der Aufstellung axiomatischer Systemmodelle konsequent vor, wird man zwangsläufig auf eine algebraische Systembeschreibung im sogenannten Zustandsraum geführt, die eng mit den Begriffen des Vektorraumes in der Mathematik verknüpft ist. Wird dann diese Darstellung unter strikter Anwendung des wohldefinierten Matrizenkalküls ausgebaut, dann werden Systemmodelle gewonnen, die zwar dem Ingenieur zunächst recht abstrakt anmuten mögen, die aber den großen Vorzug haben, bei komplizierteren Problemen und Fragestellungen nicht nur das Klemmenverhalten, das in der klassischen Theorie durch die Übertragungs-Funktionen und -Matrizen gekennzeichnet ist, sondern auch die inneren Systemstrukturen und die damit zusammenhängenden Fragen richtig zu beschreiben. Sind die durch Mißachtung spezieller Strukturfragen auftretenden Fehlermöglichkeiten erkannt, kann zwar wieder zu den bewährten Verfahren der Übertragungs-Funktionen und -Matrizen zurückgekehrt werden, doch wird der Bearbeiter spezieller komplizierter Probleme besonders innerhalb der Mehrfachregelungen vielfach darauf verzichten. Denn die durch die axiomatischen Systemmodelle ohnehin gewonnene algebraische Systembeschreibung ist, da in den zu behandelnden Systemgleichungen (zeitinvarianter linearer Systeme) nur Matrizen mit reellen konstanten Koeffizienten auftreten, bestens geeignet, sofort, ohne komplizierte Umwege, mit Hilfe von Digitalrechenmaschinen behandelt zu werden, wobei dann alle für Matrizenoperationen an reellen Koeffizientenmatrizen bekannten numerischen Verfahren mit großem Nutzen eingesetzt werden können. Die Beschreibung eines Systems durch Zustandsvariable hat darüberhinaus aber noch weitere Vorzüge. Einmal können Stabilitätsfragen sowohl für lineare wie auch für nichtlineare Systeme gelöst werden. Ferner ist diese Darstellung besonders für die modernen Fragestellungen der „optimalen Regelungen" besonders geeignet.

Bei der im folgenden gebrachten Darstellung wird bewußt so weit wie irgend möglich auf die in der Regelungstechnik eingeführten und bewährten Nomenklaturen Rücksicht genommen, auch wenn dies zu anderen Bezeichnungen führt, als sie z. B. in der den entsprechenden Problemkreisen zugrundeliegenden mathematischen Literatur eingeführt sind. Darüberhinaus wird zwar einerseits, soweit dies sachlich richtig bleibt, Wert darauf gelegt, eine parallele Darstellung der algebraischen Beschreibung und der zugehörigen Kennzeichnung durch entsprechende Kenngrößen der Übertragungsfunktionen zu geben, damit dem Leser, der bisher nur die Darstellung von Regelungssystemen durch das System-verhalten charakterisierende Differentialgleichungen und Übertragungsfunktionen kennt, die Einarbeitung erleichtert wird. Andererseits werden, um den Umfang dieser Einführung nicht unnötig anschwellen zu lassen, alle die fundamentalen Verfahren und Gesetzmäßigkeiten vorausgesetzt, die z. B. bei *Pestel-Kollmann* [20] oder *Effertz-Kolberg* [3] sowie in [10, 12, 14, 17, 18, 24] für die Beschreibung von regelungstechnischen Problemen zu finden sind.

2. Beschreibung des linearen zeitinvarianten Einfachsystems

Dieses Kapitel 2 dient der Einführung der Systembeschreibung durch Vektordifferentialgleichungen. Dabei werden zunächst einige Grunddefinitionen der Systemtheorie wiederholt und mitgeteilt, auf die sich die gesamte hier gebrachte Darstellung abstützen soll. Der Leser, der die Grundbegriffe der Regelungstechnik, aber nicht die Phasenraumdarstellung kennt, findet in den Abschnitten 2.2 und 2.3 noch die vertraute Systembeschreibung durch Gleichungen, die das Übertragungsverhalten zwischen den Eingangs- und den Ausgangsklemmen des Systems angeben. In den dann folgenden Abschnitten werden die sogenannten dynamischen Systemgleichungen eingeführt, deren Bedeutung für die theoretische und praktische Behandlung eines zu untersuchenden Regelungssystems erst im Laufe dieser einführenden Schrift herausgearbeitet und dann sicherlich vom Leser auch eingesehen werden kann.

2.1 Grunddefinitionen

Den Anfang dieses Abschnittes bildet eine sehr gedrängte Zusammenfassung bekannter Definitionen, auf die im weiteren Verlauf Bezug genommen wird. Unter Übertragungssystemen und speziell unter Einfachsystemen werden Geräte, Apparaturen oder ähnliches verstanden, die ein Eingangssignal $y(t)$ zu einem Ausgangssignal $x(t)$ übertragen. Solche Systeme werden bei der abstrakten Modelldarstellung zunächst durch ein Blockschaltbild (Bild 2.1)

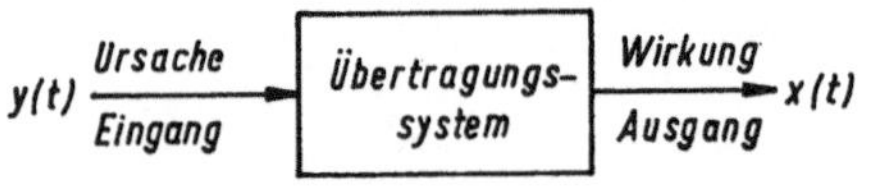

Bild 2.1
Blockschaltbild eines Übertragungssystems.

dargestellt. Dabei ist ausdrücklich verabredet, daß bei der Signalübertragung vom Eingang zum Ausgang die mit einem jeden Signal verknüpfte Übertragungsenergie nicht berücksichtigt wird. Signale sind physikalische Zustände, die zur Erkennbarmachung und Weiterleitung von Nachrichten dienen; da diese Signale immer nur als Veränderungen in der Zeit beobachtbar sind, sollen sie zunächst als Zeitfunktionen $y(t)$ und $x(t)$ gekennzeichnet sein. Innerhalb der Elektrotechnik sind solche Übertragungs-Systeme z. B. Vierpole, bei denen das Eingangssignal die Eingangsspannung oder der Eingangsstrom und das Ausgangssignal entsprechend die Spannung oder der Strom an den Ausgangsklemmen sind.

Wenngleich die hier zu behandelnden Systeme abstrakte Modelle sind, so sollen sie doch die Wirklichkeit der Physik wiedergeben, woraus folgt, daß für diese Systeme die *Kausalität* vorausgesetzt wird. Es darf also an einem

System keine Ausgangssignalwirkung ohne Eingangssignalursache erkennbar sein, was durch folgende Notierung festgehalten sei:

$$x(t) \equiv 0 \quad \text{für } y(t) \equiv 0 \quad \text{und } t < t_0 \tag{2.1}$$

$$(t_0 \text{ beliebig und fest})$$

Als nächstes wird hier als durchaus einschränkend verabredet, daß alle im folgenden behandelten Systeme linear sein und dem Superpositionsgesetz genügen sollen:

$$\sum_{i=1}^{n} x_i(t) = \sum_{i=1}^{n} a_i L\left\{y_i(t)\right\} = \sum_{i=1}^{n} L\left\{a_i\, y_i(t)\right\}. \tag{2.2}$$

In Gl. (2.2) sind die a_i Konstanten und $L\left\{\cdot\right\}$ bedeutet einen Operator bzw. eine Transformation, die aus dem Eingangssignal $y_i(t)$ das zugehörige Ausgangssignal $x_i(t)$ erzeugen.

Schließlich sollen in dieser Einführung nur zeitinvariante Systeme behandelt werden, was bedeutet, daß das Systemverhalten als unabhängig vom Beobachtungszeitpunkt angesehen werden soll:

$$x(t-\tau) = L\left\{y(t-\tau)\right\}, \text{ für beliebige, feste } \tau. \tag{2.3}$$

Beschreiben wir ein System nur dadurch, daß angegeben wird, wie Signale an seinem Eingang zum Ausgang übertragen werden, dann spricht man von dem sogenannten *Klemmenverhalten*, da z. B. für die empirische meßtechnische Erfassung des Übertragungsverhaltens nur die Signale an den Klemmen des Eingangs und des Ausgangs des Systems beobachtet werden. (Die Bezeichnung Eingangs- und Ausgangsklemmen ist dabei der Elektrotechnik entlehnt.) Wenn für sehr viele praktische Fragestellungen die Kenntnis des Klemmenverhaltens auch ausreicht, so gibt es, wie in der Einleitung schon gesagt und später noch ausführlich dargelegt wird, doch eine ganze Reihe von Problemen, bei denen es durchaus wichtig ist, die Struktur des Systems im Inneren zu kennen. Das bedeutet mit anderen Worten, man möchte genau wissen, wieviel Einzelelemente an der Signalübertragung im Inneren des Systems beteiligt sind und wie diese Teilelemente miteinander verbunden sind. Es liegt in der Natur der Sache, daß man über den inneren Systemaufbau so lange keine Aussage machen kann, wie man von der Vorstellung des „schwarzen Kastens" ausgeht, in den man nicht hineinsehen kann, den man nur von außen beobachtet. Will man mehr über ein System wissen, muß man „hineinschauen", was bedeutet, daß man das System tatsächlich oder auch nur in Gedanken zerteilt, so daß man seine Teilelemente erkennt.

Die in den nächsten beiden Abschnitten behandelten Übertragungsgleichungen geben in diesem Sinn nur Aufschluß über das Klemmenverhalten eines Systems und erlauben zunächst noch keine Aussagen über das Zustandekommen des jeweiligen Übertragungsverhaltens.

2.2 Die Differentialgleichung eines Übertragungssystems

Neben den vorstehenden Grundverabredungen wollen wir im weiteren uns noch zusätzlich auf Systeme beschränken, die nur eine endliche Anzahl konzentrierter Speicherelemente enthalten. In elektrischen Netzwerken sind dies Kapazitäten und Induktivitäten, in mechanischen Netzwerken Speicher für potentielle und kinetische Energie (z. B. Federn und Massen). Das Signalübertragungsverhalten von Systemen mit diesen Eigenschaften wird durch eine Differentialgleichung der Form:

$$a_0 \frac{\mathrm{d}^n x(t)}{\mathrm{d}t^n} + a_1 \frac{\mathrm{d}^{n-1} x(t)}{\mathrm{d}t^{n-1}} + \ldots + a_{n-1} \frac{\mathrm{d}x(t)}{\mathrm{d}t} + a_n x(t) = b_m y(t) +$$

$$+ b_{m-1} \frac{\mathrm{d}y(t)}{\mathrm{d}t} + \ldots + b_0 \frac{\mathrm{d}^m y(t)}{\mathrm{d}t^m}, \quad \text{mit } m \leq n \tag{2.4a}$$

beschrieben, wozu im allgemeinen noch n Anfangsbedingungen:

$$\frac{\mathrm{d}^{n-1} x(t)}{\mathrm{d}t^{n-1}} \bigg|_{t=0}, \quad \ldots, \quad \frac{\mathrm{d}x(t)}{\mathrm{d}t} \bigg|_{t=0}, \quad x(t) \bigg|_{t=0} \tag{2.4b}$$

gehören. Die Zahl n gibt dabei die Anzahl der Speicherelemente in dem System an, die an dem Übertragungsverhalten von dem Eingang zum Ausgang beteiligt sind. Ist das Eingangssignal $y(t)$ analytisch bekannt, dann kann im Prinzip mit Hilfe klassischer Verfahren das Ausgangssignal $x(t)$ aus Gl. (2.4) berechnet werden. Dazu wird zunächst die allgemeine Lösung $x_1(t)$ der homogenen Gleichung:

$$\sum_{i=0}^{n} a_i \frac{\mathrm{d}^{n-i}}{\mathrm{d}t^{n-i}} x(t) = 0 \tag{2.5}$$

mit Hilfe des bekannten Ansatzes $x(t) = \mathrm{e}^{\lambda t}$ bestimmt, der auf die *charakteristische Gleichung* des Systems

$$Q(\lambda) = \sum_{i=0}^{n} a_i \lambda^{n-i} = 0 \tag{2.6}$$

führt. Das charakteristische Polynom (2.6) liefert nach *Vieta* (*Fundamentalsatz der Algebra*) genau n Wurzeln, die wegen der nur reellen Koeffizienten entweder reell oder paarweise konjugiert komplex sind. Bekanntlich bestimmen die Wurzeln λ_i, die Eigenwerte der Differentialgleichung, die Eigenbewegungen des Systems. Insbesondere wird die Stabilität des Systems durch die Lage der Wurzeln λ_i in der Gaußschen Zahlenebene bestimmt. Ein stabiles System hat nur Wurzeln λ_i mit negativen Realteilen.

Die allgemeine Lösung $x_1(t)$ der homogenen Gl. (2.5) ist eine lineare Superposition von Teilausdrücken, die wiederum von den Wurzeln λ_i (den Nullstellen) des charakteristischen Polynoms Gl. (2.6) abhängen. Ist λ_s eine k_s-fache ($k_s \leq n$) *reelle* Nullstelle, so gehört zu ihr der Lösungsausdruck:

$$^{1s}x_1(t) = \mathrm{e}^{\lambda_s t} \sum_{i=1}^{k_s} {}^s C_i\, t^{i-1} \tag{2.7}$$

Die in Gl. (2.7) enthaltenen k_s Konstanten ${}^s C_i$ sind durch die Anfangsbedingungen in Gl. (2.4 b) der gegebenen Differentialgleichung festgelegt und müssen z. B. aus einem Koeffizientenvergleich gewonnen werden.

Ist λ_s eine k_s-fache komplexe Nullstelle mit den zugehörigen k_s konjugiert komplexen Nullstellen $\bar{\lambda}_s$, dann gehört zu diesen Nullstellen der Teilausdruck:

$$2^s x_1(t) = e^{\lambda_s t} \sum_{i=1}^{k_s} {}^s C_i \, t^{i-1} + e^{\bar{\lambda}_s t} \sum_{i=1}^{k_s} {}^s \bar{C}_i \, t^{i-1}. \tag{2.8}$$

Auch hier sind die beliebigen komplexen Konstanten ${}^s C_i$ aus den Anfangsbedingungen zu ermitteln.

Insgesamt lautet dann für alle n Wurzeln λ_i die allgemeine Lösung der homogenen Gleichung:

$$x_1(t) = \sum_{s=1}^{\mu} 1^s x_1(t) + \sum_{s=\mu+1}^{\nu} 2^s x_1(t), \text{ mit } \sum_{s=1}^{\nu} k_s = n. \tag{2.9}$$

Die Gesamtlösung $x(t)$ der Gl. (2.4) ist schließlich eine Überlagerung der allgemeinen Lösung $x_1(t)$ und der partikulären Lösung $x_2(t)$:

$$x(t) = x_1(t) + x_2(t), \tag{2.10}$$

wobei $x_2(t)$ jede spezielle Funktion ist, die Gl. (2.4 a) erfüllt.

Wird ein Übertragungssystem nur im Zeitbereich beschrieben, ist es insbesondere in der Regelungstechnik üblich, das System durch die Antwort auf geeignet eingeführte Testsignale zu charakterisieren. Dies sind vor allem die Einheitssprungfunktion $1(t)$ (Bild 2.2a) und die Impulsfunktion $\delta(t)$ (Bild 2.2b), zu denen die Einheitssprungantwort oder Übergangsfunktion $u(t)$ (Bild 2.3a) bzw. die Einheitsimpulsantwort oder Gewichtsfunktion $g(t)$ (Bild 2.3b) gehören. Die entsprechenden Funktionen werden später bei der Behandlung spezieller Übertragungsglieder noch ausführlicher besprochen werden.

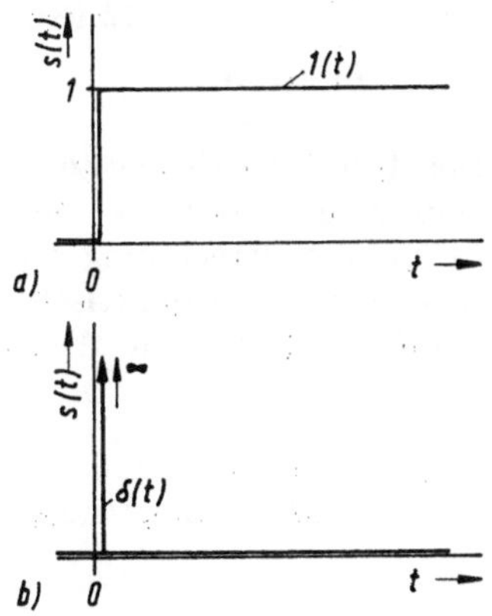

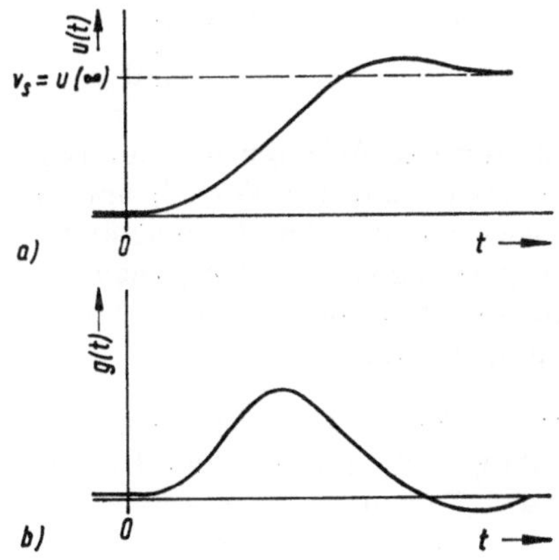

Bild 2.2.   Darstellung
a) der Einheitssprungfunktion
b) der Diracschen Deltafunktion.

Bild 2.3.   Prinzipieller Verlauf
a) einer Übergangsfunktion
b) einer Gewichtsfunktion.

2.3 Die komplexe Übertragungsfunktion eines Systems

Die Berechnung des Ausgangssignals eines Systems aus dem gegebenen Eingangssignal nach dem vorstehend skizzierten klassischen Verfahren führt auf große Schwierigkeiten in all den Fällen, wo die Eingangssignalfunktionen $y(t)$ nicht mehr stetig differentierbar sind, was insbesondere bei den in der Systemtheorie so wichtigen Testfunktionen wie der Einheitssprungfunktion $1(t)$ und der Diracschen Deltafunktion $\delta(t)$ der Fall ist. Diese Schwierigkeiten lassen sich zu einem guten Teil beseitigen, wenn man die Theorie der verallgemeinerten Funktionen oder *Distributionen* heranzieht [19, 26].

An dieser Stelle interessieren vor allem diese Definitionen aus der Distributionstheorie zu den in Bild 2.2 dargestellten Testsignalen:

$$1(t-t_0) = \begin{cases} 0 & \text{für } t \leq t_0 \\ 1 & \text{für } t > t_0 \end{cases} \tag{2.11}$$

$$\delta(t-t_0) = \begin{cases} \infty & \text{für } t = t_0 \\ 0 & \text{für } t \neq t_0 \end{cases} \qquad \int\limits_{-\infty}^{+\infty} \delta(t-t_0)\, p(t) = p(t_0). \tag{2.12}$$

Benützt man dann darüberhinaus die Laplace-Transformation, so werden insbesondere die Probleme der Regelungstechnik bequemer lösbar, als es mit den klassischen Methoden möglich wäre. Mit der Laplace-Transformation werden bekanntlich [1, 32] Zeitfunktionen in einen Bildbereich bzw., mit der inversen Transformation, Funktionen des Bildbereichs in den Zeitbereich transformiert:

$$F(s) = \mathcal{L}\{f(t)\} \quad = \int\limits_0^\infty f(t)\, \mathrm{e}^{-st}\, \mathrm{d}t = \int\limits_0^\infty f(t)\, \mathrm{e}^{-(\sigma + \mathrm{i}\omega)t}\, \mathrm{d}t \tag{2.13a}$$

$$f(t) = \mathcal{L}^{-1}\{F(s)\} = \begin{cases} \text{V. P. } \dfrac{1}{2\pi\mathrm{i}} \int\limits_{\sigma - \mathrm{i}\infty}^{\sigma + \mathrm{i}\infty} F(s)\, \mathrm{e}^{st}\, \mathrm{d}s, & \text{für } t \geq 0 \\ 0 & , \quad \text{für } t < 0. \end{cases} \tag{2.13b}$$

Das formale Arbeiten mit der Laplace-Transformation bietet für die Systemtheorie einmal den Vorteil, daß die Differentialgleichung eines Systems ohne einen speziellen Ansatz vollständig algebraisiert wird und die Berechnung der Ausgangssignale bei vorgegebenen Eingangssignalen für sehr viele praktische Anwendungsfälle mit Hilfe von geeigneten Tafeln auf algebraischem Wege erfolgen kann.

Mit Hilfe des Differentiationssatzes [1] geht bei gleich Null angenommenen Anfangsbedingungen die Differentialgleichung eines Übertragungssystems (2.4a) über in:

$$(a_0\, s^n + a_1\, s^{n-1} + \ldots + a_{n-1}\, s + a_n)\, X(s) = b_0 s^m + b_1\, s^{m-1} +$$

$$+ \ldots + b_{m-1}\, s + b_m)\, Y(s) \quad \text{mit } m \leq n. \tag{2.14}$$

In Gl. (2.14) sind $X(s)$ und $Y(s)$ die zu den Ein- und Ausgangssignalen $x(t)$ und $y(t)$ gehörigen Laplace-Transformierten. Aus Gl. (2.14) gewinnt man durch Division die gebrochen rationale Funktion:

$$F(s) = \frac{X(s)}{Y(s)} = \frac{b_m + b_{m-1}\,s + \ldots + b_0\,s^m}{a_n + a_{n-2}\,s + \ldots + a_0\,s^n}\,, \quad m \leq n \tag{2.15}$$

Das Zählerpolynom

$$Z(s) = \sum_{\mu=0}^{m} b_\mu\, s^{m-\mu} = b_0 \prod_{\mu=1}^{m} (s - s_\mu). \tag{2.16a}$$

und das Nennerpolynom

$$N(s) = \sum_{\nu=0}^{n} a_\nu\, s^{n-\nu} = a_0 \prod_{\nu=1}^{n} (s - s_\nu) \tag{2.16b}$$

der komplexen Übertragungsfunktion $F(s)$ bestimmen eindeutig das Übertragungsverhalten des Systems zwischen seinen Eingangs- und Ausgangsklemmen.

Wird das Übertragungsverhalten des Systems im Zeitbereich in der Praxis im wesentlichen durch die Übergangsfunktion $u(t)$ oder die Gewichtsfunktion $g(t)$ charakterisiert, so stehen im Bildbereich zwei weitere Charakterisierungsmöglichkeiten zur Verfügung. Einmal ist das System mit der komplexen Übertragungsfunktion $F(s)$ durch die Lage in der komplexen s-Ebene seiner Nullstellen s_μ des Zählers und s_ν des Nennerpolynoms bis auf einen konstanten (Verstärkungs-) Faktor eindeutig bestimmt, wobei die Null-

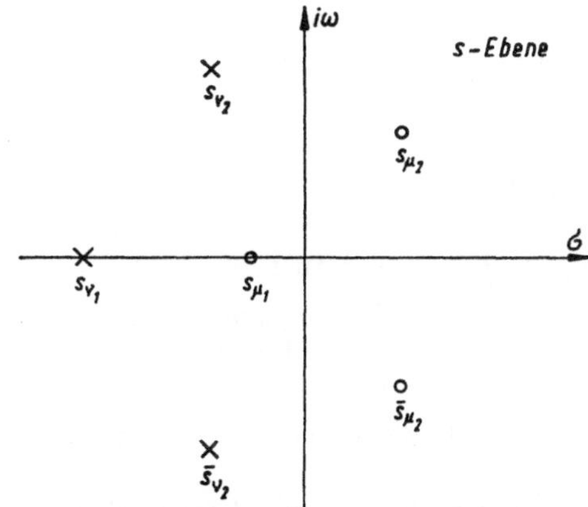

Bild 2.4
Kennzeichnung einer Übertragungsfunktion durch die Lage der Polstellen ($\times$) und der Nullstellen (o).

stellen von $N(s)$ die Polstellen von $F(s)$ sind (Bild 2.4). Zum anderen besteht die Möglichkeit, von der komplexen Übertragungsfunktion $F(s)$ zu der komplexen Frequenzgangfunktion $F(i\omega)$ überzugehen. Formal geschieht dies durch Nullsetzen des Realteils σ in dem komplexen Argument $s = \sigma + i\omega$, mathematisch bedeutet es aber einen wesentlich gravierenderen Schritt, nämlich den Übergang von der Laplace- zur Fouriertransformation, was für viele Systeme der Praxis erlaubt ist, wenn die Realteile all ihrer Polstellen alle negativ sind. Die komplexe Frequenzgangfunktion kann dann als Ortskurve mit dem Frequenzparameter ω in der Gaußschen Zahlenebene dargestellt werden. Diese Gaußsche Zahlenebene ist jetzt aber nicht mehr die Argumentebene s, sondern die $F(s)$-Ebene. Die Ortskurve $F(i\omega)$ kann dann auch als konforme Abbildung der positiven Halbstrecke $i\omega$ in die $F(s)$-Ebene gedeutet werden (Bild 2.5).

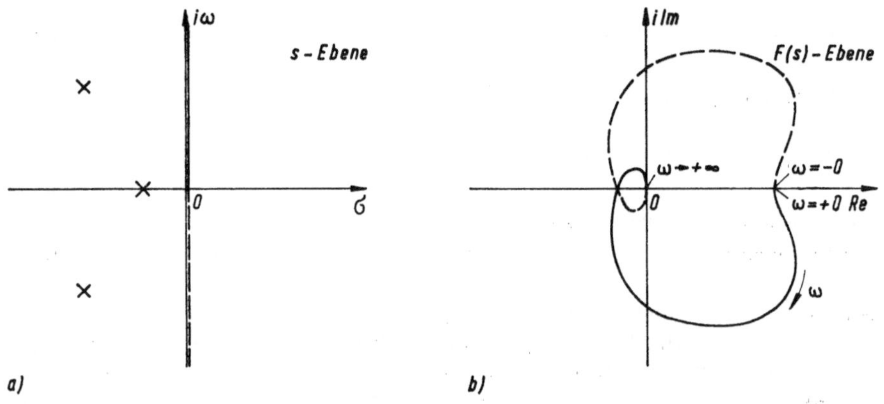

Bild 2.5. Gleichwertige Darstellung eines Systems
a) durch seine Pol-Nullstellen-Verteilung in der s-Ebene und
b) durch den Frequenzgang $F(i\omega)$ in der $F(s)$-Ebene.

Je nach Lage der Pol- und Nullstellen eines Systems mit der Übertragungsfunktion $F(s)$ unterscheidet man wesentliche Systemklassen:

A) *stabile* Systeme, deren Pole alle in der linken s-Halbebene liegen;

B) *instabile* Systeme, bei denen mindestens ein Pol in der rechten s-Halbebene liegt [1]).

Innerhalb der stabilen Übertragungssysteme sind nun drei Fälle für die Systemtheorie und auch für die Praxis besonders wichtig:

I. *Phasenminimumsysteme.* Bei diesen Systemen liegen alle Pole und alle Nullstellen in der linken s-Halbebene (Bild 2.6a). Besondere Eigenschaften dieser Systeme sind vor allem

   a) auch die inverse Übertragungsfunktion $F^{-1}(s)$ beschreibt ein stabiles System.

   b) Der Phasengang hängt eindeutig mit dem Amplitudengang zusammen; insbesondere kann bei Verwendung des Bode-Diagramms [3, 20] der Phasengang zu einem gegebenen Amplitudengang sehr leicht konstruiert werden.

---

[1]) Bei Systemen mit Polen auf der imaginären Achse muß man von Fall zu Fall vor allem in Abhängigkeit der zugrundeliegenden Stabilitätsdefinition (siehe Abschnitt 9) entscheiden, ob man sie als stabile oder instabile Systeme auffaßt.

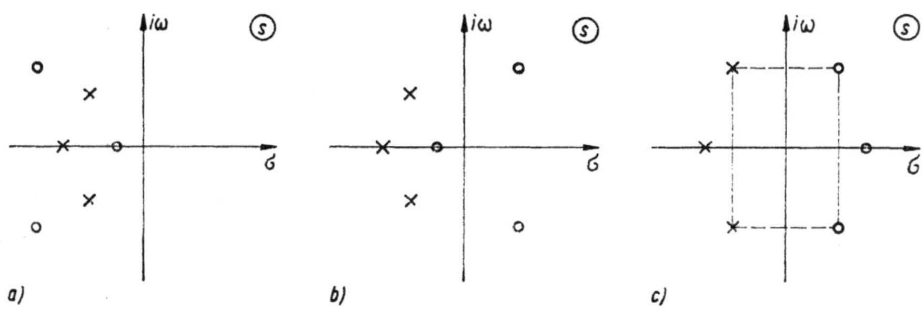

Bild 2.6. Pol-Nullstellenlagen
a) eines Phasenminimumsystems   b) eines Nichtphasenminimumsystems   c) eines Allpaßgliedes.

II. *Nichtphasenminimumsysteme*. Hier liegen alle Pole in der linken und die Nullstellen in beiden s-Halbebenen (Bild 2.6b), ohne daß die gegenseitige Lage von Pol- und Nullstellen besonders ausgezeichnet ist. Alle Systeme dieser Art können als eine Reihenschaltung von Phasenminimumsystemen und Allpässen aufgefaßt und behandelt werden.

III. *Allpaßglieder*. Diese Systeme haben nur Pole in der linken und nur Nullstellen in der rechten s-Halbebene, deren Lage gleich der an der $i\omega$-Achse gespiegelten Pollage ist (Bild 2.6c). Allpaßglieder haben einen für alle Frequenzen ω konstanten Amplitudengang, ihre Ortskurve in der $F(s)$-Ebene setzt sich aus soviel Halbkreisen um den Ursprung zusammen, wie die Anzahl der Pole (oder der Nullstellen) angibt.

2.4 Einführung der Zustandsvariablen eines Systems

Wir kommen nun zu einer dem Regelungstechniker im allgemeinen wenig vertrauten weiteren Beschreibungsmöglichkeit für ein Übertragungssystem, die auf ein rein algebraisches in der Einleitung axiomatisch genanntes Modell führt. Diese Beschreibungsart geht zunächst nicht von dem Übertragungsverhalten eines Systems, sondern von dem *Zustand* des Systems zu einem beliebigen Zeitpunkt t aus. Den Begriff des Systemzustandes werden wir noch weiter zu erläutern haben, doch soll der neue Modellbegriff zunächst an einem einfachen Beispiel erläutert werden.

Beispiel 2.1: In Bild 2.7 ist ein Übertragungssystem mit zwei RC-Netzwerken dargestellt, die beide von der gleichen Eingangsspannung $y(t)$ gespeist werden. Dazu ist ein Summierverstärker aus der Analogrechentechnik in dem System zu sehen, mit dessen Hilfe ($R \gg R_1, R_2$) die beiden Ausgangsspannungen $e_1(t)$ und $e_2(t)$ der RC-Netzwerke „leistungslos" addiert werden können. Geht man von den Strömen $i_1(t)$ und $i_2(t)$ aus, so findet man mit den elementaren Gesetzen der Elektrotechnik:

$$i_1(t) = C_1 \frac{\mathrm{d}}{\mathrm{d}t}\, e_1(t) = \frac{1}{R_1}\, (y(t) - e_1(t))$$

$$i_2(t) = C_2 \frac{\mathrm{d}}{\mathrm{d}t}\, e_2(t) = \frac{1}{R_2}\, (y(t) - e_2(t)).$$

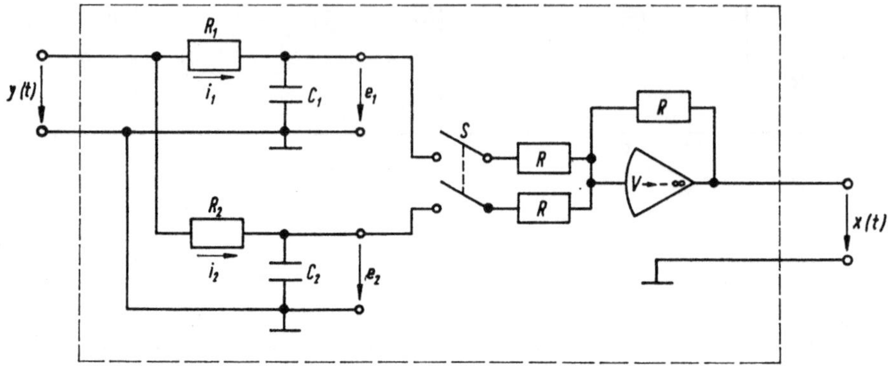

Bild 2.7.   Beispiel zur Erläuterung der Zustandsgleichungen eines Systems.

Diese beiden Gleichungen lassen sich mit $\dot{e}(t) = \dfrac{\mathrm{d}}{\mathrm{d}t}\,e(t)$ umschreiben zu:

$$\dot{e}_1(t) = -\frac{1}{T_1}\,e_1(t) \qquad\qquad + \frac{1}{T_1}\,y(t)$$

$$\dot{e}_2(t) = \qquad\qquad -\frac{1}{T_2}\,e_2(t) + \frac{1}{T_2}\,y(t)$$

mit $T_1 = R_1 C_1$ und $T_2 = R_2 C_2$.

Fassen wir nun $e_1(t)$ und $e_2(t)$ als Elemente eines Vektors $\mathbf{e}(t)$ und $\dot{e}_1(t)$ und $\dot{e}_2(t)$ als Elemente von $\dot{\mathbf{e}}(t)$ auf, dann lassen sich die beiden letzten Gleichungen zu einer Matrizengleichung zusammenfassen:

$$\begin{bmatrix} \dot{e}_1(t) \\ \dot{e}_2(t) \end{bmatrix} = \begin{bmatrix} -\dfrac{1}{T_1} & 0 \\ 0 & -\dfrac{1}{T_2} \end{bmatrix} \begin{bmatrix} e_1(t) \\ e_2(t) \end{bmatrix} + \begin{bmatrix} \dfrac{1}{T_1} \\ \dfrac{1}{T_2} \end{bmatrix} \cdot y(t) \tag{A}$$

$$\dot{\mathbf{e}}(t) = \begin{bmatrix} -\dfrac{1}{T_1} & 0 \\ 0 & -\dfrac{1}{T_2} \end{bmatrix} \mathbf{e}(t) + \begin{bmatrix} \dfrac{1}{T_1} \\ \dfrac{1}{T_2} \end{bmatrix} \cdot y(t) \tag{B}$$

Mit den in Bild 2.7 angegebenen Verhältnissen gilt bei geschlossenem Schalter S für die Ausgangsspannung $x(t)$:

$$x(t) = -\,e_1(t)\,-\,e_2(t)$$

oder

$$x(t) = [-1;\ -1]\cdot\begin{bmatrix} e_1(t) \\ e_2(t) \end{bmatrix} \tag{C}$$

$$x(t) = [-1;\ -1]\cdot\mathbf{e}(t). \tag{D}$$

Man bezeichnet nun die im Inneren des Systems seinen Erregungszustand kennzeichnenden Variablen, in unserem Beispiel $e_1(t)$ und $e_2(t)$, als die *Zustands-*

variablen. Die Wahl dieser Zustandsvariablen ist in weiten Grenzen beliebig, doch muß gelten:

Satz 2.1: Die Wahl der Zustandsvariablen in einem System hat so zu erfolgen, daß alle Zustandsvariablen nur von den Eingangssignalen und/oder anderen Zustandsvariablen abhängen.

Faßt man die Gln. (B) und (D) zusammen, dann wollen wir den kompletten Gleichungssatz:

$$\dot{e}(t) = \begin{bmatrix} -\dfrac{1}{T_1} & 0 \\ 0 & -\dfrac{1}{T_2} \end{bmatrix} e(t) + \begin{bmatrix} \dfrac{1}{T_1} \\ \dfrac{1}{T_2} \end{bmatrix} y(t)$$

$$x(t) = \begin{bmatrix} -1 & -1 \end{bmatrix} e(t) \tag{E}$$

die *dynamischen* Gleichungen des Systems nennen.

Wir werden für die weitere allgemeine Darstellung die Zustandsvariablen mit $u(t)$ bezeichnen und führen jetzt die dynamischen Systemgleichungen in allgemeiner Form ein:

$$\dot{u}(t) = A\,u(t) + B\,y(t)$$

$$x(t) = C\,u(t) + D\,y(t) \tag{2.17}$$

Diese Form ist so allgemein, daß auch Systeme mit mehreren Ein- und Ausgängen gleichermaßen gut beschreibbar sind. Die Matrizen **A**, **B**, **C** und **D** sind für zeitinvariante Systeme immer Matrizen mit konstanten Koeffizienten, die aber nicht in jedem Falle alle reell zu sein brauchen. Wir werden aber aus Gründen der vereinfachten Programmierung von Analog- und Digitalrechnern weitgehend die Zustandsvariablen so wählen, daß alle Koeffizienten in (2.17) reell werden. Allerdings wird uns u. a. eine sogenannte kanonische Matrizenform für **A**, die Jordanmatrix **J**, beschäftigen, die für die rein theoretische Behandlung sehr bequem ist und deren Elemente im wesentlichen aus den Eigenwerten des Systems bestehen. Da die Eigenwerte aber auch komplex sein können (schwingungsfähige Systeme) sind dann eben auch komplexe Elemente in den Systemmatrizen zu berücksichtigen. Für unser Beispiel mit nur einem Ein- und einem Ausgang hätten wir also, statt $y(t)$ und $x(t)$ als skalare Größen aufzufassen, auch schreiben können:

$$\dot{e}(t) = \begin{bmatrix} -T_1^{-1} & 0 \\ 0 & -T_2^{-1} \end{bmatrix} e(t) + \begin{bmatrix} T_1^{-1} & 0 \\ T_2^{-1} & 0 \end{bmatrix} \cdot \begin{bmatrix} y(t) \\ 0 \end{bmatrix}$$

$$\begin{bmatrix} x(t) \\ 0 \end{bmatrix} = \begin{bmatrix} -1 & -1 \\ 0 & 0 \end{bmatrix} e(t) + \quad 0 \quad \cdot \begin{bmatrix} y(t) \\ 0 \end{bmatrix}. \tag{F}$$

Wir wollen zwar später alle Ergebnisse, die aus der algebraischen Behandlung der Systeme mit Hilfe des Matrizenkalküls folgen, so allgemein fassen, daß sie nicht nur für die Einfachsysteme gelten, doch soll in den nächsten Abschnitten anhand der wichtigsten aus der Regelungstechnik bekannten Systeme gezeigt werden, daß in einfacheren Fällen die wichtigen Kenngrößen eines Systems auch aus den Matrizen $\mathbf{A}$, $\mathbf{B}$, $\mathbf{C}$ und $\mathbf{D}$ in Gl. (2.17) abgelesen werden können. Es werden dann deshalb in den Fällen, wo es sich eindeutig um Einfachsysteme handelt, die Signale $y(t)$ und $x(t)$ nicht als Elemente eines Vektors, sondern als Skalare behandelt.

Bevor im nächsten Abschnitt noch einige besondere Vorzüge der Zustandsbeschreibung herausgestellt werden, führen wir noch die laplacetransformierten dynamischen Gleichungen ein. Formale Laplace-Transformation, insbesondere der Differentiationssatz [1, 19], läßt (2.17) übergehen in:

$$s\, \mathbf{U}(s) = \mathbf{A}\, \mathbf{U}(s) + \mathbf{B}\, \mathbf{Y}(s)$$
$$\mathbf{X}(s) = \mathbf{C}\, \mathbf{U}(s) + \mathbf{D}\, \mathbf{Y}(s). \tag{2.18}$$

Aus dieser Form heraus läßt sich nun leicht das Klemmenverhalten, also die Matrix der komplexen Übertragungsfunktionen, durch Elimination der Zustandsvariablen $\mathbf{U}(s)$ finden:

$$[s\, \mathbf{1} - \mathbf{A}]\, \mathbf{U}(s) = \mathbf{B}\, \mathbf{Y}(s)$$
$$\mathbf{X}(s) = \mathbf{C}\, \mathbf{U}(s) + \mathbf{D}\, \mathbf{Y}(s) \tag{2.18a}$$

oder[1])

$$\mathbf{X}(s) = \mathbf{C}\, [s\, \mathbf{1} - \mathbf{A}]^{-1} \cdot \mathbf{B}\, \mathbf{Y}(s) + \mathbf{D}\, \mathbf{Y}(s)$$

und schließlich $\hspace{12cm}$ (2.19)

$$\mathbf{X}(s) = (\mathbf{C}\, [s\, \mathbf{1} - \mathbf{A}]^{-1} \cdot \mathbf{B} + \mathbf{D})\, \mathbf{Y}(s)$$

(Man beachte, daß bei der Matrizenrechnung keine Division existiert, sondern nur die *Inversion*).

2.5 Anmerkungen zu den dynamischen Systemgleichungen

An dieser Stelle sollen zunächst noch einige allgemeinere Gesichtspunkte und Begriffe erläutert werden, die für die Darstellung eines Übertragungssystems durch die dynamischen Gleichungen von Interesse sind.

1. Die Eigenschaften des Systems werden bei den dynamischen Gleichungen durch Koeffizientenmatrizen mit vorwiegend rein reellen Elementen beschrieben. Damit entfallen bei der Anwendung eines Digitalrechners zur numerischen Behandlung von regelungstechnischen Aufgaben alle die Probleme, die bei der Progammierung komplexer Funktionen auftreten. Man kann z. B. mit *Kalman* [9] überspitzt formulieren: die Behandlung der Dynamik eines linearen Systems ist ein rein algebraisches Problem, von dem nicht unbedingt einzusehen ist, warum man hierzu die komplexe Funktionentheorie hinzuziehen muß.

---

[1]) Unter der Voraussetzung, daß die Determinante $|s\, \mathbf{1} - \mathbf{A}| \neq 0$ ist.

2. Die 4 in den dynamischen Gleichungen (2.17) und (2.18) auftretenden Koeffizientenmatrizen haben jeweils eine ganz spezielle Bedeutung für das System, so daß die Systemeigenschaften zum Teil wesentlich leichter durchschaubar werden:

   a) Die System-Matrix **A** ist die eigentliche Kernmatrix und bestimmt alleine die „innere" Dynamik des Systems, seine *Eigenbewegungen*. Die Matrix **A** hat eine enge Verwandschaft zum Nennerpolynom einer komplexen Übertragungsfunktion und ist quadratisch von der Ordnung n, wo n mit der Anzahl der Energiespeicher im System übereinstimmt, so daß man dann immer von einem System n'ter Ordnung spricht.

   b) Die $n \cdot p$ Matrix **B** (Steuermatrix) gibt an, auf welche Weise die Eingangssignale das System erregen. Die Zahl p ist gleich der Anzahl der Eingangssignale eines Systems.

   c) Die $q \cdot n$ Matrix **C** (Beobachtungsmatrix) bestimmt wesentlich die Übertragung des inneren Zustands des Systems zu seinen q Ausgangsklemmen.

   (Im Falle kanonischer Systemstrukturen sind die Eigenschaften der Zählerpolynome in den Matrizen **B** und **C** zu finden.)

   d) Die Matrix **D** (Durchgangsmatrix) ist nur dann *nicht* identisch Null, wenn die zu einem System gehörenden komplexen Übertragungsfunktionen gerade genau soviel Nullstellen wie Pole haben, wenn also

$$\lim_{s \to \infty} F(s) \neq 0 \qquad (2.20)$$

gilt. In all den Fällen, wo man ein technisch reales System in letzter Konsequenz beschreibt, ist

$$\mathbf{D} = \mathbf{0}; \qquad (2.21)$$

denn es gibt letztlich kein System, das für die Kreisfrequenz $\omega \to \infty$ noch ein Ausgangssignal zeigt. Andererseits ist es für manche praktische Untersuchung doch von Interesse, den Fall $\mathbf{D} \neq \mathbf{0}$ zuzulassen.

3. Die dynamischen Gleichungen beschreiben auch dann noch ein System vollständig und richtig, wenn die komplexen Übertragungsfunktionen keine ausreichenden Auskünfte mehr geben. Wird z. B. in dem Beispiel des Bildes 2.7 der Schalter S geöffnet, dann ist der Zustand des Systems nicht mehr *beobachtbar*, und in diesem speziellen Fall entartet die zugehörige Übertragungsfunktion zu Null. Das dynamische System als solches ist aber dennoch sehr wohl vorhanden, nur die Matrix **C** wird bei diesem sehr speziellen Beispiel für geöffneten Schalter zu Null (die Matrix **D** ist hier ohnehin Null). Der Begriff der Beobachtbarkeit eines Systems, der in Abschnitt 8 noch genauer besprochen wird, ist aber dann von besonderem Interesse, wenn die Matrix **C** nicht die Nullmatrix ist, sondern wenn infolge spezieller Strukturen der Matrix **C** *und* der Matrix **A** der Effekt der Nichtbeobachtbarkeit einiger Systemzustände hervorgerufen wird. Eigentümlich und interessant ist dann aber, daß man aus den dynamischen Gleichungen noch Systemeigenschaften ablesen kann, wenn die zugehörigen Übertragungsfunktionen keine Auskünfte mehr geben!

Dies ist bei komplizierten Systemen von immenser Wichtigkeit, denn es kann leider dann sehr leicht passieren, daß in einem Teilsystem instabile Pole vorkommen, die zwar das Gesamtsystem stören, die auch sehr wohl aus den dynamischen Gleichungen, aber aus den Übertragungsfunktionen nicht mehr zu erkennen sind.

Zu diesem Problemkreis kann unser Beispiel noch einmal herangezogen werden. Der erfahrene Regelungstechniker liest aus dem Beispiel Bild 2.7 leicht ab, daß für die komplexe Übertragungsfunktion $F(s)$ gelten muß:

$$F(s) = \frac{X(s)}{Y(s)} = \frac{1}{1 + sT_1} + \frac{1}{1 + sT_2} . \tag{A}$$

Sind in einem speziellen Fall $R_1 \neq R_2$, $C_1 \neq C_2$ aber so gegeben, daß $T_1 = T_2$ gilt, dann wird man die komplexe Übertragungsfunktion leicht so vereinfachen:

$$F(s) = \frac{2}{(1 + sT)} , \quad \text{mit} \quad T = T_1 = T_2. \tag{B}$$

Diese Form täuscht aber allen denjenigen, die die zugehörigen dynamischen Gleichungen nicht kennen, ein System mit nur einem Speicherelement vor, was falsch ist. In komplizierteren Fällen, hier z. B. schon, wenn beide Kondensatoren C_1 und C_2 verschiedene Anfangsladungen haben, ist Gl. (B) direkt falsch. Bei der Problembehandlung im Zustandsraum wird man durch die damit verbundene Systematik zunächst gezwungen zu prüfen, ob eine *Minimalrealisierung* möglich ist, d. h. ob es erlaubt ist, zur Systembeschreibung mit weniger Speicherelementen auszukommen, als ursprünglich angesetzt wurden.

4. Bei der Behandlung der dynamischen Gleichungen können statische und dynamische Beziehungen leicht voneinander getrennt werden. So ist z. B. auch die Einbeziehung statischer Nichtlinearitäten möglich, was aber nicht Gegenstand dieser einführenden Schrift sein wird.

5. Der Übergang von zeitinvarianten Systemen zu solchen, deren Verhalten von der Zeit abhängt, ist in geschlossener Form bei der Systembehandlung mit Hilfe dynamischer Gleichungen möglich, was einen Übergang bei den Koeffizientenmatrizen in Gl. (2.17) und (2.18) von reellen Konstanten zu reellen Zeitfunktionen bedeutet.

6. Die wichtigsten theoretischen Vorteile, die bei der Systembeschreibung durch dynamische Gleichungen entstehen, resultieren daraus, daß man die einzelnen Zustandsvariablen als Komponenten eines Vektors auffaßt. Anders als die Physik kann die Mathematik ein n-tupel von Zahlen oder Funktionen als Komponenten eines Vektors definieren. Dieser Vektor beschreibt dann bei zeitvariablen Vektorelementen eine Bahnkurve, eine

Trajektorie, im n-dimensionalen Raum. Im Falle der Zustandsvariablen $u_i(t)$ bilden die $u_i(t)$ die Elemente des Zustandsvektors

$$\mathbf{u}(t) = [u_1(t),\ u_2(t)\ \ldots\ u_n(t)]^T, \tag{2.22}$$

oder die $u_i(t)$ spannen einen n-dimensionalen Zustandsraum R^n auf. In diesem Sinne sind die dynamischen Gleichungen (2.17) Vektorgleichungen, die angeben, wie der Geschwindigkeitsvektor

$$\dot{\mathbf{u}}(t) = [\dot{u}_1(t),\ \dot{u}_2(t)\ \ldots\ \dot{u}_n(t)]^T \tag{2.23}$$

vom Ortsvektor $\mathbf{u}(t)$ abhängt. Für $n = 2$ und $n = 3$ gibt es noch eine anschauliche Interpretation der Zustandsgleichungen (Bild 2.8), doch ist im

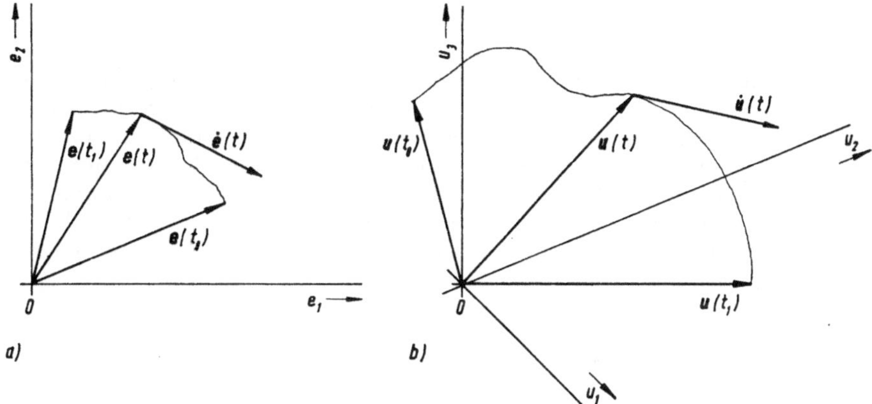

Bild 2.8. Geometrische Darstellung der Lösungen der dynamischen Gleichungen eines Übertragungssystems als Trajektorien
a) System 2. Ordnung
b) System 3. Ordnung.

allgemeinen für $n > 3$ dann nur noch eine analytische und algebraische Behandlung möglich. Da bei den Vektorgleichungen des Types (2.17) die Abhängigkeit eines Geschwindigkeitsvektors von einem Wegvektor angegeben wird, spricht man auch vielfach von einer *Phasenraumdarstellung* in Anlehnung an den skalaren Fall, bei dem man insbesondere bei nichtlinearen Problemen Schlüsse aus Phasenkurven ziehen kann, bei denen z. B. $x(t)$ über $\dot{x}(t)$ aufgetragen wird [16, 25].

Alle Operationen an den Matrizen der Gln. (2.17) und (2.18) werden in diesem Sinne als Vektortransformationen aufgefaßt, mit deren Hilfe man einen gegebenen Vektorraum in einen anderen transformiert. Die im folgenden in einer ingenieurmäßigen Form vermittelten Eigenschaften der dynamischen Gleichungen sind daher letztlich in den entsprechenden Abschnitten mathematischer Lehrbücher in oft aber recht verklausulierter Form zu finden.

2.6 Das Signalflußdiagramm

In der Regelungstechnik ist es durchweg üblich, für die Systemanalyse und Synthese ein System durch Blockschaltbilder darzustellen, die aus 4 graphischen Elementen bestehen: a) Kästen, die das Übertragungsverhalten kennzeichnen; b) gerichtete Linien, die den Signalfluß und die Verbindungen der Teilsysteme kennzeichnen; c) Kreise zur Kennzeichnung der Signaladditionsstellen und d) Punkte zur Kennzeichnung der Signalverzweigungen. Es wird hier vorausgesetzt, daß der Leser mit dieser Darstellungsart vertraut ist [20, 17].

Die Blockschaltbilddarstellung empfiehlt sich immer dann, wenn das Klemmenverhalten der Systeme dargestellt werden soll und die Übertragungsfunktionen recht umfangreich sind. Für die interne Beschreibung komplizierter Systeme und insbesondere zur graphischen Veranschaulichung der dynamischen Gleichungen ist es aber zweckmäßiger, eine andere graphische Darstellung, das Signalflußdiagramm, heranzuziehen, das in der deutschsprachigen Literatur der Regelungstechnik im Gegensatz zur angelsächsischen Literatur nahezu unbekannt ist. Das zeichentechnisch wesentlich einfachere und für umfangreiche Darstellungen übersichtlichere Signalflußdiagramm besitzt nur zwei graphische Elemente [2, 27]: a) die gerichtete Linie zur Kennzeichnung des Übertragungsverhaltens; b) die Knoten zur Kennzeichnung der Signale. In Bild 2.9 ist das Übertragungsverhalten eines Systems mit der Differentialgleichung zweiter Ordnung:

$$\ddot{x} + a\dot{x} + bx = f(t)$$

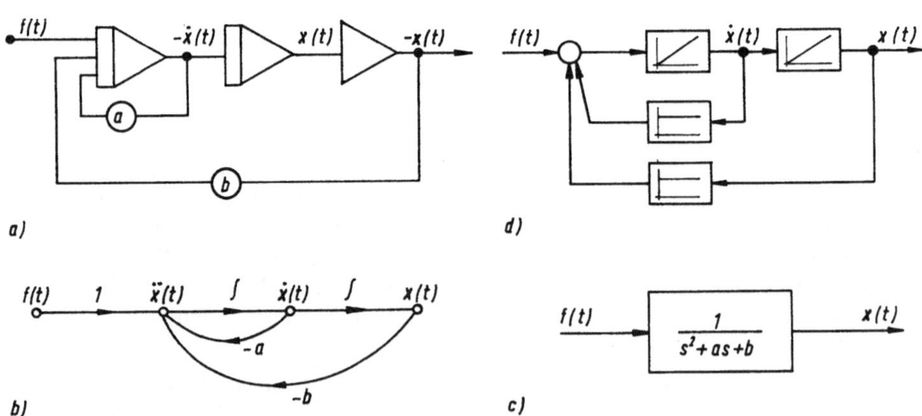

Bild 2.9. Darstellungsmöglichkeiten der Differentialgleichung $\ddot{x}(t) + a\dot{x}(t) + bx(t) = f(t)$

a) Koppelplan der Analogrechentechnik
b) Signalflußdiagramm
c) Blockschaltbild des Gesamtsystems
d) Strukturbild mit Elementen der Blockschaltbildtechnik

mit Hilfe verschiedener Signalflußdarstellungen veranschaulicht. Man erkennt leicht, daß für den theoretischen Überblick und die Darstellung der „inneren" Systemstruktur das Signalflußdiagramm besonders übersichtlich ist. Im weiteren Verlauf der Darstellung werden wir weitgehend von dem Signalflußdiagramm Gebrauch machen. In Tabelle 2.1 sind die wesentlichen Beziehungen und die Darstellung im Signalflußdiagramm und im Blockschaltbild einander gegenübergestellt.

Übertragungsgleichung	Signalflußdiagramm	Blockschaltbild
$X(s) = a X_1(s)$		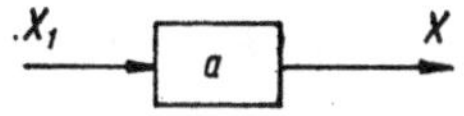
$X_1(s) = a X(s)$ $X_2(s) = b X(s)$	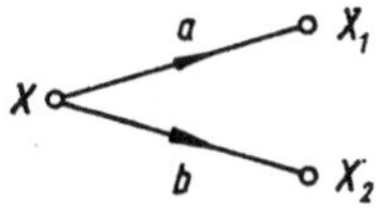	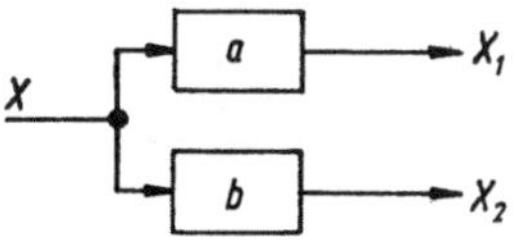
$X(s) = \dfrac{1}{s} X_1(s) - b X_1(s)$	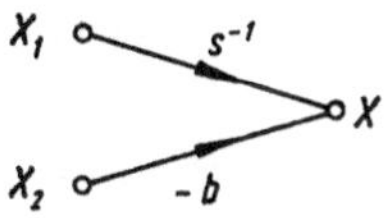	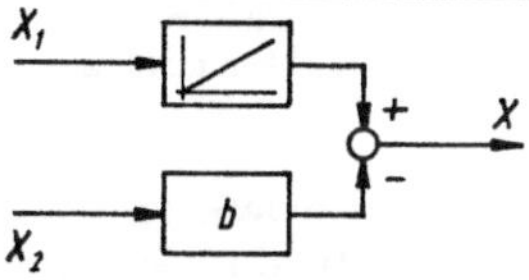
$X(s) = F_1(s) X_1(s)$ $X_1(s) = F_2(s) X_1(s)$	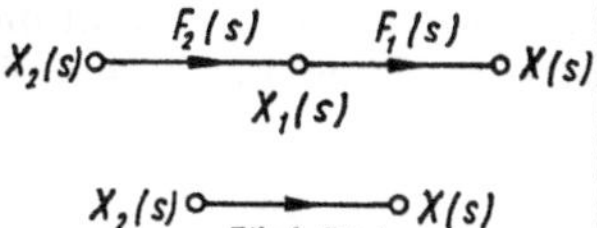	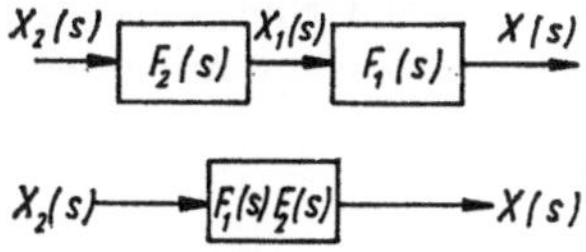
$x(t) = a \int x_1(u)\, du - b x_1(t)$	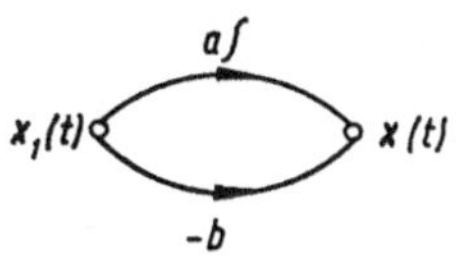	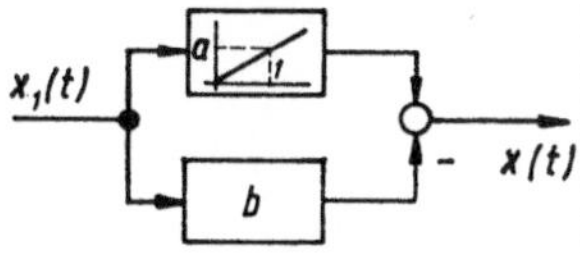
$x = F_1 [z - F_2 x]$ $x = (1 + F_1 F_2)^{-1} F_1 z$	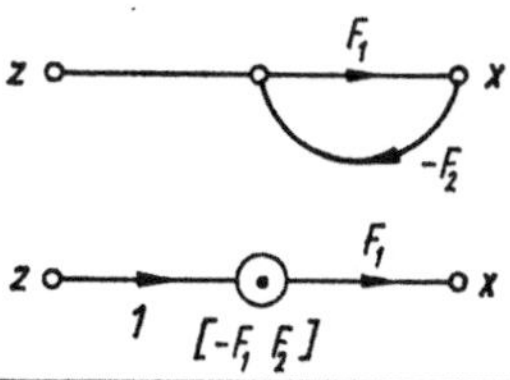	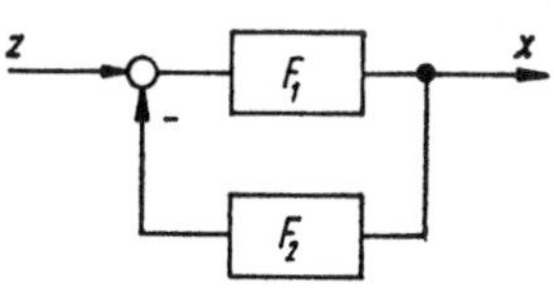

Tabelle 2.1. Gegenüberstellung wesentlicher Beziehungen und deren Darstellung im Signalflußdiagramm und im Blockschaltbild.

Ebenso wie beim Blockschaltbild kann das Signalflußdiagramm auch herangezogen werden, Matrizen-Gleichungen darzustellen. So kann folgendes Gleichungssystem

$$
\begin{bmatrix} X_1(s) \\ \vdots \\ X_n(s) \end{bmatrix} = \begin{bmatrix} F_{11}(s) & \cdots\cdots & F_{12}(s) \\ & \ddots & \\ F_{n1}(s) & \cdots\cdots & F_{nn}(s) \end{bmatrix} \cdot \begin{bmatrix} Y_1(s) \\ \vdots \\ Y_n(s) \end{bmatrix}
\tag{2.24a}
$$

$$
\mathbf{X}(s) \;=\; \mathbf{F}(s) \cdot \mathbf{Y}(s).
\tag{2.24b}
$$

in dem die $F_{kl}(s)$ komplexe Übertragungsfunktionen sind und $\mathbf{F}(s)$ die Übertragungsmatrix heißen soll, durch das Signalflußdiagramm in Bild 2.10 dar-

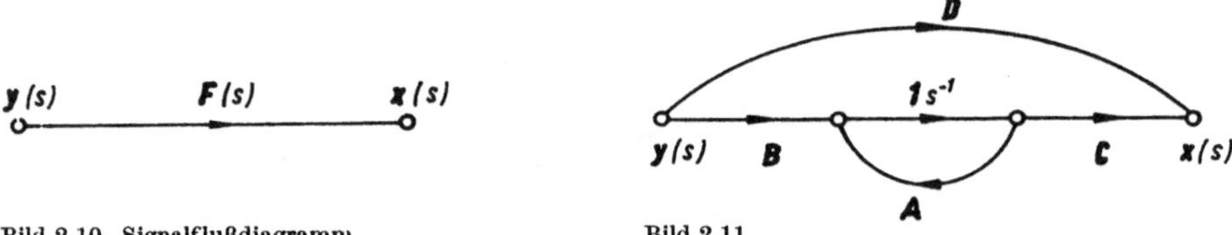

Bild 2.10. Signalflußdiagramm einer Matrizengleichung (2.24).

Bild 2.11 Signalflußdarstellung zu Gl. (2.19).

gestellt werden. In dieser symbolischen Form entspricht dann den Gln. (2.18) bzw. (2.19) das Signalflußdiagramm Bild 2.11, bei dem nur noch in einem Zweig $s^{-1}\,1$ Speicherelemente (Integrierer) vorkommen, während alle anderen Matrizenzweige nur noch statische Übertragungszweige darstellen.

3. Gewinnung der dynamischen Gleichungen für Einfachsysteme

In Kapitel 3 werden die dynamischen Gleichungen spezieller Einfachübertragungsglieder angegeben. Dabei werden die Zustandsvariablen so gewählt werden, daß die Systemmatrizen in einer dem Problem jeweils angepaßten *kanonischen* Form erscheinen, die es dann gestattet, den Typ des Systems und die wichtigsten Kenngrößen direkt an den Matrizen abzulesen. Wir werden also zeigen, daß es durchaus möglich ist, auch die abstrakt erscheinenden Matrizen in einer regelungstechnischen Problemen angepaßten transparenten Form zu notieren. Doch sei hier ausdrücklich betont, daß dies ein didaktischer Kunstgriff ist, um im Rahmen eines Lehrbuches auch denjenigen die algebraischen Methoden näher zu bringen, die die Regelungstheorie in erster Linie in Form der Übertragungsfunktionen und Frequenzgänge kennen. Für die numerische Behandlung müssen diese so gewählten Systemmatrizen nicht immer in der günstigsten Form gegeben sein.

Bevor wir deshalb diese recht speziellen Systemmatrizen behandeln, sei daran erinnert, daß die Beschreibungsmethode der dynamischen Gleichungen gerade dort ihre Stärke zeigt, wo man nicht von den Übertragungsgleichungen des Systems ausgeht, sondern das System von „innen" heraus unter Benützung der *elementaren physikalischen Gesetze beschreibt.* Deshalb wird in dem Abschnitt 3.1 zunächst dieses, als elementare Methode bezeichnete Vorgehen herausgearbeitet, um nicht den vollständig falschen Eindruck hervorzurufen, als ob eine Systembehandlung im Phasenraum von den Übergangsfunktionen auszugehen hätte; genau der entgegengesetzte Weg ist der richtige und sicherlich auch in Zukunft der am meisten begangene.

3.1 Die elementare Methode

Nahezu alle physikalischen Gesetze existieren zumindest im Falle der linearen Näherung in einer Form, die nur eine erste zeitliche Ableitung oder eine einfache Zeitintegration besitzt. Bei einem der bekanntesten Gesetze, dem Grundgesetz der Mechanik, scheint dies aber z.B. zunächst nicht so zu sein:

$$\ddot{\mathbf{x}}(t) = \mathbf{k}(t),$$

da hier angegeben ist, daß die Kraft der zweiten Ableitung des Weges proportional ist. Für die Aufstellung der Zustandsgleichungen im entsprechenden Anwendungsfall kann das vorstehend Gesagte aber leicht dadurch verifiziert werden, daß man die *Bewegungsgröße* oder den *Impuls,*

$$\mathbf{p}(t) = \mathbf{m}\,\dot{\mathbf{x}}(t)$$

$$\mathbf{k}(t) = \dot{\mathbf{p}}(t); \qquad \mathbf{p}(t) = \mathbf{m}\,\dot{\mathbf{x}}(t),$$

benützt, übrigens eine bei *Newton* gebräuchliche Form, in der er das Grundgesetz der Mechanik bei der Behandlung der Planetenbewegung einführte, so findet dann das Grundgesetz die von uns gewünschte Form.

Wenn die Wahl der Zustandsvariablen auch in weiten Grenzen willkürlich ist, da die Systembeschreibung unabhängig von der Koordinatenwahl ist, so ist es doch für eine praktische und durchsichtige Handhabung sinnvoll, die physikalischen Grundgesetze jeweils in der Form von Vektordifferentialgln. 1. Ordnung anzuwenden. In dem Beispiel 2.1 (Abschnitt 2.4) war die Aufstellung der dynamischen Gleichungen mit Hilfe axiomatischer, elementarer Grundgesetze im Falle eines elektrischen Netzwerkes gezeigt worden. An mehreren Beispielen soll dieses Verfahren weiter erläutert werden.

Beispiel 3.1: Es sind die dynamischen Systemgleichungen des elektrischen Netzwerkes in Bild 3.1 aufzustellen. Als Zustandsvariable $u_i(t)$ werden hier sinnvollerweise die

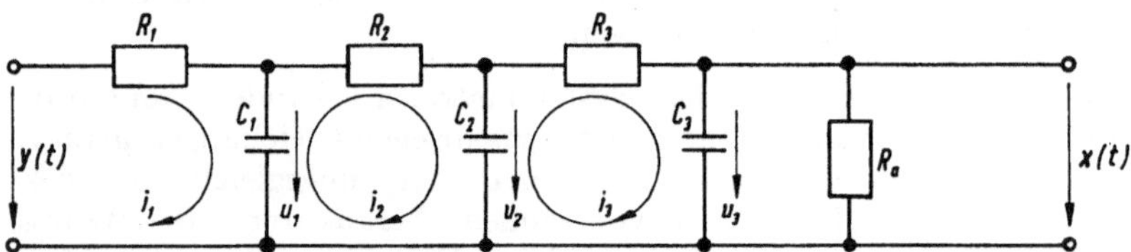

Bild 3.1. Elektrisches Netzwerk des Beispiels 3.1.

Spannungen an den Kondensatoren gewählt. Wenn dann die Differentialform des Ladegesetzes eines Kondensators gewählt wird, ergeben sich folgende Gleichungen:

$$\left.\begin{aligned}
C_1\,\dot{u}_1(t) &= i_1(t) - i_2(t) \\
C_2\,\dot{u}_2(t) &= i_2(t) - i_3(t) \\
C_3\,\dot{u}_3(t) &= i_3(t) - i_a(t)
\end{aligned}\right\} \tag{A}$$

$$\left.\begin{aligned}
i_1(t) &= \frac{1}{R_1}\,(y(t) - u_1(t)) \\[2mm]
i_2(t) &= \frac{1}{R_2}\,(u_1(t) - u_2(t)) \\[2mm]
i_3(t) &= \frac{1}{R_3}\,(u_2(t) - u_3(t)) \\[2mm]
i_a(t) &= \frac{1}{R_a}\,u_3(t) \\[2mm]
x(t) &= u_3(t)
\end{aligned}\right\} \tag{B}$$

Werden die Gln. (B) in (A) eingesetzt und durch die C_i dividiert, erhält man:

$$\dot{u}_1(t) = -\frac{1}{C_1}\left(\frac{1}{R_1}+\frac{1}{R_2}\right)u_1(t) + \frac{1}{C_1 R_2}u_2(t) \qquad\qquad + \frac{1}{C_1 R_1}y(t)$$

$$\dot{u}_2(t) = \frac{1}{C_2 R_2}u_1(t) \qquad -\frac{1}{C_2}\left(\frac{1}{R_2}+\frac{1}{R_3}\right)u_2(t) + \frac{1}{C_2 R_3}u_3(t)$$

$$\dot{u}_3(t) = \frac{1}{C_3 R_3}u_2(t) \qquad -\frac{1}{C_3}\left(\frac{1}{R_3}+\frac{1}{R_a}\right)u_3(t).$$

$$x(t) = u_3(t).$$

Dieses Gleichungssystem wird übersichtlicher in der Matrizenform:

$$\dot{\mathbf{u}}(t) = \begin{bmatrix} -\left(\dfrac{1}{C_1 R_1}+\dfrac{1}{C_1 R_2}\right); & \dfrac{1}{C_1 R_2} & ; & 0 \\[2ex] \dfrac{1}{C_2 R_2} & ; & -\left(\dfrac{1}{C_2 R_2}+\dfrac{1}{C_2 R_3}\right); & \dfrac{1}{C_2 R_3} \\[2ex] 0 & ; & \dfrac{1}{C_3 R_3} & ; & -\left(\dfrac{1}{C_3 R_3}+\dfrac{1}{C_3 R_a}\right) \end{bmatrix} \mathbf{u}(t) +$$

$$+ \begin{bmatrix} \dfrac{1}{C_1 R_1} \\[2ex] 0 \\[2ex] 0 \end{bmatrix} y(t) \qquad \text{(C)}$$

$$x(t) = \begin{bmatrix} 0 & 0 & 1 \end{bmatrix} \mathbf{u}(t)$$

Man erkennt hier sehr deutlich, daß die dynamischen Gleichungen recht schnell aufzustellen sind, da die für die Aufstellung der Übertragungsfunktionen notwendige Arbeit der Elimination der Zwischenvariablen entfällt. Setzt man im Anwendungsfall die gegebenen Zahlenwerte in den Gleichungssatz (C) ein, dann ist die Ermittlung der Übertragungsfunktion mit Hilfe des Matrizenkalküls sehr bequem und systematisch (wodurch Fehler vermieden werden) möglich. Vor allem bei größeren Systemen wird man diese Umrechnung natürlich mit Hilfe eines Digitalrechners wesentlich erleichtern können.

Zum Abschluß dieses Beispiels ermitteln wir noch ein die Gln. (C) repräsentierendes Signalflußdiagramm. Dazu wird (Bild 3.2 a) eine Kette von so viel integrierenden Gliedern in Reihe geschaltet, wie die Ordnung n der Matrix **A** (Gln. (2.17) und (2.18)) angibt. Dann werden die Verbindungen zwischen den Variablen $u_i(t)$ so hergestellt, wie es Gl. (C) vorschreibt. In Bild 3.2 b sind die Koeffizienten der Übersichtlichkeit halber so ange-

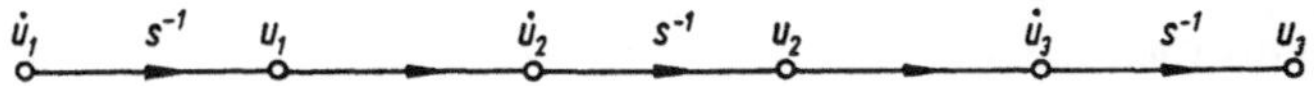

Bild 3.2. Zur Konstruktion eines Signalflußdiagramms zu dem Netzwerk in Bild 3.1.

geben, wie die Elemente der Matrizen bezeichnet sind $\left(\text{z. B. ist } A_{11} = -\left(\dfrac{1}{C_1 R_1} + \dfrac{1}{C_1 R_2}\right)\right)$.

Es ist leicht zu erkennen, daß auf diese Weise auch leicht eine Vorschrift zur Erstellung eines Koppelplanes für einen Analogrechner gefunden würde.

Beispiel 3.2: Als nächstes sollen die dynamischen Gleichungen des pneumatischen Systems nach dem Bild 3.3 (Strukturbild) aufgestellt werden. Die q_i sind die Gasmengen,

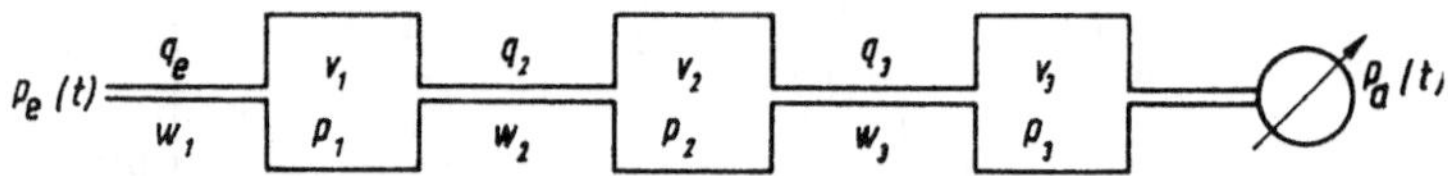

Bild 3.3.   Strukturbild des pneumatischen Systems des Beispiels 3.2.

die durch die Rohrleitungen mit den Widerständen W_i fließen, und es wird angenommen, daß für kleine Gasgeschwindigkeiten die lineare Beziehung z. B. für die Gasmenge q_1 gilt:

$$q_1(t)\, W_1 = p_e(t) - p_1(t).$$

Für den Druck $p_1(t)$ in dem Volumen V_1, $p_2(t)$ in V_2 und $p_3(t)$ in V_3 und dem Proportionalsfaktor K gilt:

$$\dot{p}_1(t) = \frac{K}{V_1}\,(q_1(t) - q_2(t))$$

$$\dot{p}_2(t) = \frac{K}{V_2}\,(q_2(t) - q_3(t)) \tag{A}$$

$$\dot{p}_3(t) = \frac{K}{V_3}\,q_3(t)$$

dazu kommen die Gleichungen:

$$q_1(t) = \frac{1}{W_1}\,(p_e(t) - p_1(t))$$

$$q_2(t) = \frac{1}{W_2}\,(p_1(t) - p_2(t)) \tag{B}$$

$$q_3(t) = \frac{1}{W_3}\,(p_2(t) - p_3(t))$$

$$p_a(t) = p_3(t).$$

Werden die Zustandsvariablen $u_1(t) = p_1(t)$, $u_2(t) = p_2(t)$ und $u_3(t) = p_3(t)$ und Gl. (B) in Gl. (A) eingeführt, findet man für die dynamischen Gleichungen:

$$\dot{\mathbf{u}}(t) = \begin{bmatrix} -\left(\dfrac{K}{W_1 V_1} + \dfrac{K}{W_2 V_1}\right), & \dfrac{K}{W_2 V_1} & , & 0 \\[2ex] \dfrac{K}{W_2 V_1} & , & -\left(\dfrac{K}{W_2 V_2} + \dfrac{K}{W_3 V_2}\right), & \dfrac{K}{W_3 V_2} \\[2ex] 0 & , & \dfrac{K}{W_3 V_3} & , & -\dfrac{K}{W_3 V_3} \end{bmatrix} \mathbf{u}(t) +$$

$$+ \begin{bmatrix} \dfrac{K}{W_1 V_1} \\[2ex] 0 \\[2ex] 0 \end{bmatrix} p_e(t) \quad \text{(C)}$$

$$p_a(t) = [\quad 0 \qquad 0 \qquad 1]\ \mathbf{u}(t).$$

Das zu diesem Beispiel gehörende Signalflußdiagramm ist gleich dem in Bild 3.2b angegebenen. Es handelt sich bei diesem Beispiel also um das pneumatische Analogon zu Beispiel 3.1.

Beispiel 3.3: Als letztes betrachten wir das mechanische Schwingungssystem in Bild 3.4 und stellen dazu die dynamischen Gleichungen auf. Für das Kräftegleichgewicht an den Maßen m_1 und m_2 gilt mit

$$m_1\, \dot{x}_1(t) = p_1(t)$$

und $\hspace{10em}$ (A)

$$m_2\, \dot{x}_2(t) = p_2(t)$$

$$\dot{p}_1(t) = c_1 x_1(t) + c_2 (x_1(t) - x_2(t)) + d_2 (\dot{x}_1(t) - \dot{x}_2(t))$$

$$\dot{p}_2(t) = k_e(t) - c_2 (x_1(t) - x_2(t)) - d_2 (\dot{x}_1(t) - \dot{x}_2(t))$$

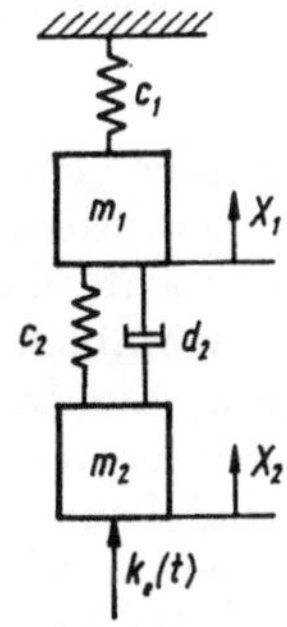

Bild 3.4
Federmasse-System
des Beispiels 3.3.

oder

$$\dot{p}_1(t) = c_1 x_1(t) + c_2 (x_1(t) - x_2(t)) + d_2 \left(\frac{1}{m_1} p_1(t) - \frac{1}{m_2} p_2(t)\right)$$

$$\hspace{30em} \text{(B)}$$

$$\dot{p}_2(t) = k_e(t) \quad - c_2 (x_1(t) - x_2(t)) - d_2 \left(\frac{1}{m_1} p_1(t) - \frac{1}{m_2} p_2(t)\right).$$

Mit den Variablen $u_1(t) = x_1(t)$; $u_2(t) = p_1(t)$; $u_3(t) = x_2(t)$; $u_4(t) = p_2(t)$; $k_e(t) = y(t)$ und $x_a(t) = x_2(t)$ erhalten wir die dynamischen Gleichungen in der Form:

$$\dot{\mathbf{u}}(t) = \begin{bmatrix} 0 & \dfrac{1}{m_1} & 0 & 0 \\[2ex] c_1 + c_2\,, & \dfrac{d_2}{m_1}\,, & -c_2\,, & -\dfrac{d_2}{m_2} \\[2ex] 0 & 0 & 0 & \dfrac{1}{m_1} \\[2ex] -c_2 & -\dfrac{d_2}{m_1} & +c_2 & +\dfrac{d_2}{m_2} \end{bmatrix} \mathbf{u}(t) + \begin{bmatrix} 0 \\[2ex] 0 \\[2ex] 0 \\[2ex] 1 \end{bmatrix} y(t) \qquad \text{(C)}$$

$$x_a(t) = \begin{bmatrix} 0 & 0 & 1 & 0 \end{bmatrix} \mathbf{u}(t).$$

Zu diesen Gleichungen läßt sich wieder leicht ein Signalflußdiagramm entsprechend Bild 3.5 angeben.

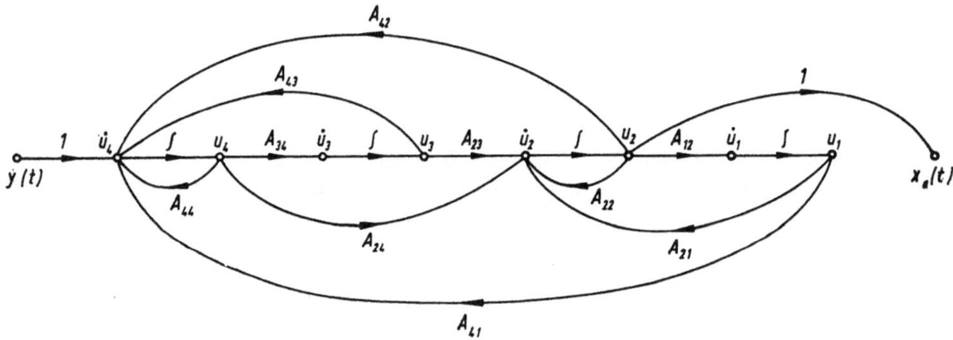

Bild 3.5. Signalflußdiagramm zu den dynamischen Gleichungen (B) des Beispiels aus Bild 3.4.

An den hier gebrachten durchaus einfachen Beispielen ist vielleicht doch deutlich geworden, daß die Aufstellung der dynamischen Gleichungen eines Systems recht übersichtlich und bequem erfolgen kann. Da die Wahl der Zustandsvariablen beliebig ist, sind sicherlich die Systemmatrizen für alle diejenigen, die Differentialgleichungssysteme mit Gleichungen höherer Ordnung zu interpretieren gelernt haben, zunächst nicht sonderlich durchsichtig. Dieser mögliche Nachteil wird aber vollauf durch die Systematik des Vorgehens und die leichte Programmierarbeit der Systemgleichungen auf Analog- und Digitalrechenmaschinen ausgeglichen.

Zusammenfassend kann festgestellt werden, daß zwei verallgemeinerte physikalische Größen (*Kräfte* und *Ströme*) ausreichen, um als Eingangs- und Ausgangsvariable von physikalischen Systemen zu dienen. Diese Variablen werden durch Widerstands- und Speicherelemente beschreibende Beziehungen verknüpft. Bei den letzteren sind Speicher für potentielle und kinetische Energie zu unterscheiden. In Tabelle 3.1 sind für einige physikalische Bereiche die einander analogen Größen zusammengestellt, soweit sinnvolle Größen existieren.

System	elektrisch	Flüssigkeit	Gas	thermisch	chem. Konzentration	mechanisch	
						Translation	Rotation
Kraft $k(t)$	Spannung (V)	Gefälle (m)	Druck $(\frac{kp}{m^2})$	Temperatur $(°C)$	Konzentrationsgefälle $(\frac{mol}{m^3})$	Kraft (kp)	Drehmoment (kpm)
Fluß $f(t)$	Strom (A)	Durchfluß $(\frac{m^3}{s})$	Mengenstrom $(\frac{kg}{s})$	Wärmestrom $(\frac{kcal}{s})$	Diffusionsstrom $(\frac{mol}{s})$	Geschwindigkeit $(\frac{m}{s})$	Winkel-geschwindigkeit $(\frac{rad}{s})$
Widerstand $\frac{k(t)}{f(t)}$	Widerstand (Ohm)	Strömungs-widerstand $(\frac{m}{m^3/s})$	Strömungs-widerstand $(\frac{kp\,s}{kg\,m^2})$	Wärmewiderstand $(\frac{°C\,s}{kcal})$	Diffusions-widerstand $(\frac{s}{m^3})$	Reibung $(\frac{kp\,s}{m})$	Reibung $(\frac{kp\,m\,s}{rad})$
Speicher für potentielle Energie $\frac{f(t)}{\dot{k}(t)}$	Kondensator $(Farad)$	(m^2)	$(\frac{kg\,m^2}{kp})$	$(\frac{kcal}{°C})$	(m^3)	Feder $(\frac{m}{kp})$	Torsionsfeder $(\frac{rad}{kp\,m})$
Speicher für kinetische Energie $\frac{k(t)}{\dot{f}(t)}$	Induktivität $(Henry)$	$(\frac{s^2}{m^2})$	$(\frac{kp\,s^2}{kg\,m^2})$			Masse $(\frac{kp\,s^2}{m})$	Trägheitsmoment $(\frac{kp\,m\,s^2}{rad})$
Energie $k(t)\cdot f(t)\cdot t$	$(Watt\cdot s)$	$(m^4)\approx(kp\,m)$	$(\frac{kp\,kg}{m^2})$	$(kcal)$		$(kp\,m)$	$(kp\,m\,rad)$
Menge	$(Coulomb)$	(m^3) der Flüssigkeit	(kg) des Gases	$(kcal)$	$(Anzahl\ der\ Mole)$	$(Auslenkung)$	$(Winkelauslenkung)$

Tabelle 3.1. Zusammenstellung einander analoger Größen aus einigen physikalischen Bereichen.

3.2 Kanonische Systemformen für Verzögerungsglieder mit Nennerpolynomen

Wir beginnen nun mit der oben schon erwähnten Darstellung komplexer Übertragungsfunktionen der Form:

$$F(s) = \frac{b_1 + b_2 s + b_3 s^2 + \ldots b_m s^{m-1} + s^m}{a_1 + a_2 s + a_3 s^2 + \ldots a_n s^{n-1} + s^n}, \qquad m \leq u \tag{3.1}$$

durch dynamische Gleichungssysteme der allgemeinen Form der Gl. (2.18):

$$s\,U(s) = A\,U(s) + B\,Y(s)$$
$$X(s) = C\,U(s) + D\,Y(s). \tag{3.2}$$

An den Gln. (3.2) ist sogleich zu erkennen, daß es sich um die Beschreibung von Einfachsystemen handeln soll, denn das Eingangssignal $Y(s)$ und das Ausgangssignal $X(s)$ sind als skalare Größen angegeben. Das Hauptanliegen in diesem und in den nächsten Abschnitten ist, möglichst einfache und übersichtliche Systemmatrizen A,B, C und D so anzugeben, daß an ihnen sofort der Typ des Übertragungssystems im Sinne der Regelungstechnik und die zugehörigen Parameter abgelesen werden können. Die Mathematik spricht von *kanonischen* Matrizen, wenn die Matrizen außer den Koeffizienten selbst auch noch ausgezeichnete *Struktureigenschaften* an einer Minimalzahl an notwendigen von Null verschiedenen Elementen erkennen lassen. In diesem Sinne werden wir hier neben den in der Matrizentheorie eingeführten und jeweils nach einem Erforscher benannten kanonischen Matrizen noch weitere, den uns interessierenden Fragen angepaßte kanonische System-Formen definieren. Daß es sich um eine Definition handelt, drücken wir aus durch den in der Matrizentheorie begründeten

Satz 3.1: Das dynamische Verhalten eines Systems ist unabhängig von der Wahl der Zustandsvariablen. Das System ist invariant gegenüber Koordinatentransformationen.

Wenn wir dazu noch Satz 2.1 (Abschnitt 2.4) beachten, werden die folgenden Überlegungen einleuchten.

Als erstes soll hier der Spezialfall behandelt werden. bei dem die komplexe Übertragungsfunktion $F(s)$ eines Systems die Form hat:

$$F(s) = \frac{b_1}{a_1 + a_2 s + a_3 s^2 + \ldots + a_n s^{n-1} + s^n}. \tag{3.3}$$

Es wird also das reine Verzögerungsglied n-ter Ordnung ohne Nullstellen im Endlichen betrachtet, das wesentlich durch sein Nennerpolynom $N(s)$ gekennzeichnet ist.

Dazu gehört die das Übertragungsverhalten charakterisierende Differentialgleichung des Systemes

$$x^{(n)}(t) + a_n x^{(n-1)}(t) + \ldots + a_3 \ddot{x}(t) + a_2 \dot{x}(t) + a_1 x(t) = b_1 y(t). \tag{3.4}$$

Führen wir nun neue Variablen als Zustandgrößen wie folgt ein:

$$
\left.\begin{aligned}
x(t) \quad &= u_1(t) \\
\dot{x}(t) \quad &= u_2(t) = \dot{u}_1(t) \\
\ddot{x}(t) \quad &= u_3(t) = \dot{u}_2(t) \\
\cdot \qquad & \quad \cdot \qquad \cdot \\
\cdot \qquad & \quad \cdot \qquad \cdot \\
\cdot \qquad & \quad \cdot \qquad \cdot \\
x^{(n-1)}(t) &= u_n(t) = \dot{u}_{n-1}(t) \\
x^{(n)}(t) \quad & \qquad\quad = \dot{u}_n(t),
\end{aligned}\right\}
\tag{3.5}
$$

dann geht Gl. (3.4) über in die Form:

$$
\dot{u}_n(t) + a_n u_n(t) + a_{n-1} u_{-n1}(t) + \ldots + a_2 u_2(t) + a_1 u_1(t) = b_1 y(t)
\tag{3.6a}
$$

oder auch:

$$
\dot{u}_n(t) = - a_1 u_1(t) - a_2 u_2(t) \ldots - a_{n-1} u_{n-1}(t) - a_n u_n(t) + b_1 y(t).
\tag{3.6b}
$$

Schreibt man nun die Gln. (3.5) und (3.6b) übersichtlich untereinander:

$$
\left.\begin{aligned}
\dot{u}_1 \; &= \qquad\qquad u_2 \\
\dot{u}_2 \; &= \qquad\qquad\qquad u_3 \\
&\cdots\cdots\cdots\cdots\cdots\cdots\cdots\cdots \\
\dot{u}_{n-1} &= \qquad\qquad\qquad\qquad u_n \\
\dot{u}_n \; &= - a_1 u_1 - a_2 u_2 - a_3 u_3 \ldots - a_n u_n \quad + b_1 y(t) \\
x(t) \; &= u_1,
\end{aligned}\right\}
\tag{3.7}
$$

findet man sofort die dynamischen Gleichungen in Matrizenform:

$$
\dot{\mathbf{u}}(t) =
\begin{bmatrix}
0 & 1 & 0 & \ldots 0 & 0 \\
0 & 0 & 1 & \ldots 0 & 0 \\
\cdots & \cdots\cdots & \cdots\cdots\cdots & & \\
0 & 0 & 0 & \ldots 0 & 1 \\
-a_1 & -a_2 & -a_3 & \ldots\ldots & -a_n
\end{bmatrix}
\mathbf{u}(t) +
\begin{bmatrix}
0 \\ 0 \\ \cdot \\ \cdot \\ b_1
\end{bmatrix}
y(t)
\tag{3.8a}
$$

$$
x(t) = \begin{bmatrix} 1 & 0 \ldots\ldots\ldots\ldots\ldots & 0 \end{bmatrix} \mathbf{u}(t),
$$

oder nach Anwendung der Laplace-Transformation:

$$
s\,\mathbf{U}(s) =
\begin{bmatrix}
0 & 1 & 0 & \ldots\ldots & 0 \\
\cdots & \cdots\cdots\cdots & \cdots\cdots & & \\
0 & 0 & 0 & \ldots\ldots & 1 \\
-a_1 & -a_2 & -a_3 & \ldots\ldots & -a_n
\end{bmatrix}
\mathbf{U}(s) +
\begin{bmatrix}
0 \\ \cdot \\ \cdot \\ b_1
\end{bmatrix}
Y(s)
\tag{3.8b}
$$

$$
X(s) = \begin{bmatrix} 1 & 0 \ldots\ldots\ldots\ldots & 0 \end{bmatrix} \mathbf{U}(s).
$$

Die Matrix $\mathbf{A}$ hat hier die Form

$$\mathbf{A} = \mathbf{F} = \begin{bmatrix} 0 & 1 & \ldots & 0 \\ \cdots\cdots\cdots\cdots\cdots \\ 0 & 0 & \ldots & 1 \\ -a_1 & -a_2 & \ldots & -a_n \end{bmatrix}. \tag{3.9}$$

Für $\mathbf{B}$ gilt:

$$\mathbf{B} = \begin{bmatrix} 0 \\ 0 \\ \vdots \\ 0 \\ b_1 \end{bmatrix} \tag{3.10}$$

und schließlich

$$\mathbf{C} = [1 \quad 0 \ldots\ldots 0], \tag{3.11}$$

$$\mathbf{D} \equiv 0. \tag{3.12}$$

Die Matrix $\mathbf{F}$ (Gl. (3.9)) ist in der Literatur als Begleitmatrix oder Frobenius-Matrix bekannt. An der Frobenius-Matrix kann man die Koeffizienten des charakteristischen Polynoms einer charakteristischen Matrix sofort ablesen. Wird $\mathbf{F}$ in die charakteristische Matrix des allgemeinen Eigenwertproblems (Abschnitt 5.3) der Matrizentheorie eingesetzt:

$$\mathbf{Q}(\lambda) = (\lambda\,\mathbf{1} - \mathbf{A}) = (\lambda\,\mathbf{1} - \mathbf{F}) \tag{3.13}$$

und wird dann das charakteristische Polynom $Q(\lambda)$ aus der charakteristischen Determinante gebildet:

$$Q(\lambda) = |\lambda\,\mathbf{1} - \mathbf{F}| = 0, \tag{3.14}$$

findet man

$$\begin{vmatrix} \lambda & -1 & 0 & \ldots\ldots 0 & 0 \\ 0 & \lambda & -1 & \ldots\ldots 0 & 0 \\ \cdots\cdots\cdots\cdots\cdots\cdots\cdots\cdots\cdots \\ a_1 & a_2 & a_3 & \ldots\ldots a_{n-1} & a_n + \lambda \end{vmatrix} = 0 \tag{3.15}$$

und nach Entwicklung der vorstehenden Determinante nach der letzten Zeile:

$$Q(\lambda) = a_1 + a_2\,\lambda + \ldots\ldots a_n\,\lambda^{n-1} + \lambda^n. \tag{3.16}$$

Die hier gefundene konische Form der dynamischen Gleichungen für die
komplexe Übertragungsfunktion $F(s)$ entsprechend Gl. (3.3) erlaubt also, die
Polynomkoeffizienten in der Matrix **F** abzulesen. Beachtet man noch, daß die
Systemverstärkung definiert ist zu:

$$V_s = F(s)\,|_{s=0}, \qquad (3.17)[1]$$

dann findet man durch Koeffizientenvergleich auch noch:

$$b_1 = V_s\,a_1, \qquad (3.18)$$

also die Systemverstärkung mit a_1 aus dem Element B_{n1} der Matrix **B** in
Gl. (3.2). So übersichtlich wie die Matrizen ist auch das zugehörige Signalflußdiagramm in Bild 3.6.

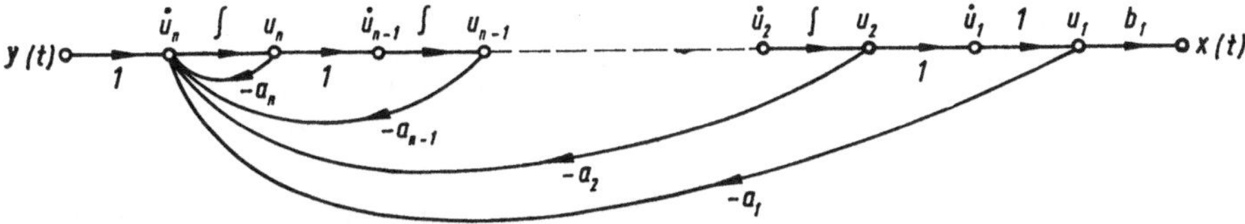

Bild 3.6. Signalflußdiagramm der kanonischen Matrizenform Gl. (3.8).

Da, wie oben bereits gesagt, die Wahl der Zustandsvariablen beliebig ist, soll
hier jetzt noch gezeigt werden, wie durch eine geeignete andere Variablenwahl
die dynamischen Gleichungen zu Gl. (3.3) gefunden werden können, bei denen
die Matrix **A** in Gl. (3.2) gleich der transponierten Frobenius-Matrix ist. Dazu
integrieren wir die Differentialgleichung des betrachteten Systems (3.4) n-mal
und lösen dann nach $x(t)$ auf:

$$x(t) = -\,a_n \int\limits_0^t x(\tau)\,\mathrm{d}\tau - a_{n-1} \int\limits_0^t \int\limits_0^t x(\tau)\,\mathrm{d}\tau^2 - \ldots$$

$$-\underbrace{\int\limits_0^t \ldots \int\limits_0^t}_{n\text{-mal}} (a_1\,x(\tau) - b_1\,y(\tau))\,\mathrm{d}\tau^n,$$

oder

$$u_n(t) = x(t)$$

$$= [\int\limits_0^t [-a_n x(\tau) + \int\limits_0^t [a_{n-1} x(\tau) + \ldots + \int\limits_0^t [-a_2 x(\tau) + \int\limits_0^t \underbrace{[b_1 y(\tau) - a_1 x(\tau)]}_{\dot u_1(t)} \ldots]\,\mathrm{d}\tau^n$$

$$\underbrace{}_{\dot u_2(t)}$$

$$\underbrace{}_{\dot u_{n-1}(t)}$$

$$\underbrace{}_{\dot u_n(t)}$$

$$(3.19)$$

Führt man nun Zustandsvariable so ein, wie es in Gl. (3.19) angedeutet wurde, kann man für Gl. (3.19) folgendes Gleichungssystem anschreiben:

$$
\left.
\begin{aligned}
\dot{u}_1(t) &= & & -a_1\,u_n(t) & &+ b_1\,y(t)\\
\dot{u}_2(t) &= u_1(t) & & -a_2\,u_n(t) & &\\
&\dots\dots\dots\dots\dots\dots\dots\dots\dots\dots\dots\dots\dots & & & &\\
\dot{u}_n(t) &= & u_{n-1}(t) &-a_n\,u_n(t) & &\\
x(t) &= & & u_n(t), & &
\end{aligned}
\right\} \tag{3.20}
$$

oder in Matrizenform:

$$
\dot{\mathbf{u}}(t) =
\begin{bmatrix}
0 & 0\dots\dots\dots\dots0 & -a_1\\
1 & 0\dots\dots\dots\dots0 & -a_2\\
& \dots\dots\dots\dots\dots\dots\dots\dots &\\
0 & 0\dots\dots\dots1 & 0 & -a_{n-1}\\
0 & 0\dots\dots\dots0 & 1 & -a_n
\end{bmatrix}
\mathbf{u}(t) +
\begin{bmatrix}
b_1\\ 0\\ \cdot\\ \cdot\\ 0
\end{bmatrix}
y(t) \tag{3.21}
$$

$$
x(t) = \begin{bmatrix} 0 & 0\dots\dots\dots\dots0 & 1 \end{bmatrix}\mathbf{u}(t),
$$

womit eine weitere kanonische Form der dynamischen Gleichungen der gegebenen komplexen Übertragungsfunktion (3.3) gefunden wurde. Ein Vergleich der Gl. (3.21) mit Gl. (3.8) ergibt, daß sie sich im wesentlichen durch eine andere Koeffizientenanordnung in der Matrix **A** unterscheiden; war durch Gl. (3.9) die Frobenius-Matrix **F** definiert, so gilt für Gl. (3.21):

$$
\mathbf{A} = \mathbf{F}^T. \tag{3.22}
$$

Diese Transponierung der Koeffizientenmatrix **A** spiegelt sich auch in dem, Gl. (3.21) beschreibenden, Signalflußdiagramm Bild 3.7 wider.

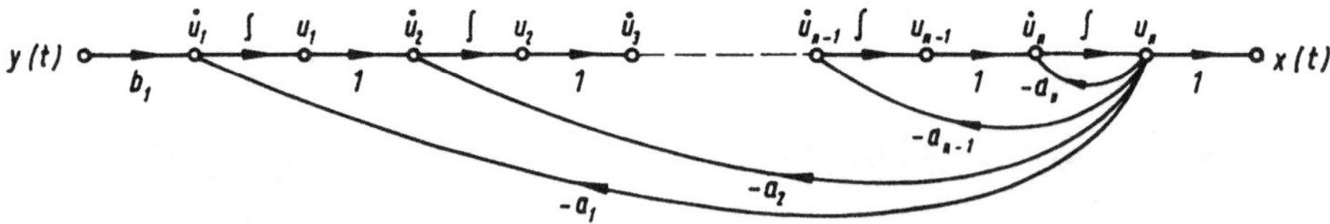

Bild 3.7.   Signalflußdiagramm zu Gl. (3.21).

Da hier in dieser Schrift nur lineare Systeme beschrieben werden, darf der, die Verstärkung des Gesamtsystems wesentlich beschreibende, Koeffizient wahlweise am Eingang oder am Ausgang des Systems eingeführt werden. Dadurch wird keine andere Wahl der Zustandsvariablen $u_i(t)$ vorgenommen, und die Matrix **A** in Gl. (3.8) und (3.21) bleibt dadurch ungeändert. Wo der „Verstärkungsfaktor", hier der Koeffizient b_1, des Systems eingeführt wird, ist an den

Eingangs- und Ausgangsmatrizen **B** bzw. **C** zu erkennen. In diesem Sinne sollen die zu den Gln. (3.8) bzw. (3.21) äquivalenten Gleichungen:

$$\dot{\mathbf{u}}(t) = \mathbf{F}\,\mathbf{u}(t) + [0, \ldots, 0, 1]^T\, y(t)$$

$$x(t) = [b_1, 0, \ldots, 0]\,\mathbf{u}(t)$$

$$(3.8\,\text{c})$$

und

$$\dot{\mathbf{u}}(t) = \mathbf{F}^T\,\mathbf{u}(t) + [1, 0, \ldots, 0]^T\, y(t)$$

$$x(t) = [0, \ldots, 0, b_1]\,\mathbf{u}(t)$$

$$(3.21\,\text{a})$$

auch noch kanonische dynamische Gleichungen zu der komplexen Übertragungsfunktion (3.3) genannt werden.

3.3 Kanonische Systemformen für Übertragungsfunktionen mit Zähler- und Nennerpolynomen

Während im vorstehenden Abschnitt der Sonderfall des Verzögerungsgliedes n-ter Ordnung behandelt wurde, soll nun der allgemeinere Fall der gebrochen rationalen komplexen Übertragungsfunktion $F(s)$ behandelt werden:

$$F(s) = \frac{Z(s)}{N(s)}.$$

$$(3.23)$$

Dabei wird hier noch die Fallunterscheidung zwischen

a) $m < n$ und b) $m = n$

notwendig, wobei m der Grad des Zählerpolynoms $Z(s)$ und n der Grad von $N(s)$ ist.

Zunächst behandeln wir den Fall a), bei dem $F(s)$ die allgemeine Form

$$F(s) = \frac{X(s)}{Y(s)} = \frac{b_1 + b_2\,s + \ldots + b_r\,s^{r-1}}{a_1 + a_2\,s + \ldots + a_n\,s^{n-1} + s^n}, \quad (r \leq n)$$

$$(3.24)$$

hat, wenn aus Gründen der Übersichtlichkeit $m = r - 1$ gesetzt wird.

Zu Gl. (3.24) repräsentierenden dynamischen Gleichungen in einer kanonischen Form werden wir geführt, wenn zunächst geschrieben wird:

$$s^n X(s) + a_n\,s^{n-1} X(s) + \ldots + a_2\,sX(s) + a_1\,X(s)$$

$$= b_1\,Y(s) + b_2\,s\,Y(s) + \ldots + b_r\,s^{r-1}\,Y(s).$$

Werden nun die Zustandsvariablen $U_i(s)$ so eingeführt, daß gilt:

$$s U_n(s) + a_n U_n(s) + \ldots + a_r U_r(s) +$$
$$+ \ldots + a_2 U_2(s) + a_1 U_1(s) = Y(s)$$
$$X(s) = b_1 U_1(s) + b_2 U_2(s) + \ldots + b_r U_r(s)$$

mit

$$s U_1(s) \quad = U_2(s)$$
$$s U_2(s) \quad = U_3(s)$$
$$s U_{n-1}(s) = U_n(s),$$

(3.25)

dann findet man die gesuchten dynamischen Gleichungen im Bereich der komplexen Variablen $s = \sigma + i\omega$ zu:

$$s\,\mathbf{U}(s) = \begin{bmatrix} 0 & 1 & 0 & 0 & \ldots & 0 & 0 \\ 0 & 0 & 1 & 0 & \ldots & 0 & 0 \\ \cdot & \cdot & \cdot & \cdot & \ldots & \cdot & \cdot \\ 0 & 0 & 0 & 0 & \ldots & 0 & 1 \\ -a_1 & -a_2 & -a_3 & -a_4 & \ldots & & -a_n \end{bmatrix} \mathbf{U}(s) + \begin{bmatrix} 0 \\ 0 \\ \vdots \\ 0 \\ 1 \end{bmatrix} Y(s) \quad (3.26)$$

$$X(s) = \begin{bmatrix} b_1 & b_2 & \ldots & b_r & 0 & 0 \end{bmatrix} \mathbf{U}(s).$$

Davon, daß dieser Gleichungssatz, bei dem die Kernmatrix $\mathbf{A}$ wieder gleich der Frobenius-Matrix $\mathbf{F}$ ist, eine Beschreibung der Gl. (3.24) im Zustandsraum darstellt, überzeugt man sich leicht dadurch, daß man die Zustandsvariablen $U_i(s)$ eliminiert. Dazu führen wir zunächst wieder die allgemeinen Matrizenbeziehungen für Gl. (3.26) ein:

$$s\,\mathbf{U}(s) = \mathbf{F}\,\mathbf{U}(s) + \mathbf{B}\,Y(s)$$

$$X(s) \quad = \mathbf{C}\,\mathbf{U}(s).$$

Daraus gewinnen wir:

$$X(s) = \mathbf{C}\,[s\,\mathbf{1} - \mathbf{F}]^{-1}\,\mathbf{B}\,Y(s) \tag{3.27a}$$

$$\frac{X(s)}{Y(s)} = \mathbf{C}\,\frac{[s\,\mathbf{1} - \mathbf{F}]_{\text{adj.}}}{|\,s\,\mathbf{1} - \mathbf{F}\,|}\,\mathbf{B}. \tag{3.27b}$$

Hier dürfen beide Seiten der Gl. (3.27a) durch $Y(s)$ dividiert werden, da verabredungsgemäß zunächst nur Einfachsysteme behandelt werden, also $X(s)$ und $Y(s)$ Skalare sind. Daß die charakteristische Determinante der Frobenius-Matrix $\mathbf{F}$ das charakteristische Polynom, hier das Nennerpolynom $N(s)$, liefert, wissen wir bereits. Es bleibt nun noch die Ausführung der Matrizenmultiplikation und die Bestimmung der adjungierten Matrix $[s\,1 - \mathbf{F}]_{\text{adj.}}$ in Gl. (3.27 b) zu erledigen. Da die Rechtsmultiplikation einer beliebigen Matrix mit einer Spaltenmatrix wieder nur eine Spaltenmatrix liefert und hier bei dem einfachen Aufbau der Matrix $\mathbf{B}$:

$$\mathbf{B} = \begin{bmatrix} 0 \\ 0 \\ \vdots \\ 0 \\ 1 \end{bmatrix}$$

nur die letzte Spalte der Matrix $[s\,1 - \mathbf{F}]_{\text{adj.}}$ überhaupt benötigt wird, brauchen also auch nur die Elemente der letzten Spalte bestimmt werden. Da bekanntlich die adjungierte Matrix einer nn Matrix die mit $(-1)^{kl}$ multiplizierten Unterdeterminanten $(n-1)$-Ordnung in transponierter Anordnung als Element hat, finden wir hier sehr schnell die gesuchte letzte Spalte von $[s\,1 - \mathbf{F}]_{\text{adj.}}$ durch Ermittlung der Unterdeterminanten zu den Elementen der letzten Zeile:

$$\mathbf{Z} = [s\,1 - \mathbf{F}]_{\text{adj.}} = \begin{bmatrix} s & -1 & 0 & \ldots & 0 \\ 0 & s & -1 & \ldots & 0 \\ \multicolumn{5}{c}{\ldots\ldots\ldots\ldots\ldots} \\ \multicolumn{5}{c}{\ldots\ldots\ldots\ldots\ldots} \\ a_1 & a_2 & a_3 & \ldots & a_n+s \end{bmatrix}_{\text{adj.}} = \begin{bmatrix} Z_{11} & Z_{12}\ldots Z_{1,u-1} & 1 \\ \multicolumn{3}{c}{\ldots\ldots\ldots\ldots\ldots\ s} \\ \multicolumn{3}{c}{\ldots\ldots\ldots\ldots\ s^2} \\ \multicolumn{3}{c}{\ldots\ldots\ldots\ldots\ldots} \\ Z_{u1} & Z_{u2} & \ldots\ldots s^{n-1} \end{bmatrix}$$

$$(3.28)$$

Es ist also zunächst:

$$[s\,1 - \mathbf{F}]_{\text{adj.}} \cdot \begin{bmatrix} 0 \\ 0 \\ \vdots \\ 1 \end{bmatrix} = \begin{bmatrix} 1 \\ s \\ \vdots \\ s^{n-1} \end{bmatrix},$$

damit aber auch

$$[b_1, b_2, \ldots, b_r, 0, 0] \begin{bmatrix} 1 \\ s \\ \vdots \\ s^{n-1} \end{bmatrix} = b_1 + b_2 s + \ldots + b_r s^{r-1},$$

womit der Nachweis erbracht ist, daß Gl. (3.26) eine zu Gl. (3.24) äquivalente Darstellung ist.

3*

Entsprechend übersichtlich wie die dynamischen Gln. (3.26) ist auch das zugehörige beschreibende Signalflußdiagramm in Bild 3.8.

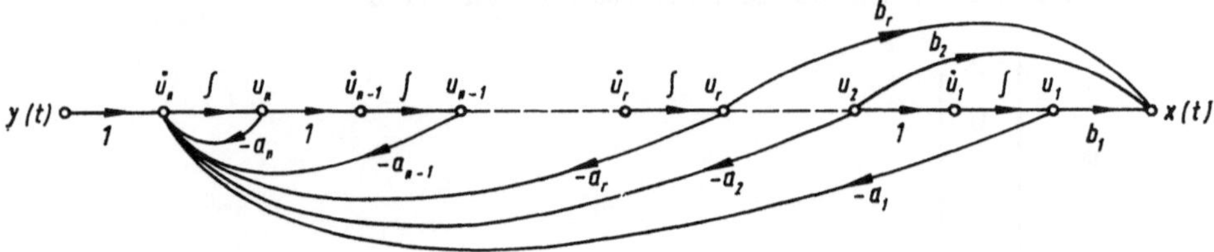

Bild 3.8.　Signalflußdiagramm zu Gl. (3.26).

Wählt man die Zustandsvariablen entsprechend Gl. (3.19), nachdem man die zu Gl. (3.24) gehörende Differentialgleichung n-mal integriert hat:

$$x(t) = u_n(t)$$

$$= \Big[\int\limits_0^t [-a_n\, x(\tau) + \ldots + \int\limits_0^t [b_r\, y(\tau) - a_r\, x(\tau) + \ldots + \int\limits_0^t [b_2\, y(\tau) - a_2\, x(\tau) +$$

$$+ \underbrace{\int\limits_0^t [b_1\, y(\tau) - a_1\, x(\tau)\Big]}_{\dot{u}_1\,(t)} \ldots\,]\, \mathrm{d}\tau^n, \qquad (3.29)$$

$$\underbrace{}_{\dot{u}_2\,(t)}$$

$$\underbrace{\cdots\cdots\cdots\cdots\cdots\cdots\cdots\cdots\cdots\cdots}_{\dot{u}_r\,(t)}$$

$$\underbrace{\cdots\cdots\cdots\cdots\cdots\cdots\cdots\cdots\cdots\cdots}_{\dot{u}_n\,(t)}$$

so findet man eine weitere kanonische Form der dynamischen Gleichungen zu (3.24):

$$\dot{\mathbf{u}}(t) = \begin{bmatrix} 0 & 0 & 0 & \ldots & -a_1 \\ 1 & 0 & 0 & \ldots & -a_2 \\ 0 & 1 & 0 & \ldots & -a_3 \\ \multicolumn{5}{c}{\cdots\cdots\cdots\cdots} \\ \multicolumn{5}{c}{\cdots\cdots\cdots\cdots} \\ 0 & 0 & 0 & 1 & -a_n \end{bmatrix} \mathbf{u}(t) + \begin{bmatrix} b_1 \\ b_2 \\ \vdots \\ b_r \\ 0 \\ 0 \end{bmatrix} y(t) \qquad (3.30)$$

$$x(t) = \begin{bmatrix} 0 & 0 \ldots 0 & 1 \end{bmatrix} \mathbf{u}(t),$$

diesmal im Zeitbereich notiert.

Hier ist die Kernmatrix **A** gleich der transponierten Frobenius-Matrix und die Koeffizienten des Zählerpolynoms von $F(s)$ aus Gl. (3.24) sind nun Elemente der Matrix **B**. Zu Gl. (3.30) gehört das Signalflußdiagramm in Bild 3.9.

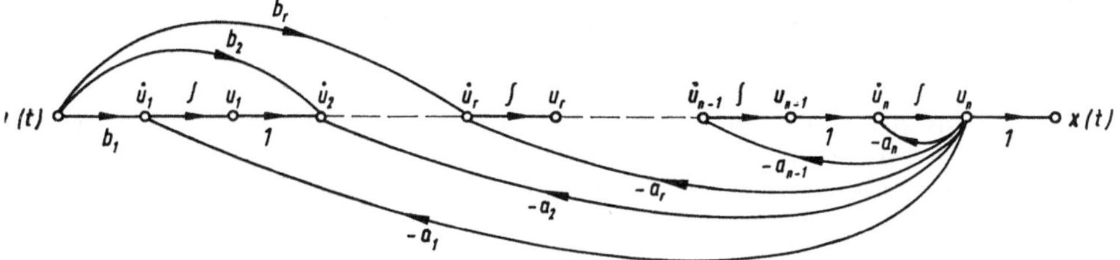

Bild 3.9. Signalflußdiagramm zu Gl. (3.30).

Wenn auch aus physikalischen Gründen das Übertragungsverhalten eines technischen Systems für $s \to \infty$ immer gegen Null streben muß, was dann immer $m < n$ bedeutet, ist es doch für manche theoretische Untersuchung von Interesse, auch den Fall $m = n$ zuzulassen. Auf diesen Fall wird man häufig bei speziellen Übertragungsgliedern in der Regelungstechnik dadurch geführt, daß man im interessierenden Frequenzbereich weniger wirksame Dämpfungspole vernachlässigt. Wie geben deshalb hier ein, zu

$$F(s) = \frac{b_1 + b_2\, s + \ldots + b_n\, s^{n-1} + s^n}{a_1 + a_2\, s + \ldots + a_n\, s^{n-1} + s^n} \tag{3.31}$$

gehörendes, kanonisches dynamisches Gleichungssystem an, bei dem die in (3.31) gegebenen Koeffizienten ablesbar sind:

$$\dot{\mathbf{u}}(t) = \begin{bmatrix} 0 & 1 & 0 & \ldots & 0 \\ 0 & 0 & 1 & \ldots & 0 \\ \multicolumn{5}{c}{\dotfill} \\ 0 & 0 & 0 & \ldots & 1 \\ -a_1 & -a_2 & -a_3 & \ldots & -a_n \end{bmatrix} \mathbf{u}(t) + \begin{bmatrix} 0 \\ \vdots \\ \vdots \\ 0 \\ 1 \end{bmatrix} y(t) \tag{3.32}$$

$$x(t) = [\, b_1 - a_1, \quad b_2 - a_2, \quad \ldots, \quad b_n - a_n \,]\, \mathbf{u}(t) + y(t),$$

und überlassen dem Leser zur Übung den Nachweis, daß Gl. (3.32) zu Gl. (3.31) äquivalent ist. Das Signalflußdiagramm in Bild 3.10 beschreibt die dynamischen Gleichungen (3.32).

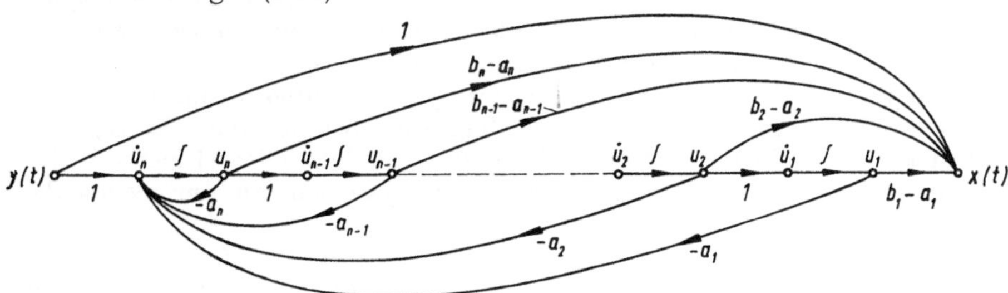

Bild 3.10. Signalflußdiagramm zu Gl. (3.32).

Bemerkenswert ist an dieser Stelle noch, daß man immer auf $m < n$ schließen kann, wenn in den dynamischen Gleichungen eines Systems das Ausgangssignal $x(t)$ nicht direkt von dem Eingangssignal $y(t)$ abhängt, wenn also $\mathbf{D} \equiv \mathbf{0}$ ist. Daß in der Matrix $\mathbf{C} = [b_1 - a_1, \ldots, b_n - a_n]$ jeweils die Differenzen der Koeffizienten der Zähler- und Nennerpolynome auftreten, bedeutet für die rechnerische Praxis keinen Nachteil, höchstens bei der Einstellung der Koeffizienten auf dem Analogrechner kann die, allerdings sehr durchsichtige, Verkopplung der Koeffizienten eine gewisse Unbequemlichkeit bedeuten. An dieser Stelle sei schon auf folgendes hingewiesen: Bei der Bearbeitung von Übertragungssystemen mit Hilfe dynamischer Gleichungen wird man selbstverständlich bei der Benützung der in Abschnitt 3.1 geschilderten elementaren Methode zumeist auf nichtkanonische Formen der Matrizen $\mathbf{A}$, $\mathbf{B}$, $\mathbf{C}$ und $\mathbf{D}$ geführt werden. Wir werden später noch eine recht durchsichtige Transformation angeben, mit der man eine beliebige Matrix $\mathbf{A}$ auf die Form der Frobenius-Matrix $\mathbf{F}$ transformieren kann. Diese Transformation bedeutet dann aber nichts anderes, als einen Übergang auf neue Zustandsvariable. Führt man diese Transformation dann konsequent an den gesamten dynamischen Gleichungen durch, wird man für den Fall, daß $m = n$ ist, auf eine Form entsprechend Gl. (3.32) geführt, bei der dann zunächst an Stelle der Differenzen $b_i - a_i$ in der Matrix $\mathbf{C}$ Koeffizienten der Form c_i stehen werden. Da man aus der Matrix $\mathbf{A} = \mathbf{F}$ die a_i aber kennt, können dann die Koeffizienten b_i des Zählerpolynoms leicht ermittelt werden zu:

$$b_i = c_i + a_i.$$

Wenn die Zähler- und Nennerpolynome auch immer so normiert werden können, daß der Koeffizient bei der höchsten Potenz von s jeweils gleich 1 wird (man spricht dann von Hauptpolynomen), so kann es bei der Bearbeitung technischer Probleme doch interessieren, die gegebenen Koeffizienten, und dabei auch besonders den bei der höchsten Potenz von s, im Zählerpolynom beizubehalten. Das bedeutet aber, daß in Gl. (3.32) die Matrix $\mathbf{D}$ nicht zu 1 sondern gleich b_{n+1} wird, wenn man mit b_{n+1} den Koeffizienten bei s^n in $Z(s)$ bezeichnet. Entsprechend ist das Signalflußdiagramm zu ergänzen.

3.4 Darstellung reiner Verzögerungsglieder mit reellen Polen

In der Nachrichten- und in der Regelungstechnik werden die Übertragungssysteme vielfach durch die Nullstellen der Zähler- und Nennerpolynome der komplexen Übertragungsfunktionen charakterisiert. In diesem Abschnitt wollen wir mit der Beschreibung solcher Systeme durch übersichtliche dynamische Gleichungen beginnen, wobei hier zunächst nur reine Verzögerungsglieder ohne endliche Nullstellen behandelt werden sollen. Innerhalb dieser Systeme beschäftigen wir uns als erstes mit Systemen mit nur reellen Polen der Form

$$F(s) = \frac{K}{(s - \alpha_1)\,(s - \alpha_2)\,\ldots\,(s - \alpha_n)} = K \prod_{i=1}^{n} (s - \alpha_i)^{-1} \qquad (3.33\,\mathrm{a})$$

bzw.

$$F(s) = \frac{V}{(1 + sT_1)(1 + sT_2) \ldots (1 + sT_n)} = V \prod_{i=1}^{n} (1 + sT_i)^{-1} \qquad (3.33\,\mathrm{b})$$

mit

$$\alpha_i = - T_i^{-1} \qquad\qquad\qquad (3.34\,\mathrm{a})$$

und

$$V = F(\mathrm{o}) = (-1)^n K \prod_{i=1}^{n} \alpha_i^{-1} = K \prod_{i=1}^{n} T_i. \qquad (3.34\,\mathrm{b})\,^{[1]}$$

In der Regelungstechnik wird zwar die normierte Form der Gl. (3.33 b) häufiger benützt, doch ist es bei der Anwendung vieler mathematischer Methoden der Algebra auf regelungstechnische Probleme häufig zur Vermeidung von Fehlern geschickter, die Form der Linearfaktoren nach Gl. (3.33 a) zu benützen. Genau wie bei den Wurzelortkurvenverfahren [20, 27] muß man dann aber beachten, daß der Faktor K in Gl. (3.33 a) außer der Systemverstärkung V auch noch alle Wurzeln des Nennerpolynoms enthält. Im folgenden werden wir in dieser Darstellung weitgehend der mathematischen Normalform in Gl. (3.33 a) den Vorzug geben.

Bei dieser Darstellung der Übertragungsfunktion durch dynamische System-gleichungen bieten sich zwei verschiedene Möglichkeiten, die beide auf über-sichtliche kanonische Systemdarstellungen führen, an: a) die Reihendar-stellung und b) die Paralleldarstellung. In der angelsächsischen Literatur findet man hierzu auch die Bezeichnungen [2, 22] direkte und Parallel-Pro-grammierung.

a) Reihendarstellung

Bei der Reihendarstellung werden wieder soviel integrierende Elemente in Reihe geschaltet, wie Energiespeicher, also Pole, im System vorhanden sind. Ordnet man dann jedem Integriererausgang eine Zustandsvariable zu, findet man sogleich folgendes zu Gl. (3.33 a) äquivalentes dynamisches Gleichungs-system

$$\dot{\mathbf{u}}(t) = \begin{bmatrix} \alpha_1 & 1 & 0 & \ldots\ldots & 0 \\ 0 & \alpha_2 & 1 & \ldots\ldots & 0 \\ & & \ldots\ldots\ldots & & \\ 0 & 0 & 0 & \ldots \alpha_{n-1} & 1 \\ 0 & 0 & 0 & \ldots\ldots 0 & \alpha_n \end{bmatrix} \mathbf{u}(t) + \begin{bmatrix} 0 \\ \vdots \\ \vdots \\ 0 \\ 1 \end{bmatrix} y(t), \qquad (3.35)$$

$$x(t) = [\; K\; 0 \;\ldots\ldots\ldots\; 0\;]\, \mathbf{u}(t)$$

---

[1] Nur für Systeme mit Ausgleich

das durch das Signalflußdiagramm Bild 3.11 interpretiert werden kann. Obwohl die Matrix $\mathbf{A}$ in (3.35) einer Jordan-Matrix sehr ähnlich sieht, muß hier ausdrücklich darauf hingewiesen werden, daß es sich im allgemeinen Fall verschiedener Eigenwerte α_i hier nicht um eine Jordan-Matrix handelt, deren Eigenschaften in einem späteren Abschnitt noch ausführlicher diskutiert

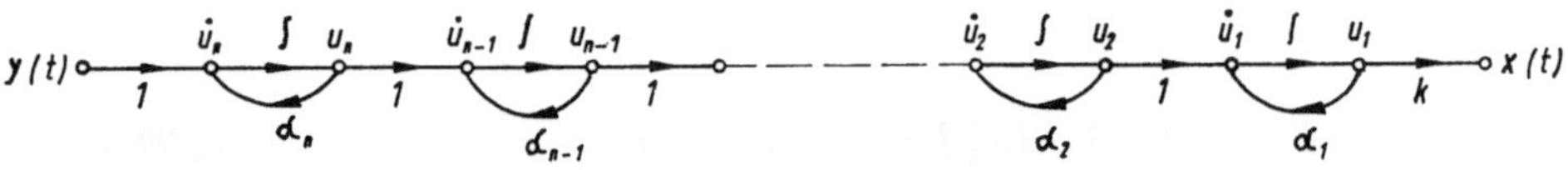

Bild 3.11.   Signalflußdiagramm zur Reihendarstellung eines s-Verzögerungsgliedes n'ter Ordnung.

werden. Unterwirft man Gl. (3.35) der Laplace-Transformation und eliminiert dann die Zustandsvariablen $U_i(s)$:

$$X(s) = \mathbf{C}\,(s\,\mathbf{1} - \mathbf{A})^{-1}\,\mathbf{B}\,Y(s),$$

und setzt die Matrizen $\mathbf{A}$, $\mathbf{B}$ und $\mathbf{C}$ aus Gl. (3.35) hierin ein, dann verifiziert man leicht Gl. (3.33a):

$$\frac{X(s)}{Y(s)} = [K, 0 \ldots 0] \begin{bmatrix} s - \alpha_1 & -1 & \ldots & 0 \\ \multicolumn{4}{c}{\cdots\cdots\cdots\cdots\cdots\cdots} \\ 0 & 0 & \ldots & s - \alpha_n \end{bmatrix}^{-1} \cdot \begin{bmatrix} 0 \\ \vdots \\ 1 \end{bmatrix}$$

$$= K \prod_{i=1}^{n} (s - \alpha_i)^{-1},$$

denn die Determinante einer Dreiecksmatrix ist gleich dem Produkt der Diagonalelemente und in der letzten Spalte der adjungierten Matrix interessiert nur das erste Element (wegen der Nullelemente in $\mathbf{C}$), das gleich 1 ist.

b) Paralleldarstellung

Bei der Paralleldarstellung zu (3.33a) geht man von der Partialbruchentwicklung für $F(s)$ aus, wobei wiederum zwei Fälle, I. nur einfache α_i und II. teilweise mehrfache α_i, unterschieden werden.

I. *Nur einfache Pole* α_i: Jede echt gebrochene rationale Funktion läßt sich bekanntlich als Partialbruch darstellen [1, 19, 32]. Sind in dem System alle Pole α_i verschieden, dann gilt:

$$F(s) = K \prod_{i=1}^{n} (s - \alpha_i)^{-1} = \sum_{i=1}^{n} \frac{C_i}{s - \alpha_i} \tag{3.36}$$

mit

$$C_i = \text{Res. } \alpha_i = \lim_{s \to \alpha_i} (s - \alpha_i)\,F(s), \quad i = 1, \ldots n. \tag{3.37}$$

Will man die C_i nicht mit Hilfe der Residuenrechnung bestimmen, die bei weitem die eleganteste und bequemste Methode ist, kann man auch nach der Methode der unbestimmten Koeffizienten die rechte Seite von (3.36) auf den gemeinsamen Hauptnenner bringen und die C_i dann durch Koeffizientenvergleich bestimmen.

Für die Erstellung einer geeigneten dynamischen Gleichung zu (3.36) ordnen wir jedem Teilsystem mit dem Pol α_i eine Zustandsvariable zu und erhalten:

$$\dot{\mathbf{u}}(t) = \begin{bmatrix} \alpha_1 & 0 & 0 \ldots 0 \\ 0 & \alpha_2 & 0 \ldots 0 \\ \cdots\cdots\cdots\cdots \\ 0 \ldots\ldots 0 & \alpha_n \end{bmatrix} \mathbf{u}(t) + \begin{bmatrix} 1 \\ 1 \\ \vdots \\ 1 \end{bmatrix} y(t) \tag{3.38}$$

$$x(t) = [C_1,\ C_2 \ldots\ldots C_n]\ \mathbf{u}(t).$$

Die Matrix **A** ist hier eine reine Diagonalmatrix und wegen der als durchweg verschieden angenommenen α_i auch gleich der zu dem System gehörenden Jordan-Matrix, also

$$\mathbf{A} = \mathbf{J}. \tag{3.39}$$

Diese Form der Darstellung ist auch im engeren Sinne des Matrizenkalküls eine kanonische Form, die für viele theoretischen Fragestellungen besonders übersichtliche Lösungen gestattet. Die Transformation eines Systems auf die Jordan-Normalform wird uns weiter unten noch ausführlicher beschäftigen.

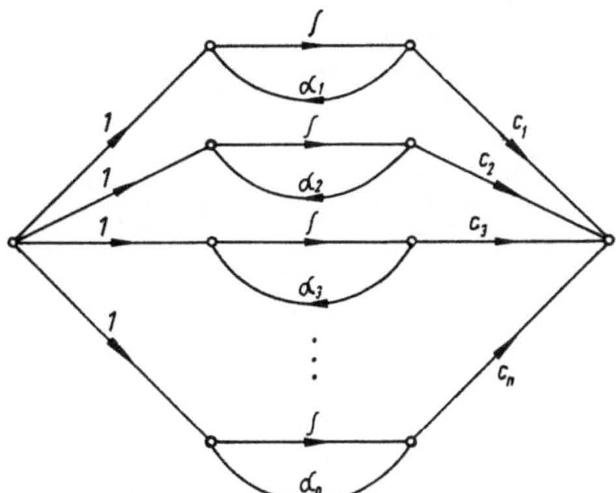

Bild 3.12
Signalflußdiagramm zur Paralleldarstellung nach Gl. (3.38).

Hier soll nur festgehalten werden, daß man im Falle nur unterschiedlicher α_i durch eine Paralleldarstellung des Systems mit Hilfe der Partialbruchentwicklung automatisch auf diese Normalform geführt wird, die in dem Signalflußdiagramm in Bild 3.12 eine entsprechend übersichtliche Repräsentation findet.

II. *Mehrfache Pole*: Sind mehrfache Pole α_i mit der jeweiligen Vielfachheit k_i vorhanden, dann gilt die allgemeine Partialbruchentwicklung für echt gebrochen rationale Funktionen:

$$F(s) = K \prod_{i=1}^{r} (s-\alpha_i)^{-k_i} = \frac{C_{11}}{(s-\alpha_1)} + \frac{C_{12}}{(s-\alpha_1)^2} + \ldots + \frac{C_{1k_1}}{(s-\alpha_1)^{k_1}} + \ldots +$$
$$+ \frac{C_{r1}}{(s-\alpha_r)} + \frac{C_{r2}}{(s-\alpha_r)^2} + \ldots + \frac{C_{rk_r}}{(s-\alpha_r)^{k_r}} \quad (3.40)$$

mit

$$\sum_{i=1}^{r} k_i = n,$$

wobei die Koeffizienten C_{ij} bestimmt werden durch:

$$C_{ij} = \lim_{s \to \alpha_i} \frac{1}{(k_i - j)!} \frac{\mathrm{d}^{k_i-j}}{\mathrm{d}s^{k_i-j}} \{(s-\alpha_i)^{k_i} F(s)\} \qquad \begin{array}{l} i = 1, 2, \ldots, r \\ j = 1, 2, \ldots, k_i \,. \end{array} \quad (3.41)$$

Hat die gegebene Übertragungsfunktion $F(s)$ in (3.40) n Pole, so sind diesen zunächst auch n Energiespeicher zuzuordnen. Die zugehörige Partialbruchentwicklung hat zwar auch nur n Glieder, aber da bei der Vielfachheit k_i des Poles die k_i Glieder mit allen Potenzen von 1 bis k_i auftreten, werden durch die Partialbruchentwicklung für diesen Pol $\alpha_i \sum_{i=1}^{k_i-1} i$ zuviel Energiespeicher in der Partialbruchentwicklung angesetzt, wenn man wirklich alle Glieder parallel darstellt (Bild 3.13a). Diese Redundanz an Energiespeichern läßt sich vermeiden, wenn man für jeden Vielfachpol nur soviel Glieder 1. Ordnung mit jeweils der gleichen Polstelle α_i in Reihe schaltet, wie die Vielfachheit k_i angibt (Bild 3.13b). Man erhält so eine so genannte Minimalrealisierung. Ordnet

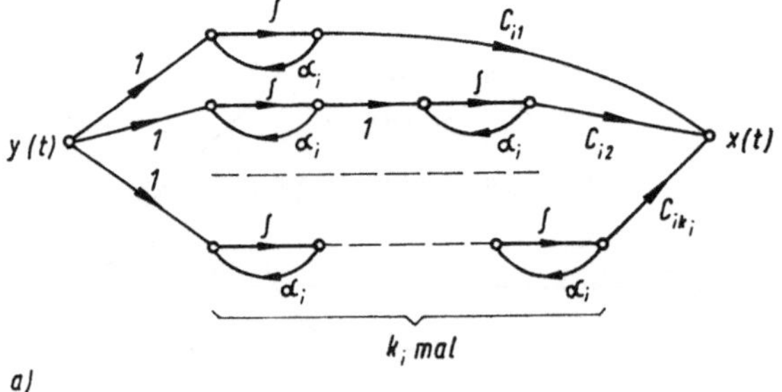

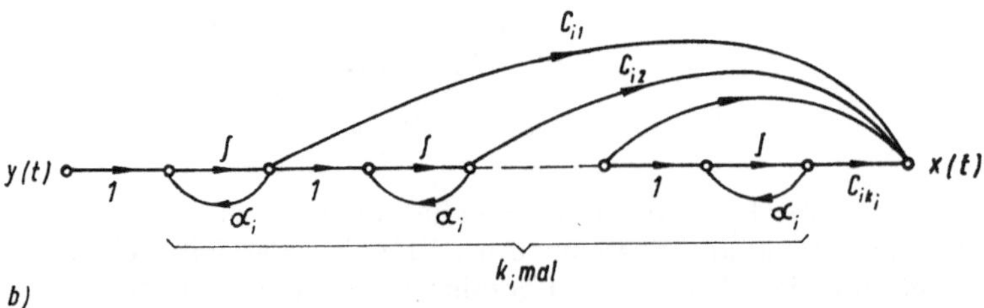

Bild 3.13. Signalflußdiagramm der Partialbruchentwicklung für einen Pol α_i mit der Vielfachheit k_i. a) ursprüngliche redundante Darstellung　b) minimale Realisierung.

man nun allen Ausgängen der minimalen Kettenschaltungen entsprechend Bild 3.13b eine Zustandsvariable $u_i(t)$ zu, findet man folgende allgemeine Form der dynamischen Gleichungen zu Gl. (3.40):

$$
\dot{\mathbf{u}}(t) = (k_1)
\begin{bmatrix}
\alpha_1 & 1 & 0 & 0 & \cdots\cdots\cdots\cdots\cdots & 0 \\
0 & \alpha_1 & 1 & 0 & \cdots\cdots\cdots\cdots & 0 \\
\multicolumn{6}{c}{\cdots\cdots\cdots\cdots\cdots\cdots\cdots\cdots} \\
0 & 0 & 0 & \alpha_1 & 0 \cdots\cdots\cdots\cdots & 0 \\
0 & 0 & \cdots\cdots 0 & \alpha_2 & 1 \cdots\cdots\cdots & 0 \\
& & \vdots & & \ddots & \\
& & \vdots & & & \ddots \\
0 & \cdots\cdots\cdots\cdots\cdots\cdots & 0 & & & \alpha_r
\end{bmatrix}
\mathbf{u}(t) +
\begin{bmatrix}
0 \\ 0 \\ \vdots \\ 1 \\ 0 \\ \vdots \\ \vdots \\ 1
\end{bmatrix}
y(t)
\qquad (3.42)
$$

$$
x(t) = \quad [C_{1k_1}\cdots\cdots \dot{C}_{11}\, C_{2k_2}\cdots\cdots\cdots C_{r1}]\, \mathbf{u}(t).
$$

Die Matrix **A** hat nun die Form einer Jordan-Matrix **J**, bei der das Minimalpolynom gleich dem charakteristischen Polynom ist (siehe Kapitel 7). Die α_i treten in der Hauptdiagonalen sooft auf, wie es ihre Vielfachheit k_i angibt. Die Matrix **B** hat zunächst Nullelemente bis zu der k_1-ten Zeile, in der eine 1 steht. In der $k_1 + 1$-ten Zeile steht dann in **A** das Element α_2 in der Hauptdiagonalen und entsprechend in **B** wieder eine Null, wenn $k_2 > 1$ ist, gefolgt von $k_2 - 1$ Nullelementen bis zur $k_1 + k_2$-ten Zeile, in der wieder eine 1 steht usw. Die Matrix **C** enthält alle Partialbruchkoeffizienten C_{ij} aus (3.41) in fallender Reihenfolge.

An Beispielen soll das vorstehend allgemein erläuterte Vorgehen erhellt werden:

Beispiel 3.3 Gegeben ist

$$
F(s) = \frac{2}{(s+1)\,(s+2)\,(s+4)}
\tag{A}
$$

Gesucht ist die kanonische Reihen- und die Paralleldarstellung durch dynamische Gleichungen. Einsetzen der aus Gl. (A) ablesbaren Koeffizienten in Gl. (3.35) liefert:

$$
\dot{\mathbf{u}}(t) =
\begin{bmatrix}
-4 & 1 & 0 \\
0 & -2 & 1 \\
0 & 0 & -1
\end{bmatrix}
\mathbf{u}(t) +
\begin{bmatrix}
0 \\ 0 \\ 1
\end{bmatrix}
y(t)
\tag{B}
$$

$$
x(t) = [\,2 \quad 0 \quad 0\,]\, \mathbf{u}(t) \quad ,
$$

also die Reihendarstellung mit dem Signalflußdiagramm Bild 3.14a. Für die Paralleldarstellung machen wir zu Gl. (A) eine Partialbruchentwicklung:

$$
F(s) = \frac{2}{(s+1)\,(s+2)\,(s+4)} = \frac{C_1}{s+1} + \frac{C_2}{s+2} + \frac{C_3}{s+4}.
\tag{C}
$$

Mit Gl. (3.37) bestimmen wir die C_i wie folgt:

$$1. \qquad C_1 = (s+1)\,F(s)\Big|_{s=-1} = \frac{2}{(s+2)\,(s+4)}\Big|_{s=-1} = \frac{2}{3}$$

$$2. \qquad C_2 = (s+2)\,F(s)\Big|_{s=-2} = \frac{2}{(s+1)\,(s+4)}\Big|_{s=-2} = -1 \qquad \text{(D)}$$

$$3. \qquad C_3 = (s+4)\,F(s)\Big|_{s=-4} = \frac{2}{(s+1)\,(s+2)}\Big|_{s=-4} = \frac{1}{3};$$

so daß wir für das System die gewünschte Form nach Gl. (3.38) erhalten:

$$\dot{\mathbf{u}}(t) = \begin{bmatrix} -1 & 0 & 0 \\ 0 & -2 & 0 \\ 0 & 0 & -4 \end{bmatrix} \mathbf{u}(t) + \begin{bmatrix} 1 \\ 1 \\ 1 \end{bmatrix} y(t) \qquad \text{(E)}$$

$$x(t) = \begin{bmatrix} \dfrac{2}{3} & -1 & \dfrac{1}{3} \end{bmatrix} \mathbf{u}(t),$$

zu der Bild 3.14 b gehört.

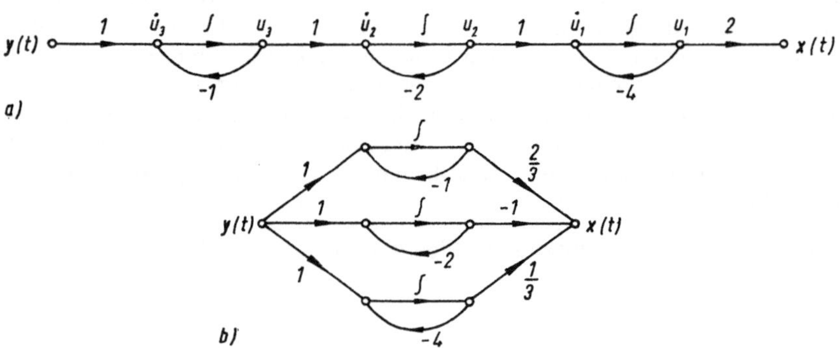

Bild 3.14.   Signalflußdiagramm zu Beispiel 3.3
a) Reihendarstellung
b) Paralleldarstellung.

Beispiel 3.4: Gesucht ist die Reihen- und die Paralleldarstellung zu

$$F(s) = \frac{-8}{(s-1)\,(s+2)^3}. \qquad \text{(A)}$$

Für die Reihendarstellung liefert Gl. (3.35):

$$\dot{\mathbf{u}}(t) = \begin{bmatrix} 1 & 1 & 0 & 0 \\ 0 & -2 & 1 & 0 \\ 0 & 0 & -2 & 1 \\ 0 & 0 & 0 & -2 \end{bmatrix} \mathbf{u}(t) + \begin{bmatrix} 0 \\ 0 \\ 0 \\ 1 \end{bmatrix} y(t) \qquad \text{(B)}$$

$$x(t) = \begin{bmatrix} -8 & 0 & 0 & 0 \end{bmatrix} \mathbf{u}(t)$$

mit dem Signalflußdiagramm in Bild 3.15 a.

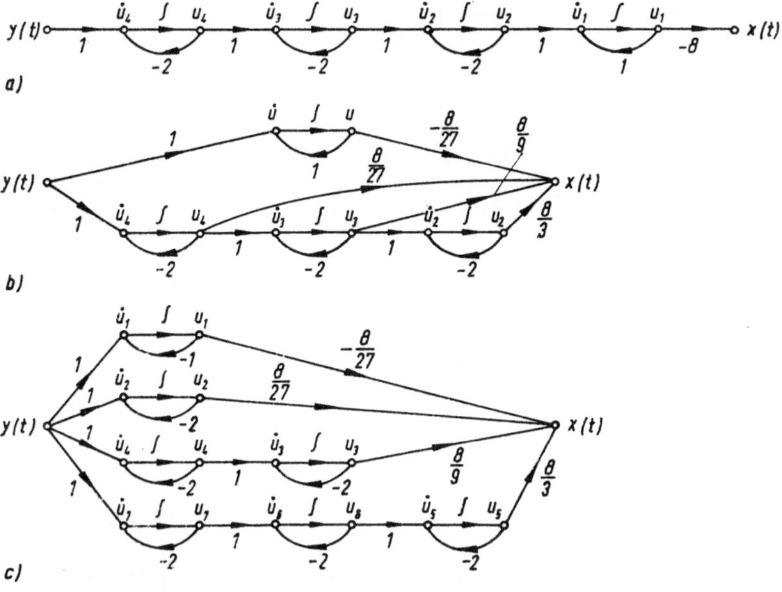

Bild 3.15. Signalflußdiagramm zu Beispiel 3.4
a) Reihendarstellung
b) Paralleldarstellung mit minimaler Zahl an Speicherelementen
c) Direkte Übersetzung der Partialbruchentwicklung

Für die Paralleldarstellung machen wir die Partialbruchentwicklung mit Hilfe von Gl. (3.41):

$$F(s) = \frac{-8}{(s-1)(s+2)^3} = \frac{C_{11}}{(s-1)} + \frac{C_{21}}{(s+2)^1} + \frac{C_{22}}{(s+2)^2} + \frac{C_{23}}{(s+2)^3}. \tag{C}$$

$$C_{11} = (s-1)\,F(s)\,\Big|_{s=1} = \frac{-8}{(s+2)^3}\,\Big|_{s=1} = -\frac{8}{27}$$

$$
\begin{aligned}
C_{23} &= \frac{1}{0!}\,\frac{d^0}{ds^0}\left\{(s+2)^3\,F(s)\right\}\Big|_{s=-2} = \quad 1\,\frac{-8}{(s-1)}\,\Big|_{s=-2} = \frac{8}{3}\\[2mm]
C_{22} &= \frac{1}{1!}\,\frac{d}{ds}\left\{(s+2)^3\,F(s)\right\}\Big|_{s=-2} = \quad 8\,(s-1)^{-2}\,\Big|_{s=-2} = \frac{8}{9}\\[2mm]
C_{21} &= \frac{1!}{2!}\,\frac{d^2}{ds^2}\left\{(s+2)^3\,F(s)\right\}\Big|_{s=-2} = -8\,(s-1)^{-3}\,\Big|_{s=-2} = \frac{8}{27}.
\end{aligned}
\tag{D}
$$

Mit Hilfe der so ermittelten Partialbruchentwicklung bestimmen wir zunächst die Paralleldarstellung entsprechend Gl. (3.42):

$$
\dot{\mathbf{u}}(t) = \begin{bmatrix} 1 & 0 & 0 & 0 \\ 0 & -2 & 1 & 0 \\ 0 & 0 & -2 & 1 \\ 0 & 0 & 0 & -2 \end{bmatrix} \mathbf{u}(t) + \begin{bmatrix} 1 \\ 0 \\ 0 \\ 1 \end{bmatrix} y(t) \tag{E}
$$

$$
x(t) = \left[-\frac{8}{27},\ \frac{8}{3},\ \frac{8}{9},\ \frac{8}{27} \right] \mathbf{u}(t),
$$

die durch das Signalflußdiagramm in Bild 3.15b dargestellt wird. An dieser Stelle erkennt man schon, daß die aus mathematischer Sicht besonders bequeme Jordan-Normalform nicht immer für die technische Interpretation besonders übersichtlich zu sein braucht.

Zum Abschluß sei noch die Darstellung des redundanten Systems vorgeführt, wenn man die Partialbruchentwicklung nach Gl. (C) sofort übersetzt, ohne überzählige Speicher zu eliminieren. Dies ist besonders leicht darzustellen, wenn man zunächst ein Signalflußdiagramm zu (C) zeichnet (Bild 3.15c) und dann daraus die dynamischen Gleichungen abliest:

$$\dot{\mathbf{u}}(t) = \begin{bmatrix} 1 & 0 & 0 & 0 & 0 & 0 & 0 \\ 0 & -2 & 0 & 0 & 0 & 0 & 0 \\ 0 & 0 & -2 & 1 & 0 & 0 & 0 \\ 0 & 0 & 0 & -2 & 0 & 0 & 0 \\ 0 & 0 & 0 & 0 & -2 & 1 & 0 \\ 0 & 0 & 0 & 0 & 0 & -2 & 1 \\ 0 & 0 & 0 & 0 & 0 & 0 & -2 \end{bmatrix} \mathbf{u}(t) + \begin{bmatrix} 1 \\ 1 \\ 0 \\ 1 \\ 0 \\ 0 \\ 1 \end{bmatrix} y(t) \qquad (F)$$

$$x(t) = \begin{bmatrix} -\dfrac{8}{27}, & \dfrac{8}{27}, & \dfrac{8}{9}, & 0, & \dfrac{8}{3}, & 0, & 0 \end{bmatrix} \mathbf{u}(t).$$

3.5 Darstellung reiner Verzögerungsglieder mit komplexen Polen

Wir behandeln nun den Fall des reinen Verzögerungsgliedes ohne endliche Nullstellen, das nur komplexe Pole hat:

$$F(s) = \frac{K}{(s - \sigma_1 - i\omega_1)(s - \sigma_1 + i\omega_1)\ldots(s - \sigma_r - i\omega_r)(s - \sigma_r + i\omega_r)}, \qquad (3.43\,\text{a})$$

$$F(s) = K \prod_{i=1}^{r} (s^2 - 2\sigma_i s + \sigma_i^2 + \omega_i^2)^{-1}. \qquad (3.43\,\text{b})$$

Das System hat also $n = 2r$ Pole, die jeweils paarweise konjugiert komplex sind. Zu diesem System lassen sich genau wie im Fall nur reeller Pole dynamische Gleichungen für eine Reihen- und eine Paralleldarstellung entsprechend den Gln. (3.35) und (3.42) angeben. Die dann auftretenden Matrizen $\mathbf{A}$ in Gl. (3.35) und $\mathbf{A}$, $\mathbf{B}$ und $\mathbf{C}$ in Gl. (3.42) haben dann aber auch komplexe konstante Elemente und können in dieser Form auf dem Analogrechner überhaupt nicht und für den Digitalrechner nur relativ umständlich programmiert werden. Man sollte deshalb auch kein Signalflußdiagramm hierzu angeben, da ein solches Diagramm dann auch komplexe Parameter aufweist und deshalb nicht sofort ein physikalisch-technisches System repräsentiert. Da andererseits die durch die Gln. (3.36) und (3.40) definierten Partialbruchentwicklungen auch für komplexe Pole gelten, hat die Paralleldarstellung für die theoretische Behandlung noch eine gewisse Bedeutung, da man hierdurch sogleich auf die in der Matrizentheorie sehr wichtige Jordansche Matrix geführt wird. Bevor wir eine andere, für den Analogrechner geeignetere Darstellung besprechen, soll die Partialbruchentwicklung für komplexe Pole an einem einfachen Beispiel erläutert werden:

Beispiel 3.5: Gegeben ist

$$F(s) = \frac{4}{(s - 1 + i)^2 \, (s - 1 - i)^2 \, (s - 2 + i) \, (s - 2 - i)}, \tag{A}$$

gesucht ist die Partialbruchentwicklung, um die dynamischen Gleichungen mit einer Jordan-Matrix als Matrix **A** zu erhalten.

Die Gl. (3.40) liefert die Partialbruchnotierung mit zunächst noch unbestimmten Koeffizienten, wobei wir hier 4 verschiedene Pole zu berücksichtigen haben:

$$F(s) = \frac{C_{11}}{(s-2+i)} + \frac{C_{21}}{(s-2-i)} + \frac{C_{31}}{(s-1+i)} + \frac{C_{32}}{(s-1+i)^2} + \frac{C_{41}}{(s-1-i)} + \frac{C_{42}}{(s-1-i)^2}. \tag{B}$$

Mit Hilfe der Gl. (3.41) bestimmen wir nun die 6 Koeffizienten C_{kl}:

$$C_{11} = \frac{4}{(s - 1 + i)^2 \, (s - 1 - i)^2 \, (s - 2 - i)} \bigg|_{s=2-i} =$$

$$= \frac{-2}{4 - 3i} = \frac{-2(4 + 3i)}{16 + 9} = \frac{-8}{25} - \frac{6}{25} i. \tag{C_1}$$

Die Koeffizienten, die zu konjugiert komplexen Polen gehören, sind selbst wieder konjugiert komplex, deshalb ist also:

$$C_{21} = \overline{C_{11}} = -\frac{8}{25} + \frac{6}{25} i \tag{C_2}$$

$$C_{32} = (s - 1 + i)^2 \, F(s) \big|_{s=1-i} = \frac{4}{(s-1-i)^2 \, (s-2+i) \, (s-2-i)} \bigg|_{s=1-i} =$$

$$= \frac{-1}{1 + 2i} = -\frac{1}{5} + \frac{2}{5} i \tag{C_3}$$

$$C_{42} = \overline{C_{32}} = -\frac{1}{5} - \frac{2}{5} i \tag{C_4}$$

$$C_{31} = \frac{d}{ds} \left(\frac{4}{(s - 1 - i)^2 \, (s - 2 + i) \, (s - 2 - i)} \right) \bigg|_{s=1-i} =$$

$$= -8 (s - 1 - i)^{-3} (s - 2 + i)^{-1} (s - 2 - i)^{-1} -$$

$$- 4 (s - 1 - i)^{-2} (s - 2 + i)^{-2} (s - 2 - i)^{-1} -$$

$$- 4 (s - 1 - i)^{-2} (s - 2 + i)^{-1} (s - 2 - i)^{-2} \big|_{s=1-i} = \frac{8 + 19i}{25} \tag{C_5}$$

$$C_{41} = \overline{C_{31}} = \frac{8 - 19i}{25}. \tag{C_6}$$

Wir ordnen nun dem System 6 Zustandsvariable, entsprechend den 6 Polen in Gl. (A), zu und finden mit den Koeffizienten aus Gl. (C) folgenden Gleichungssatz:

$$\dot{\mathbf{u}}(t) = \begin{bmatrix} (2-i) & 0 & 0 & 0 & 0 & 0 \\ 0 & (2+i) & 0 & 0 & 0 & 0 \\ 0 & 0 & (1-i) & 1 & 0 & 0 \\ 0 & 0 & 0 & (1-i) & 0 & 0 \\ 0 & 0 & 0 & 0 & (1+i) & 1 \\ 0 & 0 & 0 & 0 & 0 & (1+i) \end{bmatrix} \mathbf{u}(t) + \begin{bmatrix} 1 \\ 1 \\ 0 \\ 1 \\ 0 \\ 1 \end{bmatrix} y(t)$$

$$x(t) = \left[\frac{-8-6i}{25} ; \frac{-8+6i}{25} ; \frac{-1+2i}{5} ; \frac{8+19i}{25} ; \frac{-1-2i}{5} ; \frac{8-19i}{25} \right] \mathbf{u}(t). \tag{D}$$

An diesem Beispiel ist zu erkennen, daß auch im Fall mehrfacher komplexer Pole der Rechenaufwand erträglich und jedenfalls nicht schwierig ist.

Wir wenden uns nun einer Darstellung der Gl. (3.43) im Zustandsraum mit nur reellen Koeffizienten in den Systemmatrizen zu. Diese Darstellung gewinnt man leicht aus Gl. (3.43 b), indem man das Gesamtsystem zunächst als Reihenschaltung von r schwingungsfähigen Systemen 2. Ordnung auffaßt. Jedes dieser Systeme wird durch eine Funktion der Form

$$F_i(s) = \frac{1}{s^2 - 2\sigma_i s + \sigma_i^2 + \omega_i^2} = \frac{1}{(s - \sigma_i)^2 + \omega_i^2}, \quad i = 1, 2, \ldots, r \tag{3.44}$$

beschrieben. Ordnen wir nun jedem dieser Systeme 2. Ordnung zwei Zustandsvariable zu, wie es in Abschnitt 3.2, Gl. (3.8), gezeigt wurde, kommen wir

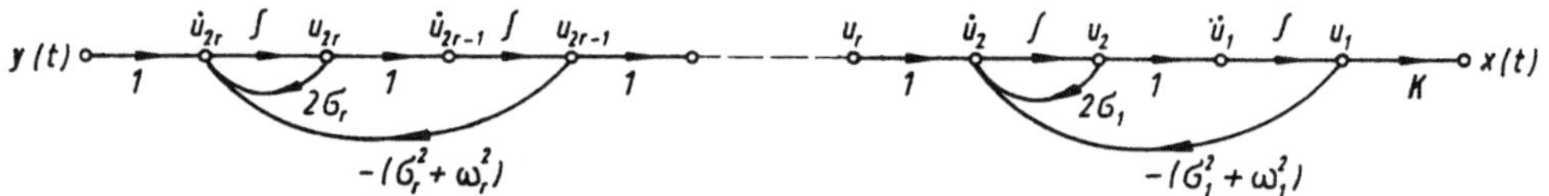

Bild 3.16.　Signalflußdiagramm zur Interpretation der Gl. (3.43 b).

zunächst zu einem Signalflußdiagramm entsprechend Bild 3.16, an dem dann folgendes zugehöriges Matrixgleichungssystem ablesbar ist:

$$\dot{\mathbf{u}}(t) = \begin{bmatrix} 0 & 1 & 0 & 0 & \cdots & 0 \\ -(\sigma_1^2+\omega_1^2) & 2\sigma_1 & 1 & 0 & & \vdots \\ 0 & 0 & 0 & 1 & & \vdots \\ 0 & 0 & -(\sigma_2^2+\omega_2^2) & 2\sigma_2 & & \vdots \\ & & & & 1 & 0 \\ & & & & 0 & 1 \\ 0 & \cdots & 0 & -(\sigma_r^2+\omega_r^2) & 2\sigma_r \end{bmatrix} \mathbf{u}(t) + \begin{bmatrix} 0 \\ \vdots \\ \vdots \\ \vdots \\ \vdots \\ \vdots \\ 1 \end{bmatrix} y(t)$$

$$x(t) = [\quad K \quad 0 \cdots\cdots\cdots\cdots\cdots 0 \;] \mathbf{u}(t). \tag{3.45}$$

Im Falle nur stabiler Pole, also

$$\mathrm{Re}\,\sigma_i < 0, \qquad \text{für} \qquad i = 1, 2, \ldots, r \tag{3.46}$$

steht in Matrix **A** in (3.45) auch vor den Elementen $2\sigma_i$ das negative Vorzeichen. Bei einiger Übung kann man an den Matrizen **A** der dynamischen Gleichungen sofort die zugrundeliegende physikalische Systemstruktur ablesen. Die Systeme 2. Ordnung (in Gl. (3.45) gestrichelt angedeutet) besitzen jeweils zur Hauptdiagonalen symmetrisch liegende zweireihige Untermatrizen, die bei der Reihenschaltung durch „Koppelfaktoren" verbunden sind, die in der nächsten Nebendiagonalen oberhalb der Hauptdiagonalen stehen. Im Fall der Gl. (3.45) sind diese Koppelfaktoren gleich Eins.

Die durch Gl. (3.45) festgelegte Zustandsvariablenwahl eignet sich besonders für die Erstellung von Analogrechenschaltungen. Für die mathematische Behandlung kann es von Interesse sein, eine Darstellung mit größerer Sym-

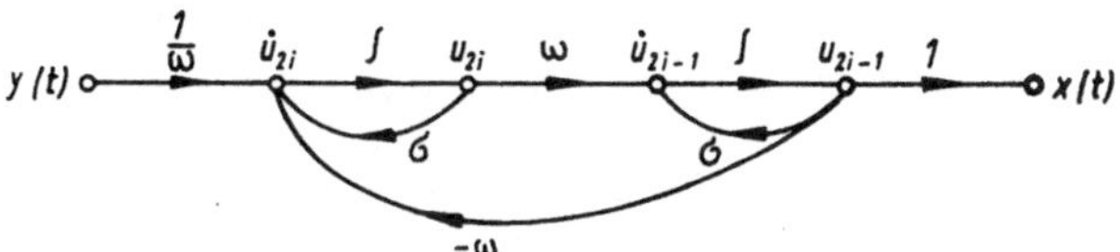

Bild 3.17
Signalflußdiagramm eines Schwingers 2. Ordnung, das auf eine schiefsymmetrische Matrix **A** führt.

metrie zu wählen, zu der man gelangt, wenn für jedes Glied mit der Form Gl. (3.44) ein Signalflußdiagramm nach Bild 3.17 gewählt wird. Diese Wahl führt für Gl. (3.43) zu dem Gleichungssystem:

$$\dot{\mathbf{u}}(t) = \begin{bmatrix} \sigma_1 & \omega_1 & 0 & 0 & 0 \cdots\cdots\cdots & 0 \\ -\omega_1 & \sigma_1 & \omega_1^{-1} & 0 & 0 & \vdots \\ 0 & 0 & \sigma_2 & \omega_2 & 0 & \vdots \\ 0 & 0 & -\omega_2 & \sigma_2 & \omega_2^{-1} & \vdots \\ \vdots & & & & \ddots & \vdots \\ \vdots & & & & & \sigma_r & \omega_r \\ 0 \cdots\cdots\cdots\cdots\cdots & 0 & -\omega_r & \sigma_r \end{bmatrix} \mathbf{u}(t) + \begin{bmatrix} 0 \\ \vdots \\ \vdots \\ \vdots \\ \vdots \\ 0 \\ \omega_r^{-1} \end{bmatrix} y(t) \tag{3.47}$$

$$x(t) = \begin{bmatrix} K & 0 \cdots\cdots\cdots\cdots\cdots & 0 \end{bmatrix} \mathbf{u}(t).$$

Auch hier erkennt man an der schiefsymmetrischen Matrix **A** in Gl. (3.47) wieder leicht die Struktur der Systeme und die Werte der „Koppelfaktoren", hier ω_i^{-1}.

Neben den vorstehend aufgeführten Reihendarstellungen aus Systemen 2. Ordnung kann man auch eine entsprechende Paralleldarstellung gewinnen, wenn von einer Partialbruchdarstellung zweiter Art ausgegangen wird. Zu diesem Zweck werden die zueinandergehörenden Glieder einer Partialbruchentwicklung auf den gemeinsamen Hauptnenner gebracht:

$$F_{i1}(s) = \frac{C_{i1}}{(s - \sigma_i - i\omega_i)} + \frac{\overline{C}_{i1}}{(s - \sigma_i + i\omega_i)}, \quad i = 1, 2, \ldots, r.$$

Mit $C_{i1} = c_i + i\gamma_i$ erhält man dann daraus:

$$F_{i1}(s) = 2\,\frac{c_i\,s - (c_i\,\sigma_i + \gamma_i\,\omega_i)}{s^2 - 2\,\sigma_i\,s + \sigma_i^2 + \omega^2} = \frac{{}^1b_{i1} + {}^1b_{i2}\,s}{s^2 + a_{i2}\,s + a_{i1}}, \quad i = 1, 2, \ldots r \quad (3.48)$$

also eine gebrochen rationale Funktion mit einer einfachen Nullstelle, die mit den Regeln aus Abschnitt 3.3 so dargestellt werden kann (Bild 3.18):

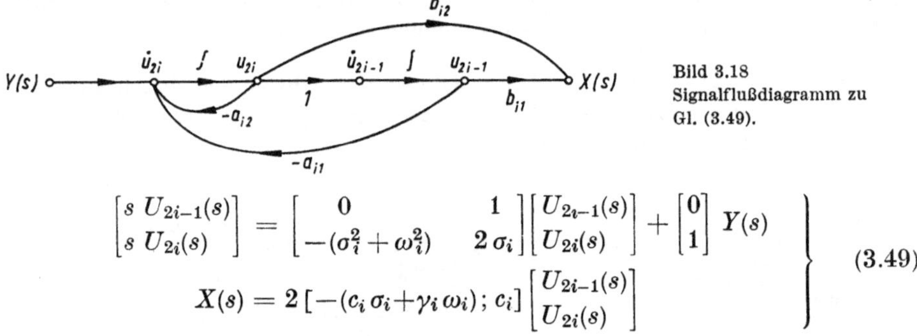

Bild 3.18
Signalflußdiagramm zu
Gl. (3.49).

$$\left.\begin{array}{c} \begin{bmatrix} s\,U_{2i-1}(s) \\ s\,U_{2i}(s) \end{bmatrix} = \begin{bmatrix} 0 & 1 \\ -(\sigma_i^2 + \omega_i^2) & 2\,\sigma_i \end{bmatrix} \begin{bmatrix} U_{2i-1}(s) \\ U_{2i}(s) \end{bmatrix} + \begin{bmatrix} 0 \\ 1 \end{bmatrix} Y(s) \\[16pt] X(s) = 2\,[-(c_i\,\sigma_i + \gamma_i\,\omega_i);\ c_i] \begin{bmatrix} U_{2i-1}(s) \\ U_{2i}(s) \end{bmatrix} \end{array}\right\} \quad (3.49)$$

Die in Gl. (3.48) auftretenden Koeffizienten b_{kl} im Zählerpolynom sind noch durch einen links hoch gestellten zusätzlichen Index gekennzeichnet, der mit der 1 in C_{i1} (des Partialbruchkoeffizienten) korrespondiert. Wenn das i-te konjugiert komplexe Polpaar die Vielfachheit k_i hat, treten k_i Partialbrüche zweiter Art auf.

Hat jedes der komplexen Polpaare die Vielfachheit k_i, dann sind, genau wie bei der Paralleldarstellung vielfacher reeller Pole eine entsprechende Anzahl der Glieder nach Gl. (3.49) bzw. Bild 3.18 in Reihe zu schalten, so daß man für das Gesamtsystem der Gl. (3.43) die folgende Paralleldarstellung mit nur reellen Koeffizienten erhält:

$$\dot{\mathbf{u}}(t) = \begin{bmatrix} 0 & 1 & 0 & 0 \ldots\ldots\ldots\ldots\ldots\ldots\ldots 0 \\ -a_{11} & -a_{12} & 1 & 0 \\ 0 & 0 & 0 & 1 \\ 0 & 0 & -a_{11} & -a_{12} \\ & & & \ddots\ 1 & 0 \\ & & & 0 & 1 \\ & & & -a_{11} & -a_{12}\ 0 & \ddots \\ & \underbrace{}_{k_1\text{-mal}} & & & \ddots\ 1 & 0 \\ & & & & 0 & 1 \\ 0 \ldots\ldots\ldots\ldots\ldots\ldots 0 & -a_{r1} & -a_{r2} \end{bmatrix} \mathbf{u}(t) + \begin{bmatrix} 0 \\ \vdots \\ 0 \\ 1 \\ \vdots \end{bmatrix} y(t)$$

$$x(t) = [\ {}^{k_1}b_{11};\ldots\ldots\ldots\ldots\ldots\ldots\ldots {}^1b_{12};\ \ldots\ldots {}^1b_{r2}\ ]\,\mathbf{u}(t). \quad (3.50)$$

In der Matrix $\mathbf{A}$ in Gl. (3.50) treten die gleichartigen Systeme 2. Ordnung also jeweils so oft auf, wie die Vielfachheit des zugehörigen konjugiert komplexen Polpaares angibt. In der $\mathbf{B}$ Matrix sind alle $2k_1-1$ Zeilen mit Nullelementen besetzt, denen dann in der $2k_1$-ten Zeile eine 1 folgt, usw. In der Matrix C treten dagegen die gegebenen Stücke bei Vielfachheiten ($k_i > 1$) der komplexen Polpaare in recht verwickelter Form auf, so daß diese Darstellung dann recht unbequem ist. An einem Beispiel soll das Verfahren erläutert werden.

Beispiel 3.6: Gegeben ist die gleiche Übertragungsfunktion wie in Beispiel 3.5

$$F(s) = \frac{4}{(s-2-i)(s-2+i)(s-1-i)^2(s-1+i)^2}\,, \tag{A}$$

gesucht ist eine Paralleldarstellung mit reellen Koeffizienten.

Zunächst werden die konjugiert komplexen Polpaare unter Benützung der Gl. (3.48) zusammengefaßt:

a) für die Linearfaktoren $(s-2-i)(s-2+i)$:

$$F_{11}(s) = \frac{{}^1b_{11} + {}^1b_{12}\,s}{s^2 - 4s + 5} \quad \text{mit} \quad \begin{aligned} a_1 &= 5 = \sigma_1^2 + \omega_1^2 = 2^2 + 1^2 \\ a_2 &= -2\,\sigma_1 = -4 \end{aligned} \tag{B_1}$$

b) für die Linearfaktoren $(s-1-i)(s-1+i)$:

$$F_{21}(s) = \frac{{}^1b_{21} + {}^1b_{22}\,s}{s^2 - 2s + 2}\,, \tag{B_2}$$

c) für die Linearfaktoren $(s-1-i)^2(s-1+i)^2$:

$$F_{22}(s) = \frac{{}^2b_{21} + {}^2b_{22}\,s + {}^2b_{23}\,s^2}{(s^2 - 2s + 2)^2}\,. \tag{B_3}$$

Es müssen nun die Koeffizienten b_{kl} aus den C_{ij} der Partialbruchentwicklung für die Einzelpole bestimmt werden. Wir benützen dazu die in Beispiel 3.5 schon berechneten C_{ij} und erhalten mit Gl. (3.48) zunächst:

$$\left.\begin{aligned} C_{11} &= \frac{-8}{25} - \frac{6}{25}\,i = c_{11} + i\,\gamma_{11} \\[2mm] {}^1b_{11} &= -(c_{11}\,\sigma_1 + \gamma_{11}\,\omega_1) = -2\left[\frac{-8}{25}\,(2) + \frac{-6}{25}\right] \\[2mm] &= \frac{44}{25} \\[2mm] {}^1b_{12} &= 2\,c_{11} = -\frac{16}{25}\,. \end{aligned}\right\} \tag{C_1}$$

Entsprechend werden ${}^1b_{21}$ und ${}^1b_{22}$ aus C_{31} aus Gl. (3.5 C$_2$) bestimmt:

$$\left.\begin{aligned} C_{31} &= \frac{8 + 19\,i}{25} \\[2mm] {}^1b_{21} &= -\frac{54}{25} \\[2mm] {}^1b_{22} &= \frac{16}{25}\,, \end{aligned}\right\} \tag{C_2}$$

4 *

und schließlich ist C_{32} aus Gl. (3.5 C$_3$):

$$\left.\begin{aligned}
C_{32} &= -\frac{1+2\,\mathrm{i}}{5} \\[1ex]
{}^{2}b_{21} &= 2\,[c_{32}\,(\sigma_2^2 - \omega_2^2) + 2\,\gamma_{32}\,\omega_2\,\sigma_2] = \frac{-8}{5} \\[1ex]
{}^{2}b_{22} &= -2\,(c_{32}\,\sigma_2 + \gamma_{32}\,\omega_2) = \frac{6}{5} \\[1ex]
{}^{2}b_{23} &= 2\,c_{32} = -\frac{2}{5}\,.
\end{aligned}\right\} \qquad (\mathrm{C}_3)$$

Für die gewünschte Minimalrealisierung der Paralleldarstellung muß man nun beachten, daß $^{1}b_{21}$ und $^{2}b_{23}$ zu der gleichen Zustandsvariablen führen. Es ist also für die Bestimmung des betreffenden Koeffizienten in der Matrix C die Summe $^{1}b_{21} + {}^{2}b_{23} = -\frac{64}{25}$ in den dynamischen Gln. einzusetzen:

$$\dot{\mathbf{u}}(t) = \begin{bmatrix}
0 & 1 & 0 & 0 & 0 & 0 \\
-5 & +4 & 0 & 0 & 0 & 0 \\
0 & 0 & 0 & 1 & 0 & 0 \\
0 & 0 & -2 & 2 & 1 & 0 \\
0 & 0 & 0 & 0 & 0 & 1 \\
0 & 0 & 0 & 0 & -2 & 2
\end{bmatrix} \mathbf{u}(t) + \begin{bmatrix} 0 \\ 1 \\ 0 \\ 0 \\ 0 \\ 1 \end{bmatrix} y(t) \qquad (\mathrm{D})$$

$$y(t) = \begin{bmatrix} \dfrac{44}{25}; & -\dfrac{16}{25}; & -\dfrac{8}{5}; & -\dfrac{6}{5}; & -\dfrac{64}{25}; & \dfrac{16}{25} \end{bmatrix} \mathbf{u}(t),$$

zu denen das Signalflußdiagramm in Bild 3.19 gehört.

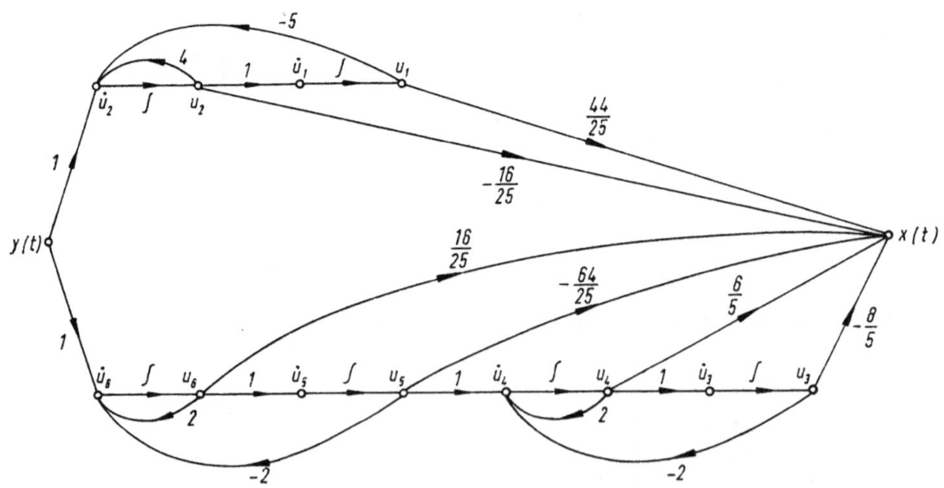

Bild 3.19. Signalflußdiagramm zu der Paralleldarstellung in Beispiel 3.6, Gl. (D).

3.6 Übertragungsglieder mit bekannten Polen und Nullstellen

In den vorstehenden letzten beiden Abschnitten waren kanonische Darstellungen im Phasenraum für reine Verzögerungsglieder mit bekannten Polen erläutert worden. Wir wenden uns nun noch kurz der entsprechenden Darstellung allgemeiner Einfachübertragungssysteme zu, deren Pole und Nullstellen als bekannt vorausgesetzt werden. Die hier zu behandelnden Systeme haben also komplexe Übertragungsfunktionen der Form:

$$F(s) = K \frac{(s - \beta_1)(s - \beta_2)\ldots(s - \beta_m)}{(s - \alpha_1)(s - \alpha_2)\ldots(s - \alpha_n)}$$

$$= K \prod_{i=1}^{m}(s - \beta_i) \prod_{j=1}^{n}(s - \alpha_j)^{-1}, \quad m \leq n \qquad (3.51)$$

Ähnlich wie bei den Systemen, die nicht durch die Wurzeln der Zähler- und Nennerpolynome, sondern durch diese Polynome selbst charakterisiert sind, ist es nützlich, wieder eine Fallunterscheidung vorzunehmen, je nachdem, ob $m = n$ oder $m < n$ gilt. Im ersteren Fall ist wieder die Matrix $\mathbf{D} \neq 0$, und man erhält in den Koeffizienten der Matrizen $\mathbf{B}$ oder $\mathbf{C}$ eine gewisse, wenn auch einfach übersehbare Verkopplung. Wir beginnen deshalb mit dem etwas einfacheren Fall $m < n$.

a) Reihendarstellung für $m < n$

Gehen wir zunächst davon aus, daß eine Reihendarstellung erwünscht ist, bei der alle Pol- und Nullstellen direkt ablesbar sind. Auch wenn diese komplex sind, also dann auf Koeffizientenmatrizen mit komplexen konstanten Elementen führen, kann folgende Darstellung der dynamischen Gleichungen für ein System mit n Polen und r Nullstellen und $r < n$ gewählt werden:

$$\dot{\mathbf{u}}(t) = \begin{bmatrix} \alpha_1 & \alpha_2-\beta_2 & \alpha_3-\beta_3 & \ldots & \alpha_r-\beta_r & 1 & 0 & \ldots & 0 \\ 0 & \alpha_2 & \alpha_3-\beta_3 & \ldots & \alpha_r-\beta_r & 1 & 0 & \ldots & 0 \\ & & \alpha_3 & & & & & & \\ & & & & & & & & \\ & & & & \alpha_r & 1 & 0 & \ldots & 0 \\ & & & & & \alpha_{r+1} & 1 & \ldots & 0 \\ & & & & & & & & 1 \\ 0 & \cdots & & & & & & & \alpha_n \end{bmatrix} \mathbf{u}(t) + \begin{bmatrix} 0 \\ \vdots \\ \vdots \\ \vdots \\ \vdots \\ \vdots \\ 0 \\ 1 \end{bmatrix} y(t) \qquad (3.52)$$

$$x(t) = K \begin{bmatrix} \alpha_1-\beta_1; & \alpha_2-\beta_2; & \cdots \alpha_r-\beta_r; & 1; & 0; & \cdots 0 \end{bmatrix} \mathbf{u}(t)$$

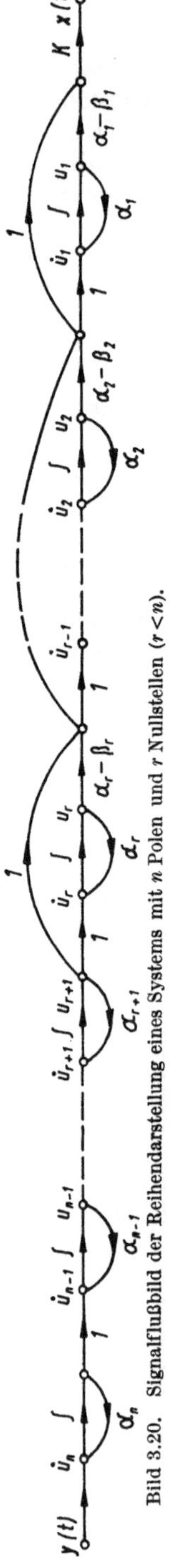

Bild 3.20. Signalflußbild der Reihendarstellung eines Systems mit n Polen und r Nullstellen ($r<n$).

der das Signalflußdiagramm in Bild 3.20 zuzuordnen ist. Auch dann, wenn die in (3.52) auftretenden Differenzausdrücke $(\alpha_i - \beta_i)$ jeweils in einem Koeffizienten zusammengefaßt sind, ist die Bestimmung der Nullstellen recht einfach, da ja in der Hauptdiagonalen der Matrix **A** die Pole α_i allein auftreten, so daß dann die β_i aus den $c_i = \alpha_i - \beta_i$ leicht zu $\beta_i = \alpha_i - c_i$ ermittelt werden können.

Sind komplexe Pole und auch komplexe Nullstellen vorhanden, dann müssen wegen den bei technisch-physikalischen Systemen reellen Koeffizienten b_i im Zählerpolynom $Z(s)$ und reellen a_i im Nennerpolynom $N(s)$ einer komplexen Übertragungsfunktion $F(s) = Z(s)/N(s)$ sowohl die Pole α_i als auch die Nullstellen β_i paarweise konjugiert komplex auftreten. Man kann also dann eine Reihendarstellung mit reellen Koeffizientenmatrizen gewinnen, indem man die konjugiert komplexen Pol- und Nullstellenpaare zu Teilsystemen 2. Ordnung der Form:

$$F_i(s) = \frac{(s - \bar{\beta}_k)\,(s - \beta_k)}{(s - \alpha_k)\,(s - \bar{\alpha}_k)} = \frac{s^2 + {}^i b_2\,s + {}^i b_1}{s^2 + {}^i a_2\,s + {}^i a_1} \tag{3.53}$$

zusammenfaßt. Zu einem solchen Teilsystem gehört ein Signalflußdiagramm nach Bild 3.21. Unter Verwendung der Teilsysteme Gl. (3.53)

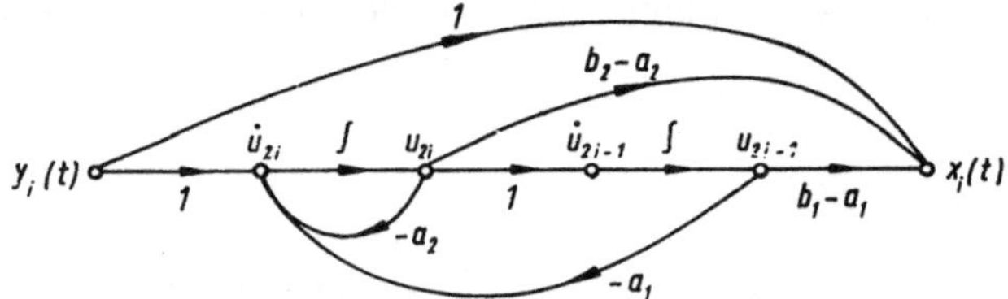

Bild 3.21
Signalflußbild eines Systems mit zwei konjugiert komplexen Polen und Nullstellen.

zusammen mit entsprechenden für reelle Pole und Nullstellen kann dann von Fall zu Fall eine entsprechende Reihendarstellung der komplexen Übertragungsfunktion gefunden werden. Anstelle einer recht umfangreichen allgemeinen Anschrift der entsprechenden dynamischen Gleichungen sei das Vorgehen an einem Beispiel erläutert.

Beispiel 3.7: Gegeben ist folgende Übertragungsfunktion

$$F(s) = \frac{(s - 1 - \mathrm{i})\,(s - 1 + \mathrm{i})\,(s - 3)}{(s + 2 + \mathrm{i})\,(s + 2 - \mathrm{i})\,(s + 2)\,(s + 4)}, \tag{A}$$

zu der eine Reihendarstellung mit reellen Koeffizienten angegeben werden soll. Durch Zusammenfassung der komplexen Pole und Nullstellen wird auch gefunden:

$$F(s) = \frac{(s^2 - 2\,s + 2)}{(s^2 + 4\,s + 5)} \cdot \frac{(s - 3)}{(s + 2)} \cdot \frac{1}{(s + 4)}$$

$$= \frac{s^2 + b_2\,s + b_1}{s^2 + a_2\,s + a_1} \cdot \frac{(s - \beta_3)}{(s - \alpha_3)} \cdot \frac{1}{(s - \alpha_4)}. \tag{B}$$

Das System hat wegen der insgesamt 4 Pole auch 4 Energiespeicher, denen wir 4 Zustandsvariable zuordnen und dazu das Signalflußdiagramm in Bild 3.22 zeichnen. Aus

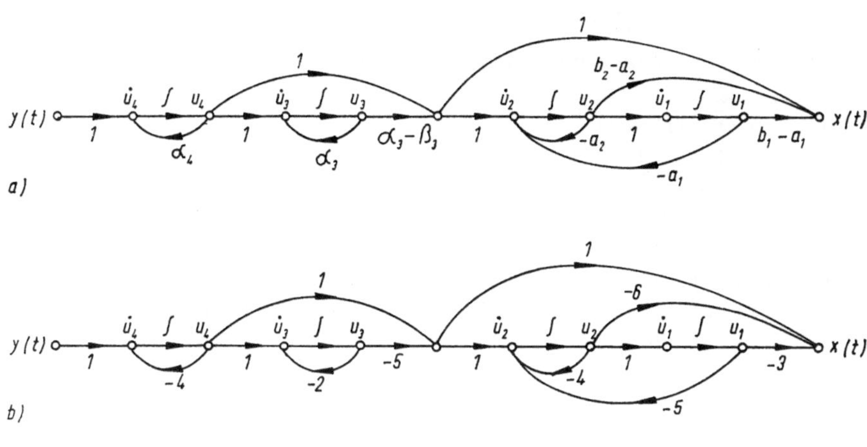

Bild 3.22.   Signalflußdiagramm zu Beispiel 3.7
a) mit allgemeinen Koeffizienten
b) mit den gegebenen Zahlenwerten.

diesem Diagramm lesen wir die dynamischen Gleichungen ab zu:

$$\dot{\mathbf{u}}(t) = \begin{bmatrix} 0 & 1 & 0 & 0 \\ -5 & -4 & -5 & 1 \\ 0 & 0 & -2 & 1 \\ 0 & 0 & 0 & -4 \end{bmatrix} \mathbf{u}(t) + \begin{bmatrix} 0 \\ 0 \\ 0 \\ 1 \end{bmatrix} y(t) \tag{C}$$

$$x(t) = [\ -3;\ -6;\ -5;\ \ \ 1\ ]\,\mathbf{u}(t).$$

b) Paralleldarstellung für $m < n$

Da bei einer echt gebrochen rationalen Funktion eine Partialbruchentwicklung für die Partialbrüche immer nur konstante Zählerkoeffizienten liefert, die reell oder auch komplex sein können, kann keine Paralleldarstellung angegeben werden, bei der gegebenenfalls vorhandene Nullstellen direkt ablesbar bleiben. Die Paralleldarstellung folgt genau den in den Abschnitten 3.4 und 3.5 angegebenen Verfahren der Partialbruchentwicklung unter Verwendung der Gln. (3.40) und (3.41). Auch hier soll ein einfaches Beispiel das Vorgehen erläutern.

Beispiel 3.8: Gesucht ist die Paralleldarstellung der Übertragungsfunktion

$$F(s) = \frac{(s-1)}{(s+1)^2\,(s+2)} \tag{A}$$

durch dynamische Gleichungen auf der Basis einer Partialbruchentwicklung. Wir setzen diese Partialbruchentwicklung entsprechend Gl. (3.40) an:

$$F(s) = \frac{C_{11}}{(s+1)} + \frac{C_{12}}{(s+1)^2} + \frac{C_{21}}{(s+2)} \tag{B}$$

und bestimmen mit Hilfe von Gl. (3.41) die Koeffizienten C_{kl} zu:

$$C_{12} = \frac{(s-1)}{(s+2)}\Big|_{s=-1} = -2$$

$$C_{11} = \frac{d}{ds}\left(\frac{(s-1)}{(s+2)}\right)\Big|_{s=-1} = \left(\frac{1}{s+2} - \frac{(s-1)}{(s+2)^2}\right)\Big|_{s=-1} = 3 \tag{C}$$

$$C_{21} = \frac{(s-1)}{(s+1)^2}\Big|_{s=-2} = -3.$$

Mit Hilfe dieser Koeffizienten zeichnen wir das Sginalflußdiagramm des Systems in Bild 3.23, aus dem dann die zugehörigen dynamischen Gleichungen der gesuchten kanonischen Paralleldarstellung abgelesen werden:

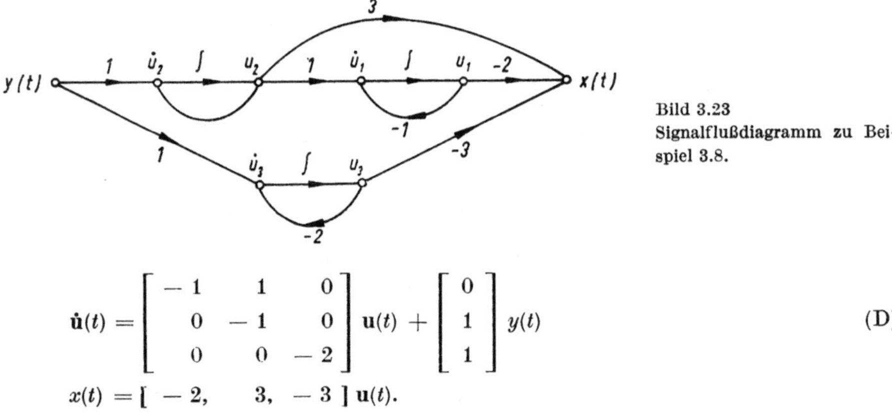

Bild 3.23
Signalflußdiagramm zu Beispiel 3.8.

$$\dot{\mathbf{u}}(t) = \begin{bmatrix} -1 & 1 & 0 \\ 0 & -1 & 0 \\ 0 & 0 & -2 \end{bmatrix} \mathbf{u}(t) + \begin{bmatrix} 0 \\ 1 \\ 1 \end{bmatrix} y(t) \tag{D}$$

$$x(t) = [\,-2,\quad 3,\quad -3\,]\,\mathbf{u}(t).$$

c) *Reihendarstellung für m = n*

Hat ein Übertragungssystem ebensoviel Nullstellen wie Pole, die alle als bekannt vorausgesetzt sind, dann gelten folgende dynamischen Gleichungen für eine kanonische Reihendarstellung, an der alle gegebenen Stücke, die Verstärkung K, die n Pole α_i und die n Nullstellen β_i ablesbar sind:

$$\dot{\mathbf{u}}(t) = \begin{bmatrix} \alpha_1 & \alpha_2 - \beta_2 & \alpha_3 - \beta_3 & \cdots\cdots & \alpha_n - \beta_n \\ 0 & \alpha_2 & \alpha_3 - \beta_3 & \cdots\cdots\cdots & \\ 0 & 0 & \alpha_3 & \cdots\cdots\cdots & \\ \vdots & & & \ddots & \\ \vdots & & & & \alpha_n - \beta_n \\ 0 & \cdots\cdots\cdots\cdots & 0 & \alpha_n \end{bmatrix} \mathbf{u}(t) + \begin{bmatrix} 1 \\ 1 \\ 1 \\ \vdots \\ 1 \\ 1 \end{bmatrix} y(t)$$

$$x(t) = K\,[(\alpha_1 - \beta_1),\ (\alpha_2 - \beta_2),\ (\alpha_3 - \beta_3),\ \ldots (\alpha_n - \beta_n)]\,\mathbf{u}(t) + K\,y(t). \tag{3.54}$$

Dazu gehört das Signalflußdiagramm in Bild 3.24, das für nur reelle Pole und Nullstellen auch gleichzeitig eine Vorschrift zur Erstellung einer Analog-

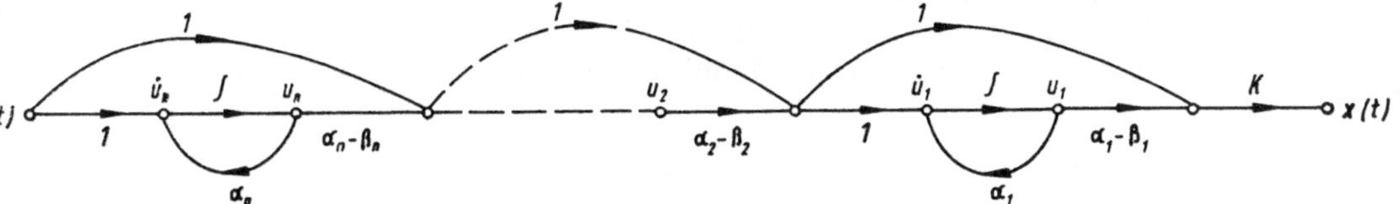

Bild 3.24. Signalflußdiagramm eines Systems mit n Polen α_i und n Nullstellen β_i in Reihendarstellung.

rechnerschaltung darstellt. Sind die Pole und Nullstellen teilweise oder alle komplex, müssen für eine reelle Reihendarstellung Teilsysteme nach Gl. (3.53) hintereinandergeschaltet werden, wie es an einem einfachen Beispiel erläutert werden soll:

Beispiel 3.9: Gegeben ist die komplexe Übertragungsfunktion

$$F(s) = \frac{(s - 1 - \mathrm{i})\,(s - 1 + \mathrm{i})\,(s - 2)}{(s + 2)\,(s + 3)\,(s + 5)}, \tag{A}$$

für die eine reelle Reihendarstellung angegeben werden soll. Dazu formen wir Gl. (A) so um, daß ein System 2. Ordnung mit reellen Koeffizienten entsteht:

$$F(s) = \frac{s^2 - 2\,s + 2}{s^2 + 5\,s + 6} \cdot \frac{(s - 2)}{(s + 5)}. \tag{B}$$

Zu Gl. (B) läßt sich nun leicht mit Hilfe von Bild 3.21 und Gl. (3.53) das Signalflußdiagramm in Bild 3.25 angeben, das dann auf die dynamischen Gleichungen

$$\dot{\mathbf{u}}(t) = \begin{bmatrix} 0 & 1 & 0 \\ -6 & -5 & -7 \\ 0 & 0 & -5 \end{bmatrix} \mathbf{u}(t) + \begin{bmatrix} 0 \\ 1 \\ 1 \end{bmatrix} y(t) \tag{C}$$

$$x(t) = \begin{bmatrix} -4, & -7, & -7 \end{bmatrix} \mathbf{u}(t) + y(t)$$

führt.

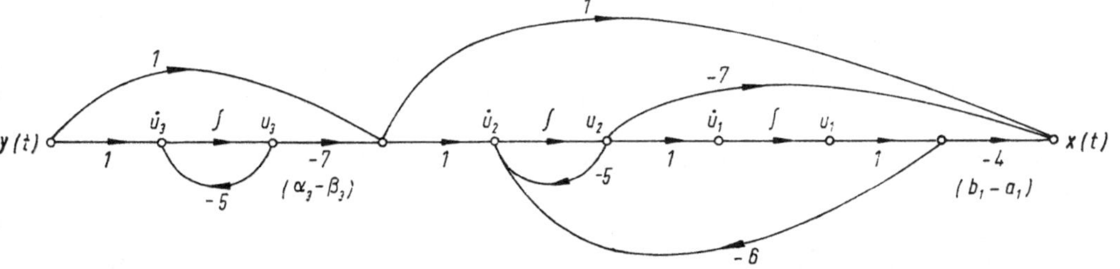

Bild 3.25. Signalflußdiagramm zu Beispiel 3.9.

d) *Paralleldarstellung für m = n*

Eine Paralleldarstellung mit Hilfe der Partialbruchentwicklung ist für Systeme, die gleich viele Pole wie Nullstellen haben, erst nach einer Umrechnung möglich, da eine Partialbruchentwicklung nur für *echt* gebrochen rationale Funktionen angegeben werden kann. Ist eine komplexe Übertragungsfunktion so gegeben:

$$F(s) = K \frac{(s - \beta_1) \ldots (s - \beta_n)}{(s - \alpha_1) \ldots (s - \alpha_n)}, \tag{3.55}$$

dann muß, wenn die Bestimmung der Paralleldarstellung nicht mit Hilfe einer Matrizentransformation aus der Reihenschaltung erfolgen soll, zunächst mit Hilfe der Vietaschen Wurzelsätze Gl. (3.55) in die Polynomform übergeführt werden:

$$F(s) = K \frac{(b_1 + b_2 s + \ldots + b_n s^{n-1} + s^n)}{(a_1 + a_2 s + \ldots + a_n s^{n-1} + s^n)}. \tag{3.56}$$

Nach Ausführung der Division findet man dann hieraus:

$$F(s) = K + K \frac{(c_1 + c_2 s + \ldots + c_n s^{n-1})}{(a_1 + a_2 s + \ldots + a_n s^{n-1} + s^n)}$$

$$= K + K \frac{(c_1 + c_2 s + \ldots + c_n s^{n-1})}{(s - \alpha_1)(s - \alpha_2) \ldots (s - \alpha_n)}$$

$$F(s) = K + K \frac{(b_1 - a_1) + (b_2 - a_2) s + \ldots + (b_n - a_n) s^{n-1}}{(s - \alpha_1)(s - \alpha_2) \ldots (s - \alpha_n)}, \tag{3.57}$$

worin der zweite Summand eine echt gebrochen rationale Funktion ist, zu der dann mit Hilfe des Verfahrens aus Abschnitt 3.2 eine Partialbruchentwicklung und damit dann auch eine Paralleldarstellung angegeben werden kann. Der in Gl. (3.57) stehende erste Summand K verbindet den Eingang mit dem Ausgang des Systems direkt und ist deshalb gleich **D** in den dynamischen Gleichungen.

Beispiel 3.10: Es ist zu der komplexen Übertragungsfunktion

$$F(s) = K \frac{(s - 1 - i)(s - 1 + i)(s - 2)}{(s + 1)(s + 3)(s + 5)} \quad \text{mit } K = 5 \tag{A}$$

eine Paralleldarstellung anzugeben. Zunächst bestimmen wir die Zähler- und Nennerpolynome von Gl. (A) zu:

$$F(s) = 5 \frac{-4 + 6 s - 4 s^2 + s^3}{15 + 23 s + 9 s^2 + s^3}. \tag{B}$$

Nach Ausrechnen der Division von Zählerpolynom durch Nennerpolynom erhalten wir
hieraus:

$$F(s) = 5 + 5 \frac{-19 - 17\,s - 13\,s^2}{(s+1)\,(s+3)\,(s+5)}. \tag{C}$$

Dazu lautet dann die Partialbruchentwicklung:

$$F(s) = 5 + \frac{C_1}{s+1} + \frac{C_2}{s+3} + \frac{C_3}{s+5}, \tag{D}$$

mit den Koeffizienten C_k:

$$C_1 = -5 \frac{(19 + 17\,s + 13\,s^2)}{(s+3)\,(s+5)} \bigg|_{s=-1} = -5\,\frac{15}{8}$$

$$C_2 = -5 \frac{(19 + 17\,s + 13\,s^2)}{(s+1)\,(s+5)} \bigg|_{s=-3} = 5\,\frac{85}{4} \tag{E}$$

$$C_3 = -5 \frac{(19 + 17\,s + 13\,s^2)}{(s+1)\,(s+3)} \bigg|_{s=-5} = -5\,\frac{259}{8}.$$

Damit kann die gesuchte Paralleldarstellung angegeben werden zu:

$$\dot{\mathbf{u}}(t) = \begin{bmatrix} -1 & 0 & 0 \\ 0 & -3 & 0 \\ 0 & 0 & -5 \end{bmatrix} \mathbf{u}(t) + \begin{bmatrix} 1 \\ 1 \\ 1 \end{bmatrix} y(t) \tag{F}$$

$$x(t) = 5 \left[-\frac{15}{8}, \quad \frac{85}{4}, \quad -\frac{259}{8} \right] \mathbf{u}(t) + 5\,y(t).$$

4. Kanonische Systemmatrizen von Übertragungsgliedern der Regelungstechnik

In dem vorstehenden Kapitel 3 wurde gezeigt, wie die dynamischen Gleichungen eines Übertragungssystems entweder durch die Analyse einer gegebenen technischen Anordnung oder auch aus einer als gegeben betrachteten komplexen Übertragungsfunktion gewonnen werden können. Hierbei wurden verschiedene Fälle nach der Form der gegebenen komplexen Übertragungsfunktion unterschieden. Obwohl diese Betrachtungsweise allgemein genug gehalten wurden, so daß auch alle Systeme bzw. deren Übertragungsfunktionen der einläufigen Regelsysteme nach den dort angegebenen Methoden behandelt werden können, scheint es doch angebracht, im Rahmen dieser einführenden Schrift ein Kapitel den speziellen Systemen der Regelungstechnik unter besonderer Beachtung der in der Regelungstechnik gebräuchlichen Normierung und Nomenklatur zu widmen, damit ganz deutlich wird, daß die Behandlung eines Systems im Phasenraum keine zusätzliche Erschwernis zu sein braucht. Voraussetzung ist dabei nur, daß bei gegebenen Übertragungsfunktionen diese dann in kanonischer Form notiert werden und daß der Bearbeiter lernt, den Matrizen geeignete physikalische Systeme zuzuordnen, die ihm in ihrem Übertragungsverhalten bekannt sind, so daß die Systemmatrizen ihre scheinbare Undurchsichtigkeit verlieren.

4.1 Phasenminimumsysteme

Wir beginnen hier mit der Darstellung der Phasenminimumsysteme, deren Pole und Nullstellen alle in der linken s-Halbebene liegen. Diese Systeme haben dann also komplexe Übertragungsfunktionen der Form:

$$F(s) = K \frac{(s + \beta_1)\,(s + \beta_2)\,\ldots\,(s + \beta_m)}{(s + \alpha_1)\,(s + \alpha_2)\,\ldots\,(s + \alpha_n)}\,, \quad \operatorname{Re}\alpha_i,\ \operatorname{Re}\beta_i > 0,\ m \le n. \qquad (4.1)$$

Mit dieser Form der komplexen Übertragungsfunktion hängt die wesentlichste Eigenschaft der Phasenminimumsysteme zusammen, daß auch die inverse Übertragungsfunktion $F^{-1}(s)$ ein stabiles System beschreibt. In der Regelungstechnik ist es dabei auch besonders gebräuchlich, die Linearfaktoren in einer dimensionslosen normierten Form anzugeben:

$$F(s) = V \frac{(1 + sT_{\beta 1})\,(1 + sT_{\beta 2})\ldots(1 + sT_{\beta m})}{(1 + sT_{\alpha 1})\,(1 + sT_{\alpha 2})\ldots(1 + sT_{\alpha n})}\,, \quad \operatorname{Re} T_i > 0;\ m \le n. \qquad (4.2)$$

Der Koeffizientenzusammenhang zwischen den Gln. (4.1) und (4.2) ist leicht durch Koeffizientenvergleich zu ermitteln und lautet:

$$V = F(\mathrm{o}) = K \prod_{k=1}^{m} \beta_k \cdot \prod_{l=1}^{n} \alpha_l^{-1} \qquad (4.3\,\mathrm{a})$$

$$\alpha_l = T_{\alpha l}^{-1} \qquad (4.3\,\mathrm{b})$$

$$\beta_k = T_{\beta k}^{-1}. \qquad (4.3\,\mathrm{c})$$

a) *Dynamische Gleichungen für $m < n$*

Für nur reelle Pole und Nullstellen gehören zu Gl. (4.1) nach Anwendung von Gl. (3.52) folgende kanonische Systemmatrizen mit $m = r < 1$:

$$\mathbf{A} = \begin{bmatrix}
-\alpha_1 & (\beta_2-\alpha_2) & (\beta_3-\alpha_3) & \ldots\ldots(\beta_r-\alpha_r) & 1 & 0\ldots\ldots\ldots 0 \\
0 & -\alpha_2 & (\beta_3-\alpha_3) & \ldots\ldots(\beta_r-\alpha_r) & 1 & 0 & 0 \\
0 & 0 & -\alpha_3 & \ldots\ldots\ldots\ldots\ldots\ldots\ldots\ldots \\
& & 0 & \ddots\ (\beta_r-\alpha_r) & 1 & 0 \\
& & & \ddots\ \alpha_r & 1 & 0 \\
& & & & 0 & \alpha_{r+1} & 1 & 0 \\
& & & & & 0 & \alpha_{r+2} & \cdot & 1 \\
0 & \ldots\ldots\ldots\ldots\ldots\ldots\ldots\ldots\ldots\ldots & 0 & \alpha_n
\end{bmatrix} ;$$

$$\mathbf{B} = \begin{bmatrix} 0 \\ 0 \\ \vdots \\ \vdots \\ 0 \\ 1 \end{bmatrix} \qquad (4.4)$$

$$\mathbf{C} = K\,[\ (\beta_1-\alpha_1); (\beta_2-\alpha_2)\ldots\ldots\ldots(\beta_r-\alpha_r) \quad 1 \quad 0\ldots\ldots\ldots 0\ ];$$

$$\mathbf{D} = 0,$$

die auf das Signalflußdiagramm des Systems in Bild 4.1 führen.

Ist die komplexe Übertragungsgleichung in der Form Gl. (4.2) gegeben, dann muß mit Hilfe der Beziehungen (4.3 a, b und c) das System auf die Form der Gl. (4.1) gebracht werden, da zu Gl. (4.2) kein leicht durchsichtiges Signalflußdiagramm und damit auch nicht ein entsprechendes kanonisches Gleichungssystem angegeben werden kann. Diese Erscheinung steht in Analogie zu den Schwierigkeiten beim Wurzelortverfahren, die dort auch dann auftreten, wenn das System nicht durch Linearfaktoren entsprechend Gl. (4.1) beschrieben ist.

Bild 4.1. Signalflußdiagramm eines Phasenminimumsystems mit n Polen und r Nullstellen.

Für die nullstellenfreien *stabilen* Verzögerungsglieder n-ter Ordnung geht Gl. (4.4) über in:

$$
\mathbf{A} = \begin{bmatrix}
-\alpha_1 & 1 & 0 \cdots\cdots\cdots & 0 \\
0 & -\alpha_2 & 1 & \vdots \\
\vdots & & \alpha_3 & \vdots \\
\vdots & & & \ddots & 0 \\
\vdots & & & & \ddots & 1 \\
0 \cdots\cdots\cdots & & 0 & -\alpha_n
\end{bmatrix} ; \quad
\mathbf{B} = \begin{bmatrix} 0 \\ \vdots \\ \vdots \\ \vdots \\ 0 \\ 1 \end{bmatrix}
\tag{4.5}
$$

$$
\mathbf{C} = K \begin{bmatrix} 1, & 0 \cdots\cdots\cdots\cdots & 0 \end{bmatrix} ; \quad \mathbf{D} = \mathbf{0},
$$

wozu das Signalflußdiagramm in Bild 4.2 gehört. Nur im Fall der nullstellenfreien Verzögerungsglieder können die dynamischen Gleichungen auch mit

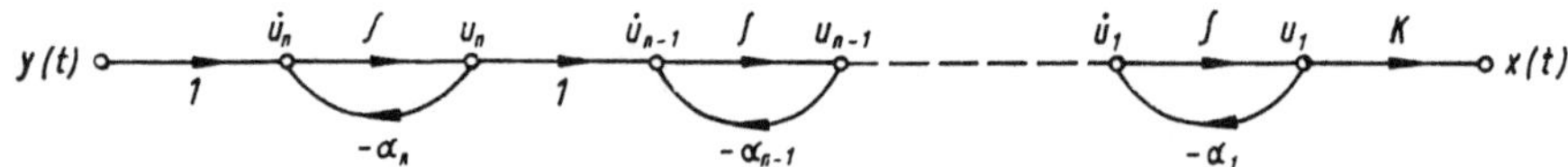

Bild 4.2. Signalflußdiagramm eines nullstellenfreien Verzögerungsgliedes n-ter Ordnung mit den Polen α_i bzw. den Zeitkonstanten $T_i = \alpha_i^{-1}$

Hilfe der Zeitkonstanten des Systems übersichtlich angeschrieben werden zu:

$$
\mathbf{A} = \begin{bmatrix}
-T_1^{-1} & 1 & 0 \cdots\cdots\cdots & 0 \\
0 & -T_2^{-1} & 1 & \vdots \\
\vdots & & -T_3^{-1} & \vdots \\
\vdots & & & \ddots & 0 \\
\vdots & & & & \ddots & 1 \\
0 \cdots\cdots\cdots & & 0 & -T_n^{-1}
\end{bmatrix} ; \quad
\mathbf{B} = \begin{bmatrix} 0 \\ \vdots \\ \vdots \\ \vdots \\ 0 \\ 1 \end{bmatrix}
\tag{4.6}
$$

$$
\mathbf{C} = V \begin{bmatrix} 1, & 0 \cdots\cdots\cdots\cdots & 0 \end{bmatrix} ; \quad \mathbf{D} = \mathbf{0}.
$$

Sind konjugiert komplexe Pole und/oder Nullstellen in dem System vorhanden, dann sind die zueinandergehörenden konjugiert komplexen Pol- und/oder Nullstellenpaare so zusammenzufassen, daß Ausdrücke der Form:

$$
s^2 + 2 D \omega_0 s + \omega_0^2 = s^2 + C_2 s + C_1
\tag{4.7}
$$

entstehen, die dann entsprechend dem in Abschnitt 3.6 geschilderten Verfahren zu behandeln sind.

b) Dynamische Gleichungen für $m = n$

Der Fall $m = n$ in den Gln. (4.1) bzw. (4.2) tritt bei der Beschreibung von Regelstrecken wohl recht selten auf, doch hat er eine recht große Bedeutung bei der Beschreibung von Reglern. In der üblichen Regelungstheorie werden bei der Behandlung der idealen *PD*- und *PID*-Regler auch komplexe Übertragungsfunktionen mit mehr Nullstellen als Pole zugelassen:

$$PD\text{-Regler:} \quad F(s) = V_R\,(1 + sT_v) \tag{4.8}$$

$$PID\text{-Regler:} \quad F(s) = \frac{V_R}{sT_n}\,(1 + sT_1)\,(1 + sT_2). \tag{4.9}$$

Tatsächlich gibt es keine stabilen technisch-physikalischen Übertragungsglieder, für die nicht gilt:

$$\lim_{s \to \infty} F(s) = 0, \tag{4.10}$$

doch werden bei vielen Idealisierungen und speziell bei den durch die Gln. (4.8) und (4.9) beschriebenen Reglern die weit vom Ursprung liegenden Dämpfungspole vernachlässigt. Da die Beschreibung eines Systems durch dynamische Gleichungen im Zustandsraum eine sehr realistische Methode ist, bei der als Mindestforderung immer gelten muß:

$$\lim_{s \to \infty} F(s) < \infty, \tag{4.11}$$

müssen auch hier immer mindestens ebensoviel Pole wie Nullstellen für die komplexe Übertragungsfunktion vorhanden sein, wenn die zugehörigen dynamischen Systemgleichungen entwickelt werden. Sind zuwenig Pole vorhanden, dann müssen zunächst Dämpfungspole hinzugefügt werden, deren Zeitkonstante ja so klein gewählt werden können, daß sie keinen wesentlichen Einfluß mehr auf das Einschwingverhalten des Systems haben.

Für den Fall $m = n$ erhalten kanonische Systemmatrizen eines Phasenminimumsystems also die Form:

$$\mathbf{A} = \begin{bmatrix} -\alpha_1 & \beta_2 - \alpha_2 \ldots\ldots\ldots & \beta_n - \alpha_n \\ & -\alpha_2 & \vdots \\ & & \vdots \\ & & \vdots \\ & & \beta_n - \alpha_n \\ & & -\alpha_n \end{bmatrix}; \quad \mathbf{B} = \begin{bmatrix} 0 \\ \vdots \\ \vdots \\ \vdots \\ 0 \\ 1 \end{bmatrix} \tag{4.12}$$

$$\mathbf{C} = K\,[\,(\beta_1 - \alpha_1)\ldots\ldots\ldots\ldots\ldots (\beta_n - \alpha_n)\,]\,; \quad \mathbf{D} = K,$$

denen das Signalflußdiagramm in Bild 4.3 zuzuordnen ist.

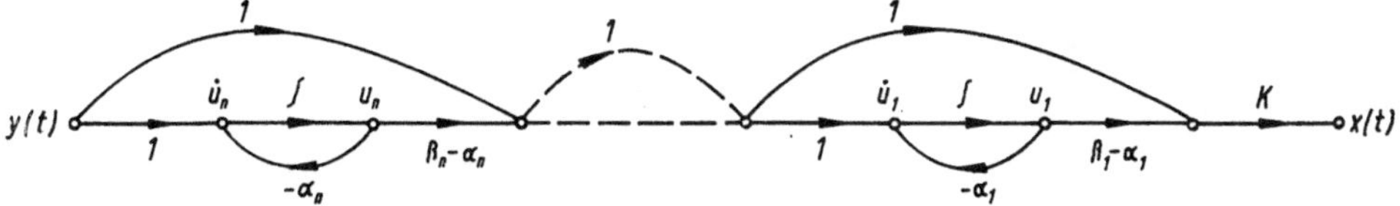

Bild 4.3. Phasenminimumsystem mit n Polen und n Nullstellen.

Beispiel 4.1: Zu der komplexen Übertragungsfunktion

$$F(s) = 10 \; \frac{1 + 0{,}5\,s}{\left(1 + \dfrac{s}{5} + \dfrac{s^2}{25}\right)(1 + 0{,}25\,s)} \tag{A}$$

sind kanonische Systemmatrizen aufzustellen. Dazu wird (A) mit Hilfe von Gl. (4.3) in die mathematische Normalform mit der Pol-Nullstellenverteilung nach Bild 4.4a umgewandelt:

$$F(s) = 500 \; \frac{(s + 2)}{(s^2 + 5\,s + 25)(s + 4)} \; . \tag{B}$$

An Gl. (B) lassen sich alle wesentlichen Koeffizienten für die Pol-Nullstellenverteilung leicht ablesen: die Nullstelle liegt bei $\sigma = -2$, der Realteil des komplexen Polpaares ist gleich dem halben Koeffizienten bei s^1, also $D\omega_0 = \frac{5}{2}$, während der Betrag $\sqrt{\mathrm{Re}^2 + \mathrm{Im}^2} = \omega_0$, also $\sqrt{25} = 5$ ist, schließlich findet man noch einen Pol bei $\sigma = -4$. Genauso einfach ist es, die gegebenen Stücke in Systemmatrizen für eine Reihendarstellung mit dem Signalflußdiagramm nach Bild 4.4 anzugeben, wenn man das System

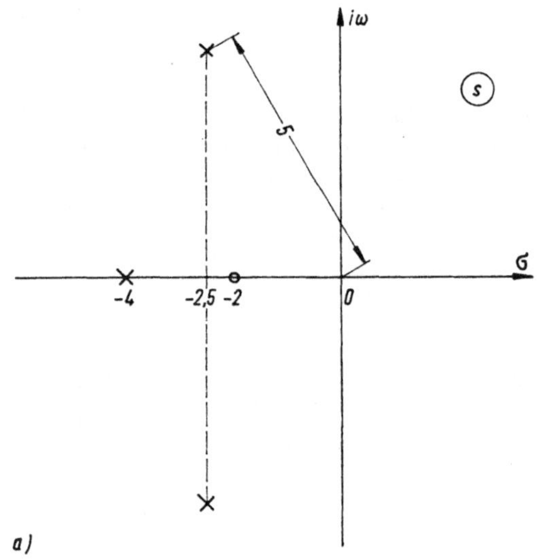

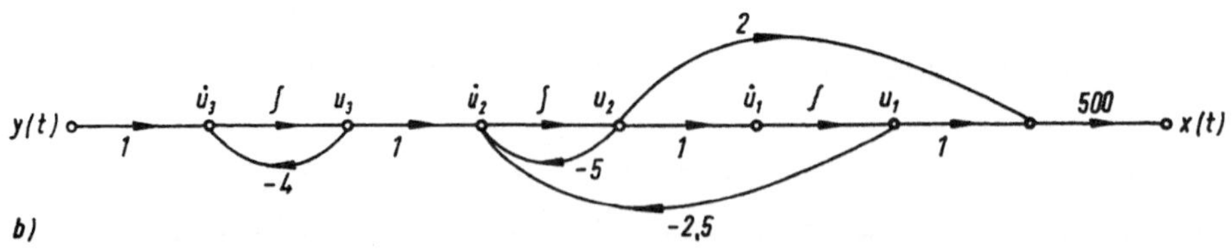

Bild 4.4
a) Pol-Nullstellenverteilung und
b) Signalflußdiagramm zu Beispiel 4.1.

als eine Kettenschaltung eines 1. Systems mit dem Pol $s = -4$ und eines 2. Systems mit dem Zählerpolynom $s + 2$ und dem Nennerpolynom $25 + 5\,s + s^2$ auffaßt:

$$\dot{\mathbf{u}}(t) = \left[\begin{array}{cc:c} 0 & 1 & 0 \\ -25 & -5 & 1 \\ \hdashline 0 & 0 & -4 \end{array}\right] \mathbf{u}(t) + \left[\begin{array}{c} 0 \\ 0 \\ 1 \end{array}\right] y(t) \tag{C}$$

$$x(t) = 500 \begin{bmatrix} 1 & 2 & 0 \end{bmatrix} \mathbf{u}(t).$$

4.2 Allpässe und Nichtphasenminimumsysteme

In der Systemtheorie, und damit auch in der Regelungstechnik, spielen neben den Phasenminimumsystemen die Allpaßglieder eine besondere Rolle, da sie bei der Stabilisierung von Regelkreisen besonders unangenehme Eigenschaften zeigen. Insbesondere bei zusätzlicher Anwesenheit von integrierenden Reglern müssen besondere Maßnahmen getroffen werden [27], um Allpaß-haltigen Regelkreisen ein stabiles Verhalten zu verleihen. Allpaßglieder zeichnen sich dadurch aus, daß sie a) nur Pole in der linken s-Halbebene und b) ebensoviele Nullstellen wie Pole haben, die alle in der rechten s-Halbebene spiegelbildlich zu den Polen liegen:

$$A(s) = \frac{(s - s_1)\,(s - s_2)\ldots(s - s_n)}{(s + s_1)\,(s + s_2)\ldots(s + s_n)} = \frac{H(s)}{H(-s)}, \tag{4.13}$$

in (4.3) bedeutet dabei $H(s)$ ein Hurwitz-Polynom. Damit ergibt sich, daß der Frequenzgang eines Allpaßes für alle Frequenzen einen konstanten Betragsverlauf hat und für die verschiedenen Frequenzen nur eine unterschiedliche Phasendrehung zeigt. Inverse Allpaßfunktionen $A^{-1}(s)$ führen auf Systeme mit nur instabilen Polen:

$$A^{-1}(s) = \frac{(s + s_1)\,(s + s_2)\ldots(s + s_n)}{(s - s_1)\,(s - s_2)\ldots(s - s_n)} = \frac{H(s)}{H(-s)}. \tag{4.14}$$

a) Allpaß 1. Ordnung

Der Allpaß 1. Ordnung hat eine komplexe Übertragungsfunktion

$$A(s) = \frac{s - \alpha_1}{s + \alpha_1} \tag{4.15}$$

bzw.

$$A(s) = \frac{1 - s\,T_1}{1 + s\,T_1} \quad \text{mit} \quad T_1 = \alpha_1^{-1}, \tag{4.16}$$

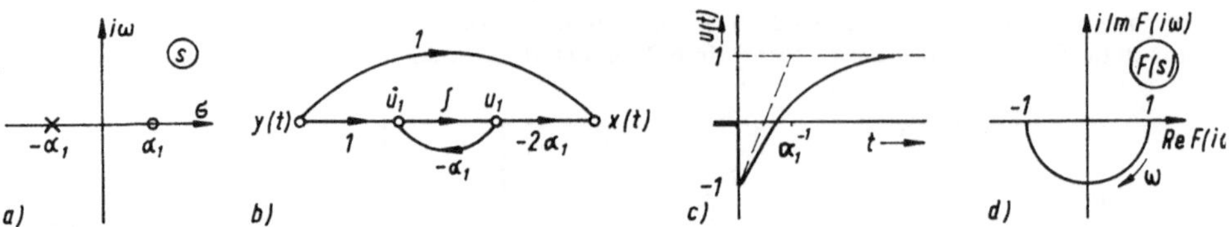

Bild 4.5.   Allpaß 1. Ordnung
a) Pol-Nullstellenverteilung   c) Übergangsfunktion
b) Signalflußdiagramm   d) Frequenzgangortskurve.

mit der Pol-Nullstellenverteilung nach Bild 4.5a. Setzt man die gegebenen
Stücke in Gl. (3.54) ein, findet man dynamische Gleichungen zu:

$$\dot{u}_1(t) = - \alpha_1 \, u(t) + y(t)$$
$$x(t) = - 2\,\alpha_1 \, u(t) + y(t)$$

$$(4.17)$$

und das Signalflußdiagramm in Bild 4.5b. Der Vollständigkeit halber ist in
Bild 4.5c die Sprungantwort, also die Übergangsfunktion, und in Bild 4.5d
der Verlauf des Frequenzganges $A(i\omega)$ angegeben.

b) Allpässe 2. Ordnung

Hier sind zwei Fälle: nur reelle Pole und konjugiert komplexe Pole, zu unterscheiden. Besitzt der Allpaß nur reelle Pole, dann hat er die komplexe Übertragungsfunktion

$$A(s) = \frac{(s - \alpha_1)\,(s - \alpha_2)}{(s + \alpha_1)\,(s + \alpha_2)} = \frac{(1 - s\,T_1)\,(1 - s\,T_2)}{(1 + s\,T_1)\,(1 + s\,T_2)}$$

$$(4.18)$$

mit der Pol-Nullstellenverteilung in Bild 4.6a. Hier führt Anwendung der
Gl. (3.54) auf dynamische Gleichungen der Form:

$$\dot{\mathbf{u}}(t) = \begin{bmatrix} - \alpha_1 & - 2\,\alpha_2 \\ 0 & - \alpha_2 \end{bmatrix} \mathbf{u}(t) + \begin{bmatrix} 1 \\ 1 \end{bmatrix} y(t)$$

$$x(t) = [\, - 2\,\alpha_1, \quad - 2\,\alpha_2\,]\ \mathbf{u}(t) + y(t),$$

$$(4.19)$$

mit dem Signalflußbild 4.6b. In Bild 4.6 sind dazu noch die Übertragungsfunktion und die Frequenzgangortskurve gezeigt.

Ein Allpaß 2. Ordnung mit konjugiert komplexen Polen hat diese Übergangsfunktion:

$$A(s) = \frac{\omega_0^2 - 2\,D\omega_0\,s + s^2}{\omega_0^2 + 2\,D\omega_0\,s + s^2} = \frac{1 - 2\,DTs + T^2\,s^2}{1 + 2\,DTs + T^2\,s^2}$$

$$(4.20)$$

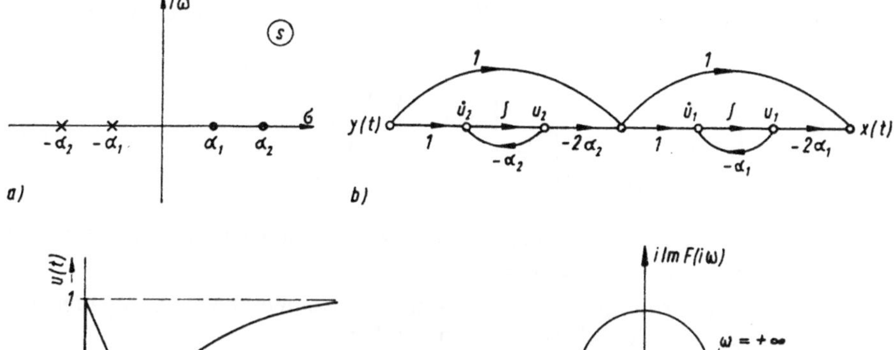

Bild 4.6   Allpaß 2. Ordnung mit zwei reellen Polen
a) Pol-Nullstellenverteilung
b) Signalflußdiagramm
c) Übergangsfunktion
d) Frequenzgangortskurve.

und eine Pol-Nullstellenverteilung nach Bild 4.7 a. Dividiert man in Gl. (4.20) das Zählerpolynom durch das Nennerpolynom, erhält man auch:

$$A(s) = 1 - 4D\omega_0 \frac{1}{\omega_0^2 + 2D\omega_0\, s + s^2} \tag{4.20a}$$

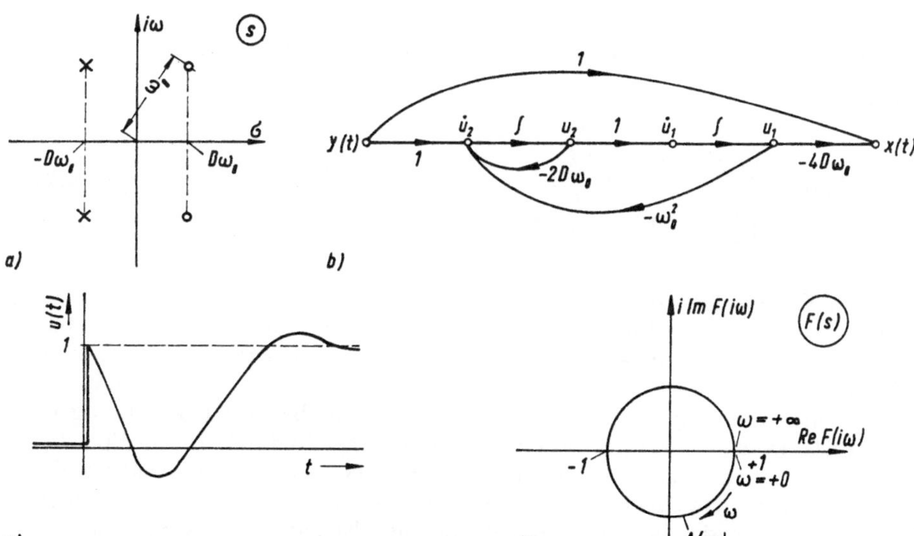

Bild 4.7.   Allpaß 2. Ordnung mit zwei konjugiert komplexen Polen
a) Pol-Nullstellenverteilung
b) Signalflußdiagramm
c) Übergangsfunktion
d) Frequenzgangortskurve.

und daraus dann leicht das Signalflußbild 4.7b mit dem zugehörigen Gleichungssystem:

$$\dot{\mathbf{u}}(t) = \begin{bmatrix} 0 & 1 \\ -\omega_0^2 & -2D\omega_0 \end{bmatrix} \mathbf{u}(t) + \begin{bmatrix} 0 \\ 1 \end{bmatrix} y(t)$$

$$x(t) = [\, -4D\omega_0, \quad 0 \quad]\,\mathbf{u}(t) + \quad y(t).$$

$$(4.21)$$

In Bild 4.7 sind auch hier der prinzipielle Verlauf der Übergangsfunktion und der Frequenzgangortskurve gezeigt.

Allpässe höherer Ordnung lassen sich immer als Reihenschaltung der hier vorgeführten Allpässe 1. und 2. Ordnung darstellen.

Ist ein Übertragungssystem mit nur konzentrierten Speichergliedern weder ein Allpaß noch ein Phasenminimumsystem, dann kann es Pole und Nullstellen in beiden s-Halbebenen haben. Stabile Phasenminimumsysteme haben Pole in der linken s-Halbebene und Nullstellen in beiden s-Halbebenen und können häufig als eine Reihenschaltung von Phasenminimumsystemen und Allpässen aufgefaßt werden. Ein stabiles Nichtphasenminimumsystem hat eine komplexe Übertragungsfunktion der Form:

$$F(s) = \frac{(s + \beta_1)\ldots(s + \beta_r)\,(s - \beta_{r+1})\ldots(s - \beta_m)}{(s + \alpha_1)\,(s + \alpha_2)\ldots(s + \alpha_n)}$$

$$= \prod_{i=1}^{r} (s + \beta_i) \cdot \prod_{j=r+1}^{m} (s - \beta_j) \cdot \prod_{k=1}^{n} (s + \alpha_n)^{-1}, \quad \begin{array}{c} \alpha_i, \beta_i > 0 \\ m \leq n \end{array} \qquad (4.22)$$

Erweitert man Gl. (4.22) mit $F_2(s) = \prod\limits_{i=r+1}^{m} (s + \beta_i)\,(s + \beta_i)^{-1}$, dann erhält man auch:

$$F(s) = \frac{\prod\limits_{i=1}^{m} (s + \beta_i)}{\prod\limits_{j=1}^{n} (s + \alpha_i)} \cdot \frac{\prod\limits_{j=r+1}^{m} (s - \beta_j)}{\prod\limits_{j=r+1}^{m} (s + \beta_i)}, \quad \begin{array}{c} \alpha_i, \beta_i > 0 \\ m \leq n \end{array}' \qquad (4.24)$$

also die Reihenschaltung eines Phasenminimumsystems und eines Allpasses. So sehr diese Darstellung eines Nichtphasenminimumsystems für systemtheoretische Überlegungen mit Hilfe komplexer Übertragungsfunktionen nützlich ist, so sollte man bei der Systembeschreibung im Phasenraum doch eine solche Darstellung vermeiden, da das System bei der Übersetzung der Gl. (4.24) in eine Zustandsraumdarstellung eine Redundanz an Speichergliedern, nämlich genau m-r-1 überzählige Speicher, erhielte. Ein solches Vorgehen kann zu entscheidenden Fehlern bei der Behandlung komplizierterer Systeme führen, da die überzähligen Speicher Eigenwerte des Systems vortäuschen, die in Wahrheit nicht vorhanden sind. Bildet man ein System mit überzähligen Speichern z. B. auf dem Analogrechner nach, dann werden mehr Integrierer benötigt, als das ursprüngliche System in Wahrheit

Speicher hat. Wegen der unvermeidlichen Fehler der Analogrechnerelemente kürzen sich die Pole und Nullstellen, die (durch die Erweiterung von Gl. (4.22) mit Gl. (4.23)) in Gl. (4.24) zusätzlich enthalten sind, nicht unbedingt exakt heraus, so daß die analoge Nachbildung von Gl. (4.24) durchaus ein anderes Verhalten als die von Gl. (4.22) haben kann. Diese Schwierigkeit sollte auf jeden Fall dadurch vermieden werden, daß man ein System jeweils mit der Minimalzahl an Speichern im Phasenraum darstellt. Bei den Einfachsystemen bedeutet dies eine direkte Reihendarstellung von Gl. (4.22) (wenn im Zählerpolynom und im Nennerpolynom keine gemeinsamen Nullstellen vorhanden sind). Für kompliziertere Regelsysteme wird man sich noch ausführlicher mit der Untersuchung der sogenannten Minimalrealisierung auseinanderzusetzen haben [5, 9].

Beispiel 4.2: An dem Beispiel des Nichtphasenminimumsystems

$$F(s) = \frac{(s - 3)}{(s + 1)\,(s + 2)} \tag{A}$$

soll das vorstehend Gesagte noch einmal erläutert werden. Das System nach Gl. (A) hat zwei stabile Pole, $s_1 = -1$ und $s_2 = -2$, und die Nullstelle $s = 3$. Erweitert man Gl. (A) mit

$$F_2(s) = \frac{s + 3}{s + 3},$$

erhält man eine komplexe Übertragungsfunktion der Form:

$$F(s) = \frac{(s + 3)}{(s + 1)\,(s + 2)}\,\frac{(s - 3)}{(s + 3)}. \tag{B}$$

Die dynamischen Gleichungen zu Gl. (A) können mit Gl. (3.52) angeschrieben werden zu:

$$\dot{\mathbf{u}}(t) = \begin{bmatrix} -1 & 1 \\ 0 & -2 \end{bmatrix} \mathbf{u}(t) + \begin{bmatrix} 0 \\ 1 \end{bmatrix} y(t) \tag{C}$$

$$x(t) = [(-1 - 3), \quad 1]\ \mathbf{u}(t)$$

wozu dann das Signalflußbild 4.8a gehört. Bildet man Gl. (B) in einem Signalflußdiagramm nach, wird man auf Bild 4.8b und damit auf dynamische Gleichungen in dieser Form:

$$\dot{\mathbf{u}}(t) = \begin{bmatrix} -3 & 2 & 1 \\ 0 & -1 & 1 \\ 0 & 0 & -2 \end{bmatrix} \mathbf{u}(t) + \begin{bmatrix} 0 \\ 0 \\ 1 \end{bmatrix} y(t) \tag{D}$$

$$x(t) = [-6 \quad 2 \quad 1\ ]\ \mathbf{u}(t)$$

geführt. Hier ist schon sehr deutlich der unnötige Zuwachs an Zustandsvariablen zu erkennen. Und da für die Stabilität des Systems, d. h. für seine Eigenwerte, nur die Matrix

$$\mathbf{A} = \begin{bmatrix} -3 & 2 & 0 \\ 0 & -1 & 1 \\ 0 & 0 & -2 \end{bmatrix}$$

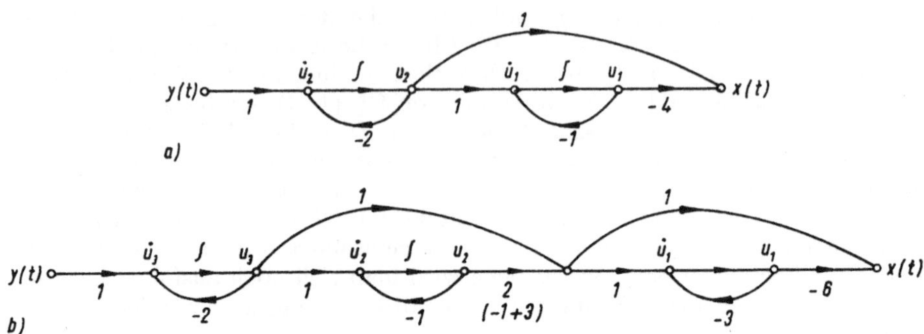

Bild 4.8.   Signalflußdiagramm zu Beispiel 4.2.

verantwortlich ist, wird bei der später zu behandelnden Stabilitätsuntersuchung eines Übertragungssystems hier ein zusätzlicher Eigenwert konstatiert, der in dem ursprünglichen System gar nicht vorhanden war.

4.3 Systeme mit Polen und Nullstellen im Ursprung

In diesem Abschnitt sollen zunächst die in der Regelungstechnik besonders wichtigen Systeme noch kurz behandelt werden, die Pole im Ursprung des Koordinatensystems der s-Ebene haben, bei denen also mindestens eine Wurzel α_i des Nennerpolynoms $N(s)$ den Wert

$$\alpha_i = 0 \tag{4.25}$$

hat. Diese Systeme treten in der Gestalt der Regelstrecken ohne Ausgleich oder auch als Regler mit I-Anteil auf. Hier solche Systeme gesondert zu behandeln, geschieht einzig und allein im Hinblick auf die Regelungstechnik, denn im Prinzip sind diese Systeme in der Klasse der Systeme enthalten, die in Abschnitt 3.6 behandelt wurden. Das bedeutet für die Aufsellung kanonischer dynamischer Gleichungen zu gegebenen Übertragungsfunktionen mit bekannten Polen und Nullstellen also nur das Einsetzen dieser speziellen Nullstellen $\alpha_i = 0$ der Nennerpolynome in die Gln. (3.52) und (3.54), womit dann in den zugehörigen Signalflußdiagrammen die entsprechenden Rückführverbindungen entfallen. Bei der Beschreibung von integrierenden Systemen im Phasenraum ist genau wie bei den proportional-übertragenden Gliedern gleichermaßen eine Reihen- wie eine Paralleldarstellung möglich, wenn man auf die besprochenen Besonderheiten bei den unecht gebrochen rationalen Funktionen achtet.

Beispiel 4.3: Für einen idealen PID-Regler mit der gegebenen komplexen Übertragungsfunktion

$$F(s) = \frac{V}{s}(1 + s\,T_1)(1 + s\,T_2) \tag{A}$$

soll eine kanonische Systembeschreibung im Phasenraum sowohl in Reihen- wie in Paralleldarstellung angegeben werden.

Als erstes muß die Funktion $F(s)$ in Gl. (A) noch durch mindestens einen Dämpfungspol
ergänzt werden, damit eine Beschreibung im Phasenraum möglich wird. Dieser Dämpfungspol kann einen beliebig hohen negativen Realteil erhalten, damit er auf die Funktionen des als ideal angesehenen Regler keinen wesentlichen Einfluß ausübt, aber er
muß berücksichtigt werden, so daß wir anstelle von Gl. (A) nehmen:

$$F(s) = V \frac{(1 + s\,T_1)\,(1 + s\,T_2)}{s\,(1 + s\,T)}\,, \tag{B}$$

nun formen wir Gl. (B) auf die mathematische Normalform der Linearfaktoren um mit

$$\beta_1 = T_1^{-1}$$
$$\beta_2 = T_2^{-1}$$
$$\alpha_2 = T^{-1} \tag{C}$$
$$K = \frac{V\,T_1\,T_2}{T}$$

$$F(s) = K \frac{(s + \beta_1)\,(s + \beta_2)}{s\,(s + \alpha_2)}\,. \tag{D}$$

Zu dieser Form von $F(s)$ läßt sich leicht das Signalflußdiagramm in Bild 4.9a angeben,
aus dem wir dann die dynamischen Gleichungen bestimmen zu:

$$\dot{\mathbf{u}}(t) = \begin{bmatrix} 0 & (\beta_2 - \alpha_2) \\ 0 & -\alpha_2 \end{bmatrix} \mathbf{u}(t) + \begin{bmatrix} 1 \\ 1 \end{bmatrix} y(t) \tag{E}$$

$$x(t) = K\,[\,\beta_1 \quad (\beta_2 - \alpha_2)\,]\ \mathbf{u}(t) + K \cdot y(t).$$

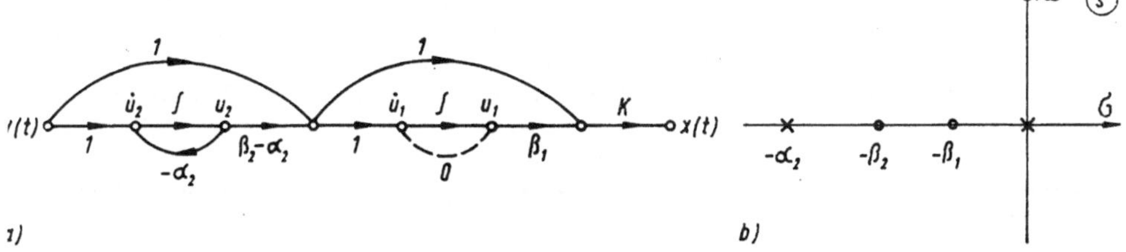

Bild 4.9
a) Reihendarstellung und
b) Pol-Nullstellenverteilung eines *PID*-Reglers mit Verzögerung 1. Ordnung.

Zur Gewinnung einer Paralleldarstellung formen wir Gl. (D) so um, daß ein Summand
als echt gebrochen rationale Funktion erscheint:

$$F(s) = K \frac{s^2 + (\beta_1 + \beta_2)\,s + \beta_1\beta_2}{s^2 + \alpha_2\,s} = K \left[1 + \frac{(\beta_1 + \beta_2 - \alpha_2)\,s + \beta_1\beta_2}{s\,(s + \alpha_2)} \right]$$

$$= K \left[1 + \frac{C_1}{s} + \frac{C_2}{(s + \alpha_2)} \right]$$

$$\text{mit}\quad C_1 \;=\; \frac{(\beta_1 + \beta_2 - \alpha_2)\, s + \beta_1 \beta_2}{(s + \alpha_2)}\Bigg|_{s=0} \;=\; \frac{\beta_1 \beta_2}{\alpha_2}$$

$$C_2 \;=\; \frac{(\beta_1 + \beta_2 - \alpha_2)\, s + \beta_1 \beta_2}{s}\Bigg|_{s=-\alpha_2} \;=\; \beta_1 + \beta_2 - \alpha_2 - \frac{\beta_1 \beta_2}{\alpha_2}$$

$$F(s) = K \cdot \left[1 + \frac{\beta_1 \beta_2}{\alpha_2\, s} + \frac{\beta_1 + \beta_2 - \alpha_2 - \dfrac{\beta_1 \beta_2}{\alpha_2}}{(s + \alpha_2)} \right]. \tag{F}$$

Verwendet man zur Erzielung einer größeren Übersichtlichkeit die Koeffizienten C_1 und C_2, läßt sich zu Gl. (F) sehr leicht das Signalflußbild 4.10 angeben, aus dem dann die dynamischen Gleichungen bestimmt werden zu:

$$\dot{\mathbf{u}}(t) = \begin{bmatrix} 0 & 0 \\ 0 & -\alpha_2 \end{bmatrix} \mathbf{u}(t) + \begin{bmatrix} 1 \\ 1 \end{bmatrix} y(t) \tag{G}$$

$$x(t) = K\, [\, C_1, \quad C_2 \,]\, \mathbf{u}(t) + K \cdot \mathbf{y}(t).$$

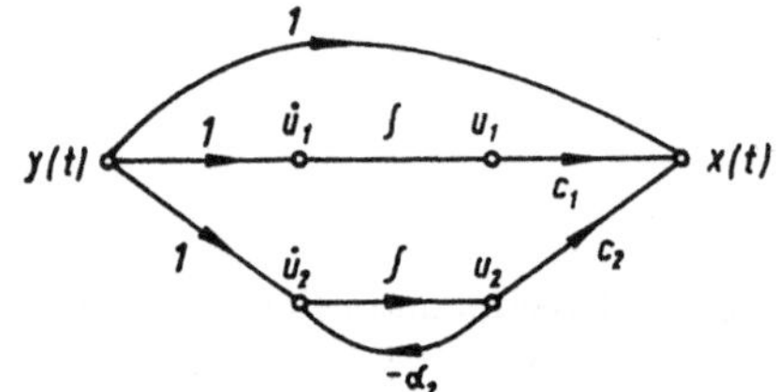

Bild 4.10
Paralleldarstellung des *PID*-Reglers
aus Beispiel 4.3.

Die Behandlung von differenzierenden Netzwerken, deren Zählerpolynome also Nullstellen

$$\beta_i = 0 \tag{4.26}$$

haben, bereitet keine Schwierigkeiten, wenn man in den Gln. (3.52) und (3.54) die entsprechenden $\beta_i = 0$ einführt. Im Gegensatz zu den Polen im Ursprung bleiben die Signalflußdiagramme ungeändert, es entfallen also *keine* Zweige. Die Lage der Nullstellen in der s-Ebene kann also nur an den Koeffizienten erkannt werden.

Beispiel 4.4: Es werden zu der komplexen Übertragungsfunktion des D-Gliedes mit Verzögerung 1. Ordnung

$$F(s) = K\, \frac{s}{s + \alpha_1} \tag{A}$$

ein Signalflußdiagramm und die dynamischen Gleichungen angegeben. Unter Benutzung von Gl. (4.12) findet man sofort:

$$\dot{u}_1(t) = -\,\alpha_1 u_1(t) + y(t)$$
$$x(t) \;= -\, K\,\alpha_1 u_1(t) + K\, y(t) \tag{B}$$

und damit auch die Darstellung in Bild 4.11.

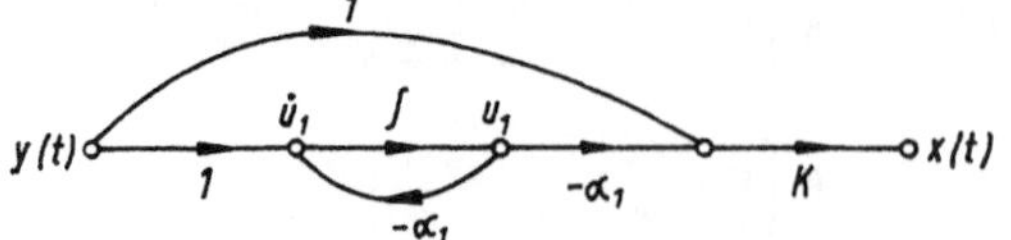

Bild 4.11
Signalflußdiagramm des D-Gliedes mit
Verzögerung 1. Ordnung.

4.4 Zusammengesetzte Einfachsysteme

Bei der Behandlung regelungstechnischer Aufgaben tritt bei der Analyse und
der Synthese von Übertragungssystemen immer wieder das Problem auf, daß
das Gesamtsystem aus Teilsystemen zusammengesetzt werden muß. In den
einfachsten Fällen ist diese Zusammensetzung eine Reihenschaltung der
Regelstrecke mit dem Regler und die Rückkopplung in dem gesamten Rege-
lungssystem. Man kann letztlich drei wesentliche Kombinationsmöglichkeiten
von Einzelsystemen unterscheiden: a) die Parallelschaltung, b) die Reihenschaltung, c) die Rückkopplung, wie es an Hand der Blockschaltbilder in
Bild 4.12 angedeutet ist. Es wird hier als bekannt vorausgesetzt, nach welchen

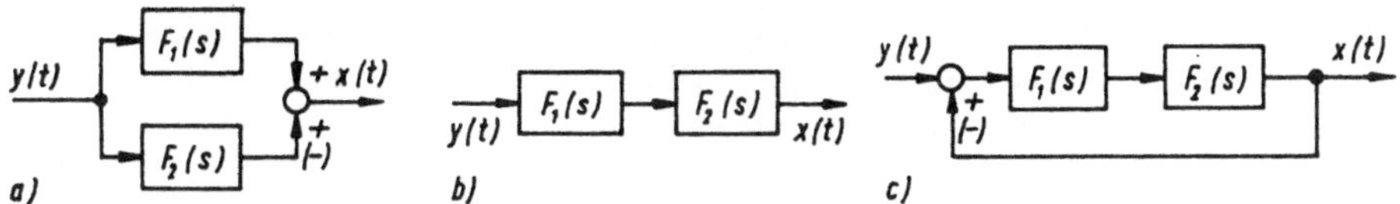

Bild 4.12. Wesentliche Kombinationsmöglichkeiten von Einfachsystemen
a) Parallelschaltung
b) Reihenschaltung
c) Rückkopplung.

Regeln aus den komplexen Übertragungsfunktionen der Teilsysteme die
komplexen Übertragungsfunktionen der Gesamtsysteme zu ermitteln sind
[17, 20, 24]. Gerade in der leichten Umformbarkeit der durch die Laplace- oder
Fourier-Transformation algebraisierten Differentialgleichungen liegt ja einer
der wichtigsten Anreize zur Anwendung der letztlich mathematisch recht an-
spruchsvollen Transformationen, da bekanntlich für die Behandlung eines
Systems im Zeitbereich mit Hilfe der Differentialgleichungen höherer Ordnung
durchweg recht mühsam auswertbare Faltungsintegrale angewendet werden
müßten.

Die Repräsentation eines dynamischen Systems durch dynamische Gleichungen
in der Form der Vektordifferentialgleichungen 1. Ordnung ist im Prinzip eine
Beschreibungs- und Behandlungsform im Zeitbereich, auch dann, wenn
gelegentlich auch diese Vektorgleichungen der Laplace-Transformation unterworfen werden. Man sollte also zunächst annehmen, daß bei der Phasenraumdarstellung zusammengesetzter Systeme ähnliche Schwierigkeiten auftreten
könnten, wie sie in der Regelungstechnik bei der Systembeschreibung im Zeitbereich in der geläufigeren Form der Differentialgleichungen höherer Ordnung
bekannt sind und oben angedeutet wurden. Das ist aber nicht so, denn auch
an dieser Stelle zeigen sich eindrucksvolle Stärken der Zustandsraumdarstellung. Die Ermittlung der dynamischen Gleichungen zusammengesetzter
Systeme aus denen der Teilsysteme bedeutet einen einfachen und durchsichtigen bausteinartigen Aufbau der Systemmatrizen des Gesamtsystems
aus denen der Teilsysteme. Als einen besonderen Vorteil werden wir dabei
noch den kennenlernen, daß die Struktur des Gesamtsystems in den dynami-

schen Gleichungen erkennbar bleibt. Letzlich haben wir bei derUnterscheidung zwischen der *Reihen-* und der *Paralleldarstellung* einer komplexen Übertragungsfunktion schon erkennen können, wie die Gesamtsysteme als Reihenschaltung oder Parallelschaltung von Teilsystemen 1. und/oder 2. Ordnung aufgefaßt werden können. So können wir uns hier auf die Angabe einiger weniger, das Vorgehen erleichternde Regeln beschränken, während wir uns mit den rückgekoppelten Systemen noch etwas ausführlicher im nächsten Abschnitt beschäftigen werden.

Die Analyse des dynamischen Verhaltens eines physikalisch-technischen Systems, das erkennbar aus mehreren Teilsystemen besteht (z. B. Regelstrecke und Regler), kann entweder mit Hilfe eines Signalflußdiagramms der Teilsysteme und damit des Gesamtsystems oder aber durch Anwendung der „elementaren Methode" auf alle Teilsysteme, also Aufstellen der dynamischen Gleichungen der Teilsysteme, erfolgen. Die Gewinnung der Beschreibung des Gesamtsystems erfolgt aber auf jeden Fall dadurch, das alle in dem Gesamtsystem definierten Zustandsvariablen eine individuelle Nummer erhalten. Es muß also jede Zustandsvariable getrennt gezählt werden. Besonders übersichtliche und, wie wir noch zeigen werden, durch einen minimalen Beschreibungs- und Elemente-Aufwand ausgezeichnete Systemmatrizen gewinnt man dann, wenn man jedem im Gesamtsystem vorhandenen Energie-Speicherelement eine gesondert gezählte Zustandsvariable zuordnet. Wenn, wie hier wieder betont sei, die Phasenraumdarstellung ihre ganze Stärke erst dann zeigt, wenn man sie gleich bei der ersten Analyse eines Systems mit Hilfe der in Abschnitt 3.1 vorgestellten elementaren Methode anwendet, so soll doch hier wieder an einigen Beispielen die Übersetzung von Blockschaltbildern und der darin vorkommenden komplexen Übertragungsfunktionen in den Phasenraum gezeigt werden, um den in der „klassischen" Regelungstechnik Geübten die Einsicht in die Zustandsraummethode zu erleichtern.

Beispiel 4.5: Gegeben sind die parallelgeschalteten Übertragungsglieder mit den komplexen Übertragungsfunktionen (Bild 4.13a):

$$F_1(s) = \frac{3}{s + 3},$$

$$F_2(s) = \frac{-2}{s + 1}. \tag{A}$$

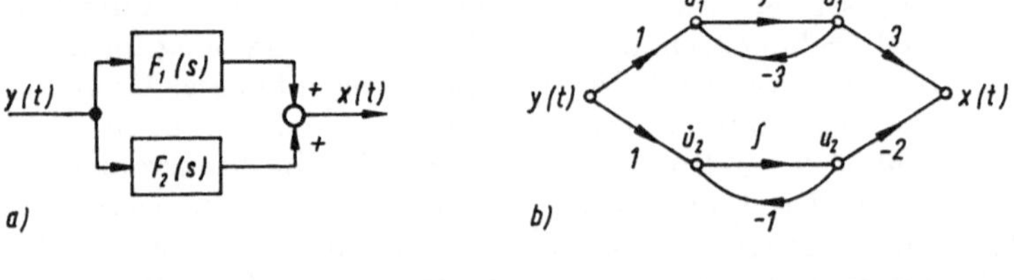

Bild 4.13
a) Blockschaltbild
b) Signalflußdiagramm zu Beispiel 4.5.

Ordnen wir dem System $F_1(s)$ die Zustandsvariable $u_1(t)$ und $F_2(s)$ $u_2(t)$ zu, gewinnen wir leicht das Signalflußdiagramm in Bild 4.13b, an dem wir folgende dynamischen Systemgleichungen ablesen:

$$\dot{\mathbf{u}}(t) = \begin{bmatrix} -3 & 0 \\ 0 & -1 \end{bmatrix} \mathbf{u}(t) + \begin{bmatrix} 1 \\ 1 \end{bmatrix} y(t) \tag{B}$$

$$x(t) = [\quad 3, \quad -2] \quad \mathbf{u}(t).$$

An den Gln. (B) läßt sich sehr deutlich die Struktur des Systems erkennen, und zwar ist sofort deutlich, daß die Zustandsvariablen $u_1(t)$ und $u_2(t)$ nicht miteinander gekoppelt sind, denn die Matrix $\mathbf{A}$ ist eine Diagonalmatrix der Eigenwerte. Dazu kommt, daß beide Zustandsvariablen vom Eingangssignal erregt werden und beide auch zum Ausgangssignal beitragen. Als Regel ist also zu merken:

Satz 4.1: Parallelgeschaltete Teilsysteme sind über die Zustandsvariablen nicht verkoppelt.

Beispiel 4.6: Die Parallelschaltung der Übertragungsglieder:

$$F_1(s) = \frac{1}{s+4}$$

$$F_2(s) = \frac{-4}{s+4} \tag{A}$$

wird durch diese dynamischen Gleichungen beschrieben:

$$\dot{\mathbf{u}}(t) = \begin{bmatrix} -4 & 0 \\ 0 & -4 \end{bmatrix} \mathbf{u}(t) + \begin{bmatrix} 1 \\ 1 \end{bmatrix} y(t) \tag{B}$$

$$x(t) = [\quad 1, \quad -4] \quad \mathbf{u}(t).$$

Hätte man vor der Übersetzung jedes der Übertragungsglieder in den Zustandsraum erst die Blockschaltbildalgebra auf die Parallelschaltung angewendet, also zuerst die Gesamtübertragungsfunktion:

$$F_{\text{ges}}(s) = F_1(s) + F_2(s) = \frac{1}{s+4} - \frac{4}{s+4} = \frac{-3}{s+4} \tag{C}$$

berechnet, wäre man auf die dynamischen Gleichungen:

$$\dot{u}_1(t) = -4\,u_1(t) + y(t) \tag{D}$$

$$x(t) = -3\,u_1(t)$$

geführt worden, die vorgetäuscht hätten, daß nur ein Energiespeicher im System vorhanden ist, dem ein Eigenwert in den dynamischen Gleichungen entspricht. Da dies sicherlich falsch ist, formulieren wir als zweite Regel, die an dem übernächsten Beispiel einer speziellen Reihenschaltung erhärtet werden wird:

Satz 4.2: Sind bei der Analyse eines Gesamtsystems von mehreren Teilsystemen nur die komplexen Übertragungsfunktionen bekannt, so sind für die Systembeschreibung im Zustandsraum für alle Teilsysteme die dynamischen Systemgleichungen gesondert aufzustellen. Keinesfalls darf zuerst die Gesamtübertragungsfunktion aus den Teilübertragungsfunktionen und erst dann das dynamische Gleichungssystem entwickelt werden.

Analog der Behandlung parallelgeschalteter Übertragungssysteme ist bei der Reihenschaltung vorzugehen. Auch hier müssen zuerst die dynamischen Gleichungen der Teilsysteme so aufgestellt werden, daß genau soviel

Zustandsvariable vorkommen, wie Energiespeicher im System vorhanden sind.

Beispiel 4.7: Für die Reihenschaltung zweier Systeme mit den komplexen Übertragungsfunktionen:

$$F_1(s) = \frac{6}{(s+2)\,(s+3)}$$

$$F_2(s) = \frac{1}{(s+1)} \tag{A}$$

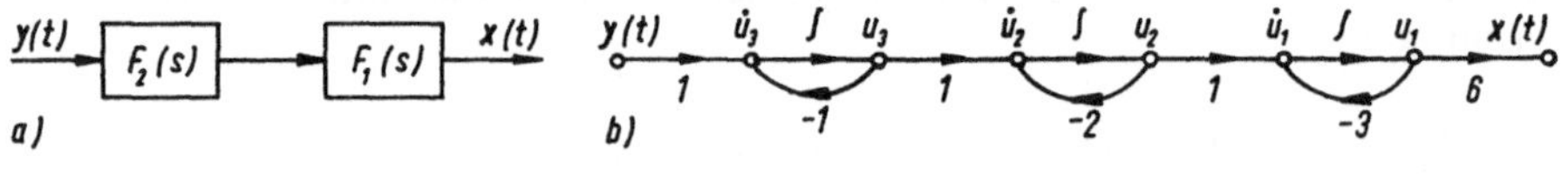

Bild 4.14
a) Blockschaltbild
b) Signalflußdiagramm des Beispiels 4.7.

entsprechend Blockschaltbild 4.14a findet man nach Zuordnung der Variablen $u_1(t)$ und $u_2(t)$ zu $F_1(s)$ und $u_3(t)$ zu $F_2(s)$ das Signalflußbild 4.14b, aus dem dann folgende dynamische Gleichungen abgelesen werden:

$$\dot{\mathbf{u}}(t) = \begin{bmatrix} -3 & 1 & 0 \\ 0 & -2 & 1 \\ 0 & 0 & -1 \end{bmatrix} \mathbf{u}(t) + \begin{bmatrix} 0 \\ 0 \\ 1 \end{bmatrix} y(t) \tag{B}$$

$$x(t) = \begin{bmatrix} 6, & 0, & 0 \end{bmatrix} \mathbf{u}(t).$$

An diesen Gleichungen läßt sich leicht die Reihenschaltung aus Teilsystemen erkennen, denn in der Hauptdiagonalen stehen die Eigenwerte, die Pole, des Systems, während die Faktoren in der Nebendiagonalen die Reihenkopplung der Variablen anzeigt. Dazu kommt, daß nur die erste Zustandsvariable von dem Eingangssignal direkt erregt wird, während nur die letzte Variable direkt das Ausgangssignal erzeugt.

Satz 4.3: Die Reihenschaltung eines Systems aus Teilsystemen erlaubt immer Systemmatrizen so zu finden, daß die Matrix **A** eine obere Dreiecksmatrix mit lauter Nullelementen außer der Hauptdiagonalen und der ersten Nebendiagonalen ist.

Beispiel 4.8: Nun soll die Reihenschaltung von

$$F_1(s) = \frac{2\,(s+1)}{(s+4)}$$

$$F_2(s) = \frac{4}{(s+1)} \tag{A}$$

in Form dynamischer Systemgleichungen gezeigt werden. Zu Gl. (A) finden wir nach den in den vorstehenden Abschnitten gezeigten Verfahren das Signalflußbild 4.15a, an dem wir diese Gleichungen ablesen:

$$\dot{\mathbf{u}}(t) = \begin{bmatrix} -4 & 4 \\ 0 & -1 \end{bmatrix} \mathbf{u}(t) + \begin{bmatrix} 0 \\ 1 \end{bmatrix} y(t) \tag{B}$$

$$x(t) = 2 \begin{bmatrix} -3, & 4 \end{bmatrix} \mathbf{u}(t),$$

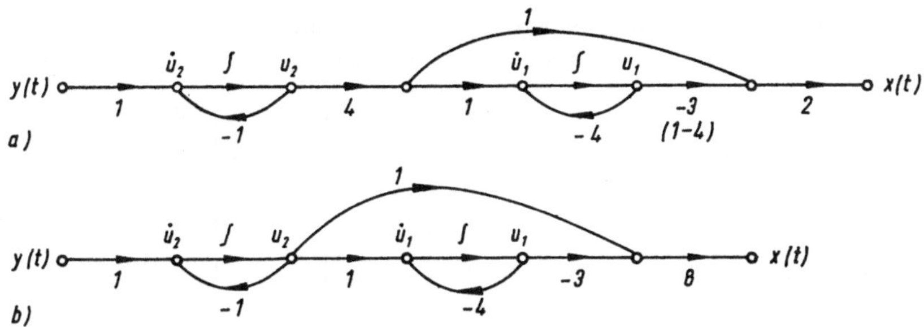

Bild 4.15. Signalflußbilder zu Beispiel 4.8.

die wieder die Reihenschaltung erkennen lassen, bei der die Koppelverstärkung nun
nicht 1, sondern 4 ist. Da wir ein lineares System vor uns haben, kann die Koppelverstärkung zwischen den Zustandsvariablen immer auf 1 normiert werden, indem alle
Koppelverstärkungen zu der Gesamtverstärkung zusammengefaßt werden, so daß zu
unserem Beispiel auch diese gleichwertigen normierten Gleichungen existieren:

$$\dot{\mathbf{u}}(t) = \begin{bmatrix} -4 & 1 \\ 0 & -1 \end{bmatrix} \mathbf{u}(t) + \begin{bmatrix} 0 \\ 1 \end{bmatrix} y(t) \tag{C}$$

$$x(t) = 8 \begin{bmatrix} -3, & 1 \end{bmatrix} \mathbf{u}(t),$$

mit dem Signalflußbild 4.15 b. In beiden Fällen, Gln. (B) und (C), hat das System die
beiden mit den zwei Energiespeichern verknüpften Eigenwerte (Pole) -4 und -1.
Hätte man zuerst die Gesamtübertragungsfunktion ermittelt:

$$F_{\text{ges}}(s) = F_1(s) \cdot F_2(s) = \frac{2(s+1)}{(s+4)} \cdot \frac{4}{(s+1)} = \frac{8}{(s+4)}, \tag{D}$$

dann wäre wegen der Nullstelle $\beta_1 = -1$ in $F_1(s)$ ein Eigenwert des Systems verlorengegangen, was bei der Behandlung komplizierterer Mehrfachregelsysteme zu unangenehmen Fehlschlüssen führen kann.

4.5 Rückgekoppelte Einfachsysteme

In diesem letzten Abschnitt, der sich mit den in der Regelungstechnik besonders interessierenden Einfachübertragungssystemen beschäftigt, soll noch
etwas ausführlicher auf Regelsysteme mit Einheitsrückkopplung eingegangen
werden, um auch hier zu zeigen, daß bei genügender Übung aus den dynamischen Systemmatrizen die zugrundeliegende innere Struktur, hier die Rück-

Bild 4.16
Blockschaltbild eines Regelsystems mit Einheits
rückführung.

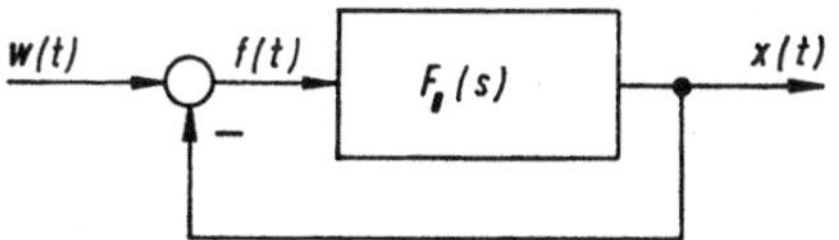

kopplungsschleife, entnehmbar ist. Wir gehen dazu von dem Blockschaltbild
4.16 aus; es wird also ein Rückkopplungssystem mit einer Übertragungsfunktion $F_0(s)$ und Einheitsrückführung untersucht.

Als ersten Fall untersuchen wir die dynamischen Systemgleichungen des Rückkopplungssystems, wenn $F_0(s)$ gegeben ist zu: [1]

$$\dot{\mathbf{u}}(t) = \begin{bmatrix} 0 & 1 & 0 & 0 \ldots & 0 \\ 0 & 0 & 1 & 0 \ldots & 0 \\ \multicolumn{5}{c}{\dotfill} \\ 0 & 0 & 0 & 0 \ldots & 1 \\ -a_1 & -a_2 & -a_3 & -a_4 \ldots -a_n \end{bmatrix} \mathbf{u}(t) + \begin{bmatrix} 0 \\ \vdots \\ \vdots \\ 0 \\ 1 \end{bmatrix} f(t) \qquad (4.28)$$

$$x(t) = [\; b_1, \quad b_2, \quad b_3, \quad b_4 \ldots \quad b_n \;]\, \mathbf{u}(t).$$

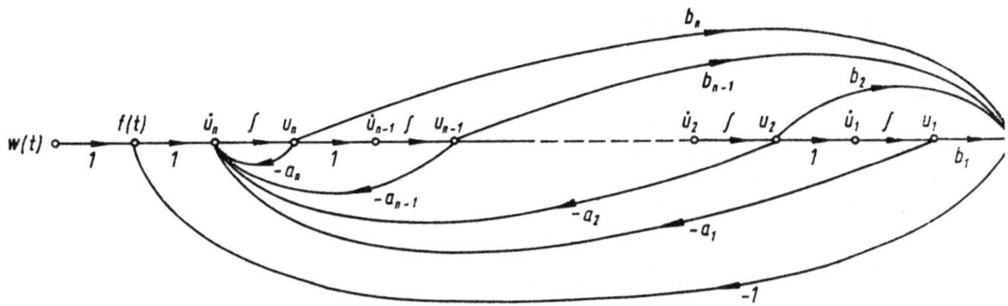

Bild 4.17. Signalflußbild eines rückgekoppelten Systems mit Einheitsrückführung.

Dem Blockschaltbild 4.16 kann nun also das Signalflußdiagramm in Bild 4.17 zugeordnet werden. Aus den Bildern 4.16 und 4.17 ist die Signalbeziehung

$$f(t) = w(t) - x(t) \qquad (4.29)$$

zu entnehmen. Führen wir diese Gl. (4.29) in (4.28) ein, wird man auf

$$\dot{\mathbf{u}}(t) = \begin{bmatrix} 0 & 1 & 0 & 0 \ldots 0 \\ 0 & 0 & 1 & 0 \ldots 0 \\ \multicolumn{4}{c}{\dotfill} \\ -a_1 & \multicolumn{3}{c}{\dotfill -a_n} \end{bmatrix} \mathbf{u}(t) + \begin{bmatrix} 0 \\ \vdots \\ 0 \\ 1 \end{bmatrix} [w(t) - [b_1, b_2 \ldots b_n]\, \mathbf{u}(t)] \qquad (4.30)$$

geführt und erhält dann nach Ausführung der Matrizenmultiplikation und Matrizenaddition:

$$\dot{\mathbf{u}}(t) = \begin{bmatrix} 0 & 1 & 0 \ldots & 0 \\ 0 & 0 & 1 \ldots & 0 \\ \multicolumn{4}{c}{\dotfill} \\ 0 & 0 & 0 \ldots & 1 \\ -(a_1 + b_1), & -(a_2 + b_2), & \ldots, -(a_n + b_n) \end{bmatrix} \mathbf{u}(t) + \begin{bmatrix} 0 \\ \vdots \\ \vdots \\ 0 \\ 1 \end{bmatrix} w(t)$$

$$x(t) = [\; b_1, \qquad b_2 \ldots \ldots, b_n \;]\, \mathbf{u}(t). \qquad (4.31)$$

---

[1] Es handelt sich hierbei um den Fall, bei dem das Zählerpolynom $Z_0(s)$ einen Grad $m = n - 1$ hat. Selbstverständlich sind in diesen auch alle Fälle mit $m < n - 1$ enthalten.

Man erkennt an Gl. (4.31) also eindeutig die Rückkopplungsstruktur des Systems, und zwar an der Frobenius-Matrix **F** des rückgekoppelten Systems das charakteristische Polynom der Rückkopplungsschaltung:

$$Q(s) = a_1 + b_1 + (a_2 + b_2)\, s + \ldots + (a_n + b_n)\, s^{n-1} + s^n = 0, \quad (4.32)$$

sowie das unveränderte Zählerpolynom mit den Koeffizienten b_i in der Matrix **C**.

Wir betrachten als nächstes den Fall, bei dem das Zählerpolynom von $F_0(s)$ gleichen Grad n wie das Nennerpolynom hat. Mit Gl. (3.32) aus Abschnitt 3.2 erhalten wir dann zunächst diese dynamischen Gleichungen für das System nach Blockschaltbild 4.6:

$$\dot{\mathbf{u}}(t) = \begin{bmatrix} 0 & 1 & 0 \ldots 0 \\ 0 & 0 & 1 \ldots 0 \\ \cdots\cdots\cdots\cdots\cdots\cdots \\ 0 & 0 \ldots\ldots 1 \\ -a_1 & -a_2 \ldots\ldots -a_n \end{bmatrix} \mathbf{u}(t) + \begin{bmatrix} 0 \\ \vdots \\ \vdots \\ 0 \\ 1 \end{bmatrix} f(t) \qquad (4.32)$$

$$x(t) = [\, b_1 - a_1,\; b_2 - a_2,\; \ldots,\; b_n - a_n \,]\, \mathbf{u}(t) + f(t).$$

Setzt man in diesen Gleichungen $f(t) = w(t) - x(t)$, wird man auf:

$$\dot{\mathbf{u}}(t) = \begin{bmatrix} 0 & 1 & 0 \ldots 0 \\ \cdots\cdots\cdots\cdots\cdots\cdots \\ -a_1 & -a_2 \ldots -a_n \end{bmatrix} \mathbf{u}(t) + \begin{bmatrix} 0 \\ \vdots \\ 0 \\ 1 \end{bmatrix} (w(t) - x(t))$$

$$x(t) = \frac{1}{2}\,[\,(b_1 - a_1,)\; \ldots\ldots,\; (b_n - a_n)\,]\, \mathbf{u}(t) + \frac{1}{2}\, w(t),$$

und schließlich nach Einsetzen der zweiten Gleichung in die erste auf:

$$\dot{\mathbf{u}}(t) = \begin{bmatrix} 0 & 1 & 0 \ldots\ldots 0 \\ 0 & 0 & 1 \ldots\ldots 0 \\ \cdots\cdots\cdots\cdots\cdots\cdots\cdots \\ -\left(\dfrac{a_1 + b_1}{2}\right), & -\left(\dfrac{a_2 + b_2}{2}\right), & \ldots -\left(\dfrac{a_n + b_n}{2}\right) \end{bmatrix} \mathbf{u}(t) + \begin{bmatrix} 0 \\ 0 \\ \vdots \\ 0 \\ \dfrac{1}{2} \end{bmatrix} w(t)$$

$$x(t) = \frac{1}{2}\,[\,(b_1 - a_1),\; (b_2 - a_2),\; \ldots,\; (b_n - a_n)\,]\, \mathbf{u}(t) + \frac{1}{2}\, w(t)$$

$$(4.33)$$

geführt, wobei auch an dieser Gl. (4.33) mit etwas größerer Mühe die Rückkopplungsstruktur wieder erkannt werden kann.

Ist $F_0(s)$ vollständig durch seine Pole α_i und Nullstellen β_i charakterisiert und ist die Zahl $m = r$ der Nullstellen kleiner n, dann kann das hier betrachtete Folgesystem zunächst mit Hilfe von Gl. (3.52) so beschrieben werden:

$$\dot{\mathbf{u}}(t) = \begin{bmatrix} \alpha_1, & \alpha_2-\beta_2, & a_3-\beta_3, & \ldots, & \alpha_r-\beta_r, & 1 & 0\ldots0 \\ 0 & \alpha_2 & \alpha_3-\beta_3 & \ldots & \alpha_r-\beta_r & 1 & 0\ldots0 \\ & & \alpha_3 & \multicolumn{4}{l}{\ldots\ldots\ldots\ldots\ldots\ldots} \\ \multicolumn{7}{l}{\ldots\ldots\ldots\ldots\ldots\ldots\ldots\ldots\ldots\ldots\ldots\ldots} \\ & & & & \alpha_r & 1 & 0\ldots0 \\ & & & & & \alpha_{r+1} & 1 \\ 0 & \multicolumn{6}{l}{\ldots\ldots\ldots\ldots\ldots\ldots\ldots\ldots\ldots\ldots 0 \quad \alpha_n} \end{bmatrix} \mathbf{u}(t) + \begin{bmatrix} 0 \\ \vdots \\ \vdots \\ \vdots \\ \vdots \\ 0 \\ 1 \end{bmatrix} f(t) \qquad (4.34)$$

$$x(t) = K\,[\alpha_1-\beta_1, \ \alpha_2-\beta_2, \ \ldots, \ a_r-\beta_r, \ 1, \ 0,\ldots0 \ ] \ \mathbf{u}(t).$$

Setzt man auch hier wieder die Rückkopplungsbedingung $f(t) = w(t) - x(t)$ ein, findet man schließlich:

$$\dot{\mathbf{u}}(t) =$$

$$\begin{bmatrix} \alpha_1, & \alpha_2-\beta_2, & \alpha_3-\beta_3, \ldots, \alpha_r-\beta_r & 1 & 0\ldots0 \\ 0, & \alpha_2 \ , & \alpha_3-\beta_3, \ldots\ldots & \vdots & \vdots & \vdots \\ & 0 & \alpha_3 \ , \ldots\ldots & \vdots & \vdots & \vdots \\ & \vdots & 0 & & & \\ & & & \alpha_r & 1 & 0 \\ & & & & \alpha_{r-1} & 1 \\ 0 & 0 & 0\ldots\ldots\ldots\ldots\ldots\ldots & & & 1 \\ K(\beta_1-\alpha_1), & K(\beta_2-\alpha_2), & K(\beta_3-\alpha_3), \ldots\ldots, & \multicolumn{3}{l}{K(\beta_n-\alpha_n)+\alpha_n} \end{bmatrix} \mathbf{u}(t) + \begin{bmatrix} 0 \\ \vdots \\ \vdots \\ \vdots \\ \vdots \\ 0 \\ 1 \end{bmatrix} w(t) \qquad (4.35)$$

$$x(t) = K\,[\alpha_1-\beta_1, \alpha_2-\beta_2, \ldots\ldots\ldots, \alpha_r-\beta_r, \ 1, \ 0,\ldots0 \ ] \ \mathbf{u}(t).$$

An Gl. (4.35) läßt sich zwar die Rückkopplungsstruktur an der letzten Zeile der **A**-Matrix erkennen, doch werden wir hier nicht auf eine kanonische Struktur geführt, bzw. ist die ursprüngliche kanonische Form des offenen Systems nicht erhalten geblieben. Das bedeutet, an Gl. (4.35) können zwar nicht mehr die Eigenwerte wie in Gl. (4.34), doch aber die Koeffizienten des charakteristischen Polynoms (in der letzten Zeile von A) direkt abgelesen werden. Im speziellen Anwendungsfall müssen auch hier die Eigenwerte des Rückkopplungssystems Gl. (4.35) mit Hilfe der später noch zu besprechenden Verfahren bestimmt werden.

5. Beschreibung von Vektorräumen

Bevor in dem nächsten Kapitel 6 und in den folgenden Kapiteln das Über-
tragungs- und Stabilitätsverhalten der Übertragungssysteme im Zeitbereich
weiter behandelt wird, ist es notwendig, in diesem Kapitel einige wesentliche Gesetzmäßigkeiten der mathematischen Behandlung von Vektoren und
Vektorräumen darzustellen. Dieser Abschnitt soll und kann die mathematische
Spezialliteratur nicht ersetzen. Doch zeigt es sich immer wieder, daß mathematische Tatbestände, wenn sie in Physik und Technik Eingang finden sollen,
in einer geeigneten übersichtlichen Form aufbereitet werden müssen. So interessieren den Ingenieur zwar die mathematischen Gesetzmäßigkeiten und vor
allem die notwendigen Voraussetzungen hierzu, aber nicht mehr immer die
Beweise und Ableitungen dieser Sätze. Denn wenn die Mathematik rationell
zur Lösung spezieller physikalischer oder technischer Probleme angewendet
werden soll, dann muß man sich auf einmal bewiesene Tatbestände verlassen
können, ohne die jeweiligen Beweise stets nachvollziehen zu müssen. In diesem
Sinne werden vor allem, der ausführlicheren Darstellung von *Gantmacher* [4]
folgend, die wesentlichsten Grundbegriffe und Sätze der linearen Vektoralgebra hier in einer sehr knappen Form so dargestellt werden, daß sie dann
ohne Schwierigkeiten zur Beschreibung der Eigenschaften linearer Übertragungssysteme benützt werden können.

5.1 Grundbegriffe

Die Begriffe Vektor und Vektorraum werden in der Mathematik wesentlich
allgemeiner aufgefaßt als in der Physik und Technik. In der modernen Literatur
wird der Vektorbegriff vorzugsweise axiomatisch mit den Begriffen der Men-
genlehre eingeführt, was seinen Niederschlag in recht abstrakt geschriebenen
„modernen" Systemtheorien, z. B. [22, 30, 33], findet. Wenn diese Darstellung
für den geschulten Leser auch eine sehr präzise Begriffsbestimmung erlaubt,
so scheint für den Ingenieur zunächst eine weniger abstrakte, an bekannte
Begriffe anschließende Einführung geeigneter zu sein.

Definition 5.1: Ein System geordneter Zahlen a_1, a_2, ..., a_n, also das Zahlen-n-
Tupel $\mathbf{a} = a_1, a_2, \ldots, a_n$, wird ein Vektor (ein Punkt) in einem n-dimensionalen
Raum R_n, dem Vektorraum, genannt, wenn für alle Vektoren ($\mathbf{a}$, $\mathbf{b}$, ...) des
Raumes die Operationen der Vektoraddition und der Multiplikation mit
beliebigen (reellen oder komplexen) Zahlen α, β, ... mit folgenden Eigen-
schaften definiert sind:

1. $\mathbf{a} + \mathbf{b} = \mathbf{b} + \mathbf{a} = \mathbf{c}$
2. $(\mathbf{a} + \mathbf{b}) + \mathbf{c} = \mathbf{a} + (\mathbf{b} + \mathbf{c})$
3. $(\alpha + \beta)\,\mathbf{a} = \alpha\,\mathbf{a} + \beta\,\mathbf{a}$ (mit $1 \cdot \mathbf{a} = \mathbf{a}$ und $0 \cdot \mathbf{a} = 0$) $\hspace{2em}$ (5.1)
4. $\alpha\,(\mathbf{a} + \mathbf{b}) = \alpha\,\mathbf{a} + \alpha\,\mathbf{b}.$

Definition 5.2: Der Vektorraum R_n ist die Gesamtheit der n-dimensionalen Vektoren $\mathbf{a} = a_1, \ldots, a_n$, wenn jede Komponente a_i des Vektors den gesamten betrachteten Zahlenkörper K durchläuft (bei uns hier besteht K im allgemeinen aus allen reellen bzw. auch aus allen komplexen Zahlen).

Definition 5.3: Vektoren $\mathbf{a}$, $\mathbf{b}$, $\ldots$, $\mathbf{u}$ aus dem Vektorraum R_n heißen *linear abhängig*, wenn es Zahlen α_a, α_b, $\ldots$, α_u aus K gibt, die nicht alle verschwinden und für die gilt:

$$\alpha_a \, \mathbf{a} + \alpha_b \, \mathbf{b} + \ldots + \alpha_u \, \mathbf{u} = 0. \tag{5.2}$$

Die lineare Abhängigkeit von Vektoren bedeutet, daß durch lineare Überlagerung aus ihnen der Nullvektor erzeugt werden kann. Die Vektoren $\mathbf{a}$, $\mathbf{b}$, $\ldots$, $\mathbf{u}$ aus Gl. (5.2) sind dann und nur dann *linear unabhängig*, wenn Gl. (5.2) nur für $\alpha_a = \alpha_b = \ldots = \alpha_u = 0$ erfüllt werden kann. Lineare Unabhängigkeit der drei Vektoren $\mathbf{x}$, $\mathbf{y}$, $\mathbf{z}$ bedeutet z. B. für den Fall des dreidimensionalen Vektorraums R_3, daß die drei Vektoren nicht alle in einer Ebene liegen dürfen. Dies gilt sinngemäß auch für den n-dimensionalen Raum, so daß man ausgehend von der Definition 5.3 auch diesen Satz beweisen kann.

Satz 5.1: In einem n-dimensionalen Vektorraum R_n können höchstens n Vektoren linear unabhängig sein.

Als nächstes betrachten wir n linear unabhängige frei gewählte Vektoren $\mathbf{e}_1$, $\mathbf{e}_2$, $\ldots$, $\mathbf{e}_n$ im Vektorraum R_n. Diese Vektoren $\mathbf{e}_i$ bilden eine *Basis* oder ein *Koordinatensystem*. Die lineare Unabhängigkeit der Vektoren $\mathbf{e}_i$ bedeutet nicht, daß z. B. im dreidimensionalen Vektorraum R_3 die Vektoren $\mathbf{e}_1$, $\mathbf{e}_2$, $\mathbf{e}_3$ ein rechtwinkliges Koordinatensystem bilden müssen, sondern es wird im allgemeinsten Fall ein *schiefwinkeliges* Koordinatensystem aufgespannt. Ferner müssen die $\mathbf{e}_i$ nicht die sogenannten Einheitsvektoren sein, wie sie z. B. in einem *Cartesischen* dreidimensionalen Koordinatensystem üblicherweise benützt werden. Jeder beliebige Vektor $\mathbf{x}$ kann in R_n mit Hilfe seiner *Komponenten* in bezug auf die Basisvektoren $\mathbf{e}_i$ dargestellt werden:

$$\mathbf{x} = x_1 \, \mathbf{e}_1 + x_2 \, \mathbf{e}_2 + \ldots + x_n \, \mathbf{e}_n. \tag{5.3}$$

Die $n + 1$ Vektoren $\mathbf{x}$, $\mathbf{e}_1$, $\mathbf{e}_2$, $\ldots$, $\mathbf{e}_n$ sind im n-dimensionalen Raum R_n linear abhängig (wegen Satz 5.1):

$$\alpha_0 \, \mathbf{x} + \alpha_1 \, \mathbf{e}_1 + \alpha_2 \, \mathbf{e}_2 + \ldots + \alpha_n \, \mathbf{e}_n = 0.$$

Das bedeutet hier gerade, daß $\mathbf{x}$ aus den als linear unabhängig eingeführten Basisvektoren $\mathbf{e}_i$ bestimmt werden kann:

$$\alpha_0 \, \mathbf{x} = - \left[\alpha_1 \, \mathbf{e}_1 + \alpha_2 \, \mathbf{e}_2 + \ldots + a_n \, \mathbf{e}_n \right]. \tag{5.4}$$

woraus durch Koeffizientenvergleich mit (5.3) folgt:

$$x_i = - \frac{\alpha_i}{\alpha_0}, \quad i = 1, 2, \ldots, n. \tag{5.5}$$

Beispiel 5.1: Für den Fall des zweidimensionalen Raums R_2, also der Fläche, bilden z. B. die Vektoren e_1 und e_2 (Bild 5.1) eine Basis. Die lineare Unabhängigkeit bedeutet hier, daß e_1 und e_2 nicht in dieselbe $(n\text{-}1)$-dimensionale „Ebene", also hier nicht auf die gleiche Gerade, fallen dürfen. Bild 5.1 zeigt den Aufbau des Vektors $\mathbf{x} = 2\,e_1 + 1{,}5\,e_2$.

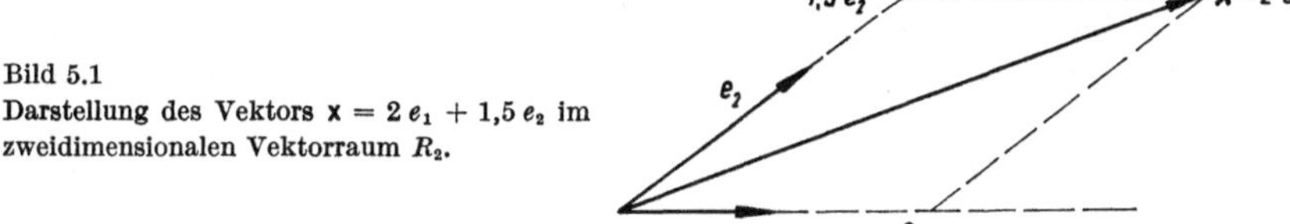

Bild 5.1
Darstellung des Vektors $\mathbf{x} = 2\,e_1 + 1{,}5\,e_2$ im zweidimensionalen Vektorraum R_2.

Die Vektoralgebra ist *nicht* gleich dem Matrizenkalkül, sondern nur eng mit ihm verwandt, denn der Matrizenkalkül wird dazu *verwendet*, um Vektoren darzustellen. Wir stellen den Vektor $\mathbf{x}$ durch die Spaltenmatrix seiner Komponenten x_i (in bezug auf die Basisvektoren $e_1, \ldots, e_n$) als Spaltenmatrix dar:

$$\mathbf{x} = \begin{bmatrix} x_1 \\ x_2 \\ \vdots \\ x_n \end{bmatrix} \tag{5.6}$$

Definition 5.4: Die Basisvektoren e_i eines Koordinatensystems erscheinen *bezüglich sich selbst* als die Spalten der Einheitsmatrix $\mathbf{1}$:

$$e_1 = \begin{bmatrix} 1 \\ 0 \\ \vdots \\ \vdots \\ \vdots \\ \vdots \\ 0 \end{bmatrix} ; \quad e_2 = \begin{bmatrix} 0 \\ 1 \\ 0 \\ \vdots \\ \vdots \\ 0 \end{bmatrix} ; \quad \ldots ; \quad e_n = \begin{bmatrix} 0 \\ \vdots \\ \vdots \\ \vdots \\ \vdots \\ 0 \\ 1 \end{bmatrix} \tag{5.7}$$

Aus den vorstehenden Definitionen und ihren Erläuterungen ist folgender Satz verständlich:

Satz 5.2: Die m Vektoren $\mathbf{x}_1, \mathbf{x}_2, \ldots, \mathbf{x}_m$ (allgemeiner $\mathbf{x}_l$) aus R_n sind genau dann linear unabhängig, wenn der Rang r der aus ihren Komponenten x_{kl} gebildeten Matrix

$$\begin{bmatrix} x_{11} & x_{12} & \ldots & x_{1m} \\ x_{21} & x_{22} & \ldots & x_{2m} \\ \vdots & \vdots & & \vdots \\ x_{n1} & x_{n2} & \ldots & x_{nm} \end{bmatrix} \tag{5.8}$$

bei beliebiger Basis gleich m ist, also $r = m$.

6 *

Bekanntlich [4, 34] ist der Rang einer (zunächst) quadratischen nn-Matrix wie folgt definiert:

Definition 5.5: Eine nn Matrix hat den Rang r, wenn mindestens eine r-reihige, von Null verschiedene Unterdeterminante existiert, aber alle $(r + 1)$-reihigen Unterdeterminanten verschwinden.

Eine quadratische nn Matrix kann also höchstens den Rang $r = n$ haben, wenn sie nichtsingulär ist, d. h. also, wenn ihre Determinante nicht verschwindet:

$$\Delta \mathbf{A} = |\mathbf{A}| = |[A_{kl}]| \neq 0. \tag{5.9}$$

Die Rangdefinition wird auch auf rechteckige nm Matrizen erweitert, indem aus den Elementen der nm Matrix durch Streichen von Zeilen und/oder Spalten r-reihige *quadratische* Untermatrizen gebildet werden, deren Determinanten dann untersucht werden.

Definition 5.6: Eine rechteckige nm Matrix hat den Rang r mit

$$r \leq \min [m, \, n] \tag{5.10}$$

wenn in ihr r-reihige nichtverschwindende Unterdeterminanten gefunden werden können, aber alle $(r + 1)$-reihigen Unterdeterminanten nicht existieren bzw. Null sind.

Die Gl. (5.10) besagt, daß der Rang r höchstens gleich der kleineren der beiden Zahlen m oder n sein kann, denn im hier gebrauchten Sinn (Leibnizsche Determinantendefinition) ist eine Determinante immer eine aus einem *quadratischen* Zahlenschema zu bildende ganze rationale Funktion.

5.2 Lineare Transformationen

Bildet man aus einem Vektor $\mathbf{x}$ aus dem Vektorraum R_n einen Vektor $\mathbf{y}$ im zweiten Vektorraum S_m mittels einer Transformation $T \{\cdot\}$ ab.

$$\mathbf{y} = T \{\mathbf{x}\}, \tag{5.11}$$

dann heißt die Transformation $T \{\cdot\}$ linear, und wir wollen dann den linearen Operator mit $\mathbf{A}$ bezeichnen, wenn folgende Definition erfüllt ist:

Definition 5.7: Ein Operator $\mathbf{A}$, der einen Vektorraum R_n in einen solchen S_m abbildet, d. h. jedem Vektor $\mathbf{x}$ aus R_n eindeutig einen Vektor $\mathbf{y} = \mathbf{A}\,\mathbf{x}$ aus S_m zuordnet, heißt linear, wenn für beliebige Vektoren $\mathbf{x}_1$ und $\mathbf{x}_2$ aus R_n mit einem beliebigen Zahlenfaktor α aus dem zugrundeliegenden Zahlenkörper K gilt:

$$\mathbf{A}\,(\mathbf{x}_1 + \mathbf{x}_2) = \mathbf{A}\,\mathbf{x}_1 + \mathbf{A}\,\mathbf{x}_2 \tag{5.12a}$$

$$\mathbf{A}\,\alpha\,\mathbf{x}_1 = \alpha\,\mathbf{A}\,\mathbf{x}_1. \tag{5.12b}$$

Die lineare Transformation

$$y = A\,x \tag{5.13a}$$

lautet ausgeschrieben:

$$
\begin{aligned}
y_1 &= A_{11}\,x_1 + \ldots + A_{1n}\,x_n \\
&\;\vdots \qquad \vdots \qquad\qquad \vdots \\
y_m &= A_{m1}\,x_1 + \ldots + A_{mn}\,x_n.
\end{aligned}
\tag{5.13b}
$$

Die rechnerische Behandlung der linearen Vektortransformationen geschieht mit Hilfe des Matrizenkalküls, wenn alle beteiligten Vektoren durch die Spaltenmatrizen ihrer Komponenten repräsentiert werden. Insbesondere die Hintereinanderschaltung zweier linearer Transformationen

$$y = A\,x$$
$$z = B\,y$$

führt auf $z = A\,B\,x = C\,x$ mit $C = A\,B$, worin $A\,B$ das Matrizenprodukt (im allgemeinen *nicht* kommutativ!) ist. Für die Behandlung der linearen Vektortransformationen gelten alle Regeln des Matrizenkalküls [4, 34].

In der Regel werden wir bei der Behandlung und Untersuchung linearer Übertragungssysteme im Zustandsraum einen n-dimensionalen Vektor x immer auch in einen n-dimensionalen Vektor y abbilden, so daß die zu behandelnden linearen Transformationsmatrizen A quadratische nn Matrizen sein werden.

Wir wenden uns nun der *Koordinatentransformation* zu, indem wir danach fragen, was mit der linearen Transformation A geschieht, wenn man von den Basisvektoren e_i des zunächst als gegeben betrachteten Koordinatensystems, in dem x und y durch ihre Komponenten x_i bzw. y_i definiert sind, zu neuen Koordinaten e_i' übergeht. Auch die neuen Basisvektoren e_i' sollen linear unabhängig sein und können deshalb mit Hilfe der ursprünglichen Koordinaten e_i festgelegt werden:

$$e_i' = T\,e_i. \tag{5.14}$$

In Gl. (5.14) ist T eine lineare nichtsinguläre Transformationsmatrix, für die immer gilt:

$$\Delta T = |T| \neq 0. \tag{5.15}$$

Mit $T = [T_{ki}]$ hat jeder neue Basisvektor e_i' die Komponenten T_{ki} in bezug auf die Basisvektoren e_i des alten Koordinatensystems, also

$$
\left.
\begin{aligned}
e_i' &= T_{1i}\,e_1 + T_{2i}\,e_2 + \ldots + T_{ni}\,e_n\} \\
e_i' &= \begin{bmatrix} T_{1i} \\ \vdots \\ T_{ni} \end{bmatrix}.
\end{aligned}
\right\}
\tag{5.16}
$$

Das bedeutet aber auch gerade, daß die Spalten der Transformationsmatrix $\mathbf{T}$ durch die neuen Basisvektoren e_1', e_2', ..., e_n' gebildet werden:

$$\mathbf{T} = [e_1', \; e_2', \; ..., \; e_n']. \tag{5.17}$$

Wir schreiben für den Vektor $\mathbf{x}$, der nun durch die neuen Koordinaten e_i' festgelegt werden soll,

$$\mathbf{x}' = \begin{bmatrix} x_1' \\ \vdots \\ x_n' \end{bmatrix}, \tag{5.18}$$

wobei die x_i' seine Komponenten in bezug auf die neuen Basisvektoren e_i' sind:

$$\mathbf{x} = x_1' \, e_1' + x_2' \, e_2' + \ldots + x_n' \, e_n'. \tag{5.19}$$

Kombiniert man die Gln. (5.16) und (5.19), so findet man das naheliegende Ergebnis:

$$\mathbf{x} = \mathbf{T} \, \mathbf{x}'. \tag{5.20}$$

Beim Übergang von den alten zu den neuen Koordinaten gilt also, daß der Vektor $\mathbf{x}$ mit seinen Komponenten aus den mit $\mathbf{T}$ transformierten neuen Komponenten dargestellt wird, was deshalb sein muß, da ein Vektor invariant gegenüber linearen Koordinatenverschiebungen sein muß, denn der Punkt in R_n bleibt als solcher erhalten, er wird jetzt nur von einem neuen Koordinatensystem her festgelegt. Entsprechendes gilt für jeden Vektor in R_n, insbesondere auch für $\mathbf{y}$:

$$\mathbf{y} = \mathbf{T} \, \mathbf{y}'. \tag{5.21}$$

Einsetzen der Gln. (5.20) und (5.21) in Gl. (5.13a) ergibt:

$$\mathbf{T} \, \mathbf{y}' = \mathbf{A} \, \mathbf{T} \, \mathbf{x}', \tag{5.22}$$

und da $\mathbf{T}$ definitionsgemäß nichtsingulär sein soll, existiert auch die inverse Transformation $\mathbf{T}^{-1}$:

$$\mathbf{y}' = \mathbf{T}^{-1} \, \mathbf{A} \, \mathbf{T} \, \mathbf{x}'. \tag{5.23}$$

Die ursprüngliche Matrix $\mathbf{A}$ der linearen Transformation wird durch den Übergang auf neue Koordinaten mit Hilfe der nichtsingulären Transformation in eine äquivalente Transformation $\mathbf{B}$ überführt:

$$\mathbf{B} = \mathbf{T}^{-1} \, \mathbf{A} \, \mathbf{T}. \tag{5.24}$$

Die hier abgeleitete Äquivalenzbeziehung Gl. (5.24) gilt nur, wenn $\mathbf{y}$ und $\mathbf{x}$ dem gleichen Vektorraum R_n angehören. Gehört $\mathbf{x}$ zum Vektorraum R_n und $\mathbf{y}$

zu S_m, und werden die alten Basisvektoren in R_n mit e_i und in S_m mit g_i bezeichnet, dann gilt beim Übergang auf neue Koordinaten e_i' mittels nichtsingulärer Transformation Q bzw. auf g_i' mit nichtsingulärem N:

$$\mathbf{x} = \mathbf{Q}\,\mathbf{x}'$$
und
$$\mathbf{y} = \mathbf{N}\,\mathbf{y}'. \tag{5.25}$$

Einsetzen von Gl. (5.25) in Gl. (5.13a) ergibt jetzt:

$$\mathbf{N}\,\mathbf{y}' = \mathbf{A}\,\mathbf{Q}\,\mathbf{x}', \tag{5.26}$$

woraus $$\tag{5.26}$$

$$\mathbf{y}' = \mathbf{N}^{-1}\,\mathbf{A}\,\mathbf{Q}\,\mathbf{x}'$$

und schließlich

$$\mathbf{B} = \mathbf{N}^{-1}\,\mathbf{A}\,\mathbf{Q}$$
$$= \mathbf{P}\,\mathbf{A}\,\mathbf{Q} \tag{5.27}$$

folgt.

Definition 5.8: Zwei (auch rechteckige) Matrizen $\mathbf{A}$ und $\mathbf{B}$ vom gleichen Typ heißen äquivalent, wenn zwei reguläre (d. h. nichtsinguläre) quadratische Matrizen $\mathbf{P}$ und $\mathbf{Q}$ so existieren, daß gilt:

$$\mathbf{B} = \mathbf{P}\,\mathbf{A}\,\mathbf{Q}. \tag{5.27}$$

In diesem Zusammenhang gilt ferner der Satz:

Satz 5.3: Zwei Matrizen gleichen Typs sind dann und nur dann äquivalent, wenn sie gleichen Rang[1]) haben.

Oben war zunächst gezeigt worden, daß die Matrizen $\mathbf{B}$ und $\mathbf{A}$ einander äquivalent sind, wenn Gl. (5.24) gilt, denn Gl. (5.24) ist ein Spezialfall von Gl. (5.27), wenn $\mathbf{x}$ und $\mathbf{y}$ dem gleichen Vektorraum R_n angehören. Da in Gl. (5.24) $\mathbf{A}$ und $\mathbf{B}$ demselben linearen Operator nur bei anderer Basiswahl in R_n entsprechen, sind hier $\mathbf{A}$ und $\mathbf{B}$ sogar einander ähnlich. Dies halten wir fest mit:

Definition 5.9: Zwei quadratische nn-Matrizen $\mathbf{A}$ und $\mathbf{B}$ sind einander ähnlich, wenn es eine reguläre Matrix $\mathbf{T}$ gibt, daß:

$$\mathbf{B} = \mathbf{T}^{-1}\,\mathbf{A}\,\mathbf{T}. \tag{5.24}$$

Dazu ist notwendig, daß $\mathbf{A}$ und $\mathbf{B}$ dem gleichen Operator in R_n entsprechen.

---

[1]) Siehe Definition 5.6, S. 84.

An dieser Stelle sei schon notiert, daß notwendig aber nicht hinreichend für die Ähnlichkeit zweier Matrizen $\mathbf{A}$ und $\mathbf{B}$ ist, daß ihre Determinanten einander gleich sind

$$|\mathbf{A}| = |\mathbf{B}|, \tag{5.28}$$

denn bildet man in Gl. (5.24) auf beiden Seiten die Determinante, erhält man:

$$|\mathbf{B}| = |\mathbf{T}^{-1}| \, |\mathbf{A}| \, |\mathbf{T}| = |\mathbf{T}|^{-1} \cdot |\mathbf{A}| \cdot |\mathbf{T}| = |\mathbf{A}|. \tag{5.29}$$

Weitere hinreichende Bedingungen für die Ähnlichkeit zweier quadratischer Matrizen können erst dann angegeben werden, wenn in den Abschnitten 7.2 und 7.3 die Begriffe charakteristisches und Minimal-Polynom, sowie Invariantenteiler erläutert wurden.

5.3 Eigenwerte und Eigenvektoren

Wir kommen zur Erläuterung der Begriffe des Vektorraums, die für die Anwendungen, und dabei hier für die Behandlung linearer Übertragungssysteme mittels Zustandsvektoren, die größte Bedeutung haben. Es handelt sich dabei letztlich um die mathematische Fragestellung nach der *Struktur* einer linearen quadratischen nn Operatormatrix $\mathbf{A}$ in R_n. Oder mit anderen Worten, es wird danach gefragt, ob Vektoren x in R_n existieren, die zu den mit $\mathbf{A}$ transformierten Vektoren $\mathbf{y} = \mathbf{A}\,\mathbf{x}$ proportional, d. h. zu ihnen parallel sind:

$$\mathbf{A}\,\mathbf{x} = \lambda\,\mathbf{x}. \tag{5.30}$$

Auf Gleichungen dieser Form werden wir z. B. geführt, wenn man zum Zwecke der Untersuchung eines schwingungsfähigen Gebildes einen Schnitt durch das System (gedanklich oder tatsächlich) führt und dann untersucht, ob es Signale (Signalvektoren) gibt derart, daß ein an der Schnittstelle eingespeistes Signal gleiche Größe und gleiche Phasenlage mit dem an die Schnittstelle zurückkehrenden Signal hat. In diesem Sinne können die durch Gl. (5.30) festgelegten *Eigenvektoren* $\mathbf{x}_i$ zu dem Operator $\mathbf{A}$ als Signale aufgefaßt werden, die die *Eigenbewegung* (Ausgleichsvorgänge) eines sich selbst überlassenen Systems mit der Systemmatrix $\mathbf{A}$ beschreiben.

Wir kehren nun zunächst zu der mehr abstrakten Fragestellung in Gl. (5.30) zurück, in der der zunächst unbestimmte Parameter λ als Proportionalitätsfaktor zu deuten ist. Gl. (5.30) stellt in Matrizenschreibweise ein lineares Gleichungssystem dar:

$$
\begin{aligned}
A_{11}\,x_1 + A_{12}\,x_2 + \ldots + A_{1n}\,x_n &= \lambda\,x_1 \\
A_{21}\,x_1 + A_{22}\,x_2 + \ldots + A_{2n}\,x_n &= \lambda\,x_2 \\
&\vdots \\
A_{n1}\,x_1 + A_{n2}\,x_2 + \ldots + A_{nn}\,x_n &= \lambda\,x_n,
\end{aligned}
\tag{5.31}
$$

das homogen ist, denn es läßt sich leicht zu

$$(A_{11} - \lambda)\, x_1 + A_{12}\, x_2 + \ldots + A_{1n}\, x_n = 0$$

$$\ldots\ldots\ldots\ldots\ldots\ldots\ldots\ldots\ldots\ldots\ldots\ldots\ldots\ldots\ldots \tag{5.31a}$$

$$A_{n1}\, x_1 + A_{n2}\, x_2 + \ldots + (A_{nn} - \lambda)\, x_n = 0$$

umformen. Dazu gehört die Matrizennotierung:

$$(\mathbf{A} - \lambda\, \mathbf{1})\, \mathbf{x} = \mathbf{0}. \tag{5.32}$$

Das homogene System Gl. (5.31a), bzw. Gl. (5.32), kann nur dann nichttriviale Lösungen $\mathbf{x} \neq \mathbf{0}$ haben, wenn die Determinante der *charakteristischen* Matrix $\mathbf{Q}\,(\lambda) = (\mathbf{A} - \lambda\, \mathbf{1})$ verschwindet:

$$\Delta\,(\lambda) = |\mathbf{A} - \lambda\, \mathbf{1}| = 0^1). \tag{5.33}$$

Die *charakteristische Determinante* in Gl. (5.33) hängt von dem Parameter λ ab und ergibt nach Entwicklung mit Hilfe der bekannten Rechenregeln für Determinanten[2]) das *charakteristische Polynom*

$$Q\,(\lambda) = |\mathbf{A} - \lambda\, \mathbf{1}| = 0, \tag{5.34}$$

das der linearen Transformation $\mathbf{A}$ zugeordnet ist. Das Polynom $Q\,(\lambda)$ ist von n-tem Grad in λ, wenn $\mathbf{A}$ eine nn Matrix ist und hat genau n reelle oder komplexe Wurzeln $\lambda_1, \ldots, \lambda_n$. Für diese Wurzeln, die *Eigenwerte* der linearen Operation $\mathbf{A}$, hat das Eigenwertproblem, Gln. (5.30) und (5.32) nichttriviale (nicht durchweg verschwindende) Lösungen, die *Eigenvektoren* $\mathbf{x}_i$:

$$\mathbf{x}_i = [x_{1i}\, \mathbf{e}_1 + x_{2i}\, \mathbf{e}_2 + \ldots + x_{ni}\, \mathbf{e}_n], \tag{5.35}$$

wobei hier in Gl. (5.35) noch einmal ausdrücklich ein gegebenes Basissystem der $\mathbf{e}_i$ notiert ist. Jedem der Eigenwerte λ_i ist ein *Eigenvektor* $\mathbf{x}_i$ zugeordnet, denn die Gl. (5.30) ist nur für die Vektoren $\mathbf{x}_i$ *nebst* zugehörigen Proportionalfaktoren erfüllt. Die λ_i werden gerade so bestimmt, daß die charakteristische Determinante für jeden der Werte mindestens den Rangabfall $d = n - r = 1$ hat. Daraus ergibt sich:

Satz 5.4: Eine quadratische nn Matrix $\mathbf{A}$ mit konstanten Koeffizienten besitzt genau n reelle oder komplexe Eigenwerte λ_i als Wurzeln ihres charakteristischen Polynoms. Zu jedem dieser Eigenwerte λ_i gehört ein zugeordneter Eigenvektor $\mathbf{x}_i$. Die Matrix $\mathbf{A}$ hat wenigstens einen Eigenwert $\lambda = 0$, wenn ihre Determinante verschwindet:

$$|\mathbf{A}| = 0.$$

---

[1]) Dies folgt aus den Lösungsbedingungen für lineare homogene Gleichungssysteme [34].
[2]) Beispielsweise durch schrittweises Entwickeln nach Spalten und/oder Zeilen.

Der zweite Teil des Satzes 5.4 hat für die regelungstechnische Praxis eine große Bedeutung. Denn wenn ein System (der geschlossene Regelkreis) eine Nullstelle $\lambda = 0$ in der komplexen λ-(bzw. s-)Ebene hat, dann „*driftet*" das System langsam aus der gewünschten Ruhelage fort, es ist im Sinne Ljupunovs *nicht* asymptotisch stabil (Kapitel 9). Andererseits passiert es vor allem bei komplizierteren Mehrfachregelproblemen [27] leicht, daß bei der Stabilitätsuntersuchung eine (oder mehrere) Wurzeln $\lambda = 0$ leicht übersehen werden. In diesem Zusammenhang wird sich die Beschreibung eines Regelungssystems im Zustandsraum auch wieder als sehr vorteilhaft herausstellen, denn bei dieser Darstellung ist vom Prinzip her sichergestellt, daß „verborgene" Instabilitäten nicht übersehen werden können.

Hat man zu einem berechneten Eigenwert λ_i einen Eigenvektor $\mathbf{x}_i$ bestimmt, dann ist die Lösung der Gl. (5.30) für diesen Vektor $\mathbf{x}_i$ nicht eindeutig, denn bezeichnet man mit $\mathbf{x}_i^{(1)}$ den berechneten Eigenvektor, dann erfüllt

$$\mathbf{x}_i = c\, \mathbf{x}_i^{(1)} \tag{5.36}$$

sicherlich auch Gl. (5.30).

Satz 5.5: Ist $\mathbf{x}_i$ ein Eigenvektor zu λ_i und gilt für den Rangabfall $d = 1$ der charakteristischen Matrix an der Stelle des Eigenwertes λ_i: $\mathbf{Q}(\lambda_i) = (\mathbf{A} - \lambda\,\mathbf{1})|_{\lambda = \lambda_i}$, dann bestimmt $\mathbf{x}_i$ nur eine Eigenrichtung und es existieren zu ihm beliebig viele linear abhängige Eigenvektoren $c\,\mathbf{x}_i$.

Dieser Satz korrespondiert mit der aus der Regelungstheorie bekannten Tatsache, daß für *lineare* Systeme am Stabilitätsrand zwar die Frequenz ω der Dauerschwingung festgelegt wird, daß aber über die *Schwingungsamplitude*, die von den Anfangsbedingungen abhängt, keine generellen Aussagen gemacht werden können.

Der Satz 5.5 läßt sich für einen beliebigen Rangabfall $d > 1$ verallgemeinern (die charakteristische Matrix $\mathbf{Q}(\lambda) = (\mathbf{A} - \lambda\,\mathbf{1})$ kann nur dann für einen Eigenwert λ_i einen Rangabfall $d > 1$ haben, wenn λ_i eine p_i-fache Wurzel von $Q(s)$ ist):

Satz 5.6: Zu einem bestimmten Eigenwert λ_i einer Matrix $\mathbf{A}$ existieren $d > 1$ linear unabhängige Eigenvektoren $\mathbf{x}_i^{(1)}$, $\mathbf{x}_i^{(2)}$, ..., $\mathbf{x}_i^{(d)}$ dann und nur dann, wenn d der Rangabfall der Matrix $\mathbf{Q}(\lambda_i) = (\mathbf{A} - \lambda_i\,\mathbf{1})$ ist. Die $\mathbf{x}_i^{(k)}$ ($k = 1, 2, \ldots, d$) spannen einen d-dimensionalen Unterraum in R_n, den Eigenraum, auf.

Innerhalb des durch Satz 5.6 festgelegten Eigenraums gibt es wieder beliebig viele linear abhängige Eigenlösungen, die sich mit Hilfe beliebiger Konstanten c_k errechnen zu:

$$\mathbf{x}_i = c_1\, \mathbf{x}_i^{(1)} + c_2\, \mathbf{x}_i^{(2)} + \ldots + c_d\, \mathbf{x}_i^{(d)}. \tag{5.37}$$

Hierzu gilt die analoge Interpretation wie nach Satz 5.5.

Als Sonderfall zu Satz 5.5 ergibt sich für den Fall verschiedener Eigenwerte λ_i zu einer Matrix $\mathbf{A}$:

Satz 5.7: Eigenvektoren, die zu verschiedenen Eigenwerten λ_i gehören, sind immer linear unabhängig. Für den Fall durchweg verschiedener Eigenwerte einer nn Matrix $\mathbf{A}$ existieren genau n linear unabhängige Eigenvektoren, die den n-dimensionalen Raum R_n aufspannen, also eine Basis oder ein Koordinatensystem in R_n bilden.

Aus diesem Satz folgt die sehr wichtige Feststellung, daß die Linearkombination der n linear unabhängigen Eigenvektoren zu durchweg verschiedenen λ_i *keine* weiteren Eigenvektoren liefert.

Da für einen p_i-fachen Eigenwert λ_i nicht alle $(n\text{-}p)$-reihigen Unterdeterminanten in der charakteristischen Determinanten $Q(\lambda_i) = |\mathbf{A} - \lambda_i \mathbf{1}|$ zu verschwinden brauchen, d. h. der Rangabfall d_i für diesen p_i-fachen Eigenwert λ_i kann zwischen $p_i \geq d_i \geq 1$ liegen, kann ohne genauere Ranguntersuchungen nicht festgestellt werden, wieviel linear unabhängige Eigenvektoren zu dem p_i-fachen Eigenwert λ_i gehören. Dies wird noch eine beachtliche Bedeutung bei der Ähnlichkeitstransformation gegebener Matrizen $\mathbf{A}$ auf kanonische Normalform, und dabei besonders auf Jordan-Normalform, haben. Anders als bei durchweg verschiedenen λ_i kann die Überlagerung der zu einer p_i-fachen Wurzel gehörenden linear unabhängigen Eigenvektoren weitere Eigenvektoren liefern.

Für den Fall durchweg verschiedener Eigenwerte λ_i einer linearen Transformationsmatrix $\mathbf{A}$ in R_n sollen nun schon einige Gesetzmäßigkeiten vorweg besprochen werden, die uns weiter unten noch genauer interessieren. Bilden wir mit Gl. (5.24) eine zu $\mathbf{A}$ ähnliche Matrix $\mathbf{B}$:

$$\mathbf{B} = \mathbf{T}^{-1} \mathbf{A}\, \mathbf{T}, \tag{5.24}$$

dann muß auch gelten:

$$\mathbf{B} - \lambda \mathbf{1} = \mathbf{T}^{-1} (\mathbf{A} - \lambda \mathbf{1})\, \mathbf{T}$$

und schließlich

$$|\mathbf{B} - \lambda \mathbf{1}| = |\mathbf{T}^{-1} (\mathbf{A} - \lambda \mathbf{1})\, \mathbf{T}|$$
$$|\mathbf{B} - \lambda \mathbf{1}| = |\mathbf{A} - \lambda \mathbf{1}|. \tag{5.38}$$

Das bedeutet:

Satz 5.8: Ähnliche Matrizen im Vektorraum R_n haben das gleiche charakteristische Polynom und gleiche Eigenwerte λ_i. (Dieser Satz gilt für beliebige Eigenwerte λ_i).

Wählt man für den Fall durchweg verschiedener Eigenwerte λ_i die Koordinaten-Transformationsmatrix $\mathbf{T}$ so, daß man von den alten Basisvektoren e_i, mit denen $\mathbf{A}$ erklärt war, auf die Eigenbasis der n linear unabhängigen Eigenvektoren x_i übergeht, dann wird $\mathbf{A}$ auf die Diagonalmatrix $\mathbf{D} = [\lambda_i\, \delta_{ik}]_1^n$ transformiert:

$$[\lambda_i\, \delta_{ik}]_1^n = \begin{bmatrix} \lambda_1 & 0 & \cdots & 0 \\ 0 & \ddots & & \vdots \\ \vdots & & \ddots & 0 \\ 0 & \cdots & 0 & \lambda_n \end{bmatrix} = \mathbf{T}^{-1}\, \mathbf{A}\, \mathbf{T} \tag{5.39}$$

Das formulieren wir so:

Satz 5.9: Jede quadratische nn Matrix $\mathbf{A}$ mit n durchweg verschiedenen Eigenwerten λ_i ist der Diagonalmatrix ihrer Eigenwerte ähnlich und kann durch Ähnlichkeitstransformation (5.24) auf Diagonalform ihrer Eigenwerte gebracht werden.

Beispiel 5.2: Mit einem einfachen Beispiel sollen die Begriffe Eigenwerte und zugehörige Eigenvektoren noch vertieft werden. Wir betrachten hierzu den 2-dimensionalen Raum

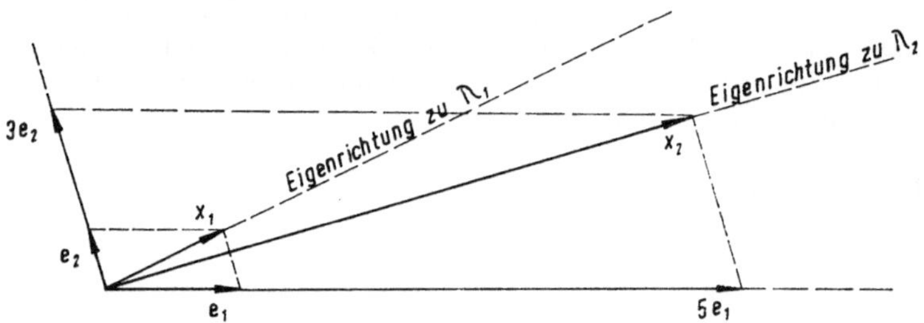

Bild 5.2. Darstellung der Eigenvektoren x_1 und x_2 der Matrix $\begin{bmatrix} 6 & -5 \\ 3 & -2 \end{bmatrix}$ in einem beliebig gewählten schiefwinkligen Koordinatensystem in dem Vektorraum R_2.

R_2 und legen eine Basis mit $\mathbf{e}_1$ und $\mathbf{e}_2$ fest (Bild 5.2). In bezug auf diese Basis suchen wir die Eigenvektoren x_i der Transformationsmatrix $\mathbf{A}$:

$$\mathbf{A} = \begin{bmatrix} 6 & -5 \\ 3 & -2 \end{bmatrix}. \tag{A}$$

Es ist

$$Q(\lambda) = |\mathbf{A} - \lambda\,1| = (6 - \lambda)(-2 - \lambda) + 15 = \lambda^2 - 4\lambda + 3. \tag{B}$$

$Q(\lambda) = 0$ liefert die Eigenwerte $\lambda_1 = 1$ und $\lambda_2 = 3$.

Die gesuchten Eigenvektoren x_1 und x_2 haben in bezug auf die Basisvektoren e_1 und e_2 die Komponenten

$$x_1 = \begin{bmatrix} x_{11} \\ x_{21} \end{bmatrix} \quad \text{und} \quad x_2 = \begin{bmatrix} x_{12} \\ x_{22} \end{bmatrix}.$$

Die Gl. (5.32) liefert für den Eigenvektor x_1 zu $\lambda_1 = 1$ ausgeschrieben

$$(6 - 1)\, x_{11} \qquad\qquad - 5\ x_{21} = 0; \qquad 5\, x_{11} - 5\, x_{21} = 0$$
$$3\, x_{11} \qquad (-2 - 1)\, x_{21} = 0; \qquad 3\, x_{11} - 3\, x_{21} = 0.$$

Die beiden homogenen Gleichungen sind wie verlangt abhängig, haben also den Rang $r = 1$, und liefern beide nur das Verhältnis

$$\frac{x_{11}}{x_{21}} = \frac{1}{1},$$

so daß nur die Eigenrichtung aller linear abhängigen Eigenvektoren $c\, x_1$ festliegt, wobei c eine beliebige, willkürliche Konstante ist.

Für den Eigenvektor x_2 zu $\lambda_2 = 3$ erhalten wir aus Gl. (5.32) entsprechend

$$(6 - 3)\, x_{12} \qquad\qquad - 5\ x_{22} = 0; \qquad 3\, x_{12} - 5\, x_{22} = 0$$
$$3\, x_{12} \qquad (-2 - 3)\, x_{22} = 0; \qquad 3\, x_{12} - 5\, x_{22} = 0$$

und damit

$$\frac{x_{12}}{x_{22}} = \frac{5}{3}.$$

Um die Vektoren x_1 und x_2 (genauer ihre Richtungen) in Bild 5.2 einzeichnen zu können, wählen wir (willkürlich) für die Komponenten der zu zeichnenden Vektoren die errechneten Verhältniszahlen selbst:

$$x_1 = \begin{bmatrix} 1 \\ 1 \end{bmatrix} \tag{C}$$

$$x_2 = \begin{bmatrix} 5 \\ 3 \end{bmatrix}. \tag{D}$$

Selbstverständlich ist mit beispielsweise $c = 1{,}5$ auch $x_1' = \begin{bmatrix} 1{,}5 \\ 1{,}5 \end{bmatrix}$ ein Eigenvektor zu $\lambda_1 = 1$.

5.4 Matrizenpolynome

Für die theoretische Behandlung linearer Operatoren sind die Matrizenpotenzen und die Matrizenpolynome von Bedeutung. Matrizenpolynome haben Matrizen als Koeffizienten. Auf solche Matrizenpolynome $A(\lambda)$ wird man z. B. bei der Behandlung rationaler Matrizen und speziell der Polynommatrizen geführt. Rationale Matrizen haben als Elemente nicht mehr nur reelle und/oder komplexe Zahlen, sondern auch rationale Funktionen. Dies sei an einem Beispiel erläutert:

$$\mathbf{A}(\lambda) = \begin{bmatrix} 2 + 4\,\lambda^2; & 1 + 6\,\lambda + 4\,\lambda^2 + \lambda^3 \\ \lambda + 3\,\lambda^3; & 1 + 2\,\lambda \end{bmatrix}.$$

Diese Polynommatrix kann durch einen einfachen Sortierprozeß so umgeformt werden, daß die Polynommatrix gleich einem Matrizenpolynom ist:

$$\mathbf{A}(\lambda) = \mathbf{A}_0\,\lambda^m + \mathbf{A}_1\,\lambda^{m-1} + \mathbf{A}_2\,\lambda^{m-2} + \ldots + \mathbf{A}_m. \qquad (5.40)$$

In dem vorstehenden Beispiel fassen wir die Potenzen von λ entsprechend zusammen und erhalten

$$\mathbf{A}(\lambda) = \begin{bmatrix} 0 & 1 \\ 3 & 0 \end{bmatrix} \lambda^3 + \begin{bmatrix} 4 & 4 \\ 0 & 0 \end{bmatrix} \lambda^2 + \begin{bmatrix} 0 & 6 \\ 1 & 2 \end{bmatrix} \lambda + \begin{bmatrix} 2 & 1 \\ 0 & 1 \end{bmatrix}.$$

Die Potenzen von λ sind Skalare, mit denen die Matrizen, z. B. $\mathbf{A}_0 = \begin{bmatrix} 0 & 1 \\ 3 & 0 \end{bmatrix}$, multipliziert werden. Führt man die Multiplikation durch und addiert dann die so entstehenden Matrizen, wird man wieder auf die gegebene Polynommatrix geführt.

Definition 5.10: Das Matrizenpolynom $\mathbf{A}(\lambda)$

$$\mathbf{A}(\lambda) = \mathbf{A}_0\,\lambda^m + \mathbf{A}_1\,\lambda^{m-1} + \ldots + \mathbf{A}_m$$

hat die Ordnung n, wenn n die Anzahl der Zeilen der quadratischen Matrix $\mathbf{A}(\lambda)$ ist.

Ist in Gl. (5.40) $\mathbf{A}_0 \neq \mathbf{0}$, dann hat $\mathbf{A}(\lambda)$ den Grad m. $\mathbf{A}(\lambda)$ heißt ein eigentliches Polynom, wenn $|\mathbf{A}_0| \neq 0$ gilt.

Neben den Polynommatrizen, deren Polynomkoeffizienten Matrizen sind, muß man skalare Polynome unterscheiden, deren Polynomkoeffizienten Skalare und bei denen das Argument und seine Potenzen hier vor allem Matrizen sind:

$$P(\mathbf{A}) = p_0\,\mathbf{A}^m + p_1\,\mathbf{A}^{m-1} + \ldots + p_{m-1}\,\mathbf{A} + p_m\,\mathbf{1}\ [1]). \qquad (5.41)$$

Bevor einige Besonderheiten der Matrizenpolynome und der skalaren Polynome mit Matrizenargumenten aufgezählt werden, beschäftigen wir uns kurz mit den

---

[1]) In der Literatur, z. B. [34], findet man auch für Ausdrücke dieser Form die Bezeichnung Matrizenpolynom, doch soll hier die Unterscheidung entsprechend *Gantmacher* [4] getroffen werden.

Polynomen von linearen Operatoren, d. h. von Matrizen mit skalaren Elementen. Die Matrizenpotenz $\mathbf{A}^m$ ist definiert zu:

$$\underbrace{\mathbf{A}^m = \mathbf{A} \cdot \mathbf{A} \dots \mathbf{A}.}_{m\text{-mal}} \tag{5.42}$$

Satz 5.10: Hat $\mathbf{A}$ die Eigenwerte λ_i, dann gehören zu $\mathbf{A}^m$ bei ganzzahligen positiven (und für $|\mathbf{A}| \neq 0$ auch negativen) m die Eigenwerte

$$\alpha_i = \lambda_i{}^m.$$

Eigenvektoren $\mathbf{x}_i$ von $\mathbf{A}$ sind auch solche von $\mathbf{A}^m$.

Aus diesem Satz folgt auch für das skalare Polynom Gl. (5.41):

Satz 5.11: Hat die Matrix $\mathbf{A}$ die Eigenwerte λ_i, dann hat das mit $\mathbf{A}$ gebildete skalare Polynom

$$P(\mathbf{A}) = p_0\,\mathbf{A}^m + p_1\,\mathbf{A}^{m-1} + \dots + p_m\,\mathbf{1}$$

die Eigenwerte

$$\alpha_i = P(\lambda_i) = p_m + p_{m-1}\,\lambda_i + \dots + p_0\,\lambda_i{}^m.$$

Liegen mehrere Matrizenpolynome *gleicher* Ordnung n vor, z. B.:

$$\mathbf{A}(\lambda) = \mathbf{A}_0\,\lambda^m + \mathbf{A}_1\,\lambda^{m-1} + \dots + \mathbf{A}_m \tag{5.43a}$$

$$\mathbf{B}(\lambda) = \mathbf{B}_0\,\lambda^p + \mathbf{B}_1\,\lambda^{p-1} + \dots + \mathbf{B}_p, \tag{5.43b}$$

dann sind mit den Regeln des Matrizenkalküls die Addition, Multiplikation und Division dieser Matrizenpolynome wie folgt definiert:

Definition 5.11: Die Addition (Subtraktion) zweier Matrizenpolynome $\mathbf{A}(\lambda)$ und $\mathbf{B}(\lambda)$ lautet:

$$\mathbf{A}(\lambda) + \mathbf{B}(\lambda) = \mathbf{A}_0\lambda^m + \mathbf{A}_1\lambda^{m-1} + \dots + (\mathbf{A}_p \pm \mathbf{B}_0)\,\lambda^p + (\mathbf{A}_{p-1} \pm \mathbf{B}_1)\,\lambda^{p-1} +$$
$$\dots + (\mathbf{A}_m \pm \mathbf{B}_p) \tag{5.44}$$

Definition 5.12: Die Multiplikation $\mathbf{A}(\lambda) \cdot \mathbf{B}(\lambda)$ zweier Matrizenpolynome hat die Form

$$\mathbf{A}(\lambda)\,\mathbf{B}(\lambda) = \mathbf{A}_0\,\mathbf{B}_0\,\lambda^{m+p} + (\mathbf{A}_0\,\mathbf{B}_1 + \mathbf{A}_1\,\mathbf{B}_0)\,\lambda^{m+p-1}$$
$$+ (\mathbf{A}_0\,\mathbf{B}_2 + \mathbf{A}_1\,\mathbf{B}_1 + \mathbf{A}_2\,\mathbf{B}_0)\,\lambda^{m+p-2} + \dots + \mathbf{A}_m\,\mathbf{B}_p. \tag{5.45}$$

Im allgemeinen ist

$$\mathbf{A}(\lambda)\,\mathbf{B}(\lambda) \neq \mathbf{B}(\lambda)\,\mathbf{A}(\lambda).$$

Definition 5.13: Für die Matrizen $A(\lambda)$ und $B(\lambda)$ gleicher Ordnung n ist dann und nur dann, wenn $B(\lambda)$ ein eigentliches Polynom ist, also $|B_0| \neq 0$ in (5.43 b) gilt, eine rechte Division

$$A(\lambda) = Q(\lambda)\, B(\lambda) + R(\lambda) \qquad (5.46\,\text{a})$$

und eine linke Division

$$A(\lambda) = B(\lambda)\, Q'(\lambda) + R'(\lambda) \qquad (5.46\,\text{b})$$

definiert. Dabei ist $B(\lambda)$ der Divisor und $Q(\lambda)$ der rechte und $Q'(\lambda)$ der linke Quotient und $R(\lambda)$ bzw. $R'(\lambda)$ der rechte bzw. der linke Rest.

In den vorstehenden Definitionen sind selbstverständlich das Summen- und das Produktpolynom sowie die *Quotienten* und *Reste* auch wieder Polynommatrizen.

Die Matrizenpolynome sind nicht nur für skalare Argumente λ, sondern gleichwohl auch für Matrizenargumente erklärt. Da aber das Matrizenprodukt nicht kommutativ ist, muß man auch hier den rechten Wert $F(A)$ und den linken Wert $F'(A)$ eines Polynoms $F(\lambda)$ unterscheiden, wenn λ durch A ersetzt wird:

$$\begin{aligned}
F(\lambda) &= F_0\,\lambda^m + F_1\,\lambda^{m-1} + \ldots + F_m \\
&= \lambda^m\,F_0 + \lambda^{m-1}\,F_1 + \ldots + F_m
\end{aligned} \qquad (5.47\,\text{a})$$

$$F(A) = F_0\,A^m + F_1\,A^{m-1} + \ldots + F_m \qquad (5.47\,\text{b})$$

$$F'(A) = A^m\,F_0 + A^{m-1}\,F_1 + \ldots + F_m\,. \qquad (5.47\,\text{c})$$

Im Zusammenhang mit der Division von Matrizenpolynomen existieren zwei bedeutsame Sätze:

Satz 5.12 (Verallgemeinerter Satz von *Bézout*): Die Rechts- (bzw. Links-)Division eines Matrizenpolynoms $F(\lambda)$ durch das Binom $(\lambda 1 - A)$ liefert als rechten (bzw. linken) Rest das Matrizenpolynom $F(A)$ bzw. $F'(A)$:

$$F(\lambda) = Q(\lambda)\,(\lambda 1 - A) + F(A) \qquad (5.48\,\text{a})$$

bzw.

$$F'(\lambda) = (\lambda 1 - A)\,Q(\lambda) + F'(A)\,. \qquad (5.48\,\text{b})$$

Aus diesem Satz folgt letztlich [4] auch:

Satz 5.13 (Satz von *Cayley-Hamilton*): Ist $Q(\lambda) = |A - \lambda 1|$ das charakteristische Polynom der Matrix A, dann gilt:

$$Q(A) = 0, \qquad (5.49)$$

d. h. jede quadratische Matrix genügt ihrer eigenen charakteristischen Gleichung.

Definition 5.14: Ein skalares Polynom $P(\lambda)$ heißt ein annullierendes Polynom der quadratischen Matrix **A**, wenn

$$P(\mathbf{A}) = 0 \tag{5.50}$$

ist.

Nach dem Satz von *Cayley-Hamilton* (Satz 5.13) ist also das charakteristische Polynom $Q(\lambda)$ zu **A** ein annullierendes Polynom. Aber $Q(\lambda)$ ist nicht das einzige, auch $S(\lambda)\, Q(\lambda)$ ist z. B. ein solches, denn es erfüllt sicherlich die Gl. (5.50), wobei $S(\lambda)$ ein beliebiges Polynom ist.

Definition 5.15: Das annullierende Polynom, dessen Grad minimal und dessen Koeffizient der höchsten Potenz Eins ist, heißt Minimalpolynom $M(\lambda)$ zu **A**.

Da sowohl das charakteristische Polynom, als auch das Minimalpolynom ein annullierendes Polynom ist, muß gelten:

Satz 5.14: Das Minimalpolynom $M(\lambda)$ teilt das charakteristische Polynom $Q(\lambda)$ einer Matrix **A** ohne Rest:

$$Q(\lambda) = M(\lambda)\, D_{n-1}(\lambda). \tag{5.51}$$

$Q(\lambda)$ und $M(\lambda)$ haben, abgesehen von der Vielfachheit, die gleichen Wurzeln λ_i.

Der Divisor $D_{n-1}(\lambda)$ ist der größte gemeinsame Teiler der Elemente der adjungierten Matrix $(\mathbf{Q}(\lambda))_{\text{adj.}} = (\mathbf{A} - \lambda\,\mathbf{1})_{\text{adj.}}$ der charakteristischen Matrix $\mathbf{Q}(\lambda) = (\mathbf{A} - \lambda\,\mathbf{1})$ zur Matrix **A**, oder, mit anderen Worten, auch aller Unterdeterminanten $(n\text{-}1)$-ter Ordnung zu

$$\mathbf{Q}(\lambda) = (\mathbf{A} - \lambda\,\mathbf{1}).$$

Aus Satz 5.14 folgt als eine besonders erwähnenswerte Tatsache, die wir später noch benötigen werden, daß für die Matrizen **A** mit durchweg verschiedenen Eigenwerten λ_i das charakteristische Polynom gleichzeitig das Minimalpolynom ist.

5.5 Matrizenfunktionen

Mit Hilfe der vier Grundrechenarten für Matrizen können Matrizenfunktionen dargestellt werden. Eine wesentliche Klasse solcher Funktionen, die Matrizenpolynome und die skalaren Polynome mit Matrizenargumenten, wurde im vorstehenden Abschnitt schon eingeführt und ihre wesentlichsten Eigenschaften festgelegt. Es gibt neben den besprochenen *ganzen rationalen* Matrizenfunktionen zunächst auch *gebrochen rationale* Matrizenfunktionen für nichtsinguläre Matrizen. Schließlich ist der Begriff der Matrizenfunktionen auf unendliche *Matrizenpotenzreihen* und damit auf *analytische* Matrizenfunktionen, einschließlich der *transzendenten* Funktionen $e^{\mathbf{A}}$, $\sin \mathbf{A}$ usw., auszuweiten.

Insbesondere die transzendente Matrizenfunktion $e^\mathbf{A}$ werden wir bei der Behandlung des Übertragungsverhaltens linearer Übertragungssysteme noch benötigen und ausführlich behandeln, so daß dieser Abschnitt, wie alle in dem Kapitel 5, als Vorbereitung der eigentlichen, uns wesentlich interessierenden Aufgabe dient und nur die allerwichtigsten Tatsachen enthält.

Wir werden vor allem hier sehen, daß die Matrizenfunktionen die eigentümliche und für die Anwendung bedeutsame Eigenschaft haben, daß sie sich mit Hilfe des charakteristischen Polynoms und weiter mit Hilfe des Minimalpolynoms zu $\mathbf{A}$ ausdrücken lassen. Existiert zu einer Matrizenfunktion eine konvergierende unendliche Reihe, dann kann diese Reihe durch ein geeignetes Polynom ersetzt werden, so daß letzten Endes die schon behandelten Matrizenpolynome auch hier eine zentrale Bedeutung haben.

Gegeben ist eine Matrix $\mathbf{A}$, das zugehörige Minimalpolynom $M(\lambda)$ und ein beliebiges Polynom $F(\lambda)$, dann ergibt die Division von $F(\lambda)$ durch $M(\lambda)$ den Quotienten $D(\lambda)$ und ein Restpolynom $R(\lambda)$

$$F(\lambda) = D(\lambda)\, M(\lambda) + R(\lambda), \tag{5.52}$$

wobei $R(\lambda)$ sicherlich einen kleineren Grad als $M(\lambda)$ hat. Da $M(\mathbf{A}) = 0$ ein annullierendes Polynom ist, wird aus Gl. (5.52) beim Übergang auf das Matrizenargument:

$$F(\mathbf{A}) = R(\mathbf{A}). \tag{5.53}$$

Definition 5.16: Das mit Hilfe der Gl. (5.52) und des Minimalpolynoms $M(\lambda)$ zu $\mathbf{A}$ bestimmte Restpolynom $R(\lambda)$ heißt Ersatzpolynom für $F(\lambda)$ *und* die Matrix $\mathbf{A}$.

Satz 5.15: Hat das Minimalpolynom $M(\lambda)$ den Grad m, dann hat das zu $\mathbf{A}$ und $F(\lambda)$ gehörende Ersatzpolynom $R(\lambda)$ einen Grad r

$$r \leq m - 1. \tag{5.54}$$

Satz 5.16: Sind λ_i Eigenwerte von $\mathbf{A}$, dann folgt wegen $M(\lambda_i) = 0$ aus Gl. (5.52) auch

$$F(\lambda_i) = R(\lambda_i). \tag{5.55}$$

Der Ausdruck $F(\mathbf{A}) = R(\mathbf{A})$ ist ein skalares Polynom mit einem Matrizenargument, also eine Matrix $\mathbf{B} = F(\mathbf{A}) = R(\mathbf{A})$, deren Eigenwerte sich aus denen von A gemäß der Beziehung in Satz 5.11 errechnen.

Die Möglichkeit, ein Ersatzpolynom, dessen Grad mindestens um 1 kleiner als der des Minimalpolynoms einer Matrix $\mathbf{A}$ ist, auffinden zu können, hat die fundamentale Bedeutung, daß eine Matrizenfunktion für das Argument $\mathbf{A}$ unter gewissen Voraussetzungen durch ein Interpolationspolynom (das Ersatzpolynom) ersetzt werden kann.

Satz 5.17: Ist $\mathbf{A}$ eine nn Matrix und $M(\lambda)$ ihr Minimalpolynom mit dem Grad m und $F(\lambda)$ eine rationale Funktion oder durch eine Potenzreihe darstellbare eindeutige Funktion, so läßt sich die zu $F(\lambda)$ zugehörige Matrizenfunktion $\mathbf{B} = F(\mathbf{A})$ durch ein Polynom $R(\mathbf{A})$ vom Grad $r \leq m - 1$ darstellen, dessen Koeffizienten von der Matrix $\mathbf{A}$ bzw. ihrem Minimalpolynom abhängen.

Für die später noch zu besprechenden Anwendungen sind die unendlichen Potenzreihen mit Matrizenargumenten von Interesse, da durch sie z. B. transzendente Funktionen dargestellt werden können. Wendet man solche Reihen an, dann muß ihre Konvergenz gesichert sein.

Definition 5.17: Eine Matrizenpotenzreihe wird genau dann konvergent genannt, wenn jedes Element der Teilsumme mit zunehmender Gliederzahl der Reihe konvergiert.

Die Konvergenz eines jeden Elements von

$$\mathbf{B} = P(\mathbf{A}) = a_0\,\mathbf{1} + a_1\,\mathbf{A} + a_2\,\mathbf{A}^2 + \cdots$$

braucht nicht untersucht werden, denn es gilt

Satz 5.18: Die Potenzreihe $P(\mathbf{A})$ einer Matrix $\mathbf{A}$, deren Eigenwerte λ_i im Minimalpolynom mit der Vielfachheit m_i auftreten, konvergiert dann und nur dann, wenn die gewöhnliche Potenzreihe $P^{(m_i-1)}(\lambda_i)$ für alle Eigenwerte konvergiert.

In diesem Satz bedeutet

$$P^{(m_i-1)}(\lambda_i) = \left.\frac{\mathrm{d}^{(m_i-1)}}{\mathrm{d}\,\lambda^{(m_i-1)}}\,P(\lambda)\right|_{\lambda=\lambda_i}$$

die $(m_i - 1)$-te Ableitung der Potenzreihe $P(\lambda)$ nach λ. Dieser Satz 5.18 stellt sicher, daß z. B. die wichtige Reihe

$$\mathrm{e}^{\mathbf{A}} = \sum_n \frac{1}{n!}\,\mathbf{A}^n, \quad n = 0, 1, 2, \ldots \tag{5.56}$$

konvergiert. Für andere Funktionen braucht man also nur zu prüfen, ob die in Aussicht genommene Reihe für den Wertebereich der *skalaren* Größen, in dem die Eigenwerte der interessierenden Matrix $\mathbf{A}$ liegen, konvergiert. Dabei ist sicherlich normalerweise keine spezielle Konvergenzbetrachtung anzustellen, da man sich aus einschlägigen Mathematikbüchern entsprechende konvergente Reihen heraussuchen wird.

Wir wenden uns nun der Bestimmung der Polynomkoeffizienten der Ersatzpolynome $R(\lambda)$ zu, die, wie wir nun wissen, über die Minimalpolynome $M(\lambda)$ und die Eigenwerte λ_i einer gegebenen Matrix $\mathbf{A}$ so ermittelt werden müssen, daß für die gegebene Funktion $F(\lambda)$ gilt:

$$F(\lambda_i) \quad = R(\lambda_i) \tag{5.57a}$$

$$F^{(\nu)}(\lambda_i) = R^{(\nu)}(\lambda_i), \quad \nu = 1, 2, \ldots, m_i - 1. \tag{5.57b}$$

In Gl. (5.57 b) bedeutet $F^{(\nu)}$ die ν-te Ableitung und m_i die Vielfachheit der Wurzel λ_i im Minimalpolynom $M(\lambda)$ zur Matrix $\mathbf{A}$.

Die gesuchten Polynomkoeffizienten von $R(\lambda)$ werden mit Hilfe der sogenannten Lagrangeschen Interpolationspolynome bestimmt, für deren Angabe wir, [4, 34] folgend, eine Fallunterscheidung machen.

a) Lineare Elementarteiler

Hier werden alle Matrizen $\mathbf{A}$ erfaßt, bei deren charakteristischen Determinanten $|\mathbf{A} - \lambda\,\mathbf{1}|$ alle Minoren $(n-1)$-, $(n-2)$-, $\ldots$, 1-ter Ordnung nur lineare Faktoren als größten gemeinsamen Teiler haben. Es sind dies also die Matrizen, deren Jordan-Normalform eine reine Diagonalmatrix ihrer Eigenwerte ist und deren Minimalpolynom $M(\lambda)$ nur einfache Nullstellen hat

$$M(\lambda) = (\lambda - \lambda_1)\,(\lambda - \lambda_2) \ldots (\lambda - \lambda_m). \tag{5.58}$$

Das bedeutet aber nicht notwendigerweise, daß auch das charakteristische Polynom nur einfache Nullstellen hat. Es kann also der Grad n des charakteristischen Polynoms sehr wohl größer als m sein: $n \geq m$. Das Minimalpolynom $M(\lambda)$ ist von der Form Gl. (5.58), wenn für alle p_i-fachen Wurzeln λ_i die charakteristische Matrix $\mathbf{Q}(\lambda) = (\mathbf{A} - \lambda\,\mathbf{1})$ den vollen Rangabfall $d = p_i$ an der Stelle λ_i hat, also

$$\text{Rang } \mathbf{Q}(\lambda_i) = \text{Rang } (\mathbf{A} - \lambda_i\,\mathbf{1}) = n - p_i \quad \text{(siehe Kapitel 7)}.$$

Aus dem Minimalpolynom $M(\lambda)$ Gl. (5.58) bilden wir die Lagrangeschen Interpolationspolynome $M_i(\lambda)$ wie folgt:

$$M_i(\lambda) = \frac{M(\lambda)}{(\lambda - \lambda_i)}\,; \qquad i = 1, 2, \ldots, m. \tag{5.59}$$

Das Interpolationspolynom $M_i(\lambda)$ ist also gleich dem von dem Linearfaktor $(\lambda - \lambda_i)$ befreiten Minimalpolynom $M(\lambda)$.

Außer den Interpolationspolynomen benötigen wir noch Zahlenwerte verschiedener Art

$$1. \quad F_i = F(\lambda)|_{\lambda = \lambda_i}\,; \qquad i = 1, 2, \ldots, m \tag{5.60}$$

und

$$2. \quad M_i = M_i(\lambda)|_{\lambda = \lambda_i}\,; \qquad i = 1, 2, \ldots, m. \tag{5.61}$$

In Gl. (5.60) ist F_i der Wert der gegebenen Funktion $F(\lambda)$, zu der das Ersatzpolynom bestimmt werden soll, an der Stelle $\lambda = \lambda_i$ und entsprechend ist in Gl. (5.61) M_i der Wert des Interpolationspolynoms $M_i(\lambda)$ an der Stelle $\lambda = \lambda_i$.

Mit den so definierten Stücken $M_i(\lambda)$, F_i und M_i ist das gesuchte Ersatzpolynom nach der Vorschrift

$$R(\lambda) = \sum_{i=1}^{m} \frac{F_i}{M_i}\,M_i(\lambda) \tag{5.62}$$

zu bilden. Setzt man dann in $R(\lambda)$ die Matrix $\mathbf{A}$ ein, hat man die Matrizenfunktion $F(\mathbf{A}) = R(\mathbf{A})$ bestimmt.

b) Nichtlineare Elementarteiler

In diesem Fall werden die Matrizen untersucht, deren Minimalpolynome auch vielfache (m_i-fache) Wurzeln λ_i haben:

$$M(\lambda) = (\lambda - \lambda_1)^{m_1} (\lambda - \lambda_2)^{m_2} \ldots (\lambda - \lambda_s)^{m_s}. \tag{5.63}$$

Dieser Fall tritt auf, wenn die Matrix $\mathbf{A}$ ein charakteristisches Polynom mit p_i-fachen Nullstellen hat und in der charakteristischen Matrix $\mathbf{Q}(\lambda) = (\mathbf{A} - \lambda\,\mathbf{1})$ für die Wurzeln λ_i nicht jeweils der volle Rangabfall $d = p_i$ auftritt:

$$\text{Rang } (\mathbf{A} - \lambda_i\,\mathbf{1}) > n - p_i.$$

Für die Bestimmung des gesuchten Ersatzpolynoms $R(\lambda)$ muß nun sichergestellt werden, daß Gl. (5.57 b) gilt, d. h. daß die Funktionen $F(\lambda)$ und $R(\lambda)$ auch in ihren Ableitungen übereinstimmen. Dies wird durch folgenden Ansatz erreicht:

$$M_i(\lambda) = \frac{M(\lambda)}{(\lambda - \lambda_i)^{m_i}}; \quad i = 1, 2, \ldots, s \tag{5.64}$$

$$F_i(\lambda) = \frac{F(\lambda)}{M_i(\lambda)}$$

$$F_i'(\lambda) = \frac{\mathrm{d}_i}{\mathrm{d}\lambda} F_i(\lambda) = \frac{M_i(\lambda)\,F'(\lambda) - M_i'(\lambda)\,F(\lambda)}{M_i^2(\lambda)} \tag{5.65a}$$

$$\vdots$$

$$F_i = F_i(\lambda)|_{\lambda = \lambda_i}$$

$$F_i' = F_i'(\lambda)|_{\lambda = \lambda_i} \tag{5.65b}$$

$$\vdots$$

$$R(\lambda) = \sum_{i=1}^{s} \left\{ F_i + F_i'\,(\lambda - \lambda_i) + \frac{1}{2!} F_i''\,(\lambda - \lambda_i)^2 + \right.$$
$$\left. + \ldots + \frac{1}{(m_i - 1)!} F_i^{(m_i - 1)}\,(\lambda - \lambda_i)^{(m_i - 1)} \right\} M_i(\lambda). \tag{5.66}$$

Man erkennt bei einer genaueren Betrachtung der Gln. (5.65) und (5.66), daß die Auswertung für den speziellen Fall nicht ganz einfach ist, denn die $F_i(\lambda)$ und ihre Ableitungen sind Quotienten, die durch fortlaufende Anwendung der Kettenregel bei der Differentiation beachtlich lange Ausdrücke ergeben können. In der Literatur, vor allem bei *Gantmacher* [4], sind deshalb spezielle Verfahren angegeben, mit deren Hilfe die numerische Auswertung auch mittels Digitalrechenmaschinen erleichtert wird. Da dies hier ein einführendes Lehrbuch sein soll, werden die Beispiele nur so kompliziert gewählt werden, daß das prinzipiell Wichtige erkennbar wird. Setzt man in $R(\lambda)$ und den Ableitungen von $R(\lambda)$ die Eigenwerte λ_i ein, erkennt man, daß die Forderungen Gln. (5.57a) und (5.57b) durch Gl. (5.66) erfüllt werden:

$$R(\lambda_i) \;= F_i(\lambda_i)\, M_i(\lambda_i) = F(\lambda_i)$$

$$R'(\lambda_i) = F'_i(\lambda_i)\, M_i(\lambda_i) + M'_i(\lambda_i)\, F_i(\lambda_i) = F'(\lambda_i).$$
$$\vdots$$

(Man muß hierbei beachten, daß unter dem Summenzeichen in (5.66) mehrmals geschachtelte Produkte von Funktionen in λ auftreten; vor allem steht auch hinter der geschweiften Klammer die Funktion $M_i(\lambda)$).

An dieser Stelle sei noch der Hinweis gegeben, daß letztlich hinter dem hier aufgezeigten Interpolationsformelapparat die Begriffe der Taylor-Reihenentwicklung und die Residuenrechnung stehen, was man vor allem an Gl. (5.66), die sehr ähnlich einer Partialbruchentwicklung ist, erkennen kann.

An zwei Beispielen soll hier die Ermittlung der Ersatzfunktion $R(\mathbf{A})$ gezeigt werden. Weitere Beispiele werden in dem nächsten Abschnitt bei der Berechnung des Übergangsverhaltens von Systemen gebracht werden.

Beispiel 5.3: Gesucht ist die Matrix $\mathbf{B}(A) = e^{\mathbf{A}}$ für die gegebene Matrix

$$\mathbf{A} = \begin{bmatrix} 6 & -5 \\ 3 & -2 \end{bmatrix}. \tag{A}$$

Das charakteristische Polynom $Q(\lambda)$ ist hier gleich dem Minimalpolynom

$$M(\lambda) = \lambda^2 - 4\lambda + 3 = (\lambda - 1)(\lambda - 3). \tag{B}$$

Es liegen also nur einfache Eigenwerte vor, so daß die Entwicklung des Ersatzpolynoms mit Hilfe der Gln. (5.60), (5.61) und (5.62) erfolgen kann. Bezeichnen wir mit $\lambda_1 = 1$ und $\lambda_2 = 3$, dann ist

$$M_1(\lambda) = \frac{M(\lambda)}{(\lambda - \lambda_1)} = \lambda - 3 \text{ und } M_1 = M_1(\lambda)\,|_{\lambda_1 = 1} = -2 \tag{C}$$

$$M_2(\lambda) = \lambda - 1 \qquad\qquad \text{und } M_2 = 2. \tag{D}$$

Ferner benötigen wir noch die Werte F_1 und F_2 aus der Funktion $F(\lambda)$, die wir dadurch erhalten, daß in $B(\mathbf{A})$ das Matrizenargument $\mathbf{A}$ durch λ ersetzt wird, also

$$F(\lambda) = e^{\lambda}. \tag{E}$$

Folglich lautet

$$F_1 = F(\lambda)|_{\lambda = \lambda_1} = e^1 = e \tag{F}$$

und

$$F_2 = F(\lambda)|_{\lambda = \lambda_2}\ e^3. \tag{G}$$

Mit Gl. (5.62) erhalten wir nun für $R(\lambda)$:

$$R(\lambda) = \frac{e}{-2}(\lambda - 3) + \frac{e^3}{2}(\lambda - 1) = \frac{e}{2}\left[(e^2 - 1)\lambda + (3 - e^2)\right]. \tag{H}$$

Mit diesem Ersatzpolynom $R(\lambda)$ erhalten wir die gesuchte Matrix $\mathbf{B} = e^{\mathbf{A}}$ durch Ersetzen von λ durch $\mathbf{A}$:

$$R(\mathbf{A}) = B(\mathbf{A}) = \frac{e}{2}[(e^2 - 1)\,\mathbf{A} + (3 - e^2)\,\mathbf{1}]. \tag{I}$$

Man beachte, daß bei dem konstanten Glied die Potenz $\mathbf{A}^\circ = \mathbf{1}$ eingesetzt wird (siehe Gl. (5.41)). Setzt man nun die Zahlenwerte von $\mathbf{A}$ aus Gl. (A) in Gl. (I) ein, findet man

$$R(\mathbf{A}) = \frac{e}{2}\left[\begin{bmatrix} 6\,e^2 - 6; & -5\,e^2 + 5 \\ 3\,e^2 - 3; & -2\,e^2 + 2 \end{bmatrix} + \begin{bmatrix} 3 - e^2; & 0 \\ 0; & 3 - e^2 \end{bmatrix}\right]$$

$$= \frac{e}{2}\begin{bmatrix} 5\,e^2 - 3; & -5\,e^2 + 5 \\ 3\,e^2 - 3; & -3\,e^2 + 5 \end{bmatrix} \approx \begin{bmatrix} 48 & ; & -46 \\ 27 & ; & -24 \end{bmatrix}. \tag{K}$$

Beispiel 5.4: Gesucht ist $\mathbf{B}(\mathbf{A}) = e^{\mathbf{A}}$ für

$$\mathbf{A} = \begin{bmatrix} 2 & -1 & 1 \\ 0 & 1 & 1 \\ -1 & 1 & 1 \end{bmatrix}. \tag{A}$$

Die charakteristische Gleichung lautet

$$Q(\lambda) = |\mathbf{Q}(\lambda)| = \begin{vmatrix} 2 - \lambda & -1 & 1 \\ 0 & 1 - \lambda & 1 \\ -1 & 1 & 1 - \lambda \end{vmatrix} = (\lambda - 1)^2\,(\lambda - 2). \tag{B}$$

Untersucht man die Unterdeterminanten in Gl. (B), findet man für den Minor zu dem Element Q_{12} den Wert 1, was bedeutet, daß der größte gemeinsame Teiler aller Minoren $(n - 1) = 2$ter Ordnung die Zahl 1 ist. Also ist hier wieder das Minimalpolynom gleich dem charakteristischen Polynom:

$$M(\lambda) = (\lambda - 1)^2\,(\lambda - 2).$$

Es sei $\lambda_1 = 1$ und $\lambda_2 = 2$. Wegen der zweifachen Wurzel λ_1 muß das Ersatzpolynom nun mit den Gln. (5.64), (5.65) und (5.66) bestimmt werden. Es ist

$$M_1(\lambda) = (\lambda - 2)$$
$$M_2(\lambda) = (\lambda - 1)^2 \tag{C}$$

$$F_1 = \frac{e^\lambda}{M_1(\lambda)}\bigg|_{\lambda = 1} = \frac{e^\lambda}{\lambda - 2}\bigg|_{\lambda = 1} = -e \tag{D}$$

$$F_1' = \frac{e^\lambda}{(\lambda - 2)} - \frac{e^\lambda}{(\lambda - 2)^2}\bigg|_{\lambda = 1} = -2\,e \tag{E}$$

$$F_2 = \frac{e^\lambda}{M_2(\lambda)}\bigg|_{\lambda = 2} = \frac{e^\lambda}{(\lambda - 1)^2}\bigg|_{\lambda = 2} = e^2. \tag{F}$$

Damit ist das Ersatzpolynom zu bestimmen:

$$R(\lambda) = [F_1 + F_1'(\lambda - 1)]\,(\lambda - 2) + F_2(\lambda - 1)^2$$
$$= [-\,e - 2\,e(\lambda - 1)]\,(\lambda - 2) + e^2(\lambda - 1)^2 = \lambda^2(e^2 - 2\,e) + \lambda\,(5\,e - 2\,e^2) +$$
$$+\,(e^2 - 2\,e). \tag{G}$$

Einsetzen von $\mathbf{A}$ führt auf das gesuchte $\mathbf{B(A)} = e^{\mathbf{A}} = R(\mathbf{A})$:

$$\mathbf{B(A)} = \mathbf{A}^2(e^2 - 2\,e) + \mathbf{A}(5\,e - 2\,e_2) + 1(e^2 - 2\,e),$$

und nachdem man $\mathbf{A}$ und $\mathbf{A}^2 = \mathbf{A} \cdot \mathbf{A}$:

$$\mathbf{A}^2 = \begin{bmatrix} 3 & -2 & 2 \\ -1 & 2 & 2 \\ -3 & 3 & 1 \end{bmatrix}$$

eingesetzt, ausmultipliziert und addiert hat:

$$\mathbf{B(A)} = e^{\mathbf{A}} = \begin{bmatrix} 2\,e & ; & -\,e & ; & e \\ 2\,e - e^2 & & e^2 - e; & & e \\ e - e^2 & ; & e^2 - e; & & e \end{bmatrix}. \tag{H}$$

6. Das Übertragungsverhalten linearer Systeme

6.1 Einleitung

Wir wenden uns nun wieder den linearen zeitinvarianten Übertragungssystemen zu, die im Zustandsraum durch dynamische Systemgleichungen, den Vektordifferentialgleichungen 1. Ordnung, beschrieben werden:

$$\dot{\mathbf{u}}(t) = \mathbf{A}\,\mathbf{u}(t) + \mathbf{B}\,\mathbf{y}(t) \tag{6.1}$$

$$\mathbf{x}(t) = \mathbf{C}\,\mathbf{u}(t) + \mathbf{D}\,\mathbf{y}(t).$$

Diese Systeme werden in bezug auf ihr dynamisches Verhalten und dabei ganz besonders auf ihr Stabilitätsverhalten in erster Linie durch die Systemmatrix $\mathbf{A}$ und deren Eigenwerte λ_i bestimmt. Das Signalübertragungsverhalten zwischen den Systemeingängen $\mathbf{y}(t) = [y_1(t), \ldots, y_m(t)]^T$ und den Systemausgängen $\mathbf{x}(t) = [x_1(t), \ldots, x_r(t)]^T$ wird durch den vollständigen Gleichungssatz (6.1) charakterisiert. Dagegen ist das dynamische Verhalten des Systems allein durch die den Systemzustand beschreibende Gleichung

$$\dot{\mathbf{u}}(t) = \mathbf{A}\,\mathbf{u}(t) + \mathbf{B}\,\mathbf{y}(t); \qquad \mathbf{u}(t)\,|_{t=t_0} = \mathbf{u}_0, \tag{6.2}$$

mit den Anfangsbedingungen

$$\mathbf{u}_0 = [u_{10},\, u_{20},\, \ldots,\, u_{n0}]^T,$$

bestimmt. Dabei ist

$$u_{i0} = u_i(t)\,|_{t=t_0}.$$

Wenn der Einfluß der Eingänge durch eine Spaltenmatrix $\mathbf{f}(t)$

$$\mathbf{f}(t) = \mathbf{B}\,\mathbf{y}(t) \tag{6.3}$$

erfaßt wird, wird die Dynamik des Systems schließlich durch

$$\dot{\mathbf{u}}(t) = \mathbf{A}\,\mathbf{u}(t) + \mathbf{f}(t); \qquad \mathbf{u}_0 \tag{6.4a}$$

vollständig beschreibbar. Die Gl. (6.4a) lautet ausgeschrieben:

$$\left.
\begin{aligned}
\dot{u}_1(t) &= A_{11}\,u_1(t) + A_{12}\,u_2(t) + \ldots + A_{1n}\,u_n(t) + f_1(t); & u_{10} \\
\dot{u}_2(t) &= A_{21}\,u_1(t) + A_{22}\,u_2(t) + \ldots + A_{2n}\,u_n(t) + f_2(t); & u_{20} \\
&\qquad\qquad \cdots\cdots\cdots\cdots\cdots\cdots\cdots\cdots\cdots\cdots \\
\dot{u}_n(t) &= A_{n1}\,u_1(t) + A_{n\,2}\,u_2(t) + \ldots + A_{nn}\,u_n(t) + f_n(t); & u_{n0}
\end{aligned}
\right\} . \tag{6.4b}$$

An dieser Stelle haben wir die Systembeschreibung durch die Hinzunahme der Anfangsbedingungen des Systemzustandes vervollständigt. Diese Anfangsbedingungen sind die Energieladungen der Energiespeicher im System zu dem Beobachtungszeitpunkt $t = t_0$. Hier zeigt sich ein weiterer gravierender Vorteil der Systembeschreibung mittels Vektordifferentialgleichungen. Denn bei der in der Regelungstechnik sonst üblichen Systembeschreibung durch komplexe Übertragungsfunktionen und Frequenzgänge muß jeweils vorausgesetzt werden, daß das System energiefrei ist, was in speziellen Anwendungsfällen nicht erlaubt ist. Hatte man die Systembeschreibung durch komplexe Übertragungsfunktionen benutzt, mußte man zu den zugrundeliegenden Differentialgleichungen höherer Ordnung bzw. deren Laplace-Transformierten zurückkehren, um dann Anfangsbedingungen berücksichtigen zu können. Im Vergleich zu dem hier bei der Zustandsraumbeschreibung sehr durchsichtigen mathematischen Kalkül, der besonders gut sowohl für die Bearbeitung mittels Analog- und/oder Digitalrechenmaschinen geeignet ist, scheint die Behandlung von Systemen von Differentialgleichungen höherer Ordnung, wie sie bei Mehrfachregelsystemen auftreten, bei Anwesenheit von Anfangsbedingungen recht umständlich zu sein.

Mit den Gln. (6.3) und (6.4) haben wir den Anschluß an die mathematische Literatur hergestellt und können mit den folgenden Ausführungen sowohl die Einfachsysteme, bei denen in Gl. (6.1) $\mathbf{y}(t)$ zu einem Skalar und $\mathbf{B}$ zu einer Spaltenmatrix entarten, als auch die Dynamik der vermaschten Mehrfachsysteme erfassen. Wir brauchen vom Prinzip her nur zwei große Problemkreise getrennt beschreiben, die homogenen Gleichungen, bei denen in Gl. (6.4) $\mathbf{f}(t) \equiv \mathbf{0}$ ist, und die inhomogenen Gleichungen, wie sie in Gl. (6.4) notiert sind.

6.2 Lösung der homogenen Systemgleichungen

Wir betrachten das homogene Gleichungssystem der dynamischen Gleichungen eines Übertragungssystems S:

$$\frac{d}{dt}\,\mathbf{u}(t) = \dot{\mathbf{u}}(t) = \mathbf{A}\,\mathbf{u}(t); \qquad \mathbf{u}_0 = \mathbf{u}(t)\,|_{t=0} \tag{6.5a}$$

$$\left.\begin{aligned}
\dot{u}_1(t) &= A_{11}\,u_1(t) + \ldots + A_{1n}\,u_n(t); && u_{10} = u_1(t)\,|_{t=0}\\
&\;\;\cdots\cdots\cdots\cdots\cdots\cdots\cdots\cdots\cdots\cdots\cdots\\
\dot{u}_n(t) &= A_{n1}\,u_1(t) + \ldots + A_{nn}\,u_n(t); && u_{n0} = u_n(t)\,|_{t=0}
\end{aligned}\right\} \tag{6.5b}$$

Es wird also die Lösung $u_1(t)$, $u_2(t)$, $\ldots$, $u_n(t)$ dieses Differentialgleichungssystems für die Anfangsbedingungen zur Zeit $t = t_0 = 0$ gesucht.

Dazu entwicklen wir den gesuchten Lösungsvektor $\mathbf{u}(t) = u_1(t)$, $\ldots$, $u_n(t)^T$ in eine MacLaurinsche Reihe, also eine Taylor-Reihe für $t_0 = 0$,

$$\mathbf{u}(t) = \mathbf{u}_0 + \dot{\mathbf{u}}_0\,t + \frac{\ddot{\mathbf{u}}_0}{2!}\,t^2 + \frac{\dddot{\mathbf{u}}_0}{3!}\,t^3 + \ldots$$

mit

$$\dot{\mathbf{u}}_0 = \frac{d}{dt}\,\mathbf{u}\,\bigg|_{t=0}; \qquad \ddot{\mathbf{u}}_0 = \frac{d^2}{dt^2}\,\mathbf{u}\,\bigg|_{t=0}; \ldots$$

(6.6)

Nun folgt aus Gl. (6.5a):

$$\ddot{\mathbf{u}}(t) = \mathbf{A}\ \dot{\mathbf{u}}(t) = \mathbf{A}^2\,\mathbf{u}(t)$$

$$\dddot{\mathbf{u}}(t) = \mathbf{A}^2\,\dot{\mathbf{u}}(t) = \mathbf{A}^3\,\mathbf{u}(t) \tag{6.7a}$$

$$\vdots \qquad \vdots \qquad \vdots$$

und für $t = t_0 = 0$:

$$\ddot{\mathbf{u}}_0 = \mathbf{A}\ \dot{\mathbf{u}}_0 = \mathbf{A}^2\,\mathbf{u}_0$$

$$\dddot{\mathbf{u}}_0 = \mathbf{A}^2\,\dot{\mathbf{u}}_0 = \mathbf{A}^3\,\mathbf{u}_0, \tag{6.7b}$$

$$\vdots \qquad \vdots \qquad \vdots$$

so daß Gl. (6.6) auch geschrieben werden kann zu:

$$\mathbf{u}(t) = \mathbf{u}_0 + t\,\mathbf{A}\,\mathbf{u}_0 + \frac{t^2}{2!}\,\mathbf{A}^2\,\mathbf{u}_0 + \frac{t^3}{3!}\,\mathbf{A}^3\,\mathbf{u}_0 + \ldots = e^{\mathbf{A}t}\,\mathbf{u}_0. \tag{6.8}$$

Da

$$\frac{d}{dt}\,e^{\mathbf{A}t} = \frac{d}{dt}\left(1 + t\,\mathbf{A} + \frac{t^2}{2!}\,\mathbf{A}^2 + \frac{t^3}{3!}\,\mathbf{A}^3 + \ldots\right)$$

$$= \mathbf{A} + t\,\mathbf{A}^2 + \frac{t^2}{2!}\,\mathbf{A}^3 + \frac{t^3}{3!}\,\mathbf{A}^4 + \ldots = \mathbf{A}\,e^{\mathbf{A}t}$$

ist, ist also Gl. (6.8) tatsächlich eine Lösung der Gl. (6.5).

Die Lösungsmatrix

$$\boldsymbol{\Phi}(t) = e^{\mathbf{A}t}, \tag{6.9}$$

die das homogene System Gl. (6.5) erfüllt, heißt auch die *Fundamental-* oder *Übergangs-Matrix* des Systems, da sie die Übergangsvorgänge von einem Anfangszustand in einen anderen Zustand bei dem von außen ungestörten System beschreibt.

Der Zusammenhang zwischen dem Übergangsverhalten des von seinen Systemeingängen her nicht erregten Systems S und dem mathematischen *Eigenwertproblem* ist nach den einführenden Erläuterungen in den Abschnitten 5.4 und 5.5 sehr einfach herzustellen. Denn wir sehen, daß die Fundamentalmatrix eine Matrizenfunktion ist, für die bei gegebener Systemmatrix $\mathbf{A}$ (des Übertragungssystems S) ein Ersatzpolynom $R(\mathbf{A})$ gefunden und mit dessen Hilfe wiederum $\boldsymbol{\Phi}(\mathbf{A}, t) = e^{\mathbf{A}t}$ berechnet werden kann. Das Ersatzpolynom wird ja zu einem wesentlichen Teil aus dem zu $\mathbf{A}$ gehörenden Minimalpolynom gebildet, das ebenso wie das charakteristische Polynom $Q(\lambda)$ alle Eigenwerte λ_i zu $\mathbf{A}$ enthält, wenn man von den Vielfachheiten k_i gegebenenfalls auftretender mehrfacher Eigenwerte absieht.

Da das Minimalpolynom die linear unabhängigen Eigenvektoren in dem Vektorraum R_n des Systemmatrix $\mathbf{A}$ bestimmt (Abschnitt 5.3), halten wir hier fest:

Satz 6.1: Aus dem System der linear unabhängigen Eigenvektoren $\mathbf{x}_i$ zu den Eigenwerten λ_i von $\mathbf{A}$ wird die Lösung der Vektordifferentialgleichung $\dot{\mathbf{u}}(t) = \mathbf{A}\,\mathbf{u}(t)$ für einen gegebenen Anfangszustand $\mathbf{u}_0 = \mathbf{u}(t)|_{t=t_0}$ gebildet.

Bevor wir einige spezielle Eigenschaften der Fundamentalmatrix $\boldsymbol{\Phi}(t)$ und auch ein Beispiel zur Berechnung von $\boldsymbol{\Phi}(t)$ bringen, soll noch ein anderer in der Literatur [34] angegebener Lösungsansatz, der selbstverständlich auf die gleiche Fundamentalmatrix führt, hier kurz für den Fall, daß $\mathbf{A}$ zu n Eigenwerten n linear unabhängige Eigenvektoren hat, also diagonalähnlich ist (Kapitel 7), erläutert werden.

Ausgehend von dem Lösungsansatz $x = e^{\lambda t}$ für die Lösung der homogenen Differentialgleichung n-ter Ordnung wird zur Lösung der Gl. (6.5a)

$$\dot{\mathbf{u}}(t) = \mathbf{A}\,\mathbf{u}(t) \tag{6.5a}$$

der Ansatz

$$\mathbf{u}(t) = \mathbf{c}\,e^{\lambda t} \tag{6.10a}$$

$$\left.\begin{aligned}
u_1(t) &= c_1\,e^{\lambda t} \\
u_2(t) &= c_2\,e^{\lambda t} \\
&\;\;\vdots \\
u_n(t) &= c_n\,e^{\lambda t}
\end{aligned}\right\} \tag{6.10b}$$

untersucht, in dem noch ein, hier Amplitudenfaktor genannter, Vektor $\mathbf{c}$ $\mathbf{c} = [c_1, \ldots, c_n]^T$ auftritt. Da aus Gl. (6.10a) auch folgt

$$\dot{\mathbf{u}}(t) = \lambda\,\mathbf{u}(t),$$

wird man auf das homogene Gleichungssystem

$$(\mathbf{A} - \lambda\,\mathbf{1})\,\mathbf{u} = 0, \tag{6.11}$$

also das bekannte Eigenwertproblem für lineare Transformationsmatrizen (Abschnitt 5.3), geführt. Die charakteristische Gleichung der charakteristischen Matrix $\mathbf{Q}(\lambda) = (\mathbf{A} - \lambda\,\mathbf{1})$ wird auch zur charakteristischen Gleichung des Differentialgleichungssystems. Die n Wurzeln λ_i von $|\mathbf{Q}(\lambda)|$ sind genau jene Werte des Parameters, für die der Ansatz Gl. (6.10) eine Lösung der Gl. (6.5) herbeiführt. Die zu den λ_i gehörenden Eigenvektoren $\mathbf{u}_i$ sind dann auch die Amplitudenvektoren. Wir wissen aus Abschnitt 5.3, daß die Eigenvektoren nur bis auf je eine zunächst willkürliche Konstante α_i durch die

Eigenwerte λ_i bestimmt sind. So lautet zu jedem Eigenwert λ_i die Teillösung: $\alpha_i \, \mathbf{u}_i \, e^{\lambda_i t}$ und die allgemeine Lösung $\mathbf{u}(t)$:

$$\mathbf{u}(t) = \alpha_1 \, \mathbf{u}_1 \, e^{\lambda_1 t} + \alpha_2 \, \mathbf{u}_2 \, e^{\lambda_2 t} + \ldots + \alpha_n \mathbf{u}_n \, e^{\lambda_n t} \tag{6.12}$$

mit den zunächst noch frei wählbaren Integrationskonstanten α_i. Gl. (6.12) ist genau dann eine allgemeine Lösung der Aufgabe, wenn die n Eigenvektoren $\mathbf{u}_i$ linear unabhängig sind, denn dann kann die allgemeine Lösung, Gl. (6.12), an den Vektor $\mathbf{u}_0 = \mathbf{u}(t)|_{t=t_0}$ der Anfangsbedingungen angepaßt werden:

$$\mathbf{u}_0 = \alpha_1 \, \mathbf{u}_1 + \alpha_2 \, \mathbf{u}_2 + \ldots + \alpha_n \, \mathbf{u}_n. \tag{6.13a}$$

Faßt man die α_i zu einem Vektor $\boldsymbol{\alpha} = [\alpha_1, \alpha_2, \ldots, \alpha_n]^T$ und die n Eigenvektoren $\mathbf{u}_i$ zu einer nn Matrix $\mathbf{U} = [\mathbf{u}_1, \mathbf{u}_2, \ldots, \mathbf{u}_n]$, die wegen der linearen Unabhängigkeit der $\mathbf{u}_i$ nichtsingulär ist, zusammen, dann erhält man für Gl. (6.13a) auch:

$$\mathbf{u}_0 = \mathbf{U} \, \boldsymbol{\alpha} \tag{6.13b}$$

bzw.

$$\left.\begin{aligned}
u_{10} &= u_{11} \alpha_1 + u_{12} \alpha_2 + \ldots + u_{1n} \alpha_n \\
u_{20} &= u_{21} \alpha_1 + u_{22} \alpha_2 + \ldots + u_{2n} \alpha_n \\
&\;\vdots \qquad\quad \vdots \qquad\qquad\qquad\quad \vdots \\
u_{n0} &= u_{n1} \alpha_1 + u_{n2} \alpha_2 + \ldots + u_{nn} \alpha_n.
\end{aligned}\right\} \tag{6.13c}$$

Dabei sind die u_{i0} die Anfangszustände und die u_{kl} die Komponenten des l-ten Eigenvektors $\mathbf{u}_l$. Das lineare inhomogene Gleichungsystem der Gl. (6.13) ist wegen der Nichtsingularität von $\mathbf{U}$ eindeutig nach den α_i, z. B. mit dem Verfahren der Cramerschen Regel, auflösbar. Womit dann die hier gestellte Aufgabe deshalb gelöst ist, weil hier vorausgesetzt wurde, daß wegen der Diagonalähnlichkeit von $\mathbf{A}$ das charakteristische Polynom gleich dem Minimalpolynom ist oder, noch genauer, weil zu der nn Matrix $\mathbf{A}$ genau n linear unabhängige Eigenvektoren existieren sollen.

Hat die nn Matrix $\mathbf{A}$ nicht n linear unabhängige Eigenvektoren, also die charakteristische Matrix $\mathbf{Q}(\lambda) = (\mathbf{A} - \lambda \, \mathbf{1})$ für p_i-fache Eigenwerte λ_i nicht jeweils den vollen Rangabfall $d_i = p_i$, dann ist der zweite hier vorgeführte Lösungsweg wesentlich komplizierter und gedanklich schwieriger als der über die Bestimmung der Fundamentalmatrix $\boldsymbol{\Phi}$ mit Hilfe des Ersatzpolynoms, denn es müssen dann die sogenannten Hauptvektoren (siehe gegebenenfalls auch [34]) eingeführt werden, was den Rahmen des hier in dieser Schrift gestellten Zieles sprengen würde.

6.3 Eigenschaften und Beispiele zur Berechnung der Fundamentalmatrix $\boldsymbol{\Phi}(t)$

Wir hatten gesehen, daß die Lösung der linearen zeitinvarianten homogenen Vektordifferentialgleichung 1. Ordnung auf die Bestimmung der Fundamentalmatrix

$$\boldsymbol{\Phi}(t) = e^{\mathbf{A}t} \tag{6.9}$$

führt. Gl. (6.9) ist nur dann eine Lösung, wenn der Anfangszustand zur Zeit $t_0 = 0$ gegeben ist, denn zur Ableitung war zunächst die MacLaurinsche Reihe herangezogen worden. Interessiert man sich für einen beliebigen Zeitpunkt t_0 als Anfangszeitpunkt, dann führt eine entsprechende Überlegung, wie sie im vorigen Abschnitt gezeigt wurde, mit Hilfe der allgemeinen Taylorentwicklung auf die Fundamentalmatrix in der allgemeineren Form

$$\boldsymbol{\Phi}(t - t_0) = e^{\mathbf{A}(t-t_0)} \tag{6.14}$$

und damit auch auf die allgemeine Lösung der homogenen Systemgleichung

$$\mathbf{u}(t) = \boldsymbol{\Phi}(t - t_0)\,\mathbf{u}(t_0) = e^{\mathbf{A}(t-t_0)}\,\mathbf{u}(t_0). \tag{6.15}$$

Diese Gleichung bestimmt also das Übergangsverhalten eines von außen ungestörten Systems S mit der Systemmatrix $\mathbf{A}$ von dem Zustand zur Zeit t_0 in den Systemzustand zum interessierenden Zeitpunkt t. Ist dieser zweite Zeitpunkt insbesondere der feste Punkt t_1, dann gilt mit (6.15):

$$\mathbf{u}(t_1) = \boldsymbol{\Phi}(t_1 - t_0)\,\mathbf{u}(t_0) = e^{\mathbf{A}(t_1-t_0)}\,\mathbf{u}(t_0) \tag{6.16a}$$

und ferner

$$\mathbf{u}(t_2) = \boldsymbol{\Phi}(t_2 - t_1)\,\mathbf{u}(t_1) = \boldsymbol{\Phi}(t_2 - t_1)\,\boldsymbol{\Phi}(t_1 - t_0)\,\mathbf{u}(t_0). \tag{6.16b}$$

Aus den für Exponentialfunktionen mit Matrizenargumenten geltenden Eigenschaften folgen auch diese weiteren speziellen Eigenschaften der Fundamentalmatrix:

$$e^{\mathbf{A}(t_2-t_0)} = e^{\mathbf{A}(t_2-t_1)}\,e^{\mathbf{A}(t_1-t_0)}$$

$$\boldsymbol{\Phi}(t_2 - t_0) = \boldsymbol{\Phi}(t_2 - t_1)\,\boldsymbol{\Phi}(t_1 - t_0) \tag{6.17}$$

$$\boldsymbol{\Phi}(0) = \boldsymbol{\Phi}(t_i - t_i) = \mathbf{1} \tag{6.18}$$

$$\boldsymbol{\Phi}^{-1}(t_1 - t_0) = \boldsymbol{\Phi}(t_0 - t_1) \tag{6.19}$$

und schließlich

$$\boldsymbol{\Phi}^{-1}(t) = \boldsymbol{\Phi}(-t). \tag{6.20}$$

Die Berechnung der Fundamentalmatrix geschieht, wie oben bereits gesagt, im allgemeinen Fall, wenn die Systemmatrix $\mathbf{A}$ nicht vorher auf eine geeignete Diagonal- oder diagonalähnliche Form transformiert wurde, mittels des Ersatzpolynoms, von dem ein wesentlicher Teil durch das zur Systemmatrix $\mathbf{A}$ gehörende Minimalpolynom $M(\lambda)$ bestimmt ist. Für den am Ende des vorstehenden Abschnitts skizzierten Lösungsansatz für diagonalähnliche Matrizen mit Hilfe der n linear unabhängigen Eigenvektoren $\mathbf{u}_i$ ergibt sich aus den Gln. (5.59) bis (5.62) folgender Zusammenhang zwischen der Fundamentalmatrix $\Phi(t)$ und den Eigenvektoren von $\mathbf{A}$:

$$\Phi(t) = e^{\mathbf{A}t} = R(\mathbf{A}) = \sum_{i=1}^{n} \frac{e^{\lambda_i t}}{M_i(\lambda_i)} \, M_i(\mathbf{A}) \tag{6.21}$$

mit

$$M_i(\lambda_i) = \frac{M(\lambda)}{(\lambda - \lambda_i)}$$

$$M_i(\mathbf{A})\, \mathbf{u}_0 = \mathbf{u}_i \tag{6.22}$$

und schließlich

$$\mathbf{u}(t) = \Phi(t)\, \mathbf{u}_0 = \sum_{i=1}^{n} \frac{e^{\lambda_i t}}{M_i(\lambda_i)} \cdot \mathbf{u}_i. \tag{6.23}$$

An zwei einfacheren Beispielen soll zunächst die Berechnung der Fundamentalmatrix direkt aus der gegebenen Systemmatrix $\mathbf{A}$ erläutert werden.

Beispiel 6.1: Gegeben ist eine Systemmatrix $\mathbf{A}$ zu

$$\mathbf{A} = \begin{bmatrix} -2 & 2 & -3 \\ 2 & 1 & -6 \\ -1 & -2 & 0 \end{bmatrix}. \tag{A}$$

Gesucht ist die zugehörige Fundamentalmatrix $\Phi(t) = e^{\mathbf{A}t}$ sowie der Lösungsvektor $\mathbf{u}(t)$ für den Anfangszustand

$$\mathbf{u}_0 = \begin{bmatrix} 8 \\ 0 \\ 0 \end{bmatrix}. \tag{B}$$

Das charakteristische Polynom zu $\mathbf{A}$ lautet $Q(\lambda) = (\lambda + 3)^2 (\lambda - 5)$. Es liegt also vor allem die zweifache Wurzel $\lambda_1 = -3$ vor. Um die Vielfachheit dieser Wurzel im zugehörigen Minimalpolynom $M(\lambda)$ zu ermitteln, prüfen wir zunächst den Rang der charakteristischen Matrix

$$Q(\lambda)\,|_{\lambda=\lambda_1} = (\mathbf{A} - \mathbf{1}\,\lambda)\,|_{\lambda=\lambda_i}$$

$$Q(-3) = \begin{bmatrix} -2+3; & 2\,; & -3; \\ 2\,; & 1+3; & -6; \\ -1\,; & -2\,; & 3; \end{bmatrix} = \begin{bmatrix} 1 & 2 & -3 \\ 2 & 4 & -6 \\ -1 & -2 & 3 \end{bmatrix}. \tag{C}$$

Man erkennt hier in diesem einfachen Beispiel ohne weitere Rechnung, daß nur eine unabhängige Zeile existiert. $\mathbf{Q}(-3)$ hat nur den Rang $r = 1$, also den vollen Rangabfall $d_1 = p_1 = 2$. Damit tritt die Wurzel λ_1 nur einfach in dem Minimalpolynom $M(\lambda)$ auf:

$$M(\lambda) = (\lambda + 3)\,(\lambda + 5). \tag{D}$$

Das Ersatzpolynom $R(\lambda)$ für die gesuchte Matrizenfunktion $\boldsymbol{\Phi}(t) = e^{\mathbf{A}t}$ errechnet man mit $F(\lambda) = e^{\lambda t}$ und den Gln. (5.59) bis (5.61) in den folgenden Schritten:

a) $\lambda_1 \quad = -3 \quad ; \qquad \lambda_2 \quad = 5$

b) $M_1(\lambda) = (\lambda - 5); \qquad M_2(\lambda) = (\lambda + 3)$

c) $M_1 \quad = -8 \quad ; \qquad M_2 \quad = 8$

d) $F_1 \quad = e^{-3t} \quad ; \qquad F_2 \quad = e^{5t}$

e) $R(\lambda) \quad = \sum\limits_{i=1}^{2} \dfrac{F_i}{M_i}\, M_i(\lambda) = \dfrac{e^{-3t}}{-8}\,(\lambda - 5) + \dfrac{e^{5t}}{8}\,(\lambda + 3)$

$$= \dfrac{1}{8}\left[(e^{5t} - e^{-3t})\,\lambda + (3\,e^{5t} + 5\,e^{-3t})\right]. \tag{E}$$

Ersetzen wir nun das Argument λ in $R(\lambda)$ durch $\mathbf{A}$, ist die gesuchte Fundamentalmatrix gefunden:

$$\boldsymbol{\Phi}(t) = R(\mathbf{A}) = \frac{1}{8}\begin{bmatrix} -2 & 2 & -3 \\ 2 & 1 & -6 \\ -1 & -2 & 0 \end{bmatrix}(e^{5t} - e^{-3t}) + \frac{1}{8}\begin{bmatrix} 1 & 0 & 0 \\ 0 & 1 & 0 \\ 0 & 0 & 1 \end{bmatrix}(3\,e^{5t} + 5\,e^{-3t})$$

$$= \frac{1}{8}\begin{bmatrix} 7\,e^{-3t} + e^{5t} & ; & 2\,(e^{5t} - e^{-3t}); & 3\,(e^{-3t} - e^{5t}) \\ 2\,(e^{5t} - e^{-3t}); & 4\,(e^{5t} + e^{-3t}): & 6\,(e^{-3t} - e^{5t}) \\ e^{-3t} - e^{5t} & ; & 2\,(e^{-3t} - e^{5t}); & 3\,e^{5t} + 5\,e^{-3t} \end{bmatrix}. \tag{F}$$

Die Antwort auf den gegebenen Anfangszustand (B) ergibt sich so zu:

$$\mathbf{u}(t) \;= \boldsymbol{\Phi}(t)\,\mathbf{u}_0$$

$$\left.\begin{aligned} u_1(t) &= 7\,e^{-3t} + e^{5t} \\ u_2(t) &= 2\,(e^{5t} - e^{-3t}) \\ u_3(t) &= e^{-3t} - e^{5t} \quad . \end{aligned}\right\} \tag{G}$$

Beispiel 6.2: Hier soll die Fundamentalmatrix $\boldsymbol{\Phi}(t)$ zu der Systemmatrix

$$\mathbf{A} = \begin{bmatrix} 3 & -1 & 1 \\ 2 & 0 & 1 \\ 1 & -1 & 2 \end{bmatrix} \tag{A}$$

bestimmt werden. In diesem Fall ist das charakteristische Polynom gleich dem Minimalpolynom:

$$Q(\lambda) = M(\lambda) = (\lambda - 1)\,(\lambda - 2)^2. \tag{B}$$

Aus den Gln. (5.64) bis (5.66) bestimmen wir das Ersatzpolynom $R(\lambda)$ für $\boldsymbol{\Phi}(t) = \mathrm{e}^{\mathbf{A}t}$ in den folgenden Schritten:

a) $\lambda_1 = 1 \qquad ; \quad \lambda_2 = 2$

b) $M_1 = (\lambda - 2)^2; \quad M_2 = (\lambda - 1)$

c) $F_1 = \left. \dfrac{\mathrm{e}^{\lambda t}}{M_1(\lambda)} \right|_{\lambda = \lambda_1} = \mathrm{e}^t$

$\quad F_2 = \left. \dfrac{\mathrm{e}^{\lambda t}}{M_2(\lambda)} \right|_{\lambda = \lambda_2} = \mathrm{e}^{2t}; \quad F_2' = \left. \dfrac{\mathrm{d}}{\mathrm{d}\lambda} F_2(\lambda) \right|_{\lambda = \lambda_2} = t\,\mathrm{e}^{2t} - \mathrm{e}^{2t}$

d) $R(\lambda) = F_1 M_1(\lambda) + [F_2 + F_2'(\lambda - \lambda_2)]\, M_2(\lambda)$

$\qquad = \mathrm{e}^t (\lambda - 2)^2 + [\mathrm{e}^{2t} + (t\,\mathrm{e}^{2t} - \mathrm{e}^{2t})(\lambda - 2)] \cdot (\lambda - 1)$

$\qquad = \lambda^2 (\mathrm{e}^t + (t - 1)\,\mathrm{e}^{2t}) + \lambda(-4\,\mathrm{e}^t + (4 - 3t)\,\mathrm{e}^{2t}) + 4\,\mathrm{e}^t + (2t - 3)\,\mathrm{e}^{2t}$

$$\tag{C}$$

Ersetzen wir nun λ durch $\mathbf{A}$ in Gl. (C), dann erhalten wir

$$\boldsymbol{\Phi}(t) = R(\mathbf{A}) = \begin{bmatrix} 8 & -4 & 4 \\ 7 & -3 & 4 \\ 3 & -3 & 4 \end{bmatrix} (\mathrm{e}^t + (t-1)\,\mathrm{e}^{2t}) + \begin{bmatrix} 3 & -1 & 1 \\ 2 & 0 & 1 \\ 1 & -1 & 2 \end{bmatrix} (-4\,\mathrm{e}^t + (4 - 3t)\,\mathrm{e}^{2t}) +$$

$$+ \begin{bmatrix} 1 & 0 & 0 \\ 0 & 1 & 0 \\ 0 & 0 & 1 \end{bmatrix} (4\,\mathrm{e}^t + (2t - 3)\,\mathrm{e}^{2t})$$

$$= \begin{bmatrix} (1 + t)\,\mathrm{e}^{2t}; & -t\,\mathrm{e}^{2t}; & t\,\mathrm{e}^{2t} \\ -\mathrm{e}^t + (1 + t)\,\mathrm{e}^{2t}; & \mathrm{e}^t - t\,\mathrm{e}^{2t}; & t\,\mathrm{e}^{2t} \\ -\mathrm{e}^t + \mathrm{e}^{2t}; & \mathrm{e}^t - \mathrm{e}^{2t}; & \mathrm{e}^{2t} \end{bmatrix}. \tag{D}$$

Die Ausgleichsbewegung des Systems nach der Anfangsbedingung $\mathbf{u}_0 = [u_{10}; u_{20}; u_{30}]^T$ wird dann beschrieben durch

$$\left. \begin{aligned} u_1(t) &= u_{10}(1 + t)\,\mathrm{e}^{2t} - u_{20}\,t\,\mathrm{e}^{2t} + u_{30}\,t\,\mathrm{e}^{2t} \\ u_2(t) &= u_{10}(-\mathrm{e}^t + (1 + t)\,\mathrm{e}^{2t}) + u_{20}(\mathrm{e}^t - t\,\mathrm{e}^{2t}) + u_{30}\,t\,\mathrm{e}^{2t} \\ u_3(t) &= u_{10}(-\mathrm{e}^t + \mathrm{e}^{2t}) + u_{20}(\mathrm{e}^t - \mathrm{e}^{2t}) + u_{30}\,\mathrm{e}^{2t} \end{aligned} \right\}. \tag{E}$$

6.4 Die Fundamentalmatrix zu diagonalähnlichen Systemmatrizen

Bis hierher haben wir gesehen, daß die Fundamentalmatrix $\boldsymbol{\Phi}(t)$ eines dynamischen Systems bei beliebiger konstanter Matrix $\mathbf{A}$ durch einen im Prinzip zwar einfachen, aber rechentechnisch recht aufwendigen, wegen der umfangreichen Rechnungen auch leicht zu Fehlern verleitenden, Rechengang bestimmt werden kann. Die Verhältnisse werden wesentlich übersichtlicher, wenn die Systemmatrix $\mathbf{A}$ eine Diagonal- oder wenigstens eine diagonalähnliche Form hat, also eine Jordan-Matrix ist. Wegen der zu schildernden einfachen Bestimmung der Fundamentalmatrix $\boldsymbol{\Phi}(t)$ zu einer Jordan-Matrix $\mathbf{J}$ hat die in dem nächsten Kapitel 7 zu behandelnde Transformation beliebiger Systemmatrizen $\mathbf{A}$ auf Jordan-Form eine große praktische Bedeutung, da diese Transformation mit digitalen Rechenautomaten relativ leicht durchzuführen ist, wenn man die Eigenwerte der Matrix $\mathbf{A}$ kennt.

Wir behandeln nun kurz die Berechnung von $\boldsymbol{\Phi}(t)$ zu der Jordan-Matrix $\mathbf{J}$ für die Fälle: a) durchweg verschiedene Eigenwerte λ_i; b) teilweise mehrfache Eigenwerte, aber Minimalpolynom $M(\lambda)$ gleich dem charakteristischen Polynom $Q(\lambda)$, also $(M(\lambda) = Q(\lambda))$; c) mehrfache Eigenwerte und $M(\lambda) \neq Q(\lambda)$; d) mehrfache Eigenwerte, $M(\lambda) \neq Q(\lambda)$ und lineare Elementarteiler.

a) *Verschiedene Eigenwerte*

Hat die Systemmatrix $\mathbf{A}$ durchweg verschiedene Eigenwerte λ_i und Jordan-Form, dann ist $\mathbf{A}$ eine Diagonalmatrix und die homogene Systemgleichung lautet

$$\dot{\mathbf{u}}(t) = \begin{bmatrix} \lambda_1 & 0 & \dots\dots & 0 \\ 0 & \lambda_2 & 0 & \cdots \\ \vdots & & & \vdots \\ \vdots & & & 0 \\ 0 & \dots\dots & 0 & \lambda_n \end{bmatrix} \mathbf{u}(t), \quad \mathbf{u}_0 = \mathbf{u}(t)\,|_{t=t_0}, \tag{6.24}$$

woraus dann mit dem Ansatz $\mathbf{u}(t) = e^{\mathbf{A}t}$ als Lösung folgt:

$$\mathbf{u}(t) = \begin{bmatrix} e^{\lambda_1 t} & 0 & \dots\dots & 0 \\ 0 & \ddots & & \vdots \\ \vdots & & \ddots & \vdots \\ 0 & \dots\dots\dots & e^{\lambda_n t} \end{bmatrix} \mathbf{u}_0 = \begin{bmatrix} e^{\lambda_1 t} u_{10} \\ \vdots \\ \vdots \\ e^{\lambda_n t} u_{n0} \end{bmatrix}. \tag{6.25a}$$

Die Fundamentalmatrix ist also auch eine Diagonalmatrix der Form:

$$\boldsymbol{\Phi}_d(t) = \begin{bmatrix} e^{\lambda_1 t} & 0 & \dots\dots & 0 \\ 0 & \ddots & & \vdots \\ \vdots & & \ddots & \vdots \\ 0 & \dots\dots\dots & e^{\lambda_n t} \end{bmatrix}, \tag{6.25b}$$

wobei wir hier für die folgende Darstellung die Diagonalform durch einen Index ausdrücklich kennzeichnen wollen.

b) *Mehrfache Eigenwerte, der Fall $M(\lambda) = Q(\lambda)$*

Hat ein dynamisches System mehrfache (p_i-fache) Eigenwerte λ_i, dann soll hier zunächst der Fall behandelt werden, bei dem für jeden der p_i-fachen Eigenwerte λ_i die charakteristische Matrix $\mathbf{Q}(\lambda) = (\lambda\,\mathbf{1} - \mathbf{A})$ nur den Rangabfall

$d = 1$ hat, zu jedem p_i-fachen Eigenwert gehört also nur 1 linear unabhängiger Eigenvektor, und für das Minimalpolynom $M(\lambda)$ gilt $M(\lambda) = Q(\lambda)$, es ist also von gleichem Grad wie das zugehörige charakteristische Polynom $Q(\lambda)$. Die Systemmatrix $\mathbf{A}$ ist dann nur diagonalähnlich. Die zugehörige Jordan-Matrix $\mathbf{J}$ hat in diesem Fall, wie in Kapitel 5 schon angedeutet wurde und in Kapitel 7 weiter ausgeführt wird, die Form:

$$\mathbf{J} = \begin{bmatrix} \mathbf{J}_1 & 0 & \cdots\cdots & 0 \\ 0 & \mathbf{J}_2 & & \vdots \\ \vdots & & \ddots & \vdots \\ 0 & \cdots\cdots\cdots & & \mathbf{J}_k \end{bmatrix} \tag{6.26}$$

mit den Jordanblöcken

$$\mathbf{J}_i = \begin{bmatrix} \lambda_i & 1 & 0 & \cdots & 0 \\ 0 & \lambda_i & 1 & \cdots & 0 \\ \vdots & & \ddots & \ddots & \vdots \\ \vdots & & & \ddots & 1 \\ 0 & \cdots\cdots & 0 & & \lambda_i \end{bmatrix}. \tag{6.27}$$

In jedem Jordanblock $\mathbf{J}_i$ mit einem p_i-fachen Eigenwert ist hier also die obere Nebendiagonale mit $p_i - 1$ Eins-Elementen besetzt.

Man kann dann zeigen, daß die Fundamentalmatrix zu einer solchen Systemmatrix nach Gln. (6.26) und (6.27) berechnet wird zu:

$$\boldsymbol{\Phi}(t) = \mathbf{s}(t)\,\boldsymbol{\Phi}_d(t), \tag{6.28}$$

worin $\boldsymbol{\Phi}_d(t)$ eine Diagonalmatrix der Form Gl. (6.25b) für die insgesamt n Eigenwerte des Systems ist, und für $\mathbf{s}(t)$ gilt:

$$\mathbf{s}(t) = \begin{bmatrix} \mathbf{s}_1(t) & 0 & \cdots & 0 \\ 0 & \ddots & & \vdots \\ \vdots & & \ddots & \vdots \\ 0 & \cdots\cdots & & \mathbf{s}_k(t) \end{bmatrix} \tag{6.29}$$

mit

$$\mathbf{s}_i(t) = \begin{bmatrix} 1 & t & \dfrac{t^2}{2!} & \dfrac{t^3}{3!} & \cdots & \dfrac{t^{p_i-1}}{(p_i-1)!} \\ 0 & 1 & t & \dfrac{t^2}{2!} & \cdots\cdots\cdots \\ \vdots & & 0 & 1 & t & \cdots\cdots\cdots \\ \vdots & & & & \cdots\cdots\cdots\cdots\cdots \\ 0 & \cdots\cdots\cdots\cdots\cdots\cdots\cdots & & 1 \end{bmatrix}. \tag{6.30}$$

8*

Jedem Jordanblock $\mathbf{J}_i$ zu einem p_i-fachen Eigenwert λ_i ist also ein Block s_i nach Gl. (6.30) zugeordnet, mit dem dann die Fundamentalmatrix $\boldsymbol{\Phi}(t)$ u. a. entsprechend Gl. (6.28) errechnet wird.

c) *Mehrfache Eigenwerte, $M(\lambda) \neq Q(\lambda)$*

Wir behandeln als nächstes den Fall, bei dem die Systemmatrix mehrfache (p_i-fache) Eigenwerte λ_i hat, aber der jeweils zu einem der p_i-fachen Eigenwerte gehörende Rangabfall d_i der charakteristischen Matrix $\mathbf{Q}(\lambda)|_{\lambda = \lambda_i} = (\lambda \mathbf{1} - \mathbf{A})|_{\lambda = \lambda_i}$ größer als 1 aber kleiner als p_i ist:

$$1 < d_i < p_i. \tag{6.31}$$

Zu dem betrachteten Eigenwert λ_i gehören dann also d_i linear unabhängige Eigenvektoren und wegen Gl. (6.31) gilt hier $M(\lambda) \neq Q(\lambda)$. Dann müssen, wie wir in Kapitel 7 noch ausführlicher darlegen werden, die Minoren der charakteristischen Matrix $\mathbf{Q}(\lambda)|_{\lambda = \lambda_i}$ auf ihren Rang untersucht werden oder genauer, die sogenannten Elementarteiler der Minoren müssen festgestellt werden. Der Jordanblock $\mathbf{J}_i$ zu einem p_i-fachen Eigenwert λ_i, für den Gl. (6.31) gilt, hat dann eine zu Gl. (6.26) analoge Form. Jeder Jordanblock $\mathbf{J}_i$ setzt sich also seinerseits aus quadratischen Untermatrizen e_{ki}-facher Ordnung zusammen:

$$\mathbf{J}_i = \begin{bmatrix} \mathbf{J}_{e_1} & 0 & \dots & 0 \\ 0 & \mathbf{J}_{e_2} & & \\ \vdots & & \ddots & \\ 0 & & & \mathbf{J}_{e_s} \end{bmatrix}, \qquad p_i = e_{1i} + e_{2i} + \dots + e_{si} \tag{6.32}$$

$$\mathbf{J}_{e_{ki}} = \begin{bmatrix} \lambda_i & 1 & 0 & \dots & 0 \\ 0 & \lambda_i & 1 & \dots & 0 \\ \vdots & & \ddots & \ddots & 1 \\ 0 & \dots & \dots & \dots & \lambda_i \end{bmatrix}. \tag{6.33}$$

Dabei bedeuten e_{ki} die Elementarteilerexponenten der Elementarteiler der charakteristischen Matrix $\mathbf{Q}(\lambda)$ und ihrer Minoren (siehe Kapitel 7). Die Fundamentalmatrix $\boldsymbol{\Phi}(t)$ zu einer Systemmatrix $\mathbf{A}$, die die Form einer Jordan-Matrix $\mathbf{J}$ hat, für die Gl. (6.31) gilt, errechnet sich in der gleichen, durch Gl. (6.28) definierten Weise, wenn man nun jedem Jordanunterblock $\mathbf{J}_{e_{ki}}$ Gln. (6.32) und (6.33) einen Block $s_i(t)$ entsprechend Gl. (6.30) zuordnet (siehe Beispiel 6.5).

d) *Mehrfache Eigenwerte, $M(\lambda) \neq Q(\lambda)$ und lineare Elementarteiler*

Als letzten, aber einfachen und letztlich in der vorstehenden Gruppe enthaltenen Fall betrachten wir die Systemmatrizen mit mehrfachen (p_i-fachen) Eigenwerten λ_i, bei denen aber die charakteristische Matrix $\mathbf{Q}(\lambda)$ für jeden p_i-fachen Eigenwert den vollen Rangabfall d_i

$$d_i = p_i \tag{6.34}$$

hat. Das bedeutet, wie wir aus Kapitel 5 wissen, daß auch zu jedem der p_i-fachen Eigenwerte λ_i genau p_i linear unabhängige Eigenvektoren existieren, es ist also dann das Minimalpolynom ungleich dem charakteristischen Polynom:

$$M(\lambda) \neq Q(\lambda), \tag{6.35}$$

und darüber hinaus hat die charakteristische Matrix $\mathbf{Q}(\lambda)$ nur lineare Elementarteiler.

Alle Matrizen $\mathbf{A}$, für die Gl. (6.34) gilt, sind einer Diagonalmatrix ähnlich, es sind die zugehörigen Jordan-Matrizen reine Diagonalmatrizen der Form Gl. (6.24), so daß dann die Fundamentalmatrix $\boldsymbol{\Phi}(t)$ gleich $\boldsymbol{\Phi}_d(t)$ Gl. (6.25 b) ist. Im Sinne der in Kapitel 3 besprochenen Übertragungssystemdarstellungen sind die Systeme, für die Gl. (6.34) gilt, reine Parallelsysteme.

An einigen Beispielen soll die vorstehend besprochene einfache Bestimmung der Fundamentalmatrix $\boldsymbol{\Phi}(t)$ für Systemmatrizen in Jordankanonischer Form noch weiter erläutert werden.

Beispiel 6.3: Gegeben ist das homogene, von außen ungestörte System

$$\dot{\mathbf{u}}(t) = \begin{bmatrix} -1 & 0 & 0 \\ 0 & -3 & 0 \\ 0 & 0 & -4 \end{bmatrix} \mathbf{u}(t); \quad \mathbf{u}_0 = \begin{bmatrix} u_{10} \\ u_{20} \\ u_{30} \end{bmatrix}. \tag{A}$$

Die Matrix $\mathbf{A}$ hat also Jordanform und drei verschiedene Eigenwerte, so daß hier mit (6.25) die Fundamentalmatrix $\boldsymbol{\Phi}(t)$ die Form hat:

$$\boldsymbol{\Phi}(t) = \begin{bmatrix} e^{-t} & 0 & 0 \\ 0 & e^{-3t} & 0 \\ 0 & 0 & e^{-4t} \end{bmatrix}, \tag{B}$$

und die Systemzustandsänderung als Antwort auf die Anfangsbedingungen folgender Gleichung genügt:

$$\mathbf{u}(t) = \boldsymbol{\Phi}(t)\,\mathbf{u}_0$$

oder ausgeschrieben:

$$\left. \begin{array}{l} u_1(t) = e^{-t}\,u_{10} \\ u_2(t) = e^{-3t}u_{20} \\ u_3(t) = e^{-4t}u_{30} \end{array} \right\}. \tag{C}$$

Beispiel 6.4:

$$\mathbf{u}(t) = \begin{bmatrix} -2 & 1 & 0 & 0 & 0 \\ 0 & -2 & 1 & 0 & 0 \\ 0 & 0 & -2 & 0 & 0 \\ 0 & 0 & 0 & -3 & 1 \\ 0 & 0 & 0 & 0 & -3 \end{bmatrix} \mathbf{u}(t); \quad \mathbf{u}_0 = \begin{bmatrix} u_{10} \\ \vdots \\ \vdots \\ \vdots \\ u_{50} \end{bmatrix}. \tag{A}$$

Das so gegebene System hat zwei verschiedene Eigenwerte $\lambda_1 = -2$ und $\lambda_2 = -3$, die 3fach bzw. 2fach vorkommen. Die durch Gl. (A) vorgegebene Jordan-Matrix hat nur zwei linear unabhängige Eigenvektoren, denn der Rangverlust der charakteristischen Matrix beträgt für jeden Eigenwert jeweils nur 1, z. B. für $\lambda = \lambda_1$ gilt:

$$\mathbf{Q}(\lambda)|_{\lambda=-2} = (\lambda\,\mathbf{1} - \mathbf{A})|_{\lambda=-2} = \begin{bmatrix} 0 & -1 & 0 & 0 & 0 \\ 0 & 0 & -1 & 0 & 0 \\ 0 & 0 & 0 & 0 & 0 \\ 0 & 0 & 0 & 1 & -1 \\ 0 & 0 & 0 & 0 & 1 \end{bmatrix},$$

es ist also der Rang $\mathbf{Q}(-2) = 4$.

Die Fundamentalmatrix zu diesem System nach Gl. (A) wird mit Hilfe der Gln. (6.28), (6.29) und (6.30) bestimmt zu:

$$\boldsymbol{\Phi}(t) = \begin{bmatrix} 1 & t & \frac{t^2}{2} & 0 & 0 \\ 0 & 1 & t & 0 & 0 \\ 0 & 0 & 1 & 0 & 0 \\ 0 & 0 & 0 & 1 & t \\ 0 & 0 & 0 & 0 & 1 \end{bmatrix} \cdot \begin{bmatrix} e^{-2t} & 0 & 0 & 0 & 0 \\ 0 & e^{-2t} & 0 & 0 & 0 \\ 0 & 0 & e^{-2t} & 0 & 0 \\ 0 & 0 & 0 & e^{-3t} & 0 \\ 0 & 0 & 0 & 0 & e^{-3t} \end{bmatrix}$$

$$= \begin{bmatrix} e^{-2t} & t\,e^{-2t} & \dfrac{t^2\,e^{-2t}}{2} & 0 & 0 \\ 0 & e^{-2t} & t\,e^{-2t} & 0 & 0 \\ 0 & 0 & e^{-2t} & 0 & 0 \\ 0 & 0 & 0 & e^{-3t} & t\,e^{-3t} \\ 0 & 0 & 0 & 0 & e^{-3t} \end{bmatrix}. \tag{B}$$

Damit ergibt sich die Lösung für $\mathbf{u}(t)$ zu den Anfangsbedingungen $\mathbf{u}_0$:

$$\mathbf{u}(t) = \boldsymbol{\Phi}(t)\,\mathbf{u}_0.$$

$$\mathbf{u}(t) = \begin{bmatrix} e^{-2t}\,u_{10} + t\,e^{-2t}\,u_{20} + \dfrac{t^2}{2}\,e^{-2t}\,u_{30} \\ e^{-2t}\,u_{20} + t\,e^{-2t}\,u_{30} \\ e^{-2t}\,u_{30} \\ e^{-3t}\,u_{40} + t\,e^{-3t}\,u_{50} \\ e^{-3t}\,u_{50} \end{bmatrix} \tag{C}$$

Beispiel 6.5: Gegeben ist ein System

$$\mathbf{u}(t) = \begin{bmatrix} \lambda_1 & 1 & 0 & 0 & 0 & 0 \\ 0 & \lambda_1 & 1 & 0 & 0 & 0 \\ 0 & 0 & \lambda_1 & 0 & 0 & 0 \\ 0 & 0 & 0 & \lambda_1 & 1 & 0 \\ 0 & 0 & 0 & 0 & \lambda_1 & 0 \\ 0 & 0 & 0 & 0 & 0 & \lambda_2 \end{bmatrix} \mathbf{u}(t) \tag{A}$$

zu dem $\boldsymbol{\Phi}(t)$ anzugeben ist. Das System hat den 5fachen Eigenwert λ_1 und den 1fachen Eigenwert λ_2, wobei das Minimalpolynom (siehe Kapitel 5) die Form

$$M(\lambda) = (\lambda - \lambda_1)^3 (\lambda - \lambda_2) \text{ hat,}$$

da $\mathbf{Q}(\lambda)|_{\lambda = \lambda_1}$ nur einen Rangabfall von 2 hat:

$$\mathbf{Q}(\lambda)|_{\lambda = \lambda_1} = \begin{bmatrix} 0 & -1 & 0 & 0 & 0 & 0 \\ 0 & 0 & -1 & 0 & 0 & 0 \\ 0 & 0 & 0 & 0 & 0 & 0 \\ 0 & 0 & 0 & 0 & -1 & 0 \\ 0 & 0 & 0 & 0 & 0 & 0 \\ 0 & 0 & 0 & 0 & 0 & \lambda_1 - \lambda_2 \end{bmatrix}. \tag{B}$$

Es muß jetzt also für jedes der in Gl. (A) enthaltenen Jordankästchen ein Block $\mathbf{s}_i$ nach Gl. (6.30) in Gl. (6.28) eingesetzt werden:

$$\boldsymbol{\Phi}(t) = \begin{bmatrix} \mathbf{s}_1 & \mathbf{0} & \mathbf{0} \\ \mathbf{0} & \mathbf{s}_2 & \mathbf{0} \\ \mathbf{0} & \mathbf{0} & \mathbf{s}_3 \end{bmatrix} \boldsymbol{\Phi}_d(t)$$

$$\boldsymbol{\Phi}(t) = \begin{bmatrix} 1 & t & \frac{t^2}{2} & 0 & 0 & 0 \\ 0 & 1 & t & 0 & 0 & 0 \\ 0 & 0 & 1 & 0 & 0 & 0 \\ 0 & 0 & 0 & 1 & t & 0 \\ 0 & 0 & 0 & 0 & 1 & 0 \\ 0 & 0 & 0 & 0 & 0 & 1 \end{bmatrix} \cdot \begin{bmatrix} e^{\lambda_1 t} & & & & & \\ & e^{\lambda_1 t} & & & 0 & \\ & & e^{\lambda_1 t} & & & \\ & & & e^{\lambda_1 t} & & \\ 0 & & & & e^{\lambda_1 t} & \\ & & & & & e^{\lambda_1 t} \end{bmatrix}$$

$$\boldsymbol{\Phi}(t) = \begin{bmatrix} e^{\lambda_1 t} & t\,e^{\lambda_1 t} & \frac{t^2}{2}\,e^{\lambda_1 t} & 0 & 0 & 0 \\ 0 & e^{\lambda_1 t} & t\,e^{\lambda_1 t} & 0 & 0 & 0 \\ 0 & 0 & e^{\lambda_1 t} & 0 & 0 & 0 \\ 0 & 0 & 0 & e^{\lambda_1 t} & t\,e^{\lambda_1 t} & 0 \\ 0 & 0 & 0 & 0 & e^{\lambda_1 t} & 0 \\ 0 & 0 & 0 & 0 & 0 & e^{\lambda_2 t} \end{bmatrix}. \tag{C}$$

6.5 Lösung der inhomogenen Systemgleichung

Nun soll unter bezug auf Abschnitt 6.1 und die Gln. (6.3) und (6.4) die Lösung der inhomogenen Systemgleichung eines Übertragungssystems S:

$$\dot{\mathbf{u}}(t) = \mathbf{A}\,\mathbf{u}(t) + \mathbf{B}\,\mathbf{y}(t); \quad \mathbf{u}_0 = \mathbf{u}(t)|_{t=t_0} \tag{6.36a}$$

$$\dot{\mathbf{u}}(t) = \mathbf{A}\,\mathbf{u}(t) + \mathbf{f}(t); \qquad \mathbf{u}_0 = \mathbf{u}(t)|_{t=t_0} \tag{6.36b}$$

behandelt werden. Es ist also nach dem Übergangsverhalten des Energiezustandes eines unter dem Einfluß äußerer Signale $\mathbf{y}(t) = [y_1(t)\ldots y_n(t)]^T$

stehenden zeitinvarianten Übertragungssystems gefragt. Dabei werden wir das Problem zunächst in der Form der Gl. (6.36 b) lösen, da dann einmal eine größere Übersichtlichkeit, und zum anderen ein leichterer Anschluß an die mathematischen Lehrbücher erreicht wird.

Es wird in Anlehnung an die Lösung des homogenen Problem folgender Lösungsansatz untersucht:

$$\mathbf{u}(t) = e^{\mathbf{A}t}\,\mathbf{p}(t) = \boldsymbol{\Phi}(t)\,\mathbf{p}(t), \tag{6.37}$$

der unbekannte Zustandsvektor der Lösung wird also vor allem durch einen Vektor zunächst unbekannter Lösungsfunktionen $p_i(t)$ ersetzt mit

$$\mathbf{p}(t) = [p_1(t),\ p_2(t),\ \ldots,\ p_n(t)]^T. \tag{6.38}$$

Differenziert man Gl. (6.37):

$$\dot{\mathbf{u}}(t) = e^{\mathbf{A}t}\,\frac{\mathrm{d}}{\mathrm{d}t}\,\mathbf{p}(t) + \mathbf{A}\,e^{\mathbf{A}t}\,\mathbf{p}(t)$$

$$= e^{\mathbf{A}t}\,\frac{\mathrm{d}}{\mathrm{d}t}\,\mathbf{p}(t) + \mathbf{A}(t)\,\mathbf{u}(t)$$

und führt für die linke Seite Gl. (6.36 b) (bei zunächst nicht berücksichtigten Anfangsbedingungen) ein, findet man:

$$e^{\mathbf{A}t}\,\frac{\mathrm{d}}{\mathrm{d}t}\,\mathbf{p}(t) = \mathbf{f}(t) \tag{6.39 a}$$

bzw. mit der Fundamentalmatrix $\boldsymbol{\Phi}(t) = e^{\mathbf{A}t}$ auch

$$\boldsymbol{\Phi}(t)\,\frac{\mathrm{d}}{\mathrm{d}t}\,\mathbf{p}(t) = \mathbf{f}(t). \tag{6.39 b}$$

Durch Integration folgt hieraus auch

$$\mathbf{p}(t) = \mathbf{c} + \int_{t_0}^{t} e^{-\mathbf{A}\tau}\,\mathbf{f}(\tau)\,\mathrm{d}\tau \tag{6.40 a}$$

bzw.

$$\mathbf{p}(t) = \mathbf{c} + \int_{t_0}^{t} \boldsymbol{\Phi}^{-1}(\tau)\,\mathbf{f}(\tau)\,\mathrm{d}\tau \tag{6.40 b}$$

mit der jetzt noch unbestimmten Spalte $\mathbf{c} = [c_1,\ c_2,\ \ldots,\ c_n]^T$ der n Integrationskonstanten. Unter Benützung von Gl. (6.37) finden wir die gesuchte Lösung zunächst zu

$$\mathbf{u}(t) = e^{\mathbf{A}t}\,[\mathbf{c} + \int_{t_0}^{t} e^{-\mathbf{A}\tau}\,\mathbf{f}(\tau)\,\mathrm{d}\tau]$$

$$= \boldsymbol{\Phi}(t)\,[\mathbf{c} + \int_{t_0}^{t} \boldsymbol{\Phi}^{-1}(\tau)\,\mathbf{f}(\tau)\,\mathrm{d}\tau]. \tag{6.41}$$

Die dabei noch unbekannten Integrationskonstanten c ergeben sich mit den Anfangsbedingungen $u_0 = u(t)|_{t=t_0}$ aus Gl. (6.41) zu:

$$u_0 = e^{At_0} c$$

$$c = e^{-At_0} u_0 = \boldsymbol{\Phi}^{-1}(t_0) u_0, \qquad (6.42)$$

so daß die endgültige Lösung der gestellten Aufgabe lautet:

$$u(t) = e^{A(t-t_0)} u_0 + \int_{t_0}^{t} e^{A(t-\tau)} f(\tau) \, d\tau \qquad (6.43)$$

oder, mit Hilfe der Fundamentalmatrix $\boldsymbol{\Phi}(t)$ geschrieben:

$$u(t) = \boldsymbol{\Phi}(t - t_0) u_0 + \int_{t_0}^{t} \boldsymbol{\Phi}(t - \tau) f(\tau) \, d\tau, \qquad (6.44\,\text{a})$$

und schließlich auch mit $f(t) = B\, y(t)$

$$u(t) = \boldsymbol{\Phi}(t - t_0) u_0 + \int_{t_0}^{t} \boldsymbol{\Phi}(t - \tau) B\, y(\tau) \, d\tau. \qquad (6.44\,\text{b})$$

Die Änderung des Systemzustandes setzt sich also aus der linearen Überlagerung des Ausgleichsvorganges auf Grund der Anfangsbedingungen und der Systemantwort auf das Eingangssignal $f(t) = B\, y(t)$ zusammen, wobei hier im Zeitbereich ein Matrizenfaltungsprodukt zu lösen ist, in dem die z. B. nach oben geschilderten Methoden aus der Systemmatrix A zu berechnende Fundamentalmatrix enthalten ist.

Bezeichnet man mit $\boldsymbol{\Phi}_{kl}(t)$ die Elemente der Fundamentalmatrix, dann lautet Gl. (6.44) ausgeschrieben:

$$\left. \begin{aligned} u_1(t) &= \boldsymbol{\Phi}_{11}(t - t_0)\, u_{10} + \ldots + \boldsymbol{\Phi}_{1n}(t - t_0)\, u_{n0} \\ &\quad + \int_{t_0}^{t} [\boldsymbol{\Phi}_{11}(t - \tau)\, f_1(\tau) + \ldots + \boldsymbol{\Phi}_{1n}(t - \tau)\, f_n(\tau)]\, d\tau \\[4pt] &\cdots\cdots\cdots\cdots\cdots\cdots\cdots\cdots\cdots\cdots\cdots\cdots\cdots\cdots \\ &\cdots\cdots\cdots\cdots\cdots\cdots\cdots\cdots\cdots\cdots\cdots\cdots\cdots\cdots \\[4pt] u_n(t) &= \boldsymbol{\Phi}_{n1}(t - t_0)\, u_{10} + \ldots + \boldsymbol{\Phi}_{nn}(t - t_0)\, u_{n0} \\ &\quad + \int_{t_0}^{t} [\boldsymbol{\Phi}_{n1}(t - \tau)\, f_1(\tau) + \ldots + \boldsymbol{\Phi}_{nn}(t - \tau)\, f_n(\tau)]\, d\tau \end{aligned} \right\}, \qquad (6.45)$$

wobei man nun leicht erkennt, daß im Anwendungsfall die Auswertung recht mühsam, bei größeren Systemen sogar praktisch unmöglich wird, wenn man keine numerischen Verfahren, zusammen mit dem Digitalrechner, zu Hilfe nimmt, oder wenn man nicht vorzieht, die Lösung mittels analoger Modelle (Analogrechner) zu gewinnen. Jedenfalls wird die numerische Lösung wesentlich erleichtert, wenn man auch hier, entsprechend wie bei den homogenen, von außen ungestörten Systemen, von der Jordanform ausgeht, also das gegebene System gegebenenfalls zunächst nach den in Kapitel 7 zu schildernden Methoden auf diagonalähnliche Form transformiert.

An einem durchsichtigen, ausführlich durchgerechneten Beispiel soll gezeigt werden, daß die Gewinnung der Systemantwort auf ein vorgegebenes Eingangssignal durchaus mit elementaren Methoden, ohne Anwendung der Laplace-Transformation, möglich ist, was die Verwendung des Digitalrechners in der Praxis wesentlich erleichtert.

Beispiel 6.6: Es soll die Systemantwort des Übertragungssystems in Bild 6.1 bei vorgegebener Anfangsbedingung $u_{10} = u_1(t)|_{t=t_0}$ und dem Eingangssignal $y(t) = 1(t)$ be-

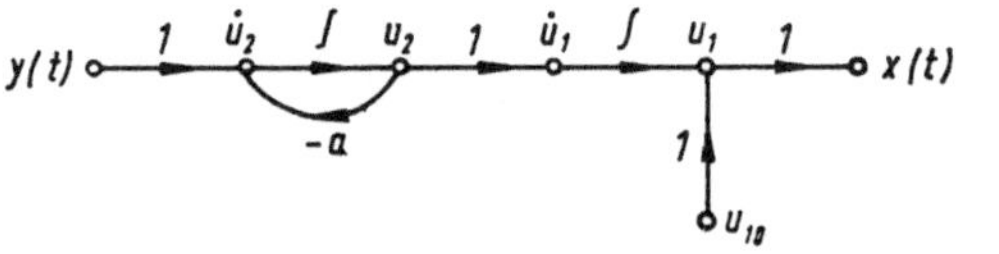

Bild 6.1
Signalflußdiagramm des Übertragungssystems in Beispiel 6.1.

stimmt werden. Bei dem Übertragungssystem handelt es sich um ein integrierendes Glied mit Verzögerung 1. Ordnung, also in der Sprache der Regelungstechnik um eine Strecke ohne Ausgleich mit Verzögerung 1. Ordnung.

Aus Bild 6.1 können diese Systemgleichungen abgelesen werden:

$$\dot{\mathbf{u}}(t) = \begin{bmatrix} 0 & 1 \\ 0 & -a \end{bmatrix} \mathbf{u}(t) + \begin{bmatrix} 0 \\ 1 \end{bmatrix} y(t); \quad \begin{bmatrix} u_{10} \\ 0 \end{bmatrix} \tag{A}$$

$$x(t) = \begin{bmatrix} 1 & 0 \end{bmatrix} \mathbf{u}(t).$$

Für die Anwendungen der Lösungsgleichungen (6.44) bzw. (6.45) muß zunächst die Fundamentalmatrix $\Phi(t) = \mathrm{e}^{\mathbf{A}t}$ bestimmt werden, was hier auf zwei Wegen geschehen kann.

Das charakteristische Polynom $Q(\lambda) = \Delta(\lambda) = |\lambda\mathbf{1} - \mathbf{A}|$ ist hier gleich dem Minimalpolynom $M(\lambda)$:

$$M(\lambda) = |\lambda\mathbf{1} - \mathbf{A}| = \begin{bmatrix} \lambda & -1 \\ 0 & \lambda + a \end{bmatrix} = \lambda(\lambda + a),$$

so daß hier zunächst mit Hilfe des Ersatzpolynoms $R(\lambda)$, das wiederum mittels Gl. (5.62) errechnet wird, $\Phi(t)$ in folgenden Schritten bestimmt werden kann (Abschn. 5.5):

a) $\lambda_1 = 0$; $\lambda_2 = -a$

b) $M_1(\lambda) = \lambda + a$; $M_2(\lambda) = \lambda$

c) $M_1 = M_1(\lambda)|_{\lambda=\lambda_1} = a$; $M_2 = M_2(\lambda)|_{\lambda=\lambda_2} = -a$

d) $F_1 = \mathrm{e}^{\lambda t}|_{\lambda=\lambda_1} = 1$; $F_2 = \mathrm{e}^{\lambda t}|_{\lambda=\lambda_2} = \mathrm{e}^{-at}$

e) $R(\lambda) = \dfrac{1}{a}(\lambda + a) - \dfrac{\mathrm{e}^{-at}}{a}\lambda = \dfrac{1}{a}[(a - \mathrm{e}^{-at})\lambda + a]$

f) $\Phi(t) = \mathrm{e}^{\mathbf{A}t} = R(\mathbf{A}) = \dfrac{1}{a}[\mathbf{A}(1 - \mathrm{e}^{-at}) + \mathbf{1}\,a]$

und nach Einsetzen der Systemmatrix $\mathbf{A}$

$$\boldsymbol{\Phi}(t) = \frac{1}{a} \left[\begin{bmatrix} 0 & 1 \\ 0 & -a \end{bmatrix} (1 - e^{-at}) + \begin{bmatrix} 1 & 0 \\ 0 & 1 \end{bmatrix} a \right] = \frac{1}{a} \begin{bmatrix} a; & 1 - e^{-at} \\ 0; & a\,e^{-at} \end{bmatrix} \qquad \text{(B)}$$

Bei diesem sehr einfachen, der Übung des Verfahrens dienenden Beispiel kann $\boldsymbol{\Phi}(t)$ auch auf anderem Wege gewonnen werden, wenn man für $\boldsymbol{\Phi}(t)$ eine unendliche Matrizenreihe ansetzt:

$$\boldsymbol{\Phi}(t) = e^{\mathbf{A}t} = 1 + \mathbf{A}\,t + \mathbf{A}^2 \frac{t^2}{2!} + \mathbf{A}^3 \frac{t^3}{3!} + \cdots$$

und die Potenzen von $\mathbf{A}$ ermittelt:

$$\mathbf{A}^2 = \begin{bmatrix} 0 & 1 \\ 0 & -a \end{bmatrix}^2 = \begin{bmatrix} 0 & -a \\ 0 & a^2 \end{bmatrix} = -a\,\mathbf{A}; \; \mathbf{A}^3 = a^2\,\mathbf{A}; \; \mathbf{A}^4 = -a^3\,\mathbf{A}; \; \ldots$$

$$\boldsymbol{\Phi}(t) = 1 + \mathbf{A}\,t - \mathbf{A}\,a \frac{t^2}{2!} + \mathbf{A}\,a^2 \frac{t^3}{3!} - \cdots$$

$$+ \mathbf{A}\,a^n \frac{t^{n+1}}{(n+1)!} - a^{n+1} \frac{t^{n+2}}{(n+2)!} + \cdots.$$

Erweitert man diese Reihe wie folgt:

$$\boldsymbol{\Phi}(t) = \frac{1}{a} \left[a\,1 + \mathbf{A} - \mathbf{A} + \mathbf{A}\,a\,t - \mathbf{A}\frac{(a\,t)^2}{2!} + \mathbf{A}\frac{(a\,t)^3}{3!} - \cdots \right]$$

$$= \frac{1}{a} \left[a\,1 + \mathbf{A} - \mathbf{A}\left(1 - a\,t + \frac{(a\,t)^2}{2!} - \frac{(a\,t)^3}{3!} + \cdots \right) \right]$$

$$= \frac{1}{a} \left[a\,1 + \mathbf{A} - \mathbf{A}\,e^{-at} \right]$$

und setzt dann die Systemmatrix $\mathbf{A}$ ein, erhält man auch:

$$\boldsymbol{\Phi}(t) = \frac{1}{a} \left[\begin{bmatrix} a & 0 \\ 0 & a \end{bmatrix} + \begin{bmatrix} 0 & 1 \\ 0 & -a \end{bmatrix} - \begin{bmatrix} 0 & 1 \\ 0 & -a \end{bmatrix} e^{-at} \right]$$

$$= \frac{1}{a} \begin{bmatrix} a; & 1 - e^{-at} \\ 0; & a\,e^{-at} \end{bmatrix}.$$

Nun setzen wir $\boldsymbol{\Phi}(t)$ und das vorgegebene Eingangssignal $\mathbf{y}(t) = y(t) = 1(t)$ in die Lösungsgleichung (6.45) ein, um zunächst die Änderung des Systemzustandes zu bestimmen:

$$u_1(t) = a\,u_{10} + \frac{1}{a} \int_0^t (1 - e^{-a\tau})\,1(\tau)\,d\tau$$

$$\qquad \qquad \qquad \qquad \qquad \qquad \qquad \qquad \qquad \qquad \qquad \qquad \qquad \text{(C)}$$

$$u_2(t) = \frac{1}{a} \int_0^t a\,e^{-a\tau}\,1(\tau)\,d\tau$$

$$u_1(t) = a\,u_{10} + \frac{1}{a} \left[\tau + \frac{e^{-a\tau}}{a} \right]_0^t = a\,u_{10} + \frac{1}{a} \left[t + \frac{e^{-at}}{a} - \frac{1}{a} \right] \qquad \text{(D)}$$

$$u_2(t) = \frac{1}{a} \left[-e^{-a\tau} \right]_0^t \qquad \qquad = \frac{1}{a} \left[1 - e^{-at} \right].$$

Bei diesem Beispiel ist, wie man aus Gl. (A) leicht ersieht, das Ausgangssignal $x(t)$ des Systems $x(t) = u_1(t)$, so daß die Lösung der Aufgabe lautet:

$$x(t) = a\, u_{10} + \frac{1}{a}\left[t + \frac{e^{-at}}{a} - \frac{1}{a}\right]. \tag{E}$$

Den prinzipiellen Verlauf des Ausgangssignals zeigt Bild 6.2, wobei sich das Ergebnis von der bekannten Sprungantwort eines Systems ohne Ausgleich mit Verzögerung 1. Ordnung nur durch die Anfangsbedingung unterscheidet, die hier bei der Lösung im Zeitbereich leicht einzubauen war.

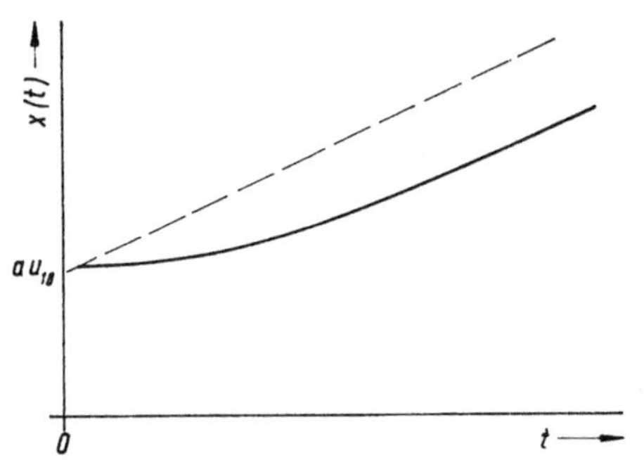

Bild 6.2
Prinzipieller Verlauf des Ausgangssignals des Systems von Beispiel 6.6.

6.6 Die Laplace-transformierte Lösung

Um einmal den Übergang zu den komplexen Übertragungsfunktionen $F(s)$ der Einfachsysteme bzw. den komplexen Übertragungsmatrizen $\mathbf{F}(s)$ der Mehrfachsysteme herzustellen und um ferner die für lineare zeitinvariante Systeme bewährten Lösungsmethoden mittels Laplace-Transformation auch der Systembeschreibung im Zustandsraum zugänglich zu machen, soll nun noch die Bestimmung des Übertragungsverhaltens eines im Zustandsraum beschriebenen Systems mittels Laplace-Transformation besprochen werden.

Wie in Abschnitt 2.4 mit Gl. (2.18) schon eingeführt, können die Systemgleichungen, die ein System im Zustandsraum beschreiben, im Falle eines linearen Systems der Laplace-Transformation unterworfen werden, so daß sie dann die Gestalt

$$s\,\mathbf{U}(s) - \mathbf{u}_0 = \mathbf{A}\,\mathbf{U}(s) + \mathbf{B}\,\mathbf{Y}(s); \qquad \mathbf{u}_0 = \mathbf{u}(t)\,|_{t=t_0} \tag{6.46}$$

$$\mathbf{X}(s) = \mathbf{C}\,\mathbf{U}(s) + \mathbf{D}\,\mathbf{Y}(s)$$

annehmen, wenn wir nun auch hier im Bildbereich der Laplace-Transformation die Anfangszustände $\mathbf{u}_0$ berücksichtigen. Für die Ermittlung des Übertragungsverhaltens des Systems muß auch im Bildbereich zunächst das Übergangsverhalten des Energiezustandes des Systems bestimmt werden, wozu die erste Matrizengleichung in Gl. (6.46) nach $\mathbf{U}(s)$ schrittweise aufgelöst wird:

$$(s\,\mathbf{1} - \mathbf{A})\,\mathbf{U}(s) = \mathbf{u}_0 + \mathbf{B}\,\mathbf{Y}(s) \tag{6.47a}$$

und für den Fall nichtsingulärer charakteristischer Matrix $\mathbf{Q}(s) = s\,\mathbf{1} - \mathbf{A}$:

$$\mathbf{U}(s) = (s\,\mathbf{1} - \mathbf{A})^{-1}\,\mathbf{u}_0 + (s\,\mathbf{1} - \mathbf{A})^{-1}\,\mathbf{B}\,\mathbf{Y}(s). \tag{6.47b}$$

In der charakteristischen Matrix $\mathbf{Q}(s)$ ist jetzt nur der Parameter λ durch das Argument s der Laplace-Transformation ersetzt. Vergleicht man nun Gl. (6.47b) mit Gl. (6.44) bzw. (6.45), findet man den interessanten Zusammenhang zwischen Fundamentalmatrix $\boldsymbol{\Phi}(t)$ und der charakteristischen Matrix $\mathbf{Q}(\lambda)$ bzw. $Q(s)$:

$$\mathrm{e}^{\mathbf{A}t} = \boldsymbol{\Phi}(t) = \mathscr{L}^{-1}\{\mathbf{Q}^{-1}(s)\} = \mathscr{L}^{-1}\left\{\frac{\mathbf{Q}(s)_{\mathrm{adj}}}{Q(s)}\right\} \tag{6.48a}$$

bzw. mit Gl. (6.20) auch

$$\boldsymbol{\Phi}(-t) = [\mathscr{L}^{-1}\{\mathbf{Q}^{-1}(s)\}]^{-1}. \tag{6.48b}$$

Die Fundamentalmatrix kann also zunächst formal durch die Laplacerücktransformation $\mathscr{L}^{-1}\{\cdot\}$ der inversen charakteristischen Matrix $\mathbf{Q}(s) = s\,\mathbf{1} - \mathbf{A}$ gewonnen werden, so daß man eine gesuchte zeitliche Zustandsänderung des Übertragungssystems durch Laplacerücktransformation von Gl. (6.47b) errechnen kann:

$$\mathbf{u}(t) = \mathscr{L}^{-1}\{\mathbf{Q}^{-1}(s)\}\,\mathbf{u}_0 + \mathscr{L}^{-1}\{\mathbf{Q}^{-1}(s)\,\mathbf{B}\,\mathbf{Y}(s)\} \tag{6.49a}$$

bzw. auch

$$\mathbf{u}(t) = \mathscr{L}^{-1}\left\{\frac{\mathbf{Q}_{\mathrm{adj}}}{Q(s)}\right\}\mathbf{u}_0 + \mathscr{L}^{-1}\left\{\frac{\mathbf{Q}_{\mathrm{adj}}}{Q(s)}\,\mathbf{B}\,\mathbf{Y}(s)\right\}, \tag{6.49b}$$

wobei jetzt $Q(s) = |\mathbf{Q}(s)| = \varDelta(s) = |s\,\mathbf{1} - \mathbf{A}|$ das charakteristische Polynom des Übertragungssystems ist.

So elegant und durchsichtig dieser Zusammenhang zwischen Fundamentalmatrix $\boldsymbol{\Phi}(t)$ und charakteristischer Matrix $\mathbf{Q}(s)$ bzw. auch vor allem dem charakteristischen Polynom $Q(s)$ zunächst scheinen mag, so ist an dieser Stelle Vorsicht geboten, da hier einige äußerst unangenehme und schwer auffindbare Fehler gemacht werden können, die eng mit den im Kapitel 8 zu besprechenden Begriffen der *Beobachtbarkeit* und *Steuerbarkeit* bei einem dynamischen System zusammenhängen, auf die zuerst *Kalman* [9] aufmerksam gemacht hat. Dem aufmerksamen Leser wird vielleicht schon aufgefallen sein, daß in Gl. (6.48) und (6.49) das charakteristische Polynom $Q(s)$ ein wesentlicher Bestandteil der Fundamentalmatrix $\boldsymbol{\Phi}(t)$ ist, während wir aus Abschnitt 5.5 wissen, daß zur Berechnung einer Matrizenfunktion zu einem Matrizenargument $\mathbf{A}$ das Minimalpolynom $M(\lambda)$ von $\mathbf{A}$ ausreicht. Die möglichen Schwierigkeiten bei den nichtbeobachtbaren und/oder nichtsteuerbaren Systemen sind eng mit dem möglichen Unterschied zwischen charakteristischem und Minimalpolynom verknüpft. Wenn wir im Anschluß auch einige Beispiele mit Hilfe der Laplace-Transformation, wegen der großen Bequemlichkeit, bekannte Verfahren und Kenntnisse aus der Regelungstechnik verwenden zu können, behandeln, so muß, wo es zweifelhaft ist, ob ein Ergebnis richtig ist, das Problem im Zeitbereich behandelt werden, da eventuelle Schwierigkeiten durch die Transformation in den Bildbereich verdeckt werden. Als erster Hinweis mag gelten, daß immer dann, wenn charakteristisches und Minimalpolynom übereinstimmen, keine besonderen Schwierigkeiten zu erwarten sind, wenn man die später noch zu behandelnden Kriterien für beobachtbare und steuerbare Systeme beachtet. Für die numerische Praxis mittels Digital- und/oder Analogrechner wird man darüber hinaus ohnehin den Zeitbereich vorziehen.

Beispiel 6.7: Gegeben ist ein gedämpftes Feder—Masse-System nach Bild 6.3, das der Differentialgleichung

$$m \ddot{x}(t) + d \dot{x}(t) + c\, x(t) = p(t)$$

$$\ddot{x}(t) + \frac{d}{m} \dot{x}(t) + \frac{c}{m} x(t) = y(t) \qquad \text{(A)}$$

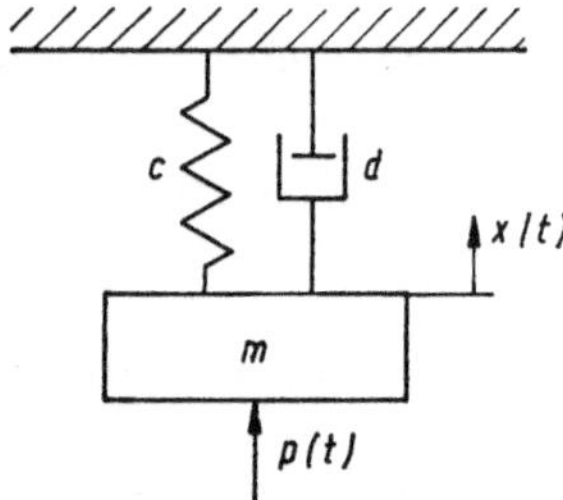

Bild 6.3
Feder—Masse-System des Beispiels 6.7.

genügt. Mit $x(t) = u_1(t)$ und $u_2(t) = \dot{u}_1(t)$ und den Zahlenwerten $\dfrac{d}{m} = 3$ und $\dfrac{c}{m} = 2$ erhalten wir eine analoge Zustandsraumbeschreibung:

$$\dot{\mathbf{u}}(t) = \begin{bmatrix} 0 & 1 \\ -2 & -3 \end{bmatrix} \mathbf{u}(t) + \begin{bmatrix} 0 \\ 1 \end{bmatrix} y(t) \qquad \text{(B)}$$

$$x(t) = \begin{bmatrix} 1 & 0 \end{bmatrix} \mathbf{u}(t).$$

Mit

$$\mathbf{Q}(s) = s\, \mathbf{1} - \mathbf{A} = \begin{bmatrix} s & -1 \\ 2 & s+3 \end{bmatrix}$$

und

$$Q(s) = |\mathbf{Q}(s)| = (s+1)(s+2)$$

bestimmen wir zunächst $\boldsymbol{\Phi}(t)$:

$$\boldsymbol{\Phi}(t) = \mathcal{L}^{-1}\{\mathbf{Q}^{-1}(s)\} = \mathcal{L}^{-1}\left\{ \frac{1}{(s+1)(s+2)} \begin{bmatrix} s+3 & 1 \\ -2 & s \end{bmatrix} \right\}$$

allgemein und dann mit Hilfe einer Korrespondenztafel der Laplace-Transformation z. B. [1], oder hier einfach durch Partialbruchentwicklung z. B. für

$$\Phi_{11}(t) = \mathcal{L}^{-1}\left\{ \frac{s+3}{(s+1)(s+2)} \right\} = \mathcal{L}^{-1}\left\{ \frac{1}{s+1}\left(\frac{s+3}{s+2}\Big|_{s=-1} \right) + \frac{1}{s+2}\left(\frac{s+3}{s+1} \right)\Big|_{s=-2} \right\}$$

$$= \mathcal{L}^{-1}\left\{ \frac{2}{s+1} - \frac{1}{s+2} \right\} = 2\,e^{-t} - e^{-2t},$$

und schließlich:

$$\boldsymbol{\Phi}(t) = \begin{bmatrix} 2\,e^{-t} - e^{-2t} & ; & e^{-t} - e^{-2t} \\ 2\,e^{-2t} - 2\,e^{-t} & ; & 2\,e^{-2t} - e^{-t} \end{bmatrix}. \qquad \text{(C)}$$

Mit der so, mit Hilfe der rücktransformierten charakteristischen Matrix, gewonnenen Fundamentalmatrix lassen sich die Einschwingvorgänge des von außen gestörten oder ungestörten Systems dann weiter nach den Gln. (6.44) und (6.45) für vorgegebene Anfangsbedingungen und Erregungssignale $y(t)$ bestimmen.

Beispiel 6.8: Das in Bild 6.4 durch sein Signalflußdiagramm dargestellte Übertragungssystem genügt den dynamischen Gleichungen:

$$\dot{\mathbf{u}}(t) = \begin{bmatrix} -1 & 0 & 1 \\ 0 & -3 & 1 \\ 0 & 0 & -4 \end{bmatrix} \mathbf{u}(t) + \begin{bmatrix} 0 \\ 0 \\ 1 \end{bmatrix} y(t) \tag{A}$$

$$x(t) = \begin{bmatrix} \frac{1}{2} & 1 & 0 \end{bmatrix} \mathbf{u}(t) .$$

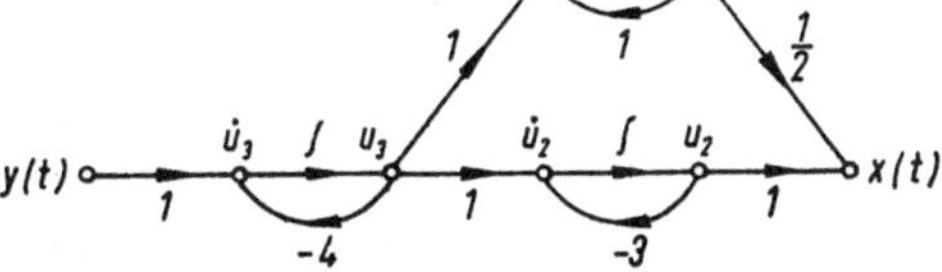

Bild 6.4
Signalflußdiagramm des Beispiels 6.8.

Mit der vor allem so gegebenen Systemmatrix $\mathbf{A}$ erhält man für die charakteristische Matrix $\mathbf{Q}(s) = (s\,\mathbf{1} - \mathbf{A})$:

$$\mathbf{Q}(s) = \begin{bmatrix} (s+1) & 0 & -1 \\ 0 & (s+3) & -1 \\ 0 & 0 & (s+4) \end{bmatrix}, \tag{B}$$

woraus mit $Q(s) = |\mathbf{Q}(s)| = (s+1)\,(s+3)\,(s+4)$ für $\mathbf{Q}^{-1}(s)$ folgt:

$$\mathbf{Q}^{-1}(s) = \frac{1}{Q(s)} \begin{bmatrix} (s+3)\,(s+4) & 0 & (s+3) \\ 0 & (s+1)\,(s+4) & (s+1) \\ 0 & 0 & (s+1)\,(s+3) \end{bmatrix} =$$

$$= \begin{bmatrix} (s+1)^{-1} & 0 & (s+1)^{-1}\,(s+4)^{-1} \\ 0 & (s+3)^{-1} & (s+3)^{-1}\,(s+4)^{-1} \\ 0 & 0 & (s+4)^{-1} \end{bmatrix} . \tag{C}$$

Durch Anwendung der Laplace-Rücktransformation auf (C) erhalten wir die Fundamentalmatrix:

$$\boldsymbol{\Phi}(t) = \begin{bmatrix} e^{-t} & 0 & \dfrac{e^{-t} - e^{-4t}}{3} \\ 0 & e^{-3t} & e^{-3t} - e^{-4t} \\ 0 & 0 & e^{-4t} \end{bmatrix} . \tag{D}$$

a) Für $u_{10} = 0$ und $y(t) = 1(t) \cdot t$, also der Rampenerregung, ist die Systemantwort $x(t)$ gesucht.

Mit $\mathbf{u}_0 \equiv 0$, $\mathbf{y}(t) = y(t) = 1(t) \cdot t$ und $\mathbf{B} = [0, 0, 1]^T$ folgt durch Einsetzen in Gl. (6.49a) zunächst:

$$\mathbf{U}(s) = \mathbf{Q}^{-1}(s) \begin{bmatrix} 0 \\ 0 \\ 1 \end{bmatrix} s^2 = \begin{bmatrix} \dfrac{1}{s^2(s+1)(s+4)} \\[2ex] \dfrac{1}{s^2(s+3)(s+4)} \\[2ex] \dfrac{1}{s^2(s+4)} \end{bmatrix}$$

und daraus, durch Partialbruchentwicklung und Rücktransformation:

$$\mathbf{u}(t) = \begin{bmatrix} \dfrac{e^{-t}}{3} - \dfrac{e^{-4t}}{48} + \dfrac{t}{4} - \dfrac{5}{16} \\[2ex] \dfrac{e^{-3t}}{9} - \dfrac{e^{-4t}}{16} + \dfrac{t}{12} - \dfrac{7}{144} \\[2ex] \dfrac{e^{-4t}}{16} + \dfrac{t}{4} - \dfrac{1}{16} \end{bmatrix}.$$

Die gesuchte Systemantwort $x(t)$ erhalten wir aus Gl. (A) mit $x(t) = \begin{bmatrix} \dfrac{1}{2} & 1 & 0 \end{bmatrix} \mathbf{u}(t)$:

$$x(t) = \frac{e^{-t}}{6} + \frac{e^{-3t}}{9} - \frac{7}{96} e^{-4t} + \frac{5}{24} t - \frac{59}{288}. \tag{E}$$

b) Für $u_{10} = -2$ und $y(t) = 1(t) \cdot t$ erhält man die Systemantwort $x(t)$ wieder durch einfaches Einsetzen der gegebenen Stücke zunächst in Gl. (6.49a), um $\mathbf{u}(t)$ zu gewinnen und dann durch Berechnung von $x(t) = \begin{bmatrix} \dfrac{1}{2}, & 1, & 0 \end{bmatrix} \mathbf{u}(t)$:

$$u(t) = \mathcal{L}^{-1} \left\{ \mathbf{Q}^{-1}(s) \begin{bmatrix} -2 \\ 0 \\ 0 \end{bmatrix} \right\} + \mathcal{L}^{-1} \left\{ \mathbf{Q}^{-1}(s) \begin{bmatrix} 0 \\ 0 \\ s^2 \end{bmatrix} \right\}$$

$$= \begin{bmatrix} -2\,e^{-t} \\ 0 \\ 0 \end{bmatrix} + \begin{bmatrix} \dfrac{e^{-t}}{3} - \dfrac{e^{-4t}}{48} + \dfrac{t}{4} - \dfrac{5}{16} \\[2ex] \dfrac{e^{-3t}}{9} - \dfrac{e^{-4t}}{16} + \dfrac{t}{12} - \dfrac{7}{144} \\[2ex] \dfrac{e^{-4t}}{16} + \dfrac{t}{4} - \dfrac{1}{16} \end{bmatrix}$$

$$x(t) = -\frac{5}{6} e^{-t} + \frac{e^{-3t}}{9} - \frac{7}{96} e^{-4t} + \frac{5}{24} t - \frac{59}{288}. \tag{F}$$

7. Invarianten und Koordinatentransformation

Da in den folgenden Kapiteln 8 und 9 weitere vor allem in der Matrizentheorie begründete Eigenschaften der im Zustandsraum beschriebenen dynamischen Systeme, und dabei vor allem der Regelungssysteme, behandelt werden sollen, müssen in diesem Abschnitt einige weitere wichtige Ergebnisse der Matrizentheorie dargestellt und erläutert werden. Dabei werden wir, ähnlich wie in Kapitel 5, diese nur für unsere systemtheoretischen Überlegungen speziell ausgewählten Sätze und Definitionen wieder ohne Ableitung und Beweis in einer solchen Reihenfolge und Form darstellen, daß sie direkt bei der praktischen Bewältigung regelungstechnischer Analyse- und Syntheseaufgaben angewendet werden können. Der an der Herkunft und Herleitung der Sätze spezieller interessierter Leser sei vor allem wieder an die umfassenderen Darstellungen bei *Gantmacher* [4] und *Zurmühl* [34] verwiesen.

7.1 Äquivalente Zahlenmatrizen

Bevor in dem nächsten Abschnitt die Äquivalenzbeziehungen von Polynommatrizen und daran anschließend kanonische Matrizenstrukturen besprochen werden, müssen wir hier in einem kurzen Abschnitt noch einige Erläuterungen zu dem Äquivalenzbegriff der gewöhnlichen Zahlenmatrizen, deren Elemente dem hier betrachteten Zahlenkörper K der komplexen Zahlen angehören, nachtragen. Ausgehend von der Äquivalenzdefinition zweier Matrizen $\mathbf{A}$ und $\mathbf{B}$ in Kapitel 5 formulieren wir:

Satz 7.1: Jede mn Matrix $\mathbf{A}$ mit Elementen aus dem Zahlenkörper K und dem Rang r ist der Normalform $\mathbf{N}$ äquivalent:

$$\mathbf{N} = \mathbf{P}\,\mathbf{A}\,\mathbf{S}, \tag{7.1}$$

mit nichtsingulären Matrizen $\mathbf{P}$ und $\mathbf{S}$ und

$$\mathbf{N} = \left[\begin{array}{c|c} \mathbf{1} & \mathbf{0} \\ \hline \mathbf{0} & \mathbf{0} \end{array}\right] = \left[\begin{array}{cccc|cccc} 1 & 0 & \dots & 0 & 0 & \dots & & 0 \\ 0 & 1 & \dots & 0 & 0 & \dots & & 0 \\ \vdots & & & & & & & \vdots \\ 0 & 0 & \dots & 1 & 0 & \dots & & 0 \\ \hline 0 & 0 & \dots & 0 & 0 & \dots & & 0 \\ \vdots & & & & & & & \vdots \\ 0 & 0 & \dots & 0 & 0 & \dots & & 0 \end{array}\right] \begin{array}{l} \left.\rule{0pt}{2.5em}\right\} r \\ \\ \left.\rule{0pt}{2em}\right\} m-r \end{array} \tag{7.2}$$

$$\underbrace{\hphantom{xxxxxx}}_{r} \quad \underbrace{\hphantom{xxxxxxx}}_{n-r} \quad .$$

Dieser Satz bedeutet, daß jede rechteckige mn Matrix vom Rang r (siehe Rangdefinition, Def. 5.5, Abschnitt 5.5) durch endlich viele elementare Umformungen an ihren Zeilen und Spalten auf die Normalmatrix N mit dem gleichen Rang r umgeformt werden kann.

Definition 7.1: Elementare Zeilen- (oder Spalten-)Umformungen für konstante Matrizen sind:

  I. Vertauschen zweier Zeilen (oder Spalten).

  II. Multiplikation einer Zeile (oder einer Spalte) mit einer Konstanten $c \neq 0$.

  III. Addition einer mit $c \neq 0$ multiplizierten Zeile (oder Spalte) zu einer anderen Zeile (oder Spalte).

Diese elementaren Umformungen können besonders bequem mit Hilfe spezieller Umformmatrizen vorgenommen werden, die hier in der gleichen Reihenfolge wie die vorstehend aufgezählten elementaren Umformungen angegeben sind:

I.
$$
\mathbf{T}_{kl} = \begin{bmatrix}
1 & 0 & \dots & \dots & \dots & \dots & 0 \\
0 & 1 & \dots & \dots & \dots & \dots & 0 \\
& \dots & \dots & \dots & \dots & \dots & \\
0 & 0 & 0 & \dots & 1 & \dots & 0 \\
& \dots & \dots & \dots & \dots & \dots & \\
0 & 0 & 1 & \dots & 0 & \dots & 0 \\
& \dots & \dots & \dots & \dots & \dots & \\
0 & 0 & \dots & \dots & \dots & \dots & 1
\end{bmatrix} . \tag{7.3}
$$

Die Matrix $\mathbf{T}_{kl}$ ist bis auf die vertauschten k-ten und l-ten Zeilen (bzw. Spalten) gleich der Einheitsmatrix und bewirkt bei Linksmultiplikation, also $\mathbf{T}_{kl} \cdot \mathbf{A}$, die elementare Operation I an den Zeilen von $\mathbf{A}$ und bei Rechtsmultiplikation entsprechend an den Spalten von $\mathbf{A}$.

II.
$$
\mathbf{K}_l = \begin{bmatrix}
1 & \dots & \dots & \dots & \dots & 0 \\
0 & 1 & \dots & \dots & \dots & 0 \\
0 & \dots & 1 & \dots & \dots & 0 \\
0 & \dots & \dots & c_l & \dots & 0 \\
0 & \dots & \dots & \dots & 1 & \dots & 0 \\
& \dots & \dots & \dots & \dots & \\
0 & \dots & \dots & \dots & \dots & 1
\end{bmatrix} . \tag{7.4}
$$

Die Matrix $\mathbf{K}_l$ ist eine Diagonalmatrix mit lauter 1-Elementen in der Hauptdiagonalen bis auf das l-te Element mit dem Wert c und bewirkt bei Linksmultiplikation $(\mathbf{K}_l \cdot \mathbf{A})$ die Operation II an den Zeilen und bei Rechtsmultiplikation an den Spalten.

III.

$$\mathbf{K}_{kl} = \begin{bmatrix} 1 & 0\dots\dots\dots\dots\dots 0 \\ 0 & 1\dots\dots\dots\dots\dots 0 \\ \hdotsfor{2} \\ 0\dots\dots\dots\dots 1\dots\dots c\dots 0 \\ \hdotsfor{2} \\ 0\dots\dots\dots\dots\dots\dots 1 \end{bmatrix}. \tag{7.5}$$

Die Matrix $\mathbf{K}_{kl}$ entspricht bis auf das Element an der kl-ten Stelle, das statt 0 den Wert c hat, der Einheitsmatrix. Linksmultiplikation $(\mathbf{K}_{kl} \cdot \mathbf{A})$ bewirkt eine Addition der c-fachen l-ten Zeile von $\mathbf{A}$ zur k-ten, während durch Rechtsmultiplikation $(\mathbf{A} \cdot \mathbf{K}_{kl})$ eine Addition der k-ten Spalte von $\mathbf{A}$ zur l-ten Spalte erfolgt.

Die vorstehend definierten Umformungsmatrizen sind nichtsingulär und haben invertiert folgende einfache Formen:

$$\mathbf{T}_{kl}^{-1} = \mathbf{T}_{kl} \tag{7.6}$$

$$\mathbf{K}_l^{-1} = \begin{bmatrix} 1 & 0\dots\dots\dots\dots\dots 0 \\ 0 & 1\dots\dots\dots\dots\dots 0 \\ \hdotsfor{2} \\ 0 & 0\dots\dots c_l^{-1}\dots\dots 0 \\ \hdotsfor{2} \\ 0\dots\dots\dots\dots\dots\dots 1 \end{bmatrix} \tag{7.7}$$

$$\mathbf{K}_{kl}^{-1} = \begin{bmatrix} 1 & 0\dots\dots\dots\dots\dots 0 \\ 0 & 1\dots\dots\dots\dots\dots 0 \\ \hdotsfor{2} \\ 0\dots\dots\dots\dots 1\dots -c\dots 0 \\ \hdotsfor{2} \\ 0\dots\dots\dots\dots\dots\dots 1 \end{bmatrix}. \tag{7.8}$$

Vor allem bei Ähnlichkeitstransformationen, wo die inversen Elementartransformationen benötigt werden, sind Gln. (7.7) und (7.8) zu beachten. Die Transformationsmatrix $\mathbf{K}_{kl}$ aus Gl. (7.5) kann noch auf die etwas allgemeinere Form erweitert werden, bei der mehrere Zeilen bzw. Spalten gleichzeitig zu einer

9*

Zeile oder Spalte addiert werden:

$$\mathbf{K} = \begin{bmatrix} 1 & 0 & 0\ldots\ldots\ldots\ldots\ldots\ldots\ldots\ldots 0 \\ 0 & 1 & 0\ldots\ldots\ldots\ldots\ldots\ldots\ldots 0 \\ \cdots\cdots\cdots\cdots\cdots\cdots\cdots\cdots\cdots \\ c_{k1} & c_{k2}\ldots c_{k,\,k-1} & 1 & c_{k,\,k+1}\ldots\ldots c_{kn} \\ \cdots\cdots\cdots\cdots\cdots\cdots\cdots\cdots\cdots \\ 0 & 0 & 0\ldots\ldots\ldots\ldots\ldots\ldots\ldots 1 \end{bmatrix}, \qquad (7.5\,\mathrm{a})$$

zu der dann analog zu Gl. (7.8) die inverse Matrix $\mathbf{K}^{-1}$ gehört:

$$\mathbf{K}^{-1} = \begin{bmatrix} 1 & 0 & 0\ldots\ldots\ldots\ldots\ldots 0 \\ 0 & 1 & 0\ldots\ldots\ldots\ldots 0 \\ \cdots\cdots\cdots\cdots\cdots\cdots\cdots\cdots \\ -c_{k1} & -c_{k2} & \ldots 1 \ldots\ldots\ldots -c_{kn} \\ \cdots\cdots\cdots\cdots\cdots\cdots\cdots\cdots \\ 0 & 0 & 0\ldots\ldots\ldots\ldots 1 \end{bmatrix}. \qquad (7.8\,\mathrm{a})$$

Die Matrizen $\mathbf{P}$ und $\mathbf{S}$ in Gl. (7.1), die eine gegebene mn Matrix $\mathbf{A}$ auf die Normalform $\mathbf{N}$ transformieren, setzen sich beide aus einer endlichen Anzahl hintereinander-geschalteter elementarer Transformationen der Formen nach Gln. (7.3), (7.4) und (7.5) zusammen. Da jede der elementaren Transformationen nichtsingulär ist, sind auch $\mathbf{P}$ und $\mathbf{S}$ nichtsingulär, so daß neben Gl. (7.1) auch gilt:

$$\mathbf{A} = \mathbf{P}^{-1}\,\mathbf{N}\,\mathbf{S}^{-1}. \qquad (7.9)$$

Für den Fall einer nn Matrix $\mathbf{A}$ existiert neben der Äquivalenzbeziehung (7.1) noch die Ähnlichkeitsbeziehung (5.24) mit

$$\mathbf{P} = \mathbf{S}^{-1} \qquad (7.10)$$

und dabei die spezielle Diagonalform

$$\mathbf{J} = \mathbf{P}\,\mathbf{A}\,\mathbf{P}^{-1} = \mathbf{T}^{-1}\,\mathbf{A}\,\mathbf{T}, \qquad (7.11)$$

worin $\mathbf{J}$ die Jordanmatrix (Abschnitt (7.5)) ist.

Das bedeutet also, daß jede nn Matrix $\mathbf{A}$ mit Hilfe einer nichtsingulären Transformation $\mathbf{T}$, die wiederum als eine Hintereinanderschaltung endlich vieler elementarer Operationsmatrizen darstellbar ist, mit Hilfe von Gl. (7.11) auf eine Jordanform $\mathbf{J}$ transformiert werden kann. Die Normalmatrix $\mathbf{N}$ hat soviel Diagonalelemente mit dem Wert 1, wie der Rang r von $\mathbf{A}$ beträgt. Diese Transformation auf Diagonalform hat nichts mit der später noch genauer zu besprechenden Jordan-Matrix $\mathbf{J}$, die eine Diagonalform der *Eigenwerte* von $\mathbf{A}$ ist, zu tun und darf nicht damit verwechselt werden!

Beispiel 7.1: An einem sehr einfachen Beispiel sei der Aufbau der Transformations-matrizen **P** und **S** zur Normalisierung einer gegebenen Matrix **A** gezeigt.
Gegeben ist

$$\mathbf{A} = \begin{bmatrix} 2 & 4 \\ 3 & 5 \end{bmatrix} \tag{A}$$

und gesucht die Normalform **N**. Die Lösung soll hier mit elementaren Operationen in Einzelschritten gezeigt werden.

a) Multiplikation der 1. Spalte mit -2 und Addition zur 2. Spalte:

$$\mathbf{A\,S}_1 = \begin{bmatrix} 2 & 4 \\ 3 & 5 \end{bmatrix} \begin{bmatrix} 1 & -2 \\ 0 & 1 \end{bmatrix} = \begin{bmatrix} 2 & 0 \\ 3 & -1 \end{bmatrix}.$$

b) Addition der mit $-1{,}5$ multiplizierten 1. Zeile zur zweiten:

$$\mathbf{P}_1\,\mathbf{A}\,\mathbf{S}_1 = \begin{bmatrix} 1 & 0 \\ -1{,}5 & 1 \end{bmatrix} \begin{bmatrix} 2 & 0 \\ 3 & -1 \end{bmatrix} = \begin{bmatrix} 2 & 0 \\ 0 & -1 \end{bmatrix}.$$

c) Multiplikation der 1. Zeile mit $0{,}5$:

$$\mathbf{P}_2\,\mathbf{P}_1\,\mathbf{A}\,\mathbf{S}_1 = \begin{bmatrix} 0{,}5 & 0 \\ 0 & 1 \end{bmatrix} \cdot \begin{bmatrix} 2 & 0 \\ 0 & -1 \end{bmatrix} = \begin{bmatrix} 1 & 0 \\ 0 & -1 \end{bmatrix}.$$

d) Multiplikation der 2. Zeile mit -1:

$$\mathbf{P}_3\,\mathbf{P}_2\,\mathbf{P}_1\,\mathbf{A}\,\mathbf{S}_1 = \begin{bmatrix} 1 & 0 \\ 0 & -1 \end{bmatrix} \cdot \begin{bmatrix} 1 & 0 \\ 0 & -1 \end{bmatrix} = \begin{bmatrix} 1 & 0 \\ 0 & 1 \end{bmatrix}.$$

Es ist also

$$\mathbf{P} = \mathbf{P}_3\,\mathbf{P}_2\,\mathbf{P}_1 = \begin{bmatrix} 0{,}5 & 0 \\ 1{,}5 & -1 \end{bmatrix} \tag{B}$$

und

$$\mathbf{S} = \mathbf{S}_1 = \begin{bmatrix} 1 & -2 \\ 0 & 1 \end{bmatrix}. \tag{C}$$

7.2 Polynommatrizen

In Kapitel 5 waren die Grundbegriffe der Matrizenfunktionen und dabei auch speziell der Matrizenpolynome bzw. der Polynommatrizen schon eingeführt worden, da wir die Matrizenpolynome und die daraus abgeleiteten Ersatz-polynome zu Matrizenfunktionen für die Berechnung der Fundamental-matrix $\boldsymbol{\Phi}(t)$ benötigten. Hier müssen nun weitere Eigenschaften der Polynom-matrizen dargestellt werden, die für die weiter unten zu besprechenden In-varianten und kanonischen Formen von Systemmatrizen von Bedeutung sind.

Die hier zu besprechenden Polynommatrizen haben die allgemeine Form:

$$\mathbf{P}(\lambda) = \mathbf{A}_0 + \mathbf{A}_1\,\lambda + \mathbf{A}_2\,\lambda^2 + \ldots + \mathbf{A}_s\,\lambda^s, \tag{7.12}$$

wobei wir aber wegen der hier nahezu ausschließlichen Anwendung der einschlägigen Sätze auf die charakteristische Matrix $Q(\lambda)$ eines dynamischen Systems im wesentlichen Polynommatrizen ersten Grades in λ betrachten:

$$P(\lambda) = A_0 + A_1 \lambda \tag{7.13a}$$

bzw. dann auch

$$P(\lambda) = \lambda\, 1 + A. \tag{7.13b}$$

Diese Polynommatrizen können nicht mehr auf eine Diagonalform mit konstanten Elementen, sondern nur noch in eine Normalform mit Polynomen als Elementen transformiert werden. Bevor diese Normalform, die sogenannte Smithsche Normalform, besprochen wird, muß noch kurz der Äquivalenzbegriff für Polynommatrizen eingeführt werden.

Definition 7.2: Zwei Polynommatrizen $A(\lambda)$ und $B(\lambda)$ werden unimodular äquivalent genannt, wenn es zwei nichtsinguläre unimodulare Matrizen $P(\lambda)$ und $S(\lambda)$ gibt derart, daß

$$B(\lambda) = P(\lambda)\, A(\lambda)\, S(\lambda) \tag{7.14a}$$

bzw. auch

$$A(\lambda) = P^{-1}(\lambda)\, B(\lambda)\, S^{-1}(\lambda). \tag{7.14b}$$

In dieser Definition bedeutet der Begriff unimodulare Matrix, daß die Matrizen von λ unabhängige Determinanten haben, daß also

$$|P(\lambda)| = c_1 \tag{7.15a}$$

$$|S(\lambda)| = c_2 \tag{7.15b}$$

ist. Die Matrizen $P(\lambda)$ und $S(\lambda)$ sind dabei wieder Transformationsmatrizen, die eine endliche Anzahl von elementaren Zeilen- und Spaltenumwandlungen an den zu transformierenden Matrizen bewirken. Bei Polynommatrizen sind auch wieder drei elementare Zeilen- oder Spaltenumwandlungen zu unterscheiden:

Definition 7.3: Elementare Zeilen- (oder Spalten-)Umwandlungen für Polynommatrizen sind:

I. Vertauschen zweier Zeilen (oder Spalten).

II. Multiplikation einer Zeile (oder Spalte) mit einer Konstanten $c \neq 0$.

III. Addition einer mit einem Polynom $c(\lambda)$ multiplizierten Zeile (oder Spalte) zu einer anderen Zeile (oder Spalte).

Die Umwandlungen I und II sind genau gleich denen in der Definition 7.1 für konstante Matrizen, so daß auch die Umformmatrizen $\mathbf{T}_{kl}$ und $\mathbf{K}_l$, wie sie in den Gln. (7.3) und (7.4) definiert sind, bei Polynommatrizen unverändert Anwendung finden. Die Umformung III wird durch eine Matrix $\mathbf{K}_{kl}(\lambda)$ bewirkt, die sich von der Matrix $\mathbf{K}_{kl}$ in Gl. (7.5) nur dadurch unterscheidet, daß das Element an der Stelle kl nun im allgemeinen keine Konstante, sondern ein Polynom $c(\lambda)$ ist:

$$\mathbf{K}_{kl}(\lambda) \;=\; \begin{bmatrix} 1 & 0\dots\dots\dots\dots\dots\dots 0 \\ 0 & 1\dots\dots\dots\dots\dots\dots 0 \\ \dots\dots\dots\dots\dots\dots\dots\dots \\ 0 & 0\dots\dots\dots 1\dots c(\lambda)\dots 0 \\ \dots\dots\dots\dots\dots\dots\dots\dots \\ 0 & 0\dots\dots\dots\dots\dots\dots 1 \end{bmatrix}, \tag{7.16a}$$

$$\mathbf{K}_{kl}^{-1}(\lambda) \;=\; \begin{bmatrix} 1 & 0\dots\dots\dots\dots\dots\dots 0 \\ 0 & 1\dots\dots\dots\dots\dots\dots 0 \\ \dots\dots\dots\dots\dots\dots\dots\dots \\ 0 & 0\dots\dots\dots 1\dots -c(\lambda)\;0 \\ \dots\dots\dots\dots\dots\dots\dots\dots \\ 0 & 0\dots\dots\dots\dots\dots\dots 1 \end{bmatrix}. \tag{7.16b}$$

Genau wie bei den konstanten Matrizen können dabei mehrere Zeilen oder Spalten gleichzeitig auf eine andere addiert werden. Es müssen dann in $\mathbf{K}_{kl}(\lambda)$ mehrere Nullelemente der k-ten Zeile durch Polynome $c_i(\lambda)$ ersetzt werden. Die zugehörige inverse Matrix $\mathbf{K}_{kl}^{-1}(\lambda)$ ist dann auch wieder bis auf die negativen Vorzeichen bei den $c_i(\lambda)$ gleich $\mathbf{K}_{kl}(\lambda)$.

Die Matrizen $\mathbf{P}(\lambda)$ und $\mathbf{S}(\lambda)$ in Gl. (7.14) setzen sich also aus dem Produkt einer endlichen Anzahl von Matrizen $\mathbf{T}_{kl}$, Gl. (7.3), $\mathbf{K}_l$, Gl. (7.4) und $\mathbf{K}_{kl}(\lambda)$, Gl. (7.16), zusammen, und da jede der drei elementaren Umformmatrizen eine konstante Determinante ungleich Null hat, sind eben $\mathbf{P}(\lambda)$ und $\mathbf{S}(\lambda)$ unimodulare Matrizen mit konstanten Determinanten.

Für die uns vor allem interessierenden Polynommatrizen ersten Grades in λ existiert auch dieser wichtige Satz:

Satz 7.2: Zwei quadratische Polynommatrizen ersten Grades in λ

$$\mathbf{A}(\lambda) = \mathbf{A}_0 + \mathbf{A}_1 \cdot \lambda$$
$$\mathbf{B}(\lambda) = \mathbf{B}_0 + \mathbf{B}_1 \cdot \lambda$$

mit nichtsingulären $\mathbf{A}_1$ und $\mathbf{B}_1$ sind dann und nur dann äquivalent, wenn es zwei nichtsinguläre konstante (d. h. von λ unabhängige) Matrizen $\mathbf{P}$ und $\mathbf{S}$ gibt derart, daß

$$\mathbf{B}(\lambda) = \mathbf{P}\,\mathbf{A}(\lambda)\,\mathbf{S} \tag{7.17a}$$

bzw. auch

$$A(\lambda) = P^{-1} B(\lambda) S^{-1}. \tag{7.17b}$$

7.3 Die Smithsche Normalform

Wir kommen nun zu der wichtigen Normalform für Polynommatrizen, die eine gewisse Analogie zu der in Satz 7.1 dargestellten Normalform für konstante Matrizen hat.

Satz 7.3: Jede mn-Polynommatrix $A(\lambda)$ vom Range r ist ihrer Smithschen Normalform äquivalent

$$N(\lambda) = P(\lambda) A(\lambda) S(\lambda) \tag{7.18}$$

mit nichtsingulären $P(\lambda)$ und $S(\lambda)$
und

$$N(\lambda) = \begin{bmatrix} E_1(\lambda) & 0 \ldots\ldots\ldots\ldots 0 & 0\ldots\ldots 0 \\ 0 & E_2(\lambda)\ldots\ldots\ldots\ldots & \ldots\ldots\ldots \\ & \ldots\ldots\ldots\ldots\ldots\ldots & \ldots\ldots\ldots \\ 0\ldots\ldots\ldots\ldots 0\ldots\ldots E_r(\lambda) & 0\ldots\ldots 0 \\ \hline 0\ldots\ldots\ldots\ldots\ldots\ldots 0 & 0\ldots\ldots 0 \\ 0\ldots\ldots\ldots\ldots\ldots\ldots 0 & 0\ldots\ldots 0 \end{bmatrix}. \tag{7.19}$$

Die Smithsche Normalform ist eine diagonalähnliche mn Polynommatrix, bei der außer den r ersten Diagonalelementen, die Polynome sind, alle anderen Elemente Null sind. Dabei ist zu beachten, daß der Begriff des Polynoms hier als Oberbegriff benützt wird. Die $E_i(\lambda)$ in Gl. (7.19) können dabei selbstverständlich auch „Polynome" 0-ten Grades, also einfache Konstante (im allgemeinen 1-Elemente), sein. Vor allem bei den Smithschen Normalformen zu den charakteristischen Matrizen von uns im allgemeinen nur interessierenden Übertragungssystemen sind die Mehrzahl der Polynome $E_i(\lambda)$ (außer $E_n(\lambda)$), das immer ein Polynom von höher als 0-ten Grades ist) Konstanten.

Für den wichtigen Sonderfall der quadratischen nichtsingulären nn Polynommatrix $A(\lambda)$ mit dem Range $r = n$ ist die zugehörige Smithsche Normalform eine nn Diagonalmatrix:

$$N(\lambda) = \begin{bmatrix} E_1(\lambda) & 0\ldots\ldots\ldots\ldots 0 \\ 0 & \ddots & \vdots \\ \vdots & & \ddots & \vdots \\ \vdots & & & \ddots & \vdots \\ 0\ldots\ldots\ldots\ldots 0 & E_n(\lambda) \end{bmatrix}. \tag{7.20}$$

Satz 7.4: Eine quadratische nn Matrix $A(\lambda)$ ist sicher dann nichtsingulär für jeden Wert von λ, sie hat also den Rang $r = n$, wenn die Koeffizientenmatrix A_s bei der höchsten λ-Potenz nichtsingulär ist:

$$|A(\lambda)| = |A_0 + A_1\,\lambda + \ldots + A_s\,\lambda^s| \neq 0$$

wenn

$$|A_s| \neq 0.$$

Satz 7.5: In der Smithschen Normalform teilt das Elementarpolynom $E_1(\lambda)$ das Polynom $E_2(\lambda)$, dieses wiederum $E_3(\lambda)$, usw.:

$$E_1(\lambda)\,|\,E_2(\lambda)\,|\,E_3/(\lambda)\,|\,\ldots\,|\,E_{r-1}(\lambda)\,|\,E_r(\lambda), \tag{7.21}$$

und $E_{r-1}(\lambda)$ ist der größte gemeinsame Teiler der Minoren $(r-1)$-ter Ordnung, $E_{r-2}(\lambda)$ der größte Teiler der Minoren $(r-2)$-ter Ordnung, usw.

Die Smithsche Normalform gibt also nicht nur den Rang r als wesentliches Merkmal einer Matrix an, sondern sie enthält eine weitere Anzahl von wesentlichen Invarianten, die Elementarpolynome, die wiederum wesentliche Strukturinformationen einer Matrix geben. Die Smithsche Normalform der *charakteristischen* Matrix $Q(\lambda) = \lambda\,1 - A$ einer Koeffizientenmatrix A enthält die gleiche Strukturinformation wie die noch genauer zu besprechende Jordan-Normalform der Eigenwerte von A, so daß wir häufig auch von der Smithschen *kanonischen* Normalform sprechen. Dabei bezeichnet man mit dem Begriff kanonisch, daß hier eine Matrix mit allen ihren wesentlichen Eigenschaften mit einer minimalen Anzahl von Elementen festgelegt ist.

Für den wichtigen Sonderfall der quadratischen nichtsingulären nn Matrix $A(\lambda)$ existiert diese wichtige Abwandlung des Satzes 7.5:

Satz 7.6: In der Smithschen Normalform einer nichtsingulären nn Polynommatrix $A(\lambda)$ ist das Elementarpolynom $E_n(\lambda)$ das Minimalpolynom und $E_1(\lambda)$ gemeinsamer Teiler der Minoren 1-ter Ordnung, $E_2(\lambda)$ Teiler aller Minoren 2-ter Ordnung usw. Die Determinante von $A(\lambda)$ ist das Produkt aller Elementarpolynome:

$$|A(\lambda)| = E_1(\lambda) \cdot E_2(\lambda) \ldots E_n(\lambda). \tag{7.22}$$

Insbesondere folgt aus diesem Satz, daß die Determinante der charakteristischen Matrix $Q(\lambda) = 1\,\lambda - A$ einer Koeffizientenmatrix A, also das charakteristische Polynom $Q(\lambda) = |Q(\lambda)|$ gleich dem Produkt aller Elementarpolynome der zugehörigen Smithschen Normalform ist:

$$Q(\lambda) = |1\,\lambda - A| = E_1(\lambda)\,E_2(\lambda) \ldots E_{n-1}(\lambda) \cdot M(\lambda), \tag{7.23}$$

wobei in Gl. (7.23) ausdrücklich festgehalten ist, daß $E_n(\lambda)$ das Minimalpolynom $M(\lambda)$ zu A ist.

Durch Satz 7.3 ist also festgelegt, daß jede Polynommatrix $A(\lambda)$ mit Hilfe der elementaren Umformungen für Polynommatrizen der Definition 7.3 bzw. mit Hilfe der Umformmatrizen Gl. (7.3), (7.4) und (7.16) auf die Smithsche Normalform gebracht werden kann. Bevor wir dies an zwei einfachen Beispielen erläutern, sollten die hierzu notwendigen Grundoperationen allgemein besprochen werden (wobei hier nicht von der durch (Gl. (7.17a) gegebenen Möglichkeit für Polynommatrizen 1. Grades Gebrauch gemacht wird):

1. Die gegebene Polynommatrix $A(\lambda)$ ist durch Zeilen- und/oder Spaltenvertauschung so umzuformen, daß das Element $A_{11}(\lambda)$ das Polynom geringsten Grades ist. Sind mehrere Elemente gleichen Grades vorhanden, wählt man ein beliebiges hiervon. Nullelementen wird kein Grad zugeordnet, sie werden bei dieser Umformung nicht beachtet.

2. Durch Reihen- (Zeilen- und/oder Spalten-)Kombination versucht man, den Grad des Elementes auf den Platz 11 so weit wie möglich zu erniedrigen. (Nur wenn das Element kleinsten Grades von höherem als 0-tem Grad ist).

3. Ist das Element auf dem Platz 11 von kleinstem erreichbarem Grad, dann ist es als Teiler in allen anderen Elementen enthalten, und es können mit ihm durch Multiplikation mit geeigneten Faktoren und Addition alle anderen Elemente der 1. Zeile und 1. Spalte zu Null gemacht werden.

4. Mit der Restmatrix $(n-1)$-ten Ordnung wird nach den Punkten 1—3 verfahren usw., bis eine diagonalähnliche Matrix entstanden ist, bei der Gl. (7.21) erfüllt ist.

5. Zum Abschluß kann durch Multiplikation mit geeigneten Konstanten diese diagonalähnliche Matrix noch so normiert werden, daß alle Elementarpolynome 0-ten Grades gleich 1 werden.

Die vorstehend beschriebenen Operationen werden nun an zwei einfachen Beispielen erläutert, wobei der Übersichtlichkeit wegen solche Matrizen gewählt sind, bei denen die gewünschten Umformungen in wenigen Schritten zu erreichen sind.

Beispiel 7.2: Gegeben sei die Systemmatrix A:

$$A = \begin{bmatrix} 1 & -1 & 0 \\ 0 & 1 & -3 \\ 0 & 0 & 2 \end{bmatrix}. \tag{A}$$

Die zugehörige charakteristische Matrix $Q(\lambda)$ soll auf Smithsche Normalform $N(\lambda)$ gebracht werden.

$$Q(\lambda) = (1\,\lambda - A) = \begin{bmatrix} (\lambda - 1) & 1 & 0 \\ 0 & (\lambda - 1) & 3 \\ 0 & 0 & (\lambda - 2) \end{bmatrix}. \tag{B}$$

Da A, und damit $Q(\lambda)$, eine Dreiecksmatrix ist, sind hier die Eigenwerte λ_i (also $\lambda_1 = 1$, $\lambda_2 = 1$ und $\lambda_3 = 2$) und damit das charakteristische Polynom $Q(\lambda)$ sofort anzugeben. Im Hinblick auf die im nächsten Abschnitt noch weiter zu besprechenden Elementarteiler prüfen wir hier noch kurz den Rangabfall von $Q(\lambda)$ für den doppelten Eigenwert $\lambda = 1$:

$$Q(\lambda)|_{\lambda=1} = \begin{bmatrix} 0 & 1 & 0 \\ 0 & 0 & 3 \\ 0 & 0 & -1 \end{bmatrix}. \tag{C}$$

Für den zweifachen Eigenwert $\lambda = 1$ hat die Matrix nur den Rangabfall $d_i = 1$, es ist also $r = 2$, da nur 2 Zeilen linear abhängig sind.

Wir formen nun $Q(\lambda)$ in folgenden Schritten um, wobei wir hier linke elementare Operationen mit $P_i(\lambda)$ und rechte mit $S_i(\lambda)$ bezeichnen:

1. Vertauschen von 2. und 3. Spalte, damit ein Element niedrigsten Grades, hier 0-ten Grades, an die Stelle 11 gelangt:

$$S_1 = \begin{bmatrix} 0 & 1 & 0 \\ 1 & 0 & 0 \\ 0 & 0 & 1 \end{bmatrix}; \quad Q \cdot S_1 = \begin{bmatrix} 1 & \lambda - 1 & 0 \\ \lambda - 1 & 0 & 3 \\ 0 & 0 & \lambda - 2 \end{bmatrix}.$$

2. Multiplikation der 1. Spalte mit $-(\lambda - 1)$ und Addition zur 2.:

$$S_2 = \begin{bmatrix} 1 & -(\lambda - 1) & 0 \\ 0 & 1 & 0 \\ 0 & 0 & 1 \end{bmatrix}; \quad Q S_1 S_2 = \begin{bmatrix} 1 & 0 & 0 \\ \lambda - 1 & -(\lambda - 1)^2 & 3 \\ 0 & 0 & \lambda - 2 \end{bmatrix}.$$

3. Addition der mit $-(\lambda - 1)$ multiplizierten 1. Zeile zur 2.:

$$P_1 = \begin{bmatrix} 1 & 0 & 0 \\ -(\lambda - 1) & 1 & 0 \\ 0 & 0 & 1 \end{bmatrix}; \quad P_1 Q S_1 S_2 = \begin{bmatrix} 1 & 0 & 0 \\ 0 & -(\lambda - 1)^2 & 3 \\ 0 & 0 & (\lambda - 2) \end{bmatrix}.$$

4. Vertauschen der 2. und 3. Spalte, damit in der rechts unten stehenden 2reihigen Untermatrix wieder ein Element kleinsten Grades auf den Platz oben links zu stehen kommt:

$$S_3 = \begin{bmatrix} 1 & 0 & 0 \\ 0 & 0 & 1 \\ 0 & 1 & 0 \end{bmatrix}; \quad P_1 Q S_1 S_2 S_3 = \begin{bmatrix} 1 & 0 & 0 \\ 0 & 3 & -(\lambda - 1)^2 \\ 0 & (\lambda - 2) & 0 \end{bmatrix}.$$

5. Addition der mit $\dfrac{(\lambda - 1)^2}{3}$ multiplizierten 2. Spalte zur 3.:

$$S_4 = \begin{bmatrix} 1 & 0 & 0 \\ 0 & 1 & \dfrac{(\lambda - 1)^2}{3} \\ 0 & 0 & 1 \end{bmatrix}; \quad P_1 Q S_1 S_2 S_3 S_4 = \begin{bmatrix} 1 & 0 & 0 \\ 0 & 3 & 0 \\ 0 & (\lambda - 2); & \dfrac{(\lambda - 1)^2 (\lambda - 2)}{3} \end{bmatrix}.$$

6. Addition der mit $-\dfrac{(\lambda - 2)}{3}$ multiplizierten 2. Zeile zur 3.:

$$P_2 = \begin{bmatrix} 1 & 0 & 0 \\ 0 & 1 & 0 \\ 0 & -\dfrac{(\lambda - 2)}{3} & 1 \end{bmatrix}; \quad P_2 P_1 Q S_1 S_2 S_3 S_4 = \begin{bmatrix} 1 & 0 & 0 \\ 0 & 3 & 0 \\ 0 & 0 & \dfrac{(\lambda - 2)^2 (\lambda - 2)}{3} \end{bmatrix}.$$

7. Zum Zwecke der Normierung Multiplikation der 2. Zeile mit $\frac{1}{3}$ und der 3. Zeile mit 3:

$$\mathbf{P}_3 = \begin{bmatrix} 1 & 0 & 0 \\ 0 & 3^{-1} & 0 \\ 0 & 0 & 3 \end{bmatrix}; \; \mathbf{N}(\lambda) = \mathbf{P}_3\,\mathbf{P}_2\,\mathbf{P}_1\,\mathbf{Q}\,\mathbf{S}_1\,\mathbf{S}_2\,\mathbf{S}_3\,\mathbf{S}_4 = \begin{bmatrix} 1 & 0 & 0 \\ 0 & 1 & 0 \\ 0 & 0 & (\lambda-1)^2\,(\lambda-2) \end{bmatrix} \tag{D}$$

Man überzeugt sich leicht, daß mit

$$\mathbf{P}(\lambda) = \mathbf{P}_3\,\mathbf{P}_2\,\mathbf{P}_1 = \begin{bmatrix} 1 & 0 & 0 \\ -\dfrac{(\lambda-1)}{3} & 3^{-1} & 0 \\ (\lambda-1)\,(\lambda-2) & -(\lambda-2) & 3 \end{bmatrix}$$

und

$$\mathbf{S}(\lambda) = \mathbf{S}_1\,\mathbf{S}_2\,\mathbf{S}_3\,\mathbf{S}_4 = \begin{bmatrix} 0 & 0 & 1 \\ 1 & 0 & -(\lambda-1) \\ 0 & 1 & \dfrac{(\lambda-1)^2}{3} \end{bmatrix}$$

auch

$$\mathbf{N}(\lambda) = \mathbf{P}(\lambda)\,\mathbf{Q}(\lambda)\,\mathbf{S}(\lambda)$$

bzw.

$$\mathbf{P}^{-1}(\lambda)\,\mathbf{N}(\lambda)\,\mathbf{S}^{-1}(\lambda) = \mathbf{Q}(\lambda)$$

gilt.

An Gl. (D) ist besonders beachtenswert, daß das Elementarpolynom $E_n(\lambda)$, hier also $E_3(\lambda)$, gleich dem charakteristischen Polynom $Q(\lambda)$, also das Minimalpolynom $M(\lambda)$ gleich dem charakteristischen Polynom $Q(\lambda)$ ist.

Beispiel 7.3: Es soll nun die gegenüber Beispiel 7.2 nur leicht abgewandelte Matrix $\mathbf{Q}(\lambda)$ auf Smithsche Normalform transformiert werden

$$\mathbf{Q}(\lambda) = \begin{bmatrix} \lambda-1 & 0 & 1 \\ 0 & \lambda-1 & 3 \\ 0 & 0 & \lambda-2 \end{bmatrix}. \tag{A}$$

Die hier zugrundeliegende Systemmatrix $\mathbf{A}$ hat die gleichen Eigenwerte und das gleiche charakteristische Polynom $Q(\lambda) = (\lambda-1)^2\,(\lambda-2)$, doch hat hier $\mathbf{Q}(\lambda)$ für die Doppelwurzel den vollen Rangabfall:

$$\mathbf{Q}(\lambda)\big|_{\lambda=1} = \begin{bmatrix} 0 & 0 & 1 \\ 0 & 0 & -3 \\ 0 & 0 & -1 \end{bmatrix}. \tag{B}$$

Man zeigt leicht, daß mit den Transformationsmatrizen

$$\mathbf{P}(\lambda) = \begin{bmatrix} 1 & 0 & 0 \\ -3 & 1 & 0 \\ (\lambda-2) & 0 & -1 \end{bmatrix} \text{ und } \mathbf{S}(\lambda) = \begin{bmatrix} 0 & 0 & 1 \\ 0 & 1 & 3 \\ 1 & 0 & -(\lambda-1) \end{bmatrix},$$

die wieder aus hintereinandergeschachtelten elementaren Umformungen entstanden, $\mathbf{Q}(\lambda)$ auf die gewünschte Normalform $\mathbf{N}(\lambda)$ transformiert werden kann.

$$\mathbf{N}(\lambda) = \mathbf{P}(\lambda)\,\mathbf{Q}(\lambda)\,\mathbf{S}(\lambda) = \begin{bmatrix} 1 & 0 & 0 \\ 0 & \lambda - 1 & 0 \\ 0 & 0 & (\lambda - 1)\,(\lambda - 2) \end{bmatrix}. \tag{C}$$

In diesem Beispiel, wo $\mathbf{Q}(\lambda)$ für alle Wurzeln den vollen Rangabfall hatte (B), ist das Minimalpolynom $M(\lambda)$ *nicht* gleich dem charakteristischen Polynom $Q(\lambda)$. Alle Minoren $(n - 1)$-ter Ordnung, hier alle Minoren 2. Ordnung, haben einen gemeinsamen Teiler $(\lambda - 1)$, wovon man sich in Gl. (A) leicht überzeugen kann (siehe auch Satz 7.6). Diese Struktureigenschaft des den Minoren gemeinsamen Teilers läßt sich also an der zugehörigen Smithschen Normalform erkennen.

7.4 Elementarteiler von charakteristischen Matrizen

Ausgehend von den letzten beiden Beispielen, bei denen äußerlich recht ähnlich aussehende Polynommatrizen je nach dem Rangabfall für mehrfache Eigenwerte verschiedene Struktur hatten, was sich in dem anderen Aufbau der Smithschen Normalform zeigte, sollen nun weitere Eigenschaften, sowie Kriterien zu ihrer Bestimmung, der Matrizeninvarianten besprochen werden.

Der folgende Satz faßt zunächst noch einmal die Ergebnisse des vorstehenden Abschnittes über die Smithsche Normalform zusammen:

Satz 7.7: Zwei Polynommatrizen $\mathbf{A}(\lambda)$ und $\mathbf{B}(\lambda)$ sind dann und nur dann unimodular äquivalent, wenn sie in ihren Elementarpolynomen (ihren invarianten Faktoren) $E_i(\lambda)$ übereinstimmen.

Wir untersuchen nun die Elementarpolynome einer nichtsingulären Polynommatrix noch im einzelnen, wobei wir uns im Hinblick auf die Bedeutung für die Systemtheorie nur auf die speziellen Polynommatrizen $\mathbf{Q}(\lambda)$, also die Zahlenmatrizen (Systemmatrizen) $\mathbf{A}$ zugeordnete charakteristische Matrizen, beschränken. Die folgenden Ausführungen und vor allem die aufgeführten Sätze enthalten also eine gewisse Einschränkung und können nicht ohne weiteres auf beliebige Polynommatrizen ausgedehnt werden. Diese Einschränkung ist im Rahmen dieses einführenden Buches berechtigt, da ja gerade nur die für die Systemtheorie wichtigen Aussagen der Matrizentheorie dargestellt werden sollen, so daß der für uns wichtige Stoff übersichtlicher gestaltet werden kann, als es in der allgemeinen Matrizenliteratur z. B. [4, 34] möglich ist, wo naturgemäß die Matrizentheorie möglichst vollständig dargestellt sein soll.

Wir wissen, daß eine nichtsinguläre nn Matrix $\mathbf{A}$ die n Eigenwerte λ_i hat, die die Wurzeln der über die charakteristische Matrix $\mathbf{Q}(\lambda)$ gewonnenen charakteristischen Gleichung sind:

$$Q(\lambda) = \text{Det. } \mathbf{Q}(\lambda) = |\mathbf{Q}(\lambda)| = |\lambda\,\mathbf{1} - \mathbf{A}| = 0. \tag{7.24}$$

Haben die Wurzeln λ_i von $Q(\lambda)$ die jeweiligen Vielfachheiten p_i, dann läßt sich $Q(\lambda)$ auch so zerlegen (Satz von *Vieta*):

$$Q(\lambda) = (\lambda - \lambda_1)^{p_1} (\lambda - \lambda_2)^{p_2} \ldots (\lambda - \lambda_s)^{p_s} \tag{7.25}$$

mit

$$\sum_{i=1}^{s} p_i = n. \tag{7.26}$$

Da nun mit Gln. (7.22) und (7.23) die Elementarpolynome $E_v(\lambda)$ Faktoren von $Q(\lambda)$ sind, so sind auch die Elementarpolynome $E_v(\lambda)$ in ähnlicher Form zerlegbar:

$$E_v(\lambda) = (\lambda - \lambda_1)^{ev1} (\lambda - \lambda_2)^{ev2} \ldots (\lambda - \lambda_2)^{evs}, \tag{7.27}$$

wobei die Exponenten e_{vi} nur höchstens gleich den p_i sein können:

$$e_{vi} \leq p_i, \tag{7.28}$$

und vor allem dann Null sind, wenn ein Linearfaktor $(\lambda - \lambda_i)$ nicht in einem Elementarpolynom enthalten ist. Die Bestandteile $(\lambda - \lambda_i)^{evi}$ werden die *Elementarteiler* der Polynommatrix genannt. Für die *Elementarteilerexponenten* e_{vi} gelten wegen der Teilbarkeitseigenschaft Gl. (7.21) der Elementarpolynome $E_i(\lambda)$ noch folgende Beziehungen:

$$e_{1i} \leq e_{2i} \leq \ldots \leq e_{ni} \tag{7.29}$$

und

$$e_{1i} + e_{2i} + \ldots + e_{ni} = p_i \qquad \text{mit} \qquad e_{ni} \neq 0. \tag{7.30}$$

Aus Satz 7.6 wissen wir, daß das Elementarpolynom $E_n(\lambda) = M(\lambda)$, also gleich dem Minimalpolynom, ist. Ferner ist durch Satz 5.14 und Satz 7.5 festgestellt, daß das Minimalpolynom das charakteristische Polynom ohne Rest teilt:

$$Q(\lambda) = M(\lambda)\, D_{n-1}(\lambda). \tag{7.31}$$

Definition 7.4: Ein Polynom $D_i(\lambda)$, das die Determinante einer i-reihigen Polynommatrix teilt, soll ein Determinantenteiler heißen.

Ausgehend von dieser Definition legen wir nun die Bezeichnungen für die größten gemeinsamen Teiler aller 1- bis n-reihigen Determinanten der nn Polynommatrix $\mathbf{Q}(\lambda)$ fest.

Definition 7.5: Es wird verabredet, daß mit

$D_1(\lambda)$ der größte gemeinsame Teiler aller Elemente $Q_{kl}(\lambda)$ von $\mathbf{Q}(\lambda)$,

$D_2(\lambda)$ der größte gemeinsame Teiler aller zweireihigen Minoren von $\mathbf{Q}(\lambda)$,

$D_3(\lambda)$ der größte gemeinsame Teiler aller dreireihigen Minoren von $\mathbf{Q}(\lambda)$,

. . . .

$D_{n-1}(\lambda)$ der größte gemeinsame Teiler aller $(n-1)$-reihigen Minoren von $\mathbf{Q}(\lambda)$,

$D_n(\lambda) = Q(\lambda) = |\mathbf{1}\,\lambda - \mathbf{A}|$

bezeichnet sei.

Die Determinantenteiler $D_i(\lambda)$ hängen nun eng mit den Elementarpolynomen $E_i(\lambda)$ zusammen:

Satz 7.8: Der Determinantenteiler $D_1(\lambda)$ teilt $D_2(\lambda)$, $D_2(\lambda)$ teilt $D_3(\lambda)$ usw., so daß allgemein gilt:

$$D_1(\lambda) \mid D_2(\lambda) \mid D_3(\lambda) \mid \ldots \mid D_n(\lambda). \tag{7.32}$$

Satz 7.9: Der Determinantenteiler $D_i(\lambda)$ ist gleich dem Produkt der ersten i Elementarpolynome $E_r(\lambda)$

$$D_i(\lambda) = \prod_{r=1}^{i} E_r(\lambda). \tag{7.33}$$

Aus diesem Satz folgt im einzelnen:

$$\left.\begin{aligned}
D_1(\lambda) &= E_1(\lambda) \\
D_2(\lambda) &= E_1(\lambda)\, E_2(\lambda) \\
&\cdots\cdots\cdots\cdots\cdots\cdots\cdots\cdots\cdots \\
D_{n-1}(\lambda) &= E_1(\lambda) \cdot E_2(\lambda) \ldots E_{n-1}(\lambda) = \frac{Q(\lambda)}{E_n(\lambda)} = \frac{Q(\lambda)}{M(\lambda)} \\
D_n(\lambda) &= E_1(\lambda)\, E_2(\lambda) \ldots E_n(\lambda) = Q(\lambda)
\end{aligned}\right\}. \tag{7.34}$$

Durch Kombination der Gl. (7.27), die Aussagen über die Elementarteiler $(\lambda - \lambda_i)^{e_{vi}}$ in den Elementarpolynomen macht, mit den Gln. (7.33) bzw. (7.34) kann man dann auch Aussagen über den Elementarteileraufbau der Determinantenteiler $D_i(\lambda)$ machen.

Neben der Ordnung n, dem Rang r, dem charakteristischen Polynom $Q(\lambda)$ und dem Minimalpolynom $M(\lambda)$ haben die Determinantenteiler $D_i(\lambda)$ die größte Bedeutung für die Strukturfestlegung einer Matrix. Aus dem Abschnitt 5.3 und Kapitel 6 wissen wir, daß neben den Eigenwerten die Eigenvektoren, und dabei besonders die linear unabhängigen Eigenvektoren, die die Eigenrichtungen im Vektorraum R_n, in dem wir die Übertragungsysteme beschreiben wollen, festlegen, von besonderer Bedeutung für die Dynamik eines Übertragungssystems sind. Im weiter unten folgenden Kapitel 8 über die „Steuerbarkeit und Beobachtbarkeit" von Übertragungsystemen werden wir eine weitere entscheidende Bedeutung der mit Hilfe der Determinantenteiler festlegbaren Struktureigenschaften von Systemmatrizen $\mathbf{A}$ bzw. den zugehörigen charakteristischen Matrizen $\mathbf{Q}(\lambda) = \mathbf{1}\,\lambda - \mathbf{A}$ kennenlernen.

In Satz 5.6 war festgestellt worden, daß die zu einem mehrfachen Eigenwert λ_i gehörige Anzahl linear unabhängiger Eigenvektoren gleich dem Rangabfall d_i der charakteristischen Matrix $\mathbf{Q}(\lambda)$ für diesen Eigenwert λ_i ist. Soll nun der Rangabfall der n-reihigen charakteristischen Matrix $\mathbf{Q}(\lambda)$ für den Eigenwert λ_i gerade d_i sein, dann müssen neben $\mathbf{Q}(\lambda)$ auch alle $(n - d_i + 1)$-reihigen

Minoren (Unterdeterminanten) von $\mathbf{Q}(\lambda)$ verschwinden, während wenigstens ein $(n - d_i) = r_i$-reihiger Minor $\neq 0$ sein muß. Das bedeutet aber für die Determinantenteiler, daß der Determinantenteiler $D_{n-d_i+1}(\lambda)$ den Faktor $(\lambda - \lambda_i)$ enthalten muß.

Einige von der Matrizentheorie noch bereitgestellten und für die Systembeschreibung wichtigen Ergebnisse sollen nun zunächst in Form von Sätzen und dann, im Anschluß an den nächsten Abschnitt über die Jordan-Matrix, zusammen mit den vorstehenden Ergebnissen in einer kleinen Übersicht zusammengestellt werden, wobei wir alle vorstehend eingeführten Begriffe ohne weitere Kommentierung verwenden wollen.

Satz 7.10: Das Minimalpolynom $M(\lambda)$ teilt das charakteristische Polynom $Q(\lambda) = |\mathbf{Q}(\lambda)| = |\mathbf{1}\,\lambda - \mathbf{A}|$ mit $D_{n-1}(\lambda)$

$$Q(\lambda) = M(\lambda)\,D_{n-1}(\lambda), \tag{7.37}$$

dabei ist $D_{n-1}(\lambda)$ größter gemeinsamer Teiler aller Minoren $(n-1)$-ter Ordnung von $\mathbf{Q}(\lambda)$.

Satz 7.11: Die Vielfachheit m_i im Minimalpolynom eines p_i-fachen Eigenwertes λ_i einer Matrix $\mathbf{A}$ ist gleich dem größten Elementarteilerexponenten e_{ni}.

Satz 7.12: Der Rangabfall d_i der charakteristischen Matrix $\mathbf{Q}(\lambda)$ zu einem p_i-fachen Eigenwert λ_i ist gleich der Anzahl der von Null verschiedenen Elementarteilerexponenten e_{vi}, mit $v = 1, 2, \ldots, n$.

Satz 7.13: Der Rangabfall d_i zu einer p_i-fachen Wurzel λ_i ist genau dann $d_i = p_i$, wenn sämtliche zu λ_i gehörenden Elementarteiler $(\lambda - \lambda_i)$ linear sind:

$$e_{ni} = e_{n-1,\,i} = \ldots = e_{n-p_i+1,\,i} = 1. \tag{7.38}$$

Satz 7.14: Ist p_i die Vielfachheit von λ_i in $Q(\lambda)$ und d_i der zugehörige Rangabfall in $\mathbf{Q}(\lambda)$, dann kann außer für die Spezialfälle $d_i = 1$ und $d_i = p_i$ ohne genauere Untersuchung der Determinantenteiler keine Angabe über den höchsten Elementarteilerexponenten $e_{ni} = m_i$ gemacht werden.

Satz 7.15: Das Minimalpolynom $M(\lambda)$ ist dann und nur dann gleich dem charakteristischen Polynom $M(\lambda) = Q(\lambda)$, wenn für die Elementarpolynome $E_v(\lambda)$ gilt:

$$\begin{aligned}
E_v(\lambda) &= 1, \quad v = 1, 2, \ldots, n - 1, \\
E_n(\lambda) &= M(\lambda) = Q(\lambda).
\end{aligned} \tag{7.39}$$

Dann ist auch bei p_i-facher Wurzel λ_i der zugehörige Rangabfall $d_i = 1$, oder $r_i = n - d_i = n - 1$, (dieser Satz hat für die Systemtheorie die große Bedeutung, daß dann zu dem p_i-fachen Eigenwert λ_i nur ein linear unabhängiger Eigenvektor existiert).

Aus den vorstehend aufgeführten Eigenschaften folgen auch die Ergebnisse der Beispiele 7.2 und 7.3, bei denen wir eine Ranguntersuchung für den zweifachen Eigenwert $\lambda_i = 1$ vorgenommen hatten.

Die Elementarteilerexponenten zu einer Polynommatrix haben also eine ähnlich große Bedeutung für die Kennzeichnung einer Matrix wie ihre Eigenwerte. Denn durch die Determinantenteiler $D_i(\lambda)$ und die jeweils zugehörigen Elementarteiler mit ihren Exponenten werden die *Struktureigenschaften* einer gegebenen Matrix **A** bzw. der zugehörigen Matrix $\mathbf{Q}(\lambda) = \lambda\,\mathbf{1} - \mathbf{A}$ festgelegt. Man kann die Elementarteilerexponenten e_{vi} einer n-reihigen Matrix $\mathbf{Q}(\lambda)$ mit den s Eigenwerten λ_i z. B. nach folgendem Schema (siehe auch *Zurmühl* [34]) anordnen:

Reihenzahl der Determinanten und Minoren	Eigenwerte			Grad der Determinantenteiler
	1	2	.... s	
n	$e_{n\,1}$	$e_{n\,2}$	.... $e_{n\,s}$	$m = \sum m_i = \sum e_{ni}$
$n-1$	$e_{n-1,\,1}$	$e_{n-1,\,2}$	.... $e_{n-1,\,s}$	$\sum e_{n-1,\,i}$
....	....	....	....	....
1	e_{11}	e_{12}	.... e_{1s}	$\sum e_{1i}$
	p_1	p_2	.... p_s	n

Die erste Spalte gibt die Reihenzahl der betrachteten Matrix und all ihrer Minoren an. Dann folgen die Spalten der zu den λ_i gehörenden Elementarteilerexponenten, deren Summe gleich der jeweiligen Vielfachheit p_i sein muß und bei denen an der Anzahl der auftretenden von Null verschiedenen Zahlen e_{vi} der jeweilige Rangabfall d_i der Gesamtmatrix abgelesen werden kann. In der letzten Spalte wird dann die Quersumme der e_{vi} angegeben, die gerade gleich dem Grad des jeweiligen Determinantenteilerpolynoms ist.

Haben n-reihige Matrizen genau das gleiche Schema ihrer Elementarteilerexponenten, bei eventuell unterschiedlichen Eigenwerten, dann haben sie die gleiche Struktur und gehören zur gleichen Klasse. So haben z. B. die Matrizen, die zur Klasse der diagonalähnlichen gehören, alle das Merkmal, daß alle jeweils auftretenden, von 0 verschiedenen, Elementarteilerexponenten den Zahlenwert 1 haben. Haben zwei n-reihige Matrizen nicht nur die gleiche Struktur, sondern darüberhinaus auch noch die gleichen Eigenwerte, dann sind sie einander ähnlich.

7.5 Die Jordansche Normalform

In den vorstehenden Abschnitten war gezeigt worden, daß jede Polynommatrix der zugehörigen Smithschen Normalform äquivalent ist, d. h., daß jede Polynommatrix auf diese Normalform mit Hilfe elementarer Umformungen transformiert werden kann, Gl. (7.18). Im Falle der Polynommatrizen ersten Grades in λ kann die Äquivalenztransformation auf Smithsche Normalform noch vereinfacht werden, da dann die Transformationsmatrizen von λ unabhängig sein können Gl. (7.17).

Die Smithsche (kanonische) Normalform läßt in übersichtlicher Art und Weise alle wesentlichen Merkmale einer quadratisch n-reihigen Zahlenmatrix $\mathbf{A}$ erkennen, wenn man zu $\mathbf{A}$ die zugehörige charakteristische Matrix $\mathbf{Q}(\lambda) = \mathbf{1}\lambda - \mathbf{A}$ bildet und dann $\mathbf{Q}(\lambda)$ auf Smithsche Normalform transformiert:

$$\mathbf{N}(\lambda) = \mathbf{P}\,\mathbf{Q}(\lambda)\,\mathbf{S} = \mathbf{P}\,(\mathbf{1}\,\lambda - \mathbf{A})\,\mathbf{S}. \tag{7.40}$$

An $\mathbf{N}(\lambda)$ lassen sich die $\mathbf{Q}(\lambda)$ und damit auch die $\mathbf{A}$ zugrundeliegende Matrizenstruktur und darüberhinaus auch die Eigenwerte von $\mathbf{A}$ als die Wurzeln der Elementarpolynome feststellen.

Für die Matrizentheorie, aber vor allem auch für die mittels der Matrizentheorie behandelte Systemtheorie, sowie die praktische Auswertung der Ergebnisse mittels Analog- und/oder Digitalrechenmaschinen ist eine weitere kanonische Normalform, die Jordansche Normalform, von Interesse. Die Jordan-Matrizen sind Zahlenmatrizen, an denen die Systemstruktur *und* die Eigenwerte einer Matrix $\mathbf{A}$ direkt abgelesen werden können.

Satz 7.16: Eine beliebige quadratische Zahlenmatrix $\mathbf{A}$ läßt sich durch Ähnlichkeitstransformation mittels einer regulären Matrix $\mathbf{T}$ mit ($|\mathbf{T}| \neq 0$)

$$\mathbf{J} = \mathbf{T}^{-1}\,\mathbf{A}\,\mathbf{T} \tag{7.41}$$

auf Jordansche Normalform überführen.

Der Operator $\mathbf{A}$ im betrachteten Zahlenkörper K wird also mittels einer Koordinatentransformation auf eine spezielle Basis, die aus den Eigenvektoren gebildet wird, transformiert.

Die Jordan-Matrix $\mathbf{J}$ zu einer nn Matrix $\mathbf{A}$ mit s verschiedenen Eigenwerten λ_i setzt sich zunächst einmal aus den s zu den verschiedenen Eigenwerten zugehörigen, entlang der Hauptdiagonalen angeordneten Untermatrizen, den *Jordanblöcken* $\mathbf{J}_i$, zusammen:

$$\mathbf{J} = \begin{bmatrix} \mathbf{J}_1 & & 0 & \cdots\cdots & 0 \\ 0 & & \mathbf{J}_2 & \cdots\cdots & \vdots \\ \vdots & & & \ddots & \vdots \\ \vdots & & & & \vdots \\ 0 & \cdots\cdots & & 0 & \mathbf{J}_s \end{bmatrix}, \tag{7.42}$$

während alle anderen Elemente Null sind, wie es durch die Nullmatrizen in Gl. (7.42) angedeutet ist.

Jeder Jordanblock $\mathbf{J}_i$ ist eine quadratische p_i-reihige Untermatrix, wobei p_i die Vielfachheit des Eigenwertes λ_i bedeutet. Die Hauptdiagonale von $\mathbf{J}_i$ wird von den p_i Eigenwerten λ_i gebildet. Ist $p_i > 1$ und der zugehörige Rangabfall d_i der charakteristischen Matrix $\mathbf{Q}(\lambda)|_{\lambda=\lambda_i} = (\mathbf{1}\,\lambda - \mathbf{A})|_{\lambda=\lambda_i}$ ungleich p_i also $p_i > d_i$, dann setzt sich der p_i-reihige Jordanblock $\mathbf{J}_i$ wiederum aus Untermatrizen, den Jordankästchen, $\mathbf{J}_{vi}$ zusammen:

$$\mathbf{J}_i = \begin{bmatrix} \mathbf{J}_{1i} & 0 & \cdots\cdots\cdots & 0 \\ 0 & \mathbf{J}_{2i} & \cdots\cdots\cdots & \vdots \\ \vdots & & \ddots & \vdots \\ \vdots & & & \vdots \\ 0 & \cdots\cdots\cdots & 0 & \mathbf{J}_{r_i i} \end{bmatrix}. \tag{7.43}$$

Die Jordankästchen $\mathbf{J}_{vi}$ haben die Form:

$$\mathbf{J}_{vi} = \begin{bmatrix} \lambda_i & 1 & 0 & 0 & \cdots\cdots & 0 \\ 0 & \lambda_i & 1 & 0 & \cdots\cdots & 0 \\ \cdots & \cdots & \cdots & \cdots & \cdots & \cdots \\ 0 & \cdots\cdots & & \lambda_i & 1 \\ 0 & \cdots\cdots & & 0 & \lambda_i \end{bmatrix}, \tag{7.44}$$

und sind einem Elementarteiler der zugehörigen charakteristischen Matrix zugeordnet. Jeder Jordanblock $\mathbf{J}_i$ hat soviel Jordankästchen, wie der Rangabfall d_i zu λ_i angibt, und jeder Jordankasten $\mathbf{J}_{vi}$ hat e_{vi} Reihen, wobei e_{vi} der jeweilige zugeordnete Elementarteilerexponent ist.

Kennt man also alle Elementarteiler der zu $\mathbf{A}$ gehörenden charakteristischen Matrix $\mathbf{Q}(\lambda) = \mathbf{1}\,\lambda - \mathbf{A}$, dann kann man die zugehörige Jordan-Matrix sofort notieren. Umgekehrt kann man an einer Jordan-Matrix alle Elemetarbestandteile sowie damit auch alle Determinantenteiler ablesen.

Aus den vorstehenden allgemeinen Erläuterungen des Aufbaus einer Jordan-Matrix $\mathbf{J}$ sind folgende Sätze leicht zu verstehen.

Satz 7.17: Hat eine nn Matrix $\mathbf{A}$ die n durchweg verschiedenen Eigenwerte λ_i, dann ist die zugehörige Jordan-Matrix eine Diagonalmatrix der Eigenwerte

$$\mathbf{J} = \begin{bmatrix} \lambda_1 & 0 & 0 & \cdots\cdots & 0 \\ 0 & \lambda_2 & 0 & \cdots\cdots & 0 \\ \cdots & \cdots & \cdots & \cdots & \cdots \\ 0 & \cdots\cdots & & & \lambda_n \end{bmatrix} \tag{7.45}$$

und die Matrix $\mathbf{A}$ ist diagonalähnlich.

10*

Satz 7.18: Hat eine nn Matrix $\mathbf{A}$ die s verschiedenen Eigenwerte λ_i mit den jeweiligen Vielfachheiten p_i und $n = p_1 + p_2 + \ldots + p_s$, und für jeden Eigenwert λ_i den vollen Rangabfall

$$p_i = d_i, \qquad i = 1, 2, \ldots, s, \tag{7.46}$$

dann hat $\mathbf{A}$ genau n linear unabhängige Eigenvektoren und die zugehörige Jordan-Matrix $\mathbf{J}$ ist auch eine Diagonalmatrix der Eigenwerte λ_i:

$$\mathbf{J} = \begin{bmatrix} \lambda_1 & & 0 & \cdots\cdots\cdots\cdots\cdots\cdots & 0 \\ 0 & \cdot\;\lambda_1 & & & \vdots \\ \vdots & & \lambda_2\;\cdot & & \vdots \\ \vdots & & & \cdot\;\lambda_2\;\cdot & \vdots \\ \vdots & & & & \cdot \\ 0 & \cdots\cdots\cdots\cdots\cdots\cdots\cdots & & & \lambda_s \end{bmatrix}. \tag{7.47}$$

Außer diesen beiden Spezialfällen, bei denen die Jordan-Matrix jeweils eine Diagonalmatrix ihrer Eigenwerte ist, können keine weiteren allgemeinen Angaben gemacht werden. In all den Fällen, bei denen eine Matrix $\mathbf{A}$ teilweise mehrfache Eigenwerte, für diese aber nicht durchweg den vollen Rangabfall hat, muß eine genauere Untersuchung der Determinantenteiler erfolgen, um die Form der Jordanblöcke und der Jordankästchen zu ermitteln.

Die vorstehenden allgemeingehaltenen Erläuterungen der Jordanschen Normalform sollen nun an einigen kleinen Beispielen erläutert werden.

Beispiel 7.3: Gegeben ist die Matrix

$$\mathbf{A} = \begin{bmatrix} 0 & 1 & 0 \\ 2 & -1 & 0 \\ 5 & 0 & -1 \end{bmatrix}, \tag{A}$$

gesucht ist die zugehörige Jordan-Matrix $\mathbf{J}$.

Zunächst bestimmen wir hier zur Übung die Eigenwerte λ_i. Es ist die charakteristische Matrix:

$$\mathbf{Q}(\lambda) = \lambda\,\mathbf{1} - \mathbf{A} = \begin{bmatrix} \lambda & -1 & 0 \\ -2 & \lambda+1 & 0 \\ -5 & 0 & \lambda+1 \end{bmatrix}.$$

Daraus folgt für das charakteristische Polynom:

$$Q(\lambda) = |\mathbf{Q}(\lambda)| = \left| \begin{bmatrix} \lambda & -1 & 0 \\ -2 & \lambda+1 & 0 \\ -5 & 0 & \lambda+1 \end{bmatrix} \right|,$$

und durch Entwickeln nach der ersten Zeile:

$$\mathbf{Q}(\lambda) = \lambda(\lambda + 1)^2 - 2(\lambda + 1) = (\lambda + 1)\,(\lambda^2 + \lambda - 2),$$

und schließlich nach Lösung der quadratischen Gleichung:

$$Q(\lambda) = (\lambda - 1)\,(\lambda + 1)\,(\lambda + 2).$$

Die Matrix $\mathbf{A}$ hat also die Eigenwerte $\lambda_1 = 1$; $\lambda_2 = -1$ und $\lambda_3 = -2$, so daß wegen der durchweg verschiedenen Eigenwerte λ_i hier die gesuchte Jordan-Matrix die Form hat:

$$\mathbf{J} = \begin{bmatrix} 1 & 0 & 0 \\ 0 & -1 & 0 \\ 0 & 0 & -2 \end{bmatrix}. \tag{B}$$

Beispiel 7.4: Wir kommen hier auf die Beispiele 7.1 und 7.2 zurück. Die Matrix

$$\mathbf{A} = \begin{bmatrix} 1 & -1 & 0 \\ 0 & 1 & -3 \\ 0 & 0 & 2 \end{bmatrix} \tag{A}$$

hat den doppelten Eigenwert $\lambda_1 = \lambda_2 = 1$ und $\lambda_3 = 2$. Die zugehörige charakteristische Matrix $\mathbf{Q}(\lambda)$ hat für $\lambda_1 = 1$ nur den Rangabfall $d_1 = 1$, so daß wir aus Satz 7.18 implizite entnehmen können, daß die Matrix $\mathbf{A}$ hier nicht diagonalähnlich ist. Die Jordanblöcke werden hier also nicht durchweg aus einem einzelnen Element bestehen. In diesem einfachen Fall eines nur zweifachen Eigenwertes folgt aus diesen Überlegungen sofort, daß die zu Gl. (A) zugeordnete Jordan-Matrix die Form:

$$\mathbf{J} = \begin{bmatrix} 1 & 1 & 0 \\ 0 & 1 & 0 \\ 0 & 0 & 2 \end{bmatrix} \tag{B}$$

haben muß.

Die gegenüber der Matrix $\mathbf{A}$ in Gl. (A) nur leicht abgewandelte Matrix

$$\mathbf{A} = \begin{bmatrix} 1 & 0 & -1 \\ 0 & 1 & -3 \\ 0 & 0 & 2 \end{bmatrix} \tag{C}$$

hat zwar die gleichen Eigenwerte $\lambda_1 = \lambda_2 = 1$ und $\lambda_3 = 2$, aber, wie in Beispiel 7.2 schon untersucht wurde, hat $\mathbf{Q}(\lambda)$ für $\lambda = 1$ den vollen Rangabfall $d_1 = 2$, so daß die Matrix $\mathbf{A}$ diagonalähnlich ist und dann hier die zu Gl. (C) zugehörige Matrix $\mathbf{J}$ die Form

$$\mathbf{J} = \begin{bmatrix} 1 & 0 & 0 \\ 0 & 1 & 0 \\ 0 & 0 & 2 \end{bmatrix} \tag{D}$$

hat.

Beispiel 7.5: Gegeben ist die Jordan-Matrix

$$
\mathbf{J} =
\left[\begin{array}{ccccccccc}
a & 1 & 0 & 0 & 0 & & & & \\
0 & a & 0 & 0 & 0 & & & \mathbf{0} & \\
0 & 0 & a & 1 & 0 & & & & \\
0 & 0 & 0 & a & 0 & & & & \\
0 & 0 & 0 & 0 & a & & & & \\
& & & & & b & 1 & 0 & \\
& & & & & 0 & b & 1 & \\
& & & & & 0 & 0 & b & \\
& & \mathbf{0} & & & & & b & \\
& & & & & & & & 0 \quad c \quad 1 \\
& & & & & & & & 0 \quad 0 \quad c
\end{array}\right] .
\tag{A}
$$

Die Struktur der Matrix ist zu diskutieren und die Elementarteiler der zugeordneten Smithschen Normalform sind anzugeben.

Die Matrix $\mathbf{J}$ hat 11 Eigenwerte, den 5fachen Eigenwert $\lambda_1 = a$, den 4fachen Eigenwert $\lambda_2 = b$ und schließlich den 2fachen Eigenwert $\lambda_3 = c$. In Gl. (A) sind also zunächst drei Jordanblöcke $\mathbf{J}_i$ zu erkennen, die den drei Eigenwerten λ_i zugeordnet sind. So hat z. B. $\mathbf{J}_2$ die Form:

$$
\mathbf{J}_2 =
\left[\begin{array}{ccc|c}
b & 1 & 0 & 0 \\
0 & b & 1 & 0 \\
0 & 0 & b & 0 \\
\hline
0 & 0 & 0 & b
\end{array}\right] .
\tag{B}
$$

Die Jordanblöcke $\mathbf{J}_1$ und $\mathbf{J}_2$ enthalten also noch jeweils mehrere Jordankästchen. Das bedeutet z. B., daß für den Eigenwert $\lambda_1 = a$ die zugehörige charakteristische Matrix $\mathbf{Q}(\lambda) = \mathbf{1}\,\lambda - \mathbf{J}$ nur den Rangabfall $d_1 = 3$ hat, da $\mathbf{J}_1$ drei Jordankästchen enthält. Zu $\lambda_1 = a$ gehören in der zugehörigen Smithschen Normalform also drei von Null verschiedene Elementarteilerexponenten e_{11}, e_{12} und e_{13}. Entsprechend läßt sich aus Gl. (A) ablesen, daß zu $\lambda_2 = b$ der Rangabfall $d_2 = 2$ und zu $\lambda_3 = c$ der Rangabfall $d_3 = 1$ gehört. Zu der Matrix $\mathbf{J}$ existieren also zu den 11 Eigenwerten λ_i nur

$$
d_1 + d_2 + d_3 = 3 + 2 + 1 = 6
\tag{C}
$$

verschiedene linear unabhängige Eigenvektoren.

Wegen des höchsten Rangabfalls $d_1 = 3$ hat die zugehörige Smithsche Normalform nur 3 von 1 verschiedene Elementarpolynome $E_i(\lambda)$:

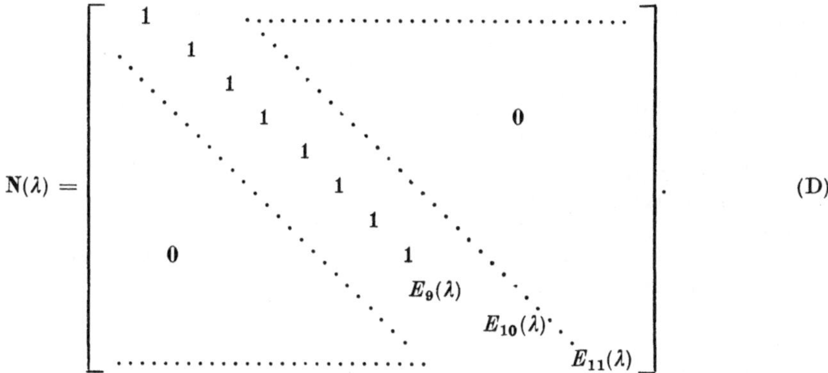

$$N(\lambda) = \begin{bmatrix} 1 & & & & & & & & & \\ & 1 & & & & & & & 0 & \\ & & 1 & & & & & & & \\ & & & 1 & & & & & & \\ & & & & 1 & & & & & \\ & & & & & 1 & & & & \\ & & & & & & 1 & & & \\ 0 & & & & & & & 1 & & \\ & & & & & & & & E_9(\lambda) & \\ & & & & & & & & & E_{10}(\lambda) \\ & & & & & & & & & & E_{11}(\lambda) \end{bmatrix}. \tag{D}$$

Aus Gl. (A) lassen sich nun, zusammen mit den vorstehenden Überlegungen, auch die Elementarteiler festlegen. Das Minimalpolynom $M(\lambda) = E_{11}(\lambda)$ hat zunächst die Form:

$$M(\lambda) = (\lambda - a)^2 \, (\lambda - b)^3 \, (\lambda - c)^2, \tag{E}$$

da es einmal alle Eigenwerte (abgesehen von der Vielfachheit) enthalten muß. Zum anderen ist die jeweilige Vielfachheit m_i gerade so groß, wie die Reihenzahl der größten jeweiligen Jordankästchen angibt.

Entsprechend ist das Polynom $E_{10}(\lambda)$, das alle Minoren $(n-1)$-ter Ordnung von $Q(\lambda) = 1\,\lambda - J$ teilt, festgelegt zu:

$$E_{10}(\lambda) = (\lambda - a)^2 \, (\lambda - b), \tag{F}$$

und schließlich ist noch

$$E_9(\lambda) = (\lambda - a). \tag{G}$$

Man kann also auch folgendes Strukturschema zu der vorliegenden Matrix festlegen:

	λ_1	λ_2	λ_3	
11	2	3	2	7
10	2	1	0	3
9	1	0	0	1
8	0	0	0	0
.	.	.	.	.
.	.	.	.	.
.	.	.	.	.
1	0	0	0	0
	5	4	2	

7.6 Transformationen auf Jordanform für diagonalähnliche A

Die Jordan-Matrix ist die einfachste Form, in der eine Koeffizientenmatrix so dargestellt werden kann, daß alle entscheidenden Charakteristika sofort abgelesen werden können. Vor allem für allgemeinere theoretische Überlegungen, aber auch für die numerische Praxis sowie für das Programmieren von Rechenanlagen ist es deshalb von großem Interesse, zu einer beliebigen Matrix **A** die zugehörige Jordanform zu finden. Sind alle Eigenwerte und Struktureigenschaften einer Matrix **A** bekannt, kann man, wie wir gesehen haben, die zugehörige Matrix **J** sofort hinschreiben.

Bei der Untersuchung von dynamischen Systemen und speziell Übertragungs und Regelungssystemen genügt die Kenntnis von **J** alleine nur bei speziellen Problemen, wie z. B. der Stabilitätsuntersuchung. Bei der Untersuchung der durch Anfangsbedingungen und/oder Eingangssignalen erregten Systemen muß man auch die Transformationsmatrix **T** der Ähnlichkeitstransformation, die die Beziehung (7.41)

$$\mathbf{J} = \mathbf{T}^{-1}\,\mathbf{A}\,\mathbf{T} \tag{7.41}$$

erfüllt, explizite kennen, da beim Übergang auf andere Koordinaten die ursprünglichen Systemgleichungen vollständig transformiert werden müssen. Waren die dynamischen Gleichungen ursprünglich gegeben zu:

$$\dot{\mathbf{u}}(t) = \mathbf{A}\,\mathbf{u}(t) + \mathbf{B}\,\mathbf{y}(t); \qquad \mathbf{u}_0 = \mathbf{u}(t)\,|_{t=t_0}$$
$$\mathbf{x}(t) = \mathbf{C}\,\mathbf{u}(t) + \mathbf{D}\,\mathbf{y}(t), \tag{7.48}$$

dann führt die Koordinationstransformation mit nichtsingulärer Matrix

$$\mathbf{u}(t) = \mathbf{T}\,\mathbf{v}(t) \tag{7.49}$$

zunächst auf:

$$\mathbf{T}\,\dot{\mathbf{v}}(t) = \mathbf{A}\,\mathbf{T}\,\mathbf{v}(t) + \mathbf{B}\,\mathbf{y}(t); \qquad \mathbf{u}_0 = \mathbf{T}\,\mathbf{v}_0$$
$$\mathbf{x}(t) = \mathbf{C}\,\mathbf{T}\,\mathbf{v}(t) + \mathbf{D}\,\mathbf{y}(t),$$

und schließlich auf:

$$\dot{\mathbf{v}}(t) = \mathbf{T}^{-1}\,\mathbf{A}\,\mathbf{T}\,\mathbf{v}(t) + \mathbf{T}^{-1}\,\mathbf{B}\,\mathbf{y}(t); \qquad \mathbf{v}_0 = \mathbf{T}^{-1}\,\mathbf{u}_0$$
$$\mathbf{x}(t) = \mathbf{C}\,\mathbf{T}\,\mathbf{v}(t) + \mathbf{D}\,\mathbf{y}(t). \tag{7.50}$$

Mit den Abkürzungen nach Gl. (7.41) und

$$\mathbf{T}^{-1}\,\mathbf{B} = \beta$$
$$\mathbf{C}\,\mathbf{T} \;\;= \gamma \tag{7.51}$$

erhalten wir dann die kanonischen dynamischen Gleichungen

$$\dot{\mathbf{v}}(t) = \mathbf{J}\,\mathbf{v}(t) + \beta\,\mathbf{y}(t); \qquad \mathbf{v}_0 = \mathbf{v}(t)\,|_{t=t_0}$$
$$\mathbf{x}(t) = \gamma\,\mathbf{v}(t) + \mathbf{D}\,\mathbf{y}(t). \tag{7.52}$$

Wenn es im Prinzip auch beliebig viele Matrizen **T** gibt, die die Ähnlichkeitstransformation einer gegebenen Matrix **A** auf Jordanform leisten, so sind doch nur relativ wenige für die numerische Praxis brauchbar. Im Rahmen dieser einführenden Schrift sollen nur zwei einfache Verfahren für die Ermittlung der Transformationsmatrix **T** angegeben werden, die beide davon ausgehen, daß die Eigenwerte λ_i der auf Jordanform zu transformierenden Matrix sowie der Rangabfall d_i der zugehörigen charakteristischen Matrix $\mathbf{Q}(\lambda) = \lambda\,\mathbf{1} - \mathbf{A}$ für diese λ_i bekannt sind. Dabei wird auch hier nur wieder die Methode ohne die mathematische Herleitung so angegeben, daß in der Praxis damit gearbeitet werden kann, da diese Herleitung in der mathematischen Literatur ausführlich diskutiert ist [4]. In der Literatur der numerischen und angewandten Mathematik sind auch andere, aber für das erste Verständnis schwierigere Verfahren beschrieben, bei denen die Eigenwerte nicht bekannt sein müssen. Diese Methoden sind dann eng mit dem Begriff der *Hauptvektoren* und Hauptvektorketten verknüpft (*Zurmühl* [34]).

Für die Verfahren zur Bestimmung einer Transformationsmatrix **T** zur Ähnlichkeitstransformation einer Matrix **A** auf Jordanform **J** müssen wir zunächst erst einmal zwei große Systemgruppen unterscheiden:

a) Diagonalähnliche Matrizen;

b) Nichtdiagonalähnliche Matrizen.

Die Matrizen **A** der Gruppe a) haben, wie wir wissen, für jeden Eigenwert λ_i einen linear unabhängigen Eigenvektor (engl.: distinct eigenvalues). Die zugehörige Jordan-Matrix ist eine reine Diagonalmatrix der Eigenwerte λ_i, wobei neben Matrizen mit durchweg verschiedenen Eigenwerten auch die in diese Gruppe fallen, bei denen bei p_i-fachen Eigenwerten λ_i die charakteristische Matrix $\mathbf{Q}(\lambda) = \mathbf{1}\,\lambda - \mathbf{A}$ den vollen Rangabfall $p_i = d_i$ hat. Die Transformationsmatrizen **T** für diagonalähnliche Matrizen werden sich als besonders übersichtlich erweisen. Im folgenden werden diese beiden Gruppen a) und b) diskutiert werden, wobei wir noch eine weitere Fallunterscheidung vornehmen werden, je nachdem, ob die Eigenwerte λ_i durchweg reell oder z. T. auch konjugiert komplexe Paare sind.

Zunächst sollen die *diagonalähnlichen Matrizen* behandelt werden. Wir unterscheiden dann:

I. Nur reelle Eigenwerte λ_i

Wir formen als erstes die Gleichung der Ähnlichkeitstransformation (7.41) leicht um:

$$\mathbf{A\,T} = \mathbf{T\,J} \tag{7.53a}$$

oder ausgeschrieben:

$$
\begin{bmatrix} A_{11} & \cdots & A_{1n} \\ \vdots & & \vdots \\ A_{n1} & \cdots & A_{nn} \end{bmatrix}
\begin{bmatrix} T_{11} & \cdots & T_{1n} \\ \vdots & & \vdots \\ T_{n1} & \cdots & T_{nn} \end{bmatrix}
=
\begin{bmatrix} T_{11} & \cdots & T_{1n} \\ \vdots & & \vdots \\ T_{n1} & \cdots & T_{nn} \end{bmatrix}
\begin{bmatrix} \lambda_1 & 0 & \cdots & 0 \\ 0 & \ddots & & \vdots \\ \vdots & & \ddots & 0 \\ 0 & \cdots & 0 & \lambda_n \end{bmatrix}.
$$

$$\tag{7.53b}$$

Bezeichnen wir mit T_i die i-te Spalte von T, dann gilt auch:

$$\mathbf{A}\,T_i = T_i\,\lambda_i = \lambda_i\,T_i, \qquad i = 1, 2, \ldots, n\,. \tag{7.53c}$$

An dieser Form der Ähnlichkeitstransformation kann man leicht erkennen, ohne den mathematischen Beweis antreten zu müssen, daß die Transformationsmatrizen T nicht eindeutig sind, denn an dem Ergebnis der Gl. (7.41) ändert sich sicher nichts, wenn in Gl. (7.53 c) beide Seiten mit einer Konstanten, d. h. also jeder Spaltenvektor in Gl. (7.53) mit einer Konstanten multipliziert wird. In der Matrizentheorie wird gezeigt und bewiesen, daß die Spaltenvektoren T_i identisch mit den Eigenvektoren $\mathbf{u}_i$ sind (siehe auch Kapitel 5), von denen wir auch wissen, daß ihre „Amplitude" unbestimmt ist, solange keine Anfangswerte vorgegeben sind.

Zur numerischen Bestimmung der Elemente T_{kl} von T kann man Gl. (7.53 c) noch umformen in:

$$(\lambda_i\,\mathbf{1} - \mathbf{A})\,T_i = 0\,, \qquad i = 1, 2, \ldots, n\,. \tag{7.54}$$

Wegen des Rangabfalls $d_i = 1$ für alle λ_i können von den n^2 unbekannten Elementen T_{kl} eine Zahl von n beliebig vorgegeben werden und dann die restlichen $n\,(n-1)$ aus einem simultanen Gleichungssystem berechnet werden.

Beispiel 7.6: Gegeben ist die Matrix

$$\mathbf{A} = \begin{bmatrix} 1 & -1 \\ 2 & 4 \end{bmatrix} \tag{A}$$

mit den Eigenwerten $\lambda_1 = 2$ und $\lambda_2 = 3$, so daß also die Jordan-Matrix die Form

$$\mathbf{J} = \begin{bmatrix} 2 & 0 \\ 0 & 3 \end{bmatrix} \tag{B}$$

hat. Einsetzen der gegebenen Stücke in Gl. (7.54) führt auf

$$(2 \cdot \mathbf{1} - \mathbf{A})\,T_1 = 0$$

und

$$(3 \cdot \mathbf{1} - \mathbf{A})\,T_2 = 0$$

oder ausgeschrieben:

$$\begin{bmatrix} 1 & 1 \\ -2 & -2 \end{bmatrix} \begin{bmatrix} T_{11} \\ T_{21} \end{bmatrix} = \begin{bmatrix} 0 \\ 0 \end{bmatrix}; \quad \begin{bmatrix} 2 & 1 \\ -2 & -1 \end{bmatrix} \begin{bmatrix} T_{12} \\ T_{22} \end{bmatrix} = \begin{bmatrix} 0 \\ 0 \end{bmatrix},$$

also auf nur zwei linear unabhängige Gleichungen für die vier Unbekannten:

$$\begin{aligned} T_{11} + T_{21} &= 0 \\ 2\,T_{12} + T_{22} &= 0. \end{aligned} \tag{C}$$

Wir setzen nun *willkürlich* $T_{11} = T_{12} = 1$ und finden damit

$$T_{21} = -1$$

und

$$T_{22} = -2 \, ,$$

so daß

$$\mathbf{T} = \begin{bmatrix} 1 & 1 \\ -1 & -2 \end{bmatrix}$$

und

$$\mathbf{T}^{-1} = \frac{1}{|\mathbf{T}|} \begin{bmatrix} \mathbf{T}_{22} & -\mathbf{T}_{12} \\ -\mathbf{T}_{21} & \mathbf{T}_{11} \end{bmatrix} = -1 \begin{bmatrix} -2 & -1 \\ 1 & 1 \end{bmatrix} = \begin{bmatrix} 2 & 1 \\ -1 & -1 \end{bmatrix}$$

eine mögliche nichtsinguläre Transformationsmatrix wird. Die Probe ergibt:

$$\mathbf{J} = \mathbf{T}^{-1} \mathbf{A} \, \mathbf{T} = \begin{bmatrix} 2 & 1 \\ -1 & -1 \end{bmatrix} \begin{bmatrix} 1 & -1 \\ 2 & 4 \end{bmatrix} \begin{bmatrix} 1 & 1 \\ -1 & -2 \end{bmatrix} = \begin{bmatrix} 2 & 0 \\ 0 & 3 \end{bmatrix} . \tag{D}$$

Eine weitere Methode geht von der charakteristischen Matrix aus:

$$\mathbf{Q}(\lambda) = (\lambda \, 1 - \mathbf{A}).$$

Bezeichnen wir mit $\mathbf{Q}(\lambda_i)$ die charakteristische Matrix, in der λ durch den speziellen Eigenwert λ_i ersetzt wurde, und sind $Q_{kl}(\lambda_i)$ die Elemente der Matrix $\mathbf{Q}(\lambda_i)$, dann sind die Elemente T_{kl} des l-ten Spaltenvektors $\mathbf{T}_l$ der gesuchten Transformationsmatrix $\mathbf{T}$ gleich den Minoren $(n-1)$-ter Ordnung zu den Elementen $Q_{lk}(\lambda_i)$ einer beliebigen Zeile l in der Matrix $\mathbf{Q}(\lambda_i)$

$$T_{kl} = |Q_{lk}(\lambda_i)|. \tag{7.55}$$

Dabei ist nur zu beachten, daß zur Bestimmung einer jeden Spalte $\mathbf{T}_l$ jeweils ein anderer Eigenwert λ_i in $\mathbf{Q}(\lambda_i)$ eingesetzt wird, wenn $\mathbf{A}$ durchweg verschiedene Eigenwe te hat. Hat die diagonalähnliche Matrix $\mathbf{A}$ p_i-fache Eigenwerte, die dann wegen der Diagonalähnlichkeit auch einen $d_i = p_i$-fachen Rangabfall der charakteristischen Matrix $\mathbf{Q}(\lambda)$ herbeiführen müssen, dann sind wegen dieses vollen Rangabfalls mehr als n Elemente T_{kl} beliebig vorzugeben. Man muß aber darauf achten, daß nicht durch die willkürliche Wahl, insbesondere wegen vorgegebener Nullelemente, die Matrix $\mathbf{T}$ singulär wird (siehe auch Beispiel 7.9). In bestimmten Fällen kann es passieren, daß dann eine Spalte in $\mathbf{T}$ nur Nullelemente hat, so daß $\mathbf{T}$ singulär ist, dann kann durch die Wahl einer anderen Zeile in $\mathbf{Q}(\lambda_i)$ dieser Mangel beseitigt werden. Bei p_i-fachen Eigenwerten und $d_i = p_i$ findet man eventuell nur über Gl. (7.53 c) eine nichtsinguläre Matrix $\mathbf{T}$.

Beispiel 7.7: Wir nehmen die gleiche Matrix $\mathbf{A}$ wie in Beispiel 7.6:

$$\mathbf{A} = \begin{bmatrix} 1 & -1 \\ 2 & 4 \end{bmatrix} \tag{A}$$

mit den Eigenwerten $\lambda_1 = 2$ und $\lambda_2 = 3$. Dann ist zunächst

$$\mathbf{Q}(\lambda_1) = \begin{bmatrix} 2 & 0 \\ 0 & 2 \end{bmatrix} - \begin{bmatrix} 1 & -1 \\ 2 & 4 \end{bmatrix} = \begin{bmatrix} 1 & 1 \\ -2 & -2 \end{bmatrix} ; \quad \mathbf{Q}(\lambda_2) = \begin{bmatrix} 2 & 1 \\ -2 & -1 \end{bmatrix} .$$

Die erste Spalte $\mathbf{T}_1$ von $\mathbf{T}$ erhalten wir z. B. durch Bildung der Minoren zur 1. Zeile von $\mathbf{Q}(\lambda_1)$:

$$\mathbf{T}_1 = \begin{bmatrix} -2 \\ -(-2) \end{bmatrix} .$$

Die 2. Spalte $\mathbf{T}_2$ gewinnen wir zunächst aus den Minoren der 1. Zeile von $\mathbf{Q}(\lambda_2)$ zu

$$\mathbf{T}_2 = \begin{bmatrix} -1 \\ 2 \end{bmatrix} ,$$

so daß wir für die gesuchte Matrix $\mathbf{T}$ erhalten:

$$\mathbf{T} = [\mathbf{T}_1, \mathbf{T}_2] = \begin{bmatrix} -2 & -1 \\ 2 & 2 \end{bmatrix} \tag{B}$$

und

$$\mathbf{T}^{-1} = -\frac{1}{2} \begin{bmatrix} 2 & 1 \\ -2 & -2 \end{bmatrix} = \begin{bmatrix} -1 & -\dfrac{1}{2} \\ 1 & 1 \end{bmatrix} . \tag{C}$$

Man überzeugt sich leicht, daß

$$\mathbf{T}^{-1}\,\mathbf{A}\,\mathbf{T} = \mathbf{J} = \begin{bmatrix} 2 & 0 \\ 0 & 3 \end{bmatrix} \tag{D}$$

gilt. Gewinnt man die 2. Spalte $\mathbf{T}_2$ aus den Minoren der 2. Zeile von $\mathbf{Q}(\lambda_2)$, dann erhält $\mathbf{T}$ bei diesem Beispiel die gleiche Form wie Gl. (B). Wird dagegen $\mathbf{T}_1$ aus der 2. Zeile von $\mathbf{Q}(\lambda_1)$ abgeleitet, dann finden wir für $\mathbf{T}$:

$$\mathbf{T} = \begin{bmatrix} -1 & -1 \\ 1 & 2 \end{bmatrix} , \tag{E}$$

und man kann sich überzeugen, daß auch dann Gl. (D) erfüllt wird.

Beispiel 7.8: Gesucht ist die Ähnlichkeitstransformation $\mathbf{T}$ zu der Matrix

$$\mathbf{A} = \begin{bmatrix} 0 & 1 & 0 \\ 2 & -1 & 0 \\ 5 & 0 & -1 \end{bmatrix} . \tag{A}$$

Mit den Eigenwerten $\lambda_1 = 1$, $\lambda_2 = -1$, $\lambda_3 = -2$. Es ist also

$$\mathbf{Q}(\lambda_1) = \begin{bmatrix} 1 & -1 & 0 \\ -2 & 2 & 0 \\ -5 & 0 & 2 \end{bmatrix}; \quad \mathbf{Q}(\lambda_2) = \begin{bmatrix} -1 & -1 & 0 \\ -2 & 0 & 0 \\ -5 & 0 & 0 \end{bmatrix};$$

$$\mathbf{Q}(\lambda_3) = \begin{bmatrix} -2 & -1 & 0 \\ -2 & -1 & 0 \\ -5 & 0 & -1 \end{bmatrix}.$$

Bildet man $\mathbf{T}_1$, $\mathbf{T}_2$ und $\mathbf{T}_3$ jeweils aus den 1. Zeilen von $\mathbf{Q}(\lambda_1)$, $\mathbf{Q}(\lambda_2)$ und $\mathbf{Q}(\lambda_3)$, dann findet man

$$\mathbf{T} = \begin{bmatrix} 4 & 0 & 1 \\ 4 & 0 & -2 \\ 10 & 0 & -5 \end{bmatrix}, \tag{B}$$

also eine singuläre nichtinvertierbare Matrix. Zieht man für $\mathbf{T}_2$ die 3. Zeile von $\mathbf{Q}(\lambda_2)$ heran, findet man für

$$\mathbf{T} = \begin{bmatrix} 4 & 0 & 1 \\ 4 & 0 & -2 \\ 10 & -2 & -5 \end{bmatrix} \tag{41 C}$$

eine Matrix, die die gesuchte Ähnlichkeitstransformation leistet.

Beispiel 7.9: Wir suchen nun eine Matrix $\mathbf{T}$, die die Matrix $\mathbf{A}$ aus den Beispielen 7.2 und 7.4 auf Jordanform transformiert.

$$\mathbf{A} = \begin{bmatrix} 1 & 0 & -1 \\ 0 & 1 & -3 \\ 0 & 0 & 2 \end{bmatrix}, \tag{A}$$

mit $\lambda_1 = 1$, $\lambda_2 = 1$, $\lambda_3 = 2$.

Versucht man über die Minoren der zugehörigen charakteristischen Matrix $\mathbf{Q}(\lambda)$ oder über Gl. (7.54) die Matrix $\mathbf{T}$ zu bestimmen, wird man einige Spalten mit durchweg Nullelementen finden, so daß $\mathbf{T}$ singulär wird. Dies hat seinen Grund darin, daß $\mathbf{A}$ eine Dreiecksmatrix ist, bei der schon alle Eigenwerte in der Hauptdiagonalen zu finden sind. $\mathbf{Q}(\lambda)$ hat für $\lambda_1 = \lambda_2 = 1$ den vollen Rangabfall und gleichzeitig sind weitere Nullelemente in der Hauptdiagonalen. Zieht man hier aber Gl. (7.53 c) zur Bestimmung der T_{kl} heran und verfügt über die frei wählbaren Elemente geschickt (vor allem ungleich Null) findet man eine Lösung.

Für $n = 1$ folgt aus (7.53 c):

$$\mathbf{A}\, T_1 = \lambda_1\, T_1$$

$$\begin{bmatrix} 1 & 0 & -1 \\ 0 & 1 & -3 \\ 0 & 0 & -2 \end{bmatrix} \begin{bmatrix} T_{11} \\ T_{21} \\ T_{31} \end{bmatrix} = 1 \begin{bmatrix} T_{11} \\ T_{21} \\ T_{31} \end{bmatrix} \tag{B}$$

und ausgeschrieben:

$$\begin{aligned}
T_{11} - \quad T_{31} &= T_{11} \\
T_{21} - 3\,T_{31} &= T_{21} \\
- 2\,T_{31} &= T_{31}.
\end{aligned} \tag{C}$$

Aus den Gln. (B) und (C) folgt zwingend nur $T_{31} \equiv 0$, wogegen T_{11} und T_{21} beliebig sind. Um eine nichtsinguläre Matrix $\mathbf{T}$ zu erhalten, ist notwendig (aber nicht hinreichend), daß $T_{11} \neq 0$ und/oder $T_{21} \neq 0$ ist. Wir wählen $T_{11} = 1$ und $T_{21} = 0$, so daß dann ist:

$$\mathbf{T}_1 = \begin{bmatrix} 1 \\ 0 \\ 0 \end{bmatrix}. \tag{D}$$

Für $\mathbf{T}_2$ gilt:

$$\begin{aligned}
T_{12} - \quad T_{32} &= T_{12} \\
T_{22} - 3\,T_{32} &= T_{22} \\
2\,T_{32} &= T_{32},
\end{aligned} \tag{E}$$

zwingend ist $T_{32} = 0$, gewählt wird

$$\mathbf{T}_2 = \begin{bmatrix} 0 \\ 1 \\ 0 \end{bmatrix}, \tag{F}$$

schließlich gilt für $\mathbf{T}_3$:

$$\begin{aligned}
T_{13} - \quad T_{33} &= 2\,T_{13} \\
T_{23} - 3\,T_{33} &= 2\,T_{23} \\
2\,T_{33} &= 2\,T_{33},
\end{aligned} \tag{G}$$

gewählt wird $T_{33} = 1$, woraus dann aus Gl. (G) folgt:

$$\mathbf{T}_3 = \begin{bmatrix} -1 \\ -3 \\ 1 \end{bmatrix},$$

so daß mit den Gln. (D) und (F) die Matrix $\mathbf{T}$ die Form erhält:

$$\mathbf{T} = \begin{bmatrix} 1 & 0 & -1 \\ 0 & 1 & -3 \\ 0 & 0 & 1 \end{bmatrix}$$

und

$$\mathbf{T}^{-1} = \begin{bmatrix} 1 & 0 & 1 \\ 0 & 1 & 3 \\ 0 & 0 & 1 \end{bmatrix}.$$

Man kann sich überzeugen, daß

$$\mathbf{T^{-1}\,A\,T} = \begin{bmatrix} 1 & 0 & 0 \\ 0 & 1 & 0 \\ 0 & 0 & 2 \end{bmatrix}$$

ist.

Bevor auf den Sonderfall der komplexen Wurzeln eingegangen wird, soll hier noch der für die Praxis wichtige Fall kurz besprochen werden, bei dem die auf Diagonalform zu transformierende Matrix $\mathbf{A}$ die Frobeniusmatrix ist:

$$\mathbf{A = F} = \begin{bmatrix} 0 & 1 & 0 \dots\dots & 0 & 0 \\ 0 & 0 & 1 \dots\dots & 0 & 0 \\ \multicolumn{5}{c}{\dotfill} \\ \multicolumn{5}{c}{\dotfill} \\ 0 & 0 & 0 \dots\dots & 0 & 1 \\ -a_n & -a_{n-1} & -a_{n-2} \dots\dots & a_2 & -a_1 \end{bmatrix}. \tag{7.56}$$

Dann ist die Transformationsmatrix $\mathbf{T}$ gleich der Vandermond-Matrix $\mathbf{V}$:

$$\mathbf{T = V} = \begin{bmatrix} 1 & 1 & 1 \dots\dots\dots & 1 \\ \lambda_1 & \lambda_2 & \lambda_3 \dots\dots\dots & \lambda_n \\ \lambda_1^2 & \lambda_2^2 & \lambda_3^2 \dots\dots\dots & \lambda_n^2 \\ \multicolumn{4}{c}{\dotfill} \\ \lambda_1^{n-1} & \lambda_2^{n-1} & \lambda_3^{n-1} \dots\dots\dots & \lambda_n^{n-1} \end{bmatrix}, \tag{7.57}$$

wobei der Nachweis der Richtigkeit über die Vietaschen Wurzelsätze erfolgt. Da im übernächsten Abschnitt ein Verfahren angegeben wird, zu einer Matrix $\mathbf{A}$ die Frobenius-Matrix zu finden, ergibt sich hier eine zunächst umständlich erscheinende, für die Rechentechnik bei der Anwendung von Digitalrechnern aber unter Umständen bequemere Möglichkeit, zu einer beliebigen Matrix $\mathbf{A}$ die Jordan-Matrix $\mathbf{J}$ zu finden.

II. Komplexe λ_i

Sind einige der Eigenwerte λ_i von $\mathbf{A}$ komplex, dann treten bei physikalischen Systemen immer konjugiert komplexe Paare λ_i auf und das zu beschreibende dynamische System hat oszillierende Eigenbewegungen. An der vorstehend beschriebenen Methode zum Auffinden der Ähnlichkeitstransformationsmatrix $\mathbf{T}$ auf Jordanform ändert sich so lange nichts, als man in der Jordanform komplexe Wurzeln zuläßt. Für die Bearbeitung von dynamischen Problemen mittels Rechenmaschinen sowie für die physikalische Realisierung sind solche komplexe Systemkenngrößen aber äußerst ungeschickt. Man kann durch eine zusätzliche Transformation eine reelle Darstellung der komplexen Wurzeln erhalten, die bei der Besprechung der dynamischen Gleichungen für Übertragungssysteme in Abschnitt 3.5, Gl. (3.45), schon besprochen wurde, hat aber dann keine Jordan-Matrix $\mathbf{J}$, sondern eine dieser nur noch „ähnliche" Matrix $\mathbf{J}'$ vorliegen.

Ist der Eigenwert λ_r einer Matrix $\mathbf{A}$ komplex:

$$\lambda_r = \sigma_r + i\omega_r, \tag{7.58}$$

dann kann durch Umsortieren (Zeilen- und/oder Spaltenoperationen) immer erreicht werden, daß der zu λ_r gehörende konjugierte komplexe Eigenwert

$$\lambda_r^* = \sigma_r - i\omega_r$$

auf den Platz $r + 1$ in der Jordan-Matrix $\mathbf{J}$ zur Matrix $\mathbf{A}$ zu stehen kommt:

$$\lambda_{r+1} = \lambda_r^* = \sigma_r - i\omega_r. \tag{7.59}$$

Man kann zeigen, daß durch die Matrix

$$\mathbf{T} = \begin{matrix} \\ \\ \\ \\ r \\ r+1 \\ \\ \\ \\ \end{matrix}
\begin{bmatrix}
1 & 0 & & & & & & & 0 \\
0 & 1 & 0 & & & & & & \\
& & & & & & & & \\
& & 1 & 0 & 0 & 0 & & & 0 \\
& & 0 & 1/2 & -i/2 & 0 & & & 0 \\
& & 0 & 1/2 & i/2 & 0 & & & 0 \\
& & 0 & 0 & 0 & 1 & & & \\
& & & & & & & & \\
& & & & & & & 1 & 0 \\
0 & & & & 0 & & & & 1
\end{bmatrix} \tag{7.60}$$

eine Transformation der Jordan-Matrix $\mathbf{J}$ auf die Form

$$\mathbf{J}' = \mathbf{T}^{-1}\,\mathbf{J}\,\mathbf{T} \tag{7.61}$$

mit

$$\mathbf{J}' = \begin{bmatrix}
\lambda_1 & 0 & & & & & 0 \\
0 & \ddots & & & & & \\
& & \lambda_{r-1} & 0 & 0 & & 0 \\
& & 0 & \sigma_r & \omega_r & 0 & \\
& & 0 & -\omega_r & \sigma_r & 0 & \\
0 & & 0 & 0 & 0 & \lambda_{r+1} & \\
& & & & & & \ddots \\
0 & & & & & & \lambda_n
\end{bmatrix} \tag{7.62}$$

erreicht werden kann. Sind s komplexe Wurzelpaare in $\mathbf{J}$ enthalten, treten in der Matrix $\mathbf{J}'$ entsprechend s Blöcke der Form

$$\begin{bmatrix} \sigma_r & \omega_r \\ -\omega_r & \sigma_r \end{bmatrix}$$

auf und in der Matrix $\mathbf{T}$ werden s Blöcke

$$\begin{bmatrix} \dfrac{1}{2} & -\dfrac{i}{2} \\ \dfrac{1}{2} & \dfrac{i}{2} \end{bmatrix}$$

in der Hauptdiagonalen benötigt, wenn alle Koeffizienten in $\mathbf{J}'$ reell sein sollen.

Beispiel 7.10: Zu der Jordan-Matrix $\mathbf{J}$ mit $\lambda_1 = 2 + 3\,i$, $\lambda_2 = 2 - 3\,i$, $\lambda_3 = 4$ lautet die Transformation $\mathbf{T}$ auf die reelle Jordanähnliche Form $\mathbf{J}'$:

$$\mathbf{T} = \begin{bmatrix} \dfrac{1}{2} & -\dfrac{i}{2} & 0 \\ \dfrac{1}{2} & \dfrac{i}{2} & 0 \\ 0 & 0 & 1 \end{bmatrix} \tag{A}$$

und

$$\mathbf{T}^{-1} = -2\,i \begin{bmatrix} \dfrac{i}{2} & \dfrac{i}{2} & 0 \\ -\dfrac{1}{2} & \dfrac{1}{2} & 0 \\ 0 & 0 & \dfrac{i}{2} \end{bmatrix} = \begin{bmatrix} 1 & 1 & 0 \\ i & -i & 0 \\ 0 & 0 & 1 \end{bmatrix} \tag{B}$$

und man überzeugt sich leicht, daß

$$\begin{bmatrix} 1 & 1 & 0 \\ i & -i & 0 \\ 0 & 0 & 1 \end{bmatrix} \begin{bmatrix} 2+3\,i & 0 & 0 \\ 0 & 2-3\,i & 0 \\ 0 & 0 & 4 \end{bmatrix} \begin{bmatrix} \dfrac{1}{2} & -\dfrac{i}{2} & 0 \\ \dfrac{1}{2} & \dfrac{i}{2} & 0 \\ 0 & 0 & 1 \end{bmatrix} = \begin{bmatrix} 2 & 3 & 0 \\ -3 & 2 & 0 \\ 0 & 0 & 4 \end{bmatrix} \tag{C}$$

gilt.

7.7 Transformation auf Jordanform für nichtdiagonalähnliche A

Hat eine Matrix p_i-fache Eigenwerte, die zugehörige charakteristische Matrix $Q(\lambda)$ aber nicht durchweg den vollen Rangabfall $d_i < p_i$, dann sind einige der n Eigenvektoren linear abhängig, und die Matrix A ist nicht mehr diagonalähnlich, was sich in dem Auftreten von Jordankästen J_{vi} und Blöcken J_i mit mehr als einem Element in der Jordan-Matrix J auswirkt. Welche Gestalt die Jordan-Matrix J zu einer nichtdiagonalähnlichen Matrix A hat, läßt sich ohne genaue Strukturuntersuchung (s. a. Abschnitte 7.3 bis 7.5) nicht entscheiden. Wir wollen hier voraussetzen, daß die Jordan-Matrix J zu einer Matrix A bekannt ist und die Matrix T der Ähnlichkeitstransformation deshalb gesucht ist, da das gesamte dynamische Gleichungssystem eines Übertragungsgliedes auf kanonische Form transformiert werden soll.

In der mathematischen Spezialliteratur wird gezeigt und bewiesen, daß durch Potenzieren der charakteristischen Matrix $Q(\lambda)$ dann ein zusätzlicher Rangabfall für die mehrfachen Eigenwerte λ_i erreicht wird, wenn für einige λ_i die Matrix $Q(\lambda_i)$ zunächst einen Rangabfall $d_i < p_i$ hatte [34]. Die dann mit Hlfe der Gleichung

$$Q^\tau(\lambda_i)\, X = (A - \lambda_i\, 1)_i^\tau\, X = 0 \tag{7.63}$$

bestimmbaren Vektoren X werden die *Hauptvektoren* der Stufe τ genannt. Die Eigenvektoren sind in diesem Sinne also Hauptvektoren der Stufe 1. Die Hauptvektoren der nichtdiagonalähnlichen Matrizen A haben bei der Ähnlichkeitstransformation dieser Matrizen auf Jordanform die gleiche Bedeutung wie die Eigenvektoren für die diagonalähnlichen Matrizen, denn man kann zeigen (*Zurmühl* [34]), daß der durch das Potenzieren der charakteristischen Matrix entstehende, über $d_i < p_i$ hinausgehende zusätzliche Rangabfall eng mit den Elementarteilerexponenten e_{vi} zusammenhängt. Aus dem Abschnitt 7.5 wissen wir aber, daß die e_{vi} wiederum die Reihenzahl der Jordankästchen J_{vi} bestimmen. Dieser Zusammenhang wurde von *Weyr* [34] angegeben, der auch ein leicht anzuwendendes Schema zur Ermittlung des jeweiligen zusätzlichen Rangabfalls $d_{i\tau}$ angab. Mit $d_{i\tau}$ ist der zusätzliche Rangabfall für den Eigenwert λ_i der Potenz τ der charakteristischen Matrix: $Q^\tau(\lambda_i)$, bezeichnet. Für ein betrachtetes λ_i gilt folgender Zusammenhang der $d_{i\tau}$ mit den uns schon bekannten Größen d_i und p_i:

$$Q^1(\lambda_i) = (A - \lambda_i\, 1)^1 \quad \text{hat den Rangabfall} \quad \alpha_{i1} = d_i$$

$$Q^2(\lambda_i) = (A - \lambda_i\, 1)^2 \quad \text{hat den Rangabfall} \quad \alpha_{i1} + \alpha_{i2}$$

$$\cdots\cdots\cdots\cdots\cdots\cdots\cdots\cdots\cdots\cdots\cdots\cdots\cdots\cdots\cdots\cdots$$

$$Q^{\tau i}(\lambda_i) = (A - \lambda_i\, 1)^{\tau i} \quad \text{hat den Rangabfall} \quad \lambda_{i1} + \lambda_{i2} + \ldots + \lambda_i\, \tau_i = p_i. \tag{7.64}$$

Wenn man nun in dem Strukturschema einer Matrix A, wie in Abschnitt 7.4 angegeben, statt der e_{vi} diese repräsentierenden Punktzahlen einträgt, dann können an diesem Weyrschen Punktschema die $\alpha_{i\tau}$ abgelesen werden. Lauten zu einem zu betrachtenden Eigenwert λ_i die Elementarteilerexponenten

$$e_{ni} \quad = 5$$
$$e_{n-1,i} = 4$$
$$e_{n-2,i} = 2$$
$$e_{n-3,i} = 2$$
$$e_{n-4,i} = 0$$
$$\vdots \qquad \vdots$$
$$e_{1i} \quad = 0,$$

dann hat das zugehörige Weyrsche Punktschema die Form

τ	1	2	3	4	5
e_{ni}	•	•	•	•	•
.		•	•	•	•
.		•	•		
$e_{n-3,i}$	•	•			

Die Summen der einzelnen Spalten geben nun den Rangabfall $\alpha_{i\tau}$ der einzelnen Potenzstufen τ an. Für $\tau = 1$ ist der Rangabfall bei diesem Beispiel $\alpha_{i1} = d_i = 4$. $Q^2(\lambda_i)$ hat einen zusätzlichen Rangabfall $\alpha_{i2} = 4$, dann folgt für $Q^3(\lambda_i)$ der Wert $\alpha_{i3} = 2$, und es ist $\alpha_{i4} = 2$ und schließlich $\alpha_{i5} = 1$. Weiteres Potenzieren bewirkt keinen weiteren Rangabfall mehr.

Das Weyrsche Punktschema legt also die Struktureigenschaften ebenso fest wie die Elementarteilerexponenten, gibt aber darüber hinaus noch eine leicht auswertbare Auskunft über die notwendige Zahl der Hauptvektorstufen. Über die Ermittlung der Hauptvektoren, die für jeden Eigenwert eine *Hauptvektorkette* aus τ_i in spezieller Weise verkoppelter Hauptvektoren bilden, kann dann die Transformationsmatrix **T** gebildet werden. Die Hauptvektoren bilden die Spalten **T**$_i$ der Matrix **T**.

Da der numerische Prozeß der Hauptvektorberechnungen recht aufwendig ist und im speziellen Bedarfsfall eine sorgfältige Studie der numerischen Möglichkeiten unumgänglich ist, soll hier nur noch der für die Systemtheorie wichtige Sonderfall der nicht diagonalähnlichen Matrizen besprochen werden, bei denen das Minimalpolynom $M(\lambda)$ gleich dem charakteristischen Polynom $Q(\lambda)$ ist:

$$M(\lambda) = Q(\lambda) = |Q(\lambda)| = |\lambda\,\mathbf{1} - \mathbf{A}|. \tag{7.65}$$

Dieser Fall ist dadurch ausgezeichnet, daß

a) in der Smithschen Normalform $E_n(\lambda) = Q(\lambda)$,

b) alle Elementarteilerexponenten $e_{ni} = p_i$ und schließlich

c) der Rangabfall für alle λ_i von $Q^1(\lambda_i)$ genau $d_i = 1$ ist.

Die Jordan-Matrix $\mathbf{J}$ dieses wichtigen Sonderfalls ist dann (aus dem Vorstehenden folgend) dadurch ausgezeichnet, daß zu jedem p_i-fachen Eigenwert der Jordanblock $\mathbf{J}_i$ gleich dem einzigen vorkommenden Jordankästchen $\mathbf{J}_{i1}$ ist:

$$\mathbf{J}_i = \mathbf{J}_{i1} = \begin{bmatrix} \lambda_i & 1 & 0 \dots\dots\dots\dots & 0 \\ 0 & \lambda_i & & \vdots \\ \vdots & & \ddots & \\ \vdots & & & \ddots & 0 \\ \vdots & & & & \ddots & 1 \\ 0 & \dots\dots\dots\dots\dots & 0 & & \lambda_i \end{bmatrix} , \ p_i\text{-Zeilen.} \tag{7.66}$$

Die Ähnlichkeitstransformationsmatrix $\mathbf{T}$, die die durch diese Struktur ausgezeichnete Matrix $\mathbf{A}$ in Jordanform $\mathbf{J}$ überführt, hat selbstverständlich auch wieder die Hauptvektoren als ihre Spalten $\mathbf{T}_i$, doch sind die zu einem p_i-fachen Eigenwert λ_i gehörenden p_i-Spalten $\mathbf{T}_i, \mathbf{T}_{i+1}, \dots\dots, \mathbf{T}_{i+v_i}, \dots\dots, \mathbf{T}_{i+p_i}$ relativ leicht zu bestimmen, da die Spalte $\mathbf{T}_{i+v_i}$ als die mit $1/v_i!$ multiplizierte v_i-te Ableitung nach λ_i der Spalte $\mathbf{T}_i$ darstellbar ist. Die Spalte $\mathbf{T}_i$ wird wieder nach den im vorstehenden Abschnitt 7.6 angegebenen Methoden aus $\mathbf{Q}(\lambda_i)$ bestimmt. Es müssen also die Gleichungen

$$\mathbf{A}\,\mathbf{T}_i^{(1)} = \alpha_i\,\mathbf{T}_i, \qquad i = 1, 2, \dots, s \tag{7.67}$$

und

$$\mathbf{T}_i^{(v_i)} = \frac{1}{v_i!}\,\frac{\mathrm{d}\,\lambda_i^{v_i-1}}{\mathrm{d}\lambda_i^{v_i-1}}\,\mathbf{T}_i^{(1)}\,(\lambda_i), \quad v_i = 2, 3, \dots, p_i \tag{7.68}$$

ausgewertet werden, wobei Gl. (7.67) der Gl. (7.53c) entspricht, aber berücksichtigt wurde, daß die nn Matrix $\mathbf{A}$ nun nur s verschiedene Eigenwerte λ_i hat. Die gesuchte Matrix wird aus den nach den vorstehenden Gleichungen berechneten Spalten $T_i^{(v_i)}$ mit $v_i = 1, 2, \dots, p_i$ zusammengesetzt. Bei Matrizen höherer Ordnung n und p_i-fachen Eigenwertes ist die Berechnug der Ableitungen der $\mathbf{T}_i$ ein umständlicher numerischer Prozeß. Nur in dem Sonderfall, wo die Matrix $\mathbf{A}$ gleich der Frobenius-Matrix $\mathbf{F}$ ist

$$\mathbf{A} = \mathbf{F} = \begin{bmatrix} 0 & 1 & 0 \dots\dots\dots\dots & 0 \\ \vdots & \dots\dots\dots\dots & \vdots \\ \vdots & \dots\dots\dots\dots & \vdots \\ 0 & 0 \dots\dots & 0 & 1 \\ -a_n & -a_{n-1} & \dots\dots & -a_2 & -a_1 \end{bmatrix} ,$$

ist $\mathbf{T}$ aus der Vandermond-Matrix leicht bestimmbar.

Beispiel 7.11: Hier soll zunächst die allgemeine Bestimmung der Spaltenvektoren $\mathbf{T}_i$ einer 3reihigen nichtdiagonalähnlichen Matrix $\mathbf{A}$ mit zwei gleichen Eigenwerten $\lambda_1 = \lambda_2$ gezeigt werden:

$$\mathbf{A} = \begin{bmatrix} A_{11} & A_{12} & A_{13} \\ A_{21} & A_{22} & A_{23} \\ A_{31} & A_{32} & A_{33} \end{bmatrix}. \tag{A}$$

Dann ist $\mathbf{Q}(\lambda_1)$:

$$\mathbf{Q}(\lambda_1) = \begin{bmatrix} A_{11} - \lambda_1 & A_{12} & A_{13} \\ A_{21} & A_{22} - \lambda_1 & A_{23} \\ A_{31} & A_{32} & A_{33} - \lambda_1 \end{bmatrix}. \tag{B}$$

Entsprechend der in Abschnitt 7.6 besprochenen Methode bestimmen wir die Elemente von $\mathbf{T}_1$ aus den Minoren 2. Ordnung z. B. der 1. Zeile in Gl. (B)

$$\mathbf{T}_1 = \begin{bmatrix} T_{11} \\ T_{21} \\ T_{31} \end{bmatrix} = \begin{bmatrix} (A_{22} - \lambda_1)\,(A_{33} - \lambda_1) - A_{23}\,A_{32} \\ -\,A_{21}\,(A_{33} - \lambda_1) + A_{31}\,A_{23} \\ A_{21}\,A_{32} - (A_{32} - \lambda_1)\,A_{31} \end{bmatrix}. \tag{C}$$

Daraus wird $\mathbf{T}_2 = \dfrac{\mathrm{d}}{\mathrm{d}\,\lambda_1}\,\mathbf{T}_1$ gebildet:

$$\mathbf{T}_2 = \begin{bmatrix} 2\,\lambda_1 - (A_{22} + A_{33}) \\ A_{21} \\ A_{31} \end{bmatrix}. \tag{D}$$

Die 3. Spalte $\mathbf{T}_3$ wird wieder durch Bestimmung der Minoren 2. Ordnung einer beliebigen Zeile von $\mathbf{Q}(\lambda_2)$ bestimmt, was hier aus Platzgründen unterbleibt.

Beispiel 7.12: Wir benutzen noch einmal die Matrix $\mathbf{A}$ aus Beispiel 7.1:

$$\mathbf{A} = \begin{bmatrix} 1 & -1 & 0 \\ 0 & 1 & -3 \\ 0 & 0 & 2 \end{bmatrix} \tag{A}$$

mit den Eigenwerten $\lambda_1 = \lambda_2 = 1$ und $\lambda_3 = 2$. Setzt man diese so vorgegebenen Werte in die Gl. (7.11 C) und Gl. (7.11 D) ein, wird man auf eine singuläre, also unbrauchbare Matrix $\mathbf{T}$ geführt. Wir entwickeln $\mathbf{T}_1$ deshalb hier aus einer anderen Zeile von $\mathbf{Q}(\lambda_1)$, und zwar aus der 3.:

$$\mathbf{Q}(\lambda_1) = \begin{bmatrix} 1 - \lambda_1 & -1 & 0 \\ 0 & 1 - \lambda_1 & -3 \\ 0 & 0 & 2 - \lambda_1 \end{bmatrix}. \tag{B}$$

$$\mathbf{T}_1 = \begin{bmatrix} 3 \\ -\,(-3)\,(1 - \lambda_1) \\ (1 - \lambda_1)^2 \end{bmatrix}. \tag{C}$$

Nun muß *vor* Einsetzen von $\lambda_1 = 1$ die Spalte $\mathbf{T}_2$ bestimmt werden:

$$\mathbf{T}_2 = \frac{\mathrm{d}}{\mathrm{d}\,\lambda_1}\,\mathbf{T}_1 = \begin{bmatrix} 0 \\ -3 \\ -2\,(1-\lambda_1) \end{bmatrix}. \tag{D}$$

Setzt man nun $\lambda_1 = 1$ in Gl. (C) und Gl. (D) ein, erhält man:

$$\mathbf{T}_1 = \begin{bmatrix} 3 \\ 0 \\ 0 \end{bmatrix}, \qquad \mathbf{T}_2 = \begin{bmatrix} 0 \\ -3 \\ 0 \end{bmatrix}.$$

$\mathbf{T}_3$ bestimmen wir aus $\mathbf{Q}(\lambda_3)$:

$$\mathbf{Q}(\lambda_3) = \begin{bmatrix} -1 & -1 & 0 \\ 0 & -1 & -3 \\ 0 & 0 & 0 \end{bmatrix}, \tag{E}$$

durch Entwicklung nach der 3. Zeile:

$$\mathbf{T}_3 = \begin{bmatrix} 3 \\ -3 \\ 1 \end{bmatrix}, \tag{F}$$

womit nun

$$\mathbf{T} = [\mathbf{T}_1, \mathbf{T}_2, \mathbf{T}_3] = \begin{bmatrix} 3 & 0 & 3 \\ 0 & -3 & -3 \\ 0 & 0 & 1 \end{bmatrix}$$

und

$$\mathbf{T}^{-1} = -\frac{1}{9} \begin{bmatrix} -3 & 0 & 9 \\ 0 & 3 & 9 \\ 0 & 0 & -9 \end{bmatrix} = \begin{bmatrix} \frac{1}{3} & 0 & -1 \\ 0 & -\frac{1}{3} & -1 \\ 0 & 0 & 1 \end{bmatrix}$$

wird.

Man überzeugt sich leicht, daß mit dieser Matrix $\mathbf{T}$ die gewünschte Transformation auf $\mathbf{J}$ erzielt wird:

$$\mathbf{T}^{-1}\,\mathbf{A}\,\mathbf{T} = \mathbf{J} = \begin{bmatrix} 1 & 1 & 0 \\ 0 & 1 & 0 \\ 0 & 0 & 2 \end{bmatrix}, \tag{G}$$

Beispiel 7.13: Es soll nun die aus der Vandermond-Matrix abgeleitete Transformations-matrix **T** angegeben werden, wenn beispielsweise **A** eine 6zeilige Frobenius-Matrix

$$\mathbf{F} = \begin{bmatrix} 0 & 1 & 0 & 0 & 0 & 0 \\ 0 & 0 & 1 & 0 & 0 & 0 \\ 0 & 0 & 0 & 1 & 0 & 0 \\ 0 & 0 & 0 & 0 & 1 & 0 \\ 0 & 0 & 0 & 0 & 0 & 1 \\ -a_6 & -a_5 & -a_4 & -a_3 & -a_2 & -a_1 \end{bmatrix} \tag{A}$$

mit den Eigenwerten $\lambda_1 = \lambda_2 = \lambda_3$, $\lambda_4 = \lambda_5$, λ_6, zu denen nur drei linear unabhängige Eigenvektoren gehören sollen, ist. Dann sind die Spalten $\mathbf{T}_i^{(1)}$, also hier $\mathbf{T}_1$, $\mathbf{T}_4$ und $\mathbf{T}_6$, wie bei der Vandermond-Matrix aufgebaut und die nachfolgenden Spalten sind die Ableitungen der vorherstehenden, also:

$$\mathbf{T} = \begin{bmatrix} 1 & 0 & 0 & 1 & 0 & 1 \\ \lambda_1 & 1 & 0 & \lambda_4 & 1 & \lambda_6 \\ \lambda_1^2 & 2\,\lambda_1 & 1 & \lambda_4^2 & 2\,\lambda_4 & \lambda_6^2 \\ \lambda_1^3 & 3\,\lambda_1^2 & 3\,\lambda_1 & \lambda_4^3 & 3\,\lambda_3^2 & \lambda_6^3 \\ \lambda_1^4 & 4\,\lambda_1^3 & 6\,\lambda_1^2 & \lambda_4^4 & 4\,\lambda_4^3 & \lambda_6^4 \\ \lambda_1^5 & 5\,\lambda_1^4 & 10\,\lambda_1^3 & \lambda_4^5 & 5\,\lambda_4^4 & \lambda_6^5 \end{bmatrix}. \tag{B}$$

Man beachte, daß die Spalten jeweils noch mit $\dfrac{1}{v_i!}$ multipliziert werden müssen, was sich bei diesem Beispiel nur in der 3. Spalte bemerkbar macht, die die mit $\tfrac{1}{2}$ multiplizierte Ableitung der 2. Spalte nach λ_1 ist.

7.8 Transformation auf Frobeniusform

Wird ein dynamisches System durch ein dynamisches Gleichungssystem beschrieben

$$\begin{aligned} \dot{\mathbf{u}}(t) &= \mathbf{A}\,\mathbf{u}(t) + \mathbf{B}\,\mathbf{y}(t) \\ \mathbf{x}(t) &= \mathbf{C}\,\mathbf{u}(t) + \mathbf{D}\,\mathbf{y}(t) \end{aligned} \tag{7.69}$$

mit beliebiger Systemmatrix **A**, dann ist es, wie oben bereits ausgeführt, von Interesse, das System in eine kanonische Form überzuführen, die bei einer möglichst geringen Zahl von Null verschiedenen Matrizenelementen in **A** das System übersichtlich repräsentiert.

Neben der Jordanform **J**, die das System am übersichtlichsten beschreibt, aber die Bestimmung der Eigenwerte λ_i verlangt, ist die Begleitmatrix oder Frobenius-Matrix **F** von Interesse, da in letzter Zeit [31] Rechenverfahren bekannt wurden, die das Auffinden einer nichtsingulären Ähnlichkeitstrans-formationsmatrix **T**

$$T^{-1}\,A\,T = F = \begin{bmatrix} 0 & 1 & 0 \dots \dots \dots 0 \\ \vdots & & \vdots \\ \vdots & \dots \dots \dots \dots \dots & \vdots \\ \vdots & & 1 \\ \vdots & & \\ -a_n & -a_{n-1} \dots \dots \dots & -a_1 \end{bmatrix} \qquad (7.70)$$

gestattet, ohne die Eigenwerte λ_i von **A** kennen zu müssen, wie es bei der Benützung der Vandermond-Matrix (siehe auch Abschnitt 7.6, Gl. (7.57)) als Transformationsmatrix erforderlich ist. Dazu haben wir in den Kapiteln 3 und 4 gezeigt, daß die Frobenius-Matrix auch eine spezielle Bedeutung bei der Überführung der Systembeschreibung durch komplexe Übertragungsfunktionen $F(s)$ in eine durch ein dynamisches Gleichungsystem hat.

Im Rahmen dieser Einführung soll hier nun kurz die Rechenvorschrift zur Ermittlung der Transformationsmatrix **T** angegeben werden, mit deren Hilfe die dynamischen Gleichungen eines *Einfachsystems* in kanonische Frobenius-form übergeführt werden. Es sind also zunächst die Gleichungen

$$\dot{\mathbf{u}}(t) = \mathbf{A}\,\mathbf{u}(t) + \mathbf{B}\,\mathbf{y}(t), \qquad \mathbf{u}_0 = \mathbf{u}(t)\,|_{t=t_0}$$
$$\mathbf{x}(t) = \mathbf{C}\,\mathbf{u}(t) + \mathbf{D}\,\mathbf{y}(t) \qquad\qquad\qquad (7.71)$$

gegeben. Gesucht ist eine Matrix **T**, die mit Hilfe der Koordinatentransformation

$$\mathbf{u}(t) = \mathbf{T}\,\boldsymbol{\mu}(t) \qquad\qquad (7.72)$$

die Gln. (7.70) in die kanonische Form

$$\dot{\boldsymbol{\mu}}(t) = \mathbf{F}\,\boldsymbol{\mu}(t) + \boldsymbol{\beta}\,y(t), \qquad \mu_0 = \mathbf{T}^{-1}\,\mathbf{u}_0$$
$$\mathbf{x}(t) = \mathbf{C}\,\mathbf{T}\,\boldsymbol{\mu}(t) + D\,y(t) \qquad\qquad (7.73)$$

mit

$$\boldsymbol{\beta} = \begin{bmatrix} 0 \\ \vdots \\ 0 \\ 1 \end{bmatrix}$$

überführt.

Eine Voraussetzung für die Gültigkeit der folgenden Rechenvorschrift ist, daß das durch die dynamischen Gln. (7.70) beschriebene Übertragungssystem vollständig steuerbar ist. Die Bedeutung dieser Voraussetzung wird in Kapitel 8 ausführlich erläutert. An dieser Stelle sei aber schon darauf hingewiesen, daß diese Voraussetzung im einzelnen auch bedeutet, daß für die Matrix **A**

$$M(\lambda) = Q(\lambda) \qquad\qquad (7.74)$$

gilt, es muß also das Minimalpolynom gleich dem charakteristischen Polynom sein. Diese formelmäßige Fassung Gl. (7.74) der Voraussetzung der vollständigen Steuerbarkeit ist in dieser Form nur für Einfachsysteme möglich und richtig. Das bedeutet gleichwertig, daß A entweder nur durchweg verschiedene Eigenwerte λ_i, oder aber für alle p_i-fachen Eigenwerte nur jeweils den Rangabfall $d_i = 1$ in der zugehörigen charakteristischen Matrix $Q(\lambda_i) = (1\,\lambda - A)\,|_{\lambda=\lambda_i}$ hat.

Für die Bildung der Transformationsmatrix T wird neben den Matrizen A und B, die vorgegeben sind, auch die Matrix F mit ihren Elementen, den Koeffizienten des charakteristischen Polynoms, benötigt. Im Anschluß an die zu beschreibende Prozedur zur Ermittlung von T wird dann noch ein einfaches numerisches Verfahren zur Ermittlung der a_k in F angegeben.

Die Prozedur geht von den Beziehungen der Äquivalenztransformation

$$A\,T = T\,F \tag{7.75a}$$

$$B = T\,\beta = [T_1,\ T_2,\ \dots,\ T_n] \begin{bmatrix} 0 \\ 0 \\ \vdots \\ \vdots \\ 0 \\ 1 \end{bmatrix} = T_n \tag{7.75b}$$

aus. Multipliziert man Gl. (7.75a) aus, findet man, mit den durch (7.70) festgelegten Elementen a_k der Frobenius-Matrix F:

$$[A\,T_1,\ A\,T_2,\ A\,T_3,\ \dots,\ A\,T_n]$$
$$= [-a_n\,T_n,\ (T_1 - a_{n-1}T_n),\ T_2 - a_{n-2}T_n,\ \dots,\ T_{n-1} - a_1 T_n]. \tag{7.76}$$

Mit Gl. (7.75b) und durch Spaltenvergleich in Gl. (7.76) findet man folgende Rechenvorschrift zur schrittweisen Berechnung der Spalten T_i der Matrix T:

$$\left. \begin{aligned}
T_n &= B \\
T_{n-1} &= A\,T_n + a_1 T_n \\
T_{n-2} &= A\,T_{n-1} + a_2 T_n \\
&\ \ \vdots \\
T_2 &= A\,T_3 + a_{n-2}T_n \\
T_1 &= A\,T_2 + a_{n-1}T_n
\end{aligned} \right\} \tag{7.77}$$

Die Elemente a_k der Frobenius-Matrix F sind hier mit den Koeffizienten des charakteristischen Polynoms $|Q(\lambda)| = Q(\lambda)$ wie folgt verknüpft:

$$Q(\lambda) = \lambda^n + a_1\,\lambda^{n-1} + a_2\,\lambda^{n-2} + \dots + a_{n-1}\,\lambda + a_n. \tag{7.78}$$

Beispiel 7.14: Gegeben sind die Matrizen $\mathbf{A}$ und $\mathbf{B}$ eines dynamischen Systems:

$$\mathbf{A} = \begin{bmatrix} 1 & 6 & -3 \\ -1 & -1 & 1 \\ -2 & 2 & 0 \end{bmatrix} \tag{A}$$

$$\mathbf{B} = \begin{bmatrix} 1 \\ 1 \\ 1 \end{bmatrix}. \tag{B}$$

Zu $\mathbf{A}$ gehört das charakteristische Polynom

$$Q(\lambda) = |\mathbf{Q}(\lambda)| = |\lambda\,\mathbf{1} - \mathbf{A}| = \lambda^3 - 3\,\lambda + 2.$$

Es ist also

$$a_1 = 0,\, a_2 = -3,\, a_3 = 2$$

und wir finden als erstes aus Gl. (7.77):

$$\mathbf{T}_3 = \mathbf{B} = \begin{bmatrix} 1 \\ 1 \\ 1 \end{bmatrix}.$$

Dann folgt aus Gl. (7.77) weiter:

$$\mathbf{T}_2 = \mathbf{A}\,\mathbf{T}_3 + a_1\,\mathbf{T}_3 = \begin{bmatrix} 1 & 6 & -3 \\ -1 & -1 & 1 \\ -2 & 2 & 0 \end{bmatrix} \begin{bmatrix} 1 \\ 1 \\ 1 \end{bmatrix} = \begin{bmatrix} 4 \\ -1 \\ 0 \end{bmatrix}$$

$$\mathbf{T}_1 = \mathbf{A}\,\mathbf{T}_2 + a_2\,\mathbf{T}_3 = \begin{bmatrix} 1 & 6 & -3 \\ -1 & -1 & 1 \\ -2 & 2 & 0 \end{bmatrix} \begin{bmatrix} 4 \\ -1 \\ 0 \end{bmatrix} + \begin{bmatrix} -3 \\ -3 \\ -3 \end{bmatrix} = \begin{bmatrix} -5 \\ -6 \\ -13 \end{bmatrix}.$$

Damit ist aber $\mathbf{T}$ schon vollständig bestimmt zu:

$$\mathbf{T} = [\mathbf{T}_1, \mathbf{T}_2, \mathbf{T}_3] = \begin{bmatrix} -5 & 4 & 1 \\ -6 & 1 & 1 \\ -13 & 0 & 1 \end{bmatrix}. \tag{C}$$

Zum Abschluß dieses Abschnittes soll noch kurz das von *Faddejew* stammende Verfahren zur Bestimmung der Koeffizienten des charakteristischen Polynoms und damit auch der Frobenius-Matrix zu einer Systemmatrix $\mathbf{A}$ angegeben werden (siehe auch *Gantmacher* [4]).

Die Koeffizienten a_i in Gl. (7.78) und damit auch in Gl. (7.70) werden durch einen Algorithmus berechnet, bei dem als wesentliche, hier in dieser Schrift zum erstenmal auftretende Matrizenoperation die Spurbildung benötigt wird:

$$Sp\,\mathbf{A} = \sum_{k=1}^{n} A_{kk}. \tag{7.79}$$

Es ist die Spur einer Matrix $\mathbf{A}$, also nichts anderes als die Summe aller ihrer Hauptdiagonalelemente. Mit dieser Bezeichnung Gl. (7.79) kann der Algorithmus leicht und übersichtlich notiert werden:

$$\mathbf{A}_1 = \mathbf{A}; \qquad -a_1 = Sp\,\mathbf{A}_1; \qquad \mathbf{E}_1 = \mathbf{A}_1 + a_1 \cdot \mathbf{1}$$

$$\mathbf{A}_2 = \mathbf{A}\mathbf{E}_1; \qquad -a_2 = \frac{1}{2}\,Sp\,\mathbf{A}_2; \qquad \mathbf{E}_2 = \mathbf{A}_2 + a_2 \cdot \mathbf{1}$$

$$\mathbf{A}_3 = \mathbf{A}\mathbf{E}_2; \qquad -a_3 = \frac{1}{3}\,Sp\,\mathbf{A}_3; \qquad \mathbf{E}_3 = \mathbf{A}_3 + a_3 \cdot \mathbf{1}$$

$$\cdots\cdots\cdots\cdots\cdots\cdots\cdots\cdots\cdots\cdots\cdots$$

$$\mathbf{A}_{n-1} = \mathbf{A}\mathbf{E}_{n-2}; \quad -a_{n-1} = \frac{1}{n-1}\,Sp\,\mathbf{A}_{n-1}; \quad \mathbf{E}_{n-1} = \mathbf{A}_{n-1} + a_{n-1} \cdot \mathbf{1}$$

$$\mathbf{A}_n = \mathbf{A}\mathbf{E}_{n-1}; \qquad -a_n = \frac{1}{n}\,Sp\,\mathbf{A}_n; \qquad \mathbf{E}_n = \mathbf{A}_n + a_n \cdot \mathbf{1} = 0 \tag{7.80}$$

Die letzte Gleichung $\mathbf{E}_n = 0$ hat nur als Kontrollgleichung Bedeutung. Die Polynomkoeffizienten von $Q(\lambda)$ sind hier wieder wie durch Gl. (7.78) definiert verwendet.

An dieser Stelle sei noch darauf hingewiesen, daß der vorstehende Algorithmus von *Faddejew* nicht nur die a_i liefert, sondern die Matrizen $\mathbf{E}_i$ sind gleich den Matrizenkoeffizienten der Polynommatrix $\mathbf{B}(\lambda)$, wenn mit $\mathbf{B}(\lambda)$ die zu der charakteristischen Matrix $\mathbf{Q}(\lambda)$ adjungierte Matrix bezeichnet wird.

Mit

$$\mathbf{Q}(\lambda) = \begin{bmatrix} \lambda - A_{11}, & -A_{12}, \ldots\ldots\ldots\ldots & -A_{1n} \\ & \vdots & \vdots \\ A_{n1} & \ldots\ldots\ldots\ldots\ldots & \lambda - A_{nn} \end{bmatrix}$$

ist dann

$$\mathbf{B}(\lambda) = \mathbf{Q}(\lambda)_{\mathrm{adj.}} = [|\,\mathbf{Q}_{kl}\,|] = \mathbf{1}\,\lambda^{n-1} + \mathbf{E}_1\,\lambda^{n-2} + \ldots + \mathbf{E}_{n-2}\,\lambda + \mathbf{E}_{n-1}. \tag{7.81}$$

Die adjungierte Matrix $\mathbf{Q}(\lambda)_{\mathrm{adj.}}$ wird vor allem dann benötigt, wenn für die Strukturuntersuchung einer Matrix $\mathbf{A}$ die größten gemeinsamen Teiler aller Minoren $(n-1)$-ter Ordnung von $\mathbf{Q}(\lambda)$ aufgefunden werden müssen.

Beispiel 7.15: Wir bestimmen als Beispiel die Koeffizienten a_k des charakteristischen Polynoms $Q(\lambda)$ der Matrix $\mathbf{A}$ in Beispiel 7.14:

$$\mathbf{A} = \begin{bmatrix} 1 & 6 & -3 \\ -1 & -1 & 1 \\ -2 & 2 & 0 \end{bmatrix}. \tag{A}$$

Es ist

$$\mathbf{A}_1 = \mathbf{A}, \; Sp\,\mathbf{A}_1 = \sum_{k=1}^{3} A_1^{kk} = 1 - 1 = 0$$

$$\mathbf{E}_1 = \mathbf{A}_1 + 0 \cdot 1 = \mathbf{A}_1; \; \mathbf{A}_2 = \mathbf{A}\,\mathbf{E}_1 = \mathbf{A}^2 = \begin{bmatrix} 1 & -6 & 3 \\ -2 & -3 & 2 \\ -4 & -14 & 8 \end{bmatrix}$$

$$-a_2 = \frac{1}{2}\,Sp\,\mathbf{A}_2 = 3 \quad \text{oder} \quad a_2 = -3,$$

$$\mathbf{E}_2 = \mathbf{A}_2 + a_2\,1 = \begin{bmatrix} 1 & -6 & 3 \\ -2 & -3 & 2 \\ -4 & -14 & 8 \end{bmatrix} + \begin{bmatrix} -3 & 0 & 0 \\ 0 & -3 & 0 \\ 0 & 0 & -3 \end{bmatrix} = \begin{bmatrix} -2 & -6 & 3 \\ -2 & -6 & 2 \\ -4 & -14 & 5 \end{bmatrix}$$

$$\mathbf{A}_3 = \mathbf{A}\,\mathbf{E}_2 = \begin{bmatrix} -2 & 0 & 0 \\ 0 & -2 & 0 \\ 0 & 0 & -2 \end{bmatrix}; \; -a_3 = \frac{1}{3}\,Sp\,\mathbf{A}_3 = -2, \quad \text{oder} \quad a_3 = 2\,.$$

Man überzeugt sich leicht, daß nun auch $\mathbf{E}_3 = \mathbf{A}_3 + a_3\,1 = 0$ wird. Mit den so bestimmten Koeffizienten lautet das charakteristische Polynom $Q(\lambda)$ zu $\mathbf{A}$:

$$\lambda^3 - 3\,\lambda + 2 = 0. \tag{B}$$

Schließlich soll noch durch Auswertung von Gl. (7.81) die zur charakteristischen Matrix $\mathbf{Q}(\lambda)$ adjungierte Matrix $\mathbf{Q}(\lambda)_{\text{adj}}$ angegeben werden:

$$\mathbf{Q}(\lambda)_{\text{adj.}} = 1\,\lambda^2 + \mathbf{E}_1\,\lambda + \mathbf{E}_2$$

$$\mathbf{Q}(\lambda)_{\text{adj.}} = \begin{bmatrix} 1 & 0 & 0 \\ 0 & 1 & 0 \\ 0 & 0 & 1 \end{bmatrix} \lambda^2 + \begin{bmatrix} 1 & -6 & 3 \\ -2 & -3 & 2 \\ -4 & -14 & 8 \end{bmatrix} \lambda + \begin{bmatrix} -2 & -6 & 3 \\ -2 & -6 & 2 \\ -4 & -14 & 5 \end{bmatrix}$$

$$= \begin{bmatrix} \lambda^2 + \lambda - 2, & -6\,(\lambda + 1), & 3\,(\lambda + 1) \\ -2\,(\lambda + 1), & \lambda^2 - 3\,\lambda - 6, & 2\,(\lambda + 1) \\ -4\,(\lambda + 1), & -14\,(\lambda + 1), & \lambda^2 + 8\,\lambda + 5 \end{bmatrix}. \tag{C}$$

Bei diesem Beispiel ist also nicht in allen Minoren von $\mathbf{Q}(\lambda)$, also in allen Elementen von $\mathbf{Q}(\lambda)_{\text{adj.}}$, ein gemeinsamer Teiler enthalten. Das bedeutet, daß für die Matrix $\mathbf{A}$ das charakteristische Polynom $Q(\lambda)$ gleich dem Minimalpolynom $M(\lambda)$ ist.

7.9 Zusammenfassung

In den vorstehenden Abschnitten des Kapitels 7 wurden die für die System-theorie wichtigsten, das Strukturproblem betreffende, Ergebnisse der Matrizen-theorie behandelt. Dabei hat sich vor allem gezeigt, daß die Struktureigen-schaften eines dynamischen Problems auf zweierlei Wegen festgelegt und definiert werden können:

a) Die Systemmatrix A, also eine Koeffizientenmatrix mit reellen und/oder komplexen Zahlenelementen, wird in eine andere Koeffizientenmatrix, die Jordan-Matrix J, transformiert. An der Struktur von J kann die von A festgelegt bzw. abgelesen werden.

b) Die zur Systemmatrix A gehörende, das dynamische Verhalten des Über-tragungssystems bestimmende, charakteristische Matrix $Q(\lambda) = 1\,\lambda - A$ wird auf Smithsche Normalform $N(\lambda)$ transformiert. Die Struktur der Matrix A kann alleine an den Hauptdiagonalelementen von $N(\lambda)$, die Poly-nome in λ sind, abgelesen werden, wenn man die Linearfaktoren der Poly-nome bestimmt.

Folgende Begriffe sind für die Systemtheorie wichtig und seien nocheinmal aufgeführt:

a) *Der Rang der Matrix* A: Nur Matrizen A und B mit dem gleichen Rang r sind einander äquivalent.

b) *Die Struktur einer Matrix* A: Unter den beliebig vielen möglichen Strukturen sind die beiden für die Systemtheorie besonders wichtig, bei denen jeweils das Minimalpolynom gleich dem charakteristischen Polynom ist: $M(\lambda) = Q(\lambda)$. Dies ist dann der Fall, wenn

   I. die nn Matrix A einer Diagonalmatrix ähnlich ist (die zugehörige Jordan-Matrix J ist eine reine Diagonalmatrix) *und* n verschiedene Eigenwerte λ_i hat,

   II. die nn Matrix A zwar teilweise mehrfache Eigenwerte, aber für diese jeweils nur den Rangabfall $d_i = 1$ in $Q(\lambda_i)$ hat. Das bedeutet hier, daß jeder Jordanblock J_i nur aus einem Jordankästchen J_{i1} besteht.

c) *Die Eigenwerte* λ_i *einer Matrix*: Nur Matrizen A und B gleicher Struktur *und* mit gleichen Eigenwerten sind einander ähnlich.

8. Steuerbarkeit und Beobachtbarkeit eines Systems

8.1 Einleitung

Bevor wir mit der Besprechung einiger für die Systemtheorie und die Beschreibung des Systemverhaltens wichtiger neuer Begriffe beginnen, soll zunächst noch einmal daran erinnert werden, daß jede Beschreibung eines physikalischen Gebildes durch ein mathematisches Modell eine beachtliche Abstraktion bedeutet. Insbesondere wenn man sich auf lineare zeitinvariante Modelle, wie hier in dieser Schrift, beschränkt, wird man tatsächlich ablaufende Vorgänge in technischen Regelungssystemen nur angenähert beschreiben können. Dennoch hat die zu besprechende lineare Systemtheorie auch für die Praxis eine beachtliche Bedeutung, da sie geeignet ist, grundsätzliche Eigentümlichkeiten von dynamischen Systemen übersichtlich aufzuzeigen. An diese Tatsache sollte noch einmal erinnert werden, da die uns in Kapitel 8 beschäftigenden Begriffe der „Steuerbarkeit" und „Beobachtbarkeit" eines Systems zunächst recht abstrakt und wirklichkeitsfremd anmuten müssen. Tatsächlich wird sich aber zeigen, daß diese mit den Mitteln der Algebra zu definierenden und zu untersuchenden Begriffe uns ermöglichen, einige auch für die Praxis wichtige Erscheinungen bei der Regelung von komplizierten Mehrfachregelsystemen zu beschreiben und analytisch zu erfassen. Dabei muß hier noch bemerkt werden, daß die Begriffe *Steuerbarkeit* und *Beobachtbarkeit* eines Systems nicht nur im Bereich der als mathematisches Modell benützten *dynamischen Gleichungen* eine Bedeutung haben, sondern vor allem auch dann wichtig sind, wenn als mathematisches Modell die komplexen Übertragungsfunktionen und komplexen Übertragungsmatrizen [20, 23, 27] herangezogen werden. Wir werden uns im folgenden aber im wesentlichen bei der Erläuterung und Anwendung dieser Begriffe auf die dynamischen Gleichungen eines Übertragungssystems beschränken.

Ein Übertragungssystem soll hier wieder durch den Gleichungssatz:

$$\dot{\mathbf{u}}(t) = \mathbf{A}\,\mathbf{u}(t) + \mathbf{B}\,\mathbf{y}(t)$$
$$\mathbf{x}(t) = \mathbf{C}\,\mathbf{u}(t) + \mathbf{D}\,\mathbf{y}(t)$$

$$(8.1)$$

beschrieben werden, wobei wir hier wegen der wichtigen Bedeutung für die Praxis wieder den Fall des Mehrfachsystems einschließen wollen. Neben der quadratischen nn Systemmatrix $\mathbf{A}$ sind hier nun auch die nq *Eingangsmatrix* $\mathbf{B}$, die die q Eingänge $\mathbf{y}(t)$ mit den n Zustandsvariablen $\mathbf{u}(t)$ verbindet, die pn *Ausgangsmatrix* $\mathbf{C}$ und die qp *Durchgangsmatrix* $\mathbf{D}$, die gegebenenfalls die q Eingangsgrößen $\mathbf{y}(t)$ des Systems mit den p Ausgangssignalen $\mathbf{x}(t)$ verbindet, von besonderer Bedeutung.

Die Kriterien der *Beobachtbarkeit* und Steuerbarkeit eines Systems helfen vor allem die Frage entscheiden, ob die Dynamik eines gegebenen Übertragungssystems, der Regelstrecke $\mathbf{S}$, durch ein äußeres Netzwerk, den Regler $\mathbf{R}$, in

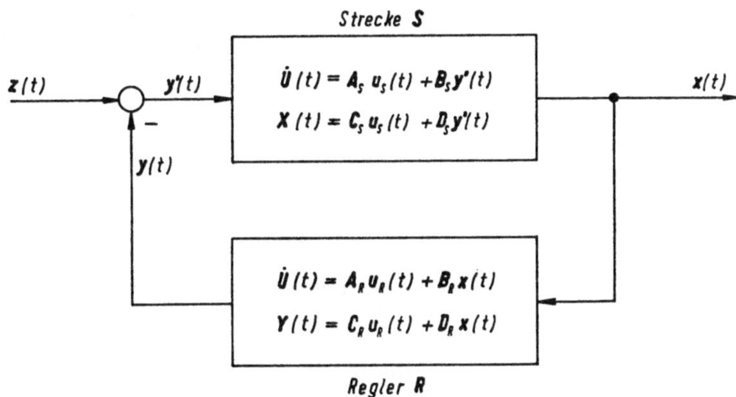

Bild 8.1. Prinzipblockschaltbild eines Mehrfachregelsystems, bestehend aus einer Regelstrecke S mit p Regelgrößen $x(t)$ und q Stellgrößen $y(t)$ und dem Mehrfachregler R.

gewünschtem Sinne verändert werden kann (Bild 8.1). Ursprünglich war das von *Kalmann* [9] entwickelte Konzept der *Steuerbarkeit* und *Beobachtbarkeit* vor allem für die Entwicklung von optimalen Regelungssystemen gedacht, woraus die folgenden (in den nächsten Abschnitten genauer zu definierenden) Fragen, die das Konzept begründen, zu verstehen sind:

a) Kann ein gegebenes, durch den Gleichungssatz (8.1) beschriebenes, dynamisches System durch Erregung der Eingangsklemmen $y_i(t)$ innerhalb eines endlichen Zeitintervalls T aus einem beliebigen vorgegebenen und durch den Zustandsvektor $u(t)$ charakterisierten Energiezustand in jeden beliebigen anderen Energiezustand übergeführt werden?

b) Kann bei einem gegebenen dynamischen System Gl. (8.1) durch Erregung der Eingangsklemmen $y_i(t)$ innerhalb eines endlichen Zeitintervalls T bei beliebig vorgegebenem Systemzustand $u(t)$ jeder beliebige Wert des Ausgangssignalvektors $x(t)$ erreicht werden?

c) Kann bei einem gegebenen nichterregten dynamischen System ($y(t) \equiv 0$ für $t \geq t_0$) aus dem zeitlichen Verlauf des Ausgangssignalvektors $x(t)$ innerhalb eines endlichen Beobachtungsintervalls T der Anfangszustand $u(t_0)$ des Systems zum Zeitpunkt t_0 bestimmt werden?

Die Beantwortung dieser vorstehenden Kernfragen, insbesondere auch für zeitvariable und diskrete Systeme, ist von fundamentaler Bedeutung für die moderne Regelungstheorie. Diese Antwort erweist sich dabei häufig als notwendige, manchmal auch hinreichende, Bedingung für die Existenz einer Lösung anderer zunächst gar nicht damit zusammenhängender Probleme der Regelungstechnik. Denn es erweist sich, daß auch das Konzept der *Steuerbarkeit* und *Beobachtbarkeit* eng mit dem Problem der numerischen und strukturellen Invarianten von Matrizen zusammenhängt, so daß auch hier ein guter Teil der Lösung in der konsequenten Beachtung der bekannten algebraischen Gesetzmäßigkeiten des Matrizenkalküls zu suchen ist.

In den folgenden Abschnitten werden wir die mit der *Steuerbarkeit* und *Beobachtbarkeit* eines Systems zusammenhängenden Fragen wieder in einer übersichtlichen Weise so darzustellen suchen, daß der Bearbeiter spezieller Fragen gegebenenfalls mit Hilfe der hier aufzuzeigenden Gesetzmäßigkeiten eine Lösung seines Problems sich erarbeiten kann. Aus diesem Grunde wird auch hier wieder auf die Nachvollziehung der Beweise der angeführten Sätze, die z. B. in [5, 9, 16, 33] zu finden sind, verzichtet, um damit eine größere Durchsichtigkeit des im Prinzip recht komplizierten Konzepts zu erreichen.

8.2 Das Problem der Steuerbarkeit und Beobachtbarkeit

Wir beginnen diesen Abschnitt mit den Grunddefinitionen zur Steuerbarkeit eines dynamischen Systems, die die Antworten auf die vorstehenden Fragen a) und b) darstellen:

Definition 8.1: Ein durch ein dynamisches Gleichungssystem (8.1) beschriebenes System heißt genau dann *vollständig z-steuerbar* wenn für alle Anfangszustände $\mathbf{u}_0 = \mathbf{u}(t)\,|_{t=t_0}$ eine Erregungsfunktion $\mathbf{y}(t)$ gefunden werden kann, die den Energiezustand $\mathbf{u}(t)$ des Systems in einer endlichen Zeit $T > 0$ in den Nullzustand $\mathbf{u}(T) \equiv \mathbf{0}$ überführt.

An dieser ersten Grunddefinition ist schon gleich die oben bereits erwähnte Tatsache zu erkennen, daß das hier zu besprechende Konzept zunächst nur von systemtheoretischem Interesse und nicht sehr wirklichkeitsnah ist. Denn es werden einmal der Eingangsfunktion $\mathbf{y}(t)$, die ein Vektor der zeitlichen Eingangssignale $y_i(t)$ ist, keinerlei Beschränkung in bezug auf ihre Amplitude, damit also auch auf die Amplituden der $y_i(t)$, auferlegt. Zum anderen ist auch das Zeitintervall T nicht, und dabei vor allem nicht nach unten, begrenzt, so daß damit auch nichts über die an einer technisch-physikalischen Systemanordnung aufzubringende Höhe des Energieaufwandes zur Änderung des Energiezustandes des Systems ausgesagt wird. Die Bedeutung dieser Grunddefinition 8.1 liegt vielmehr darin, daß durch sie gewisse Strukturfestlegungen des dynamischen Systems begründet werden, die über die Struktureigenschaften der Kernmatrix $\mathbf{A}$ in Gl. (8.1) hinausgehen. Diese Tatsache wird in den weiter unten aufgeführten Sätzen zum Ausdruck kommen, die festlegen, wann die hier zu besprechenden Definitionen von einem dynamischen System erfüllt werden. Der in Definition 8.1 festgelegte Begriff der *vollständigen z-Steuerbarkeit* bedeutet also, daß in einem, dieser Definition genügenden, System *allen* Energiespeichern unabhängig voneinander jeder gewünschte Energiezustand mit Hilfe eines *beliebigen* dazu notwendigen Signalvektors $\mathbf{y}(t)$ erteilt werden kann. Es gibt darüberhinaus noch eine schärfere Definition der Zustandssteuerbarkeit:

Definition 8.2: Ein dynamisches System Gl. (8.1) heißt genau dann *streng z-steuerbar*, wenn für alle Anfangszustände $\mathbf{u}_0 = \mathbf{u}(t)\,|_{t=t_0}$ eine Erregungsfunktion $y_i(t)$, $i = 1, 2, \ldots, n$, gefunden werden kann, die den Zustand $\mathbf{u}(t)$ des Systems innerhalb des endlichen Zeitintervalls $T > 0$ in den Nullzustand $\mathbf{u}(t) \equiv \mathbf{0}$ überführt.

Diese Definition unterscheidet sich von Definition 8.1 dadurch, daß nun schon jede Komponente $y_i(t)$, mit $y_j \equiv 0$ für $j \neq i$, des Eingangssignalvektors $\mathbf{y}(t)$ alleine ausreichen soll, alle Energiespeicher des dynamischen Systems in gewünschter Weise umzuladen. Wenn ein System diese Definition 8.2 erfüllt, dann erfüllt es sicher auch Definition 8.1, d. h.:

Satz 8.1: Jedes streng z-steuerbare System ist auch vollständig z-steuerbar.

Die streng z-steuerbaren Systeme sind vor allem bei der Theorie optimaler Systeme von Interesse.

Nun interessiert bei den Übertragungssystemen aber nicht nur der innere Energiezustand, sondern auch, ob und wie Eingangssignale auf den Systemausgang übertragen werden:

Definition 8.3: Ein dynamisches System Gl. (8.1) heißt genau dann *a-steuerbar*, wenn für jeden Anfangszustand $\mathbf{u}_0 = \mathbf{u}(t)\,|_{t=t_0}$ eine Eingangssignalfunktion $\mathbf{y}(t)$ gefunden werden kann, mit der jeder vorgegebene Ausgangssignalvektor $\mathbf{x}(t)$ erreicht werden kann.

Man kann zeigen [33], und wir werden dies anhand der folgenden Sätze noch erläutern, daß die a-Steuerbarkeit eines Systems zwar in gewisser Weise mit der z-Steuerbarkeit verknüpft ist, daß sich diese beiden Eigenschaften aber nicht gegenseitig implizieren.

Die letzte wichtige Grunddefinition betrifft die Beobachtbarkeit eines Systems:

Definition 8.4: Ein nicht eingangserregtes dynamisches System Gl. (8.1) ($\mathbf{y}(t) \equiv 0$ für $t \geq t_0$) heißt genau dann *vollständig beobachtbar*, wenn für jeden Anfangszustand $\mathbf{u}_0 = \mathbf{u}(t)\,|_{t=t_0}$ die Kenntnis der Systemmatrix $\mathbf{A}$, der Ausgangsmatrix $\mathbf{C}$ und des Ausgangssignalvektors $\mathbf{x}(t)$ ausreicht, in einem endlichen Zeitintervall $T > 0$ den Anfangszustand $\mathbf{u}_0 = \mathbf{u}(t_0)$ zu bestimmen.

Ob ein vorgegebenes dynamisches (lineares, zeitinvariantes) System vollständig steuerbar und/oder beobachtbar ist, kann anhand expliziter algebraischer Kriterien überprüft werden. Diese Kriterien sollen nun zunächst in Form einfacher Sätze zusammengefaßt werden, bevor dann in einfachen Beispielen die Bedeutung der uns hier interessierenden Begriffe weiter erläutert werden wird.

Satz 8.2: Ein dynamisches System ist dann *vollständig z-steuerbar*, wenn die n, nq-Matrix

$$\mathbf{Q} = [\mathbf{B}, \quad \mathbf{AB}, \quad \mathbf{A}^2\mathbf{B}, \ldots, \mathbf{A}^{n-1}\mathbf{B}] \tag{8.2}$$

den Rang n besitzt:

$$\text{Rang } \mathbf{Q} = n. \tag{8.3}$$

Um die Frage der vollständigen z-Steuerbarkeit zu prüfen, muß also aus der nn Systemmatrix $\mathbf{A}$ und der nq Eingangsmatrix $\mathbf{B}$ eine neue Matrix $\mathbf{Q}$ gebildet werden, deren Rang dann untersucht werden muß. Die Matrix $\mathbf{Q}$ hat dabei dann n Zeilen und nq Spalten, wenn $\mathbf{B}$ eine nq Matrix ist. Geht man von dem vorgegebenen System der Gl. (8.1) aus, dann ist zur Überprüfung der Bedingungen Gl. (8.2) und (8.3) ein beachtlicher numerischer Aufwand notwendig. Liegt das System in kanonischer Form vor, genauer, ist die Matrix $\mathbf{A}$ von Jordankanonischer Form $\mathbf{J}$, dann ist, wie wir später noch zeigen, die Auswertung der Gln. (8.2) und (8.3) sehr einfach.

Beispiel 8.1: Gegeben sind die dynamischen Gleichungen eines Systems zu:

$$\begin{bmatrix} \dot{u}_1(t) \\ \dot{u}_2(t) \\ \dot{u}_3(t) \end{bmatrix} = \begin{bmatrix} -1 & -2 & -2 \\ 0 & -1 & 1 \\ 1 & 0 & -1 \end{bmatrix} \begin{bmatrix} u_1(t) \\ u_2(t) \\ u_3(t) \end{bmatrix} + \begin{bmatrix} 2 \\ 0 \\ 1 \end{bmatrix} y(t)$$

$$x(t) = \begin{bmatrix} 1 & 1 & 0 \end{bmatrix} \begin{bmatrix} u_1(t) \\ u_2(t) \\ u_3(t) \end{bmatrix}.$$

(A)

Es handelt sich hier also um ein Einfachsystem, bei dem die Matrix $\mathbf{B}$ eine $n\,1$ Matrix ist. Als erstes bilden wir die Matrix $\mathbf{Q}$ (die nicht mit der charakteristischen Matrix $\mathbf{Q}(\lambda)$ verwechselt werden darf) nach Gl. (8.2):

$$\mathbf{B} = \begin{bmatrix} 2 \\ 0 \\ 1 \end{bmatrix}; \quad \mathbf{A}\mathbf{B} = \begin{bmatrix} -1 & -2 & -2 \\ 0 & -1 & 1 \\ 1 & 0 & -1 \end{bmatrix} \begin{bmatrix} 2 \\ 0 \\ 1 \end{bmatrix} = \begin{bmatrix} -4 \\ 1 \\ 1 \end{bmatrix}; \quad \mathbf{A}^2\mathbf{B} = \begin{bmatrix} 0 \\ 0 \\ -5 \end{bmatrix}.$$

damit ist dann

$$\mathbf{Q} = [\mathbf{B}, \mathbf{A}\mathbf{B}, \mathbf{A}^2\mathbf{B}] = \begin{bmatrix} 2 & -4 & 0 \\ 0 & 1 & 0 \\ 1 & 1 & -5 \end{bmatrix}.$$

(B)

Nun prüfen wir den Rang von $\mathbf{Q}$ und speziell, ob $n = 3$ (weil $\mathbf{A}$ eine $3 \cdot 3$ Matrix ist), indem wir $|\mathbf{Q}|$ bilden:

$$|\mathbf{Q}| = \begin{vmatrix} 2 & -4 & 0 \\ 0 & 1 & 0 \\ 1 & 1 & -5 \end{vmatrix} = -10 \neq 0.$$

(C)

Es ist also wegen der nicht verschwindenden Determinante $|\mathbf{Q}|$ der Rang $\mathbf{Q}$ gleich 3. Das System ist also vollständig z-steuerbar. (Normalerweise wird man in der numerischen Praxis andere Methoden zur Rangbestimmung z. B. den Gaußschen Algorithmus heranziehen.)

Satz 8.3: Ein dynamisches System ist dann *streng z-steuerbar*, wenn die nn Matrizen $\mathbf{Q}_i$

$$\mathbf{Q}_i = [\mathbf{B}_i, \mathbf{A}\mathbf{B}_i, \mathbf{A}^2\mathbf{B}_i, \ldots, \mathbf{A}^{n-1}\mathbf{B}_i], \quad i = 1, 2, \ldots, q \tag{8.4}$$

alle den Rang n haben:

$$\text{Rang } \mathbf{Q}_i = n, \quad i = 1, 2, \ldots, q. \tag{8.5}$$

Die $\mathbf{B}_i$ in Gl. (8.4) sind dabei die q Spaltenvektoren der nq Eingangsmatrix $\mathbf{B}$.

Satz 8.4: Ein dynamisches System ist *a-steuerbar*, wenn die p, $(n+1)q$ Matrix **S**:

$$\mathbf{S} = [\mathbf{CB}, \ \mathbf{CAB}, \ \mathbf{CA^2B}, \ \ldots, \ \mathbf{CA^{n-1}B}, \ \mathbf{D}] \tag{8.6}$$

den Rang p besitzt:

$$\text{Rang } \mathbf{S} = p. \tag{8.7}$$

Die Matrix **S**, an deren Bildung alle 4 Matrizen **A**, **B**, **C** und **D** des dynamischen Gleichungssystems (8.1) beteiligt sind, hat also p Zeilen, wegen der pn Ausgangsmatrix **C**, und $(n+1)q$ Spalten. Vergleicht man die Gleichungen (8.2), (8.4) und (8.6) miteinander, so kann man die Bedeutung der oben gemachten Bemerkung, daß die z-Steuerbarkeit die a-Steuerbarkeit nicht impliziert, erkennen. Denn einmal können die Matrizen **Q** und $\mathbf{Q}_i$ durchaus einen Rangdefekt haben, ohne daß dies bei der Matrix **S** der Fall sein muß. Zum anderen kann **S** einen Rangdefekt haben, währens **Q** und die $\mathbf{Q}_i$ den notwendigen Rang haben. Vor allem aber kann man an Gl. (8.6) erkennen, daß alleine schon durch die *Durchgangsmatrix* **D**, die gegebenenfalls die Eingangssignale $y_k(t)$ direkt mit den $x_l(t)$ verbindet, sichergestellt werden kann, daß ein System vollständig a-steuerbar wird. Andererseits muß hierzu noch einmal daran erinnert werden, daß die Matrix **D** nur eine gewisse theoretische Bedeutung hat. Denn in der Praxis werden kaum die Ausgangssignale eines Systems direkt von den Eingangssignalen beeinflußt werden. Das wirkt sich, wie wir aus Kapitel 3 wissen, ja darin aus, daß in den komplexen Übertragungsfunktionen, die einem dynamischen Gleichungssystem unter der Voraussetzung der vollständigen z-Steuerbarkeit und vollständigen Beobachtbarkeit zugeordnet werden können, einige oder alle Zählerpolynome der komplexen Übertragungsmatrix den gleichen Grad wie die Nennerpolynome erhalten, wenn $\mathbf{D} \neq 0$ ist.

Satz 8.5: Ein dynamisches System ist vollständig beobachtbar, wenn die n, np Matrix **P**

$$\mathbf{P} = [\mathbf{C}^T, \ \mathbf{A}^T\mathbf{C}^T, \ (\mathbf{A}^T)^2\mathbf{C}^T, \ \ldots, \ (\mathbf{A}^T)^{n-1}\mathbf{C}^T] \tag{8.8}$$

den Rang n hat:

$$\text{Rang } \mathbf{P} = n. \tag{8.9}$$

In Gl. (8.8) bedeutet das hochgestellte T das Transponierungszeichen. Auch die Gln. (8.8) und (8.9) lassen sich, wie später noch gezeigt werden wird, leicht auswerten, wenn das dynamische System in Jordankanonischer Form vorliegt.

Beispiel 8.2: Es wird die vollständige Beobachtbarkeit des Systems aus Beispiel 8.1 untersucht. Mit

$$\mathbf{A} = \begin{bmatrix} -1 & -2 & -2 \\ 0 & -1 & 1 \\ 1 & 0 & -1 \end{bmatrix} \tag{A}$$

und
$$\mathbf{C} = [\ \ 1 \quad\quad 1 \quad\quad 0\ ]$$
ist

$$\mathbf{C}^T = \begin{bmatrix} 1 \\ 1 \\ 0 \end{bmatrix};\quad \mathbf{A}^T\,\mathbf{C}^T = \begin{bmatrix} -1 & 0 & 1 \\ -2 & -1 & 0 \\ -2 & 1 & -1 \end{bmatrix}\begin{bmatrix} 1 \\ 1 \\ 0 \end{bmatrix} = \begin{bmatrix} -1 \\ -3 \\ -1 \end{bmatrix};$$

$$(\mathbf{A}^T)^2\,\mathbf{C}^T = (\mathbf{A}^2)^T\,\mathbf{C}^T = \begin{bmatrix} 0 \\ 5 \\ 0 \end{bmatrix},$$

damit ist

$$\mathbf{P} = [\mathbf{C}^T,\ \mathbf{A}^T\,\mathbf{C}^T,\ (\mathbf{A}^2)^T\,\mathbf{C}^T] = \begin{bmatrix} 1 & -1 & 0 \\ 1 & -3 & 5 \\ 0 & -1 & 0 \end{bmatrix} \tag{B}$$

und

$$|\mathbf{P}| = \begin{vmatrix} 1 & -1 & 0 \\ 1 & -3 & 5 \\ 0 & -1 & 0 \end{vmatrix} = 5 \neq 0. \tag{C}$$

Das heißt, der Rang von $\mathbf{P}$ ist gleich 3 und damit das System auch vollständig beobachtbar.

8.3 Numerische und strukturelle Invarianten der Einfachsysteme

Wir beginnen nun mit der Betrachtung des Einflusses der numerischen und strukturellen Invarianten der Systemmatrix $\mathbf{A}$, der Eingangsmatrix $\mathbf{B}$ und der Ausgangsmatrix $\mathbf{C}$ auf die Steuerbarkeit und Beobachtbarkeit eines Systems. Hier werden wir uns besonders auf die in Kapitel 7 ausführlich besprochenen Strukturinvarianten der Smithschen bzw. der Jordanschen kanonischen Form einer Systemmatrix $\mathbf{A}$ beziehen. Um den wesentlichen Unterschied zwischen a) den Einfachsystemen und b) den Mehrfachsystemen herauszustellen, sollen diese Systemgruppen getrennt behandelt werden, so daß in diesem Abstand zunächst die Einfachsysteme und im nächsten Abschnitt die Mehrfachsysteme besprochen werden.

Im Falle von Einfachsystemen mit einem Eingang $y(t)$ und einem Ausgang $x(t)$ entartet in Gl. (8.1) die Eingangsmatrix $\mathbf{B}$ zu einer $n1$ Spaltenmatrix $\mathbf{B}_1$, die Ausgangsmatrix $\mathbf{C}$ zu einer $1n$ Zeilenmatrix und gegebenenfalls die Durchgangsmatrix $\mathbf{D}$ zu dem Element D:

$$\begin{bmatrix} \dot{u}_1(t) \\ \vdots \\ \dot{u}_n(t) \end{bmatrix} = \begin{bmatrix} A_{11} \dots\dots A_{1n} \\ \vdots \quad\quad \vdots \\ A_{n1} \dots\dots A_{nn} \end{bmatrix}\begin{bmatrix} u_1(t) \\ \vdots \\ u_n(t) \end{bmatrix} + \begin{bmatrix} B_1 \\ \vdots \\ B_n \end{bmatrix} y(t)$$

$$x(t) = [C_1, \dots\dots, C_n]\begin{bmatrix} u_1(t) \\ \vdots \\ u_n(t) \end{bmatrix} + D\,y(t). \tag{8.10}$$

Für das Einfachsystem ist zunächst die Definition 8.1 mit der Definition 8.2 identisch, d. h. der Unterschied zwischen vollständig z-steuerbaren und streng z-steuerbaren Systemen existiert nur bei Systemen mit mehr als einem Eingang. Man prüft auch leicht nach, daß die expliziten algebraischen Kriterien hierzu in den Sätzen 8.2 und 8.3 für $\mathbf{B} = \mathbf{B}_1$ identisch sind.

Um zu den erwünschten Strukturaussagen für Einfachsysteme zu kommen, die angeben, wann ein Einfachsystem vollständig z-steuerbar und vollständig beobachtbar ist, müssen die Gln. (8.2) und (8.8) daraufhin untersucht werden, wie der Rang der Matrizen $\mathbf{Q}$ bzw. $\mathbf{P}$ von der Struktur der Matrix $\mathbf{A}$ einerseits und den Elementen der Spaltenmatrix $\mathbf{B}$ und der Zeilenmatrix $\mathbf{C}$ andererseits abhängt. Diese Untersuchung geschieht mit Hilfe der in den Abschnitten 5.4 und 5.5 besprochenen Begriffe der Matrizenpolynome und Matrizenfunktionen. Untersucht man zunächst den Rang von

$$\mathbf{Q} = [\mathbf{B}, \ \mathbf{AB}, \ \ldots, \ \mathbf{A}^{n-1}\mathbf{B}], \tag{8.2}$$

dann darf, wenn $\mathbf{Q}$ den Rang n haben soll, keine der Spalten in Gl. (8.2) durch Linearkombination aus den anderen herzustellen sein. Es muß also gelten:

$$c_0\mathbf{B} + c_1\mathbf{AB} + \ldots + c_{n-1}\mathbf{A}^{n-1} \ \mathbf{B} \neq 0$$
$$(c_0\mathbf{1} + c_1\mathbf{A} + \ldots + c_{n-1}\mathbf{A}^{n-1}) \ \mathbf{B} \neq 0 \tag{8.11a}$$

bzw. auch, da sicherlich $\mathbf{B} \neq 0$ sein muß, wenn das System überhaupt von $y(t)$ erregt werden kann,

$$(c_0\mathbf{1} + c_1\mathbf{A} + \ldots c_{n-1}\mathbf{A}^{n-1}) \neq 0. \tag{8.11b}$$

Da nun das Minimalpolynom $M(\lambda) = a_0 + a_1\lambda + \ldots a_n\lambda^m$ mit dem Grad m ein annullierendes Polynom ist (Abschnitt 5.4), für das die Cayley-Hamilton-Gleichung gilt

$$M(\mathbf{A}) \equiv 0, \tag{8.12}$$

kann die Potenz $\mathbf{A}^m$ aus den Potenzen $\mathbf{A}^i$ mit $i < m$ z. B. mit Hilfe der Polynomkoeffizienten des Minimalpolynoms erzeugt werden:

$$\mathbf{A}^m = -a_m^{-1} [a_0\mathbf{1} + a_1\mathbf{A} + \ldots + a_{m-1}\mathbf{A}^{m-1}]. \tag{8.13}$$

Da nun der Rang $\mathbf{Q} = n$ sein soll, wo mit der nn Matrix $\mathbf{A}$ auch der Grad des charakteristischen Polynoms zu n festliegt, folgt aus diesen Überlegungen, daß

$$m = n \tag{8.14}$$

sein muß und da für die Steuerbarkeit ganz analoge Beziehungen für $\mathbf{A}^T$ gelten, der Satz:

Satz 8.6: Notwendig für vollständige z-Steuerbarkeit und vollständige Beobachtbarkeit eines Einfachsystems ist

$$M(\lambda) = Q(\lambda). \tag{8.15}$$

Es muß also zunächst einmal das zur Systemmatrix $\mathbf{A}$ in den Gln. (8.1) und (8.10) gehörende charakteristische Polynom $Q(\lambda) = |\mathbf{Q}(\lambda)| = |\lambda\mathbf{1} - \mathbf{A}|$ gleich dem zu $\mathbf{A}$ gehörenden Minimalpolynom $M(\lambda)$ sein. Matrizen, deren Minimalpolynom identisch mit dem charakteristischen Polynom ist, nennt man auch *nichtderogatorisch* oder *zyklisch*. Transformiert man die charakteristische Matrix $\mathbf{Q}(\lambda)$ einer nichtderogatorischen Matrix $\mathbf{A}$ auf Smithsche Normalform $\mathbf{N}(\lambda)$, dann muß sie also (Abschnitt 7.3) folgende Form haben:

$$\mathbf{N}(\lambda) = \begin{bmatrix} 1 & 0 \cdots\cdots\cdots & 0 \\ 0 & 1 & \vdots \\ \vdots & & \vdots \\ \vdots & & \vdots \\ \vdots & 1 & 0 \\ 0 \cdots\cdots\cdots & 0 & M(\lambda) \end{bmatrix}. \tag{8.16}$$

Die Bedingung (8.11) ist aber nur hinreichend, da nur die Struktureigenschaft von $\mathbf{A}$, nicht aber die Eigenschaften der Eingangsmatrix $\mathbf{B}$ bzw. der Ausgangsmatrix $\mathbf{C}$ berücksichtigt wurden. Im einzelnen Anwendungsfall wird man sicherlich die Matrizen $\mathbf{Q}$ und $\mathbf{P}$ in den Gln. (8.2) und (8.8) auf ihren Rang hin untersuchen, um Aufschluß über die Steuerbarkeit und Beobachtbarkeit eines Systems zu erhalten. Da aber, wie wir wissen, die dynamischen Eigenschaften eines Systems besonders durchsichtig werden, wenn die Systemmatrix $\mathbf{A}$ in Jordankanonischer Form vorliegt, sollen nun die Strukturen der Eingangs- und der Ausgangsmatrix untersucht werden, wenn das Übertragungssystem Jordankanonische Form hat:

$$\dot{\boldsymbol{\mu}}(t) = \mathbf{J}\,\boldsymbol{\mu}(t) + \begin{bmatrix} \beta_1 \\ \vdots \\ \beta_n \end{bmatrix} y(t)$$

$$x(t) = [\gamma_1, \ldots, \gamma_n]\,\boldsymbol{\mu}(t) + D\,y(t). \tag{8.17}$$

Zu Gl. (8.17) gehören die bekannten Äquivalenzbeziehungen

$$\mathbf{J} = \mathbf{T}^{-1}\mathbf{A}\mathbf{T} \tag{8.18}$$

und mit $\mathbf{u}(t) = T\,\boldsymbol{\mu}(t)$ auch

$$\beta = \mathbf{T}^{-1}\mathbf{B}$$

$$\gamma = \mathbf{C}\,\mathbf{T}. \tag{8.19}$$

Die Durchgangsmatrix $\mathbf{D}$, bzw. hier im Falle des Einfachsystems das Element D, die die Eingangssignale mit den Ausgangssignalen direkt verbinden, bleiben von der Äquivalenztransformation unberührt.

Aus der notwendigen Bedingung für die vollständige Beobachtbarkeit und Steuerbarkeit eines Systems Gl. (8.15) folgt, daß wir nun zwei Fälle für die nichtderogatorischen Matrizen $\mathbf{J}$ zu untersuchen haben:

1. $\mathbf{J}$, und damit $\mathbf{A}$, hat n durchweg verschiedene Eigenwerte λ_i und damit die Form:

$$\mathbf{J} = \begin{bmatrix} \lambda_1 & 0 \cdots\cdots\cdots & 0 \\ 0 & \lambda_2 & \vdots \\ \vdots & \ddots & \vdots \\ \vdots & \ddots & 0 \\ 0 & \cdots\cdots\cdots 0 & \lambda_n \end{bmatrix}. \tag{8.20}$$

2. $\mathbf{J}$, und damit $\mathbf{A}$, hat eine Anzahl von s mit $s < n$ p_i-fachen Eigenwerten λ_i, für diese aber jeweils nur den Rangabfall $d_i = 1$ in $\mathbf{Q}(\lambda_i)$. Das bedeutet, daß für alle λ_i die Jordankästchen gleich den Jordanblöcken $\mathbf{J}_i$ sind:

$$\mathbf{J}_i(\lambda_i,\, p_i) = \begin{bmatrix} \lambda_{i,1} & 1 & 0 & \cdots\cdots\cdots & 0 \\ 0 & \lambda_{i,2} & 1 & & \vdots \\ \vdots & & & & \vdots \\ \vdots & & & & 1 \\ 0 & \cdots\cdots\cdots\cdots & & & \lambda_{i,p_i} \end{bmatrix},\ i = 1, 2, \ldots, s. \tag{8.21}$$

Nur wenn die Jordan-Matrix die Form der Gl. (8.20), bzw. bei s verschiedenen Eigenwerten λ_i nur s Jordanblöcke der Form Gl. (8.21), hat, ist die Forderung $M(\lambda) = Q(\lambda)$ erfüllt (Abschnitt 7.9).

Untersucht man nun für den Fall 1., bei dem $\mathbf{J}$ die n verschiedenen Eigenwerte hat, den Rang der Matrizen $\mathbf{Q}$ und $\mathbf{P}$:

$$\mathbf{Q} = [\boldsymbol{\beta},\ \mathbf{J}\,\boldsymbol{\beta},\ \ldots\ldots\ldots,\ \mathbf{J}^{n-1}\,\boldsymbol{\beta}] \tag{8.22a}$$

$$\mathbf{P} = [\boldsymbol{\gamma}^T,\ \mathbf{J}^T,\ \boldsymbol{\gamma}^T,\ \ldots\ldots\ldots,\ \mathbf{J}^{n-1}\,\boldsymbol{\gamma}^T], \tag{8.22b}$$

dann müssen, wenn $|\mathbf{Q}| \neq 0$ und $|\mathbf{P}| \neq 0$ sein soll, damit $\mathbf{Q}$ und $\mathbf{P}$ jeweils den Rang n haben, alle Elemente β_i und γ_i der Eingangsspaltenmatrix β_1 und der Ausgangszeilenmatrix γ_1 von Null verschieden sein, da $\mathbf{J}$ eine reine Diagonalmatrix ist:

Satz 8.7: Ein Einfachsystem mit n verschiedenen Eigenwerten λ_i, dessen nn Systemmatrix Jordankanonische Form hat, ist genau dann vollständig steuerbar (beobachtbar), wenn sämtliche Elemente der Eingangsmatrix β_1 (der Ausgangsmatrix γ_1) von Null verschieden sind

$$\beta_i \neq 0, \quad i = 1, 2, \ldots\ldots, n, \tag{8.23a}$$

$$\gamma_i \neq 0, \quad i = 1, 2, \ldots\ldots, n. \tag{8.23b}$$

Untersucht man den Fall 2., bei dem bei $s < n$ verschiedenen Eigenwerten λ_i die Matrix $\mathbf{J}$ nichtderogatisch ist, entsprechend, findet man

Satz 8.8: Ein nichtderogatisches Einfachsystem mit $s < n$ verschiedenen Eigenwerten, dessen nn Systemmatrix Jordankanonische Form hat, ist genau dann vollständig steuerbar (beobachtbar), wenn für die Elemente β_k (γ_k) der Eingangsmatrix β_1 (der Ausgangsmatrix γ_1) gilt:

$$\beta_k \neq 0, \quad k = \sum_{v=1}^{i} p_v$$
$$i = 1, 2, \ldots\ldots, s \tag{8.24a}$$

$$\gamma_k \neq 0, \quad k = 1, 1 + p_1, \ldots\ldots, 1 + \sum_{p=1}^{s-1} p_i. \tag{8.24b}$$

Beispiel 8.3: Für ein System mit der dreifachen Wurzel λ_1, der einfachen Wurzel λ_2 und der vierfachen Wurzel λ_3 müssen die Systemgleichungen wie folgt aussehen, wenn das Jordankanonische System vollständig steuerbar und beobachtbar sein soll:

$$
\begin{bmatrix} \dot{\mu}_1(t) \\ \dot{\mu}_2(t) \\ \vdots \\ \vdots \\ \vdots \\ \vdots \\ \vdots \\ \dot{\mu}_8(t) \end{bmatrix}
=
\begin{bmatrix}
\lambda_1 & 1 & 0 & 0 & . & . & . & . \\
0 & \lambda_1 & 1 & 0 & . & . & . & . \\
0 & 0 & \lambda_1 & 0 & . & . & . & . \\
0 & 0 & 0 & \lambda_2 & 0 & . & . & 0 \\
0 & . & . & . & \lambda_3 & 1 & 0 & 0 \\
. & . & . & . & 0 & \lambda_3 & 1 & 0 \\
. & . & . & . & 0 & 0 & \lambda_3 & 1 \\
0 & . & . & 0 & 0 & 0 & 0 & \lambda_3
\end{bmatrix}
\begin{bmatrix} \mu_1(t) \\ \vdots \\ \vdots \\ \vdots \\ \vdots \\ \vdots \\ \vdots \\ \mu_8(t) \end{bmatrix}
+
\begin{bmatrix} 0 \\ 0 \\ \beta_1 \\ \beta_2 \\ 0 \\ 0 \\ 0 \\ \beta_3 \end{bmatrix} y(t)
$$

$$\vdots \quad \vdots \tag{A}$$

$$x(t) \quad = [\; \gamma_1 \;\; 0 \;\; 0 \;\; \gamma_2 \;\; \gamma_3 \;\; 0 \;\; 0 \;\; 0 \;] \quad \mu(t) \quad + \quad D\, y(t).$$

Das bedeutet, wie in Kapitel 3 ausgeführt wurde, daß das System durch die Parallelschaltung dreier Übertragungssysteme dargestellt werden kann (Bild 8.2).

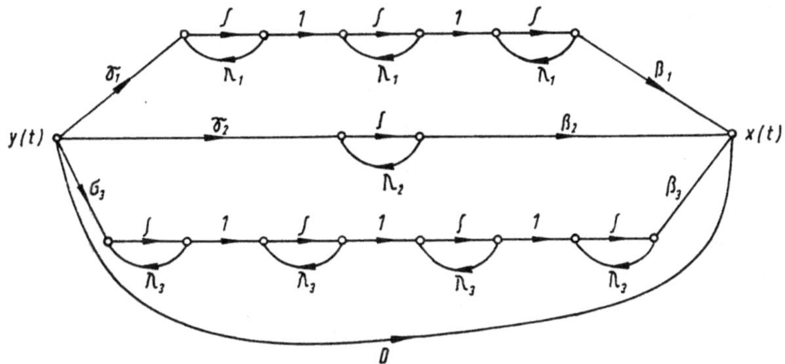

Bild 8.2. Signalflußdiagramm des vollständig beobachtbaren und steuerbaren Systems aus Beispiel 8.3.

Beispiel 8.4: Gegeben ist das dynamische System in Bild 8.3. Es soll geprüft werden, ob das System vollständig steuerbar und beobachtbar ist. Aus Bild 8.3 lesen wir folgendes

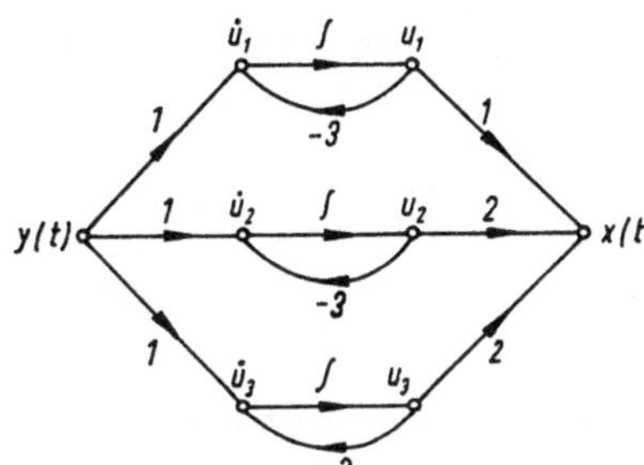

Bild 8.3
Übertragungssystem aus Beispiel 8.4.

dynamisches Gleichungssystem ab:

$$\begin{bmatrix} \dot{u}_1(t) \\ \dot{u}_2(t) \\ \dot{u}_3(t) \end{bmatrix} = \begin{bmatrix} -3 & 0 & 0 \\ 0 & -3 & 0 \\ 0 & 0 & -2 \end{bmatrix} \cdot \begin{bmatrix} u_1(t) \\ u_2(t) \\ u_3(t) \end{bmatrix} + \begin{bmatrix} 1 \\ 1 \\ 1 \end{bmatrix} y(t)$$

$$x(t) = \begin{bmatrix} 1 & 2 & 2 \end{bmatrix} \cdot \begin{bmatrix} u_1(t) \\ u_2(t) \\ u_3(t) \end{bmatrix}.$$

(A)

Das so gegebene System hat eine Jordankanonische Systemmatrix **A**. Da für den doppelten Eigenwert $\lambda_1 = \lambda_2 = -3$ zwei Jordankästchen vorhanden sind, ist hier sofort zu erkennen, daß das Minimalpolynom die Form

$$M(\lambda) = (\lambda + 3)(\lambda + 2) \tag{B}$$

hat und das charakteristische Polynom

$$Q(\lambda) = (\lambda + 3)^2 (\lambda + 2) \tag{C}$$

lautet. Damit ist schon geklärt, daß das System nicht vollständig beobachtbar und steuerbar ist, da $M(\lambda) \neq Q(\lambda)$ ist. Zur Übung weisen wir dies auch mit Hilfe der Gln. (8.2) und (8.8) nach:

$$\mathbf{Q} = [\mathbf{B}, \mathbf{A\,B}, \mathbf{A^2\,B}] = \begin{bmatrix} 1 & -3 & 9 \\ 1 & -3 & 9 \\ 1 & -2 & 4 \end{bmatrix}. \tag{D}$$

Wegen der Zeilenabhängigkeit der 2. und 3. Zeile ist hier

$$\text{Rang } \mathbf{Q} = 2 \neq 3. \tag{E}$$

Beispiel 8.5: In Bild 8.4 ist ein, dem System in Bild 8.3 sehr ähnliches, System dargestellt, das nun durch diese dynamischen Gleichungen beschrieben wird:

$$\mathbf{\dot{u}}(t) = \begin{bmatrix} -3 & 1 & 0 \\ 0 & -3 & 0 \\ 0 & 0 & -2 \end{bmatrix} \mathbf{u}(t) = \begin{bmatrix} 1 \\ 1 \\ 1 \end{bmatrix} y(t)$$

$$x(t) = [\ \ 1 \ \ \ 2 \ \ \ 2\ ]\,\mathbf{u}(t). \tag{A}$$

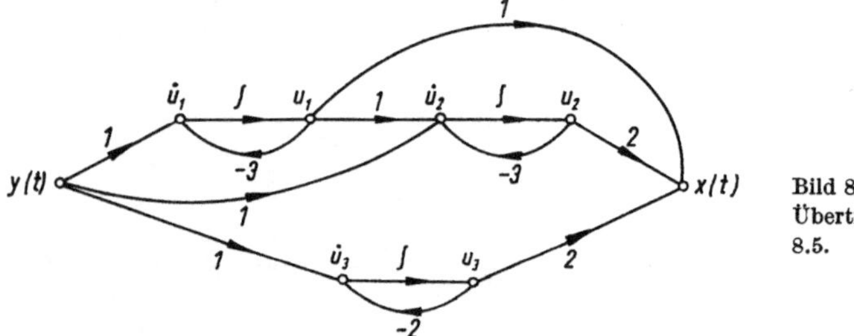

Bild 8.4
Übertragungssystem zu Beispiel 8.5.

Wir bestimmen die Matrix $\mathbf{Q}$ zu

$$\mathbf{Q} = [\mathbf{B}, \mathbf{A\,B}, \mathbf{A^2\,B}] = \begin{bmatrix} 1 & -2 & 3 \\ 1 & -3 & 9 \\ 1 & -2 & 4 \end{bmatrix} \tag{B}$$

und deren Determinante zu:

$$|\mathbf{Q}| = -1.$$

Es ist also Rang $\mathbf{Q} = 3$ und das System vollständig steuerbar. Für die Matrix $\mathbf{P}$ finden wir mit Gl. (8.8):

$$\mathbf{P} = [\mathbf{C}^T, \mathbf{A}^T\,\mathbf{C}^T, (\mathbf{A}^T)^2\,\mathbf{C}^T] = \begin{bmatrix} 1 & -3 & 9 \\ 2 & -5 & 12 \\ 2 & -4 & 8 \end{bmatrix} \tag{C}$$

und

$$|\mathbf{P}| = +2,$$

also auch Rang $\mathbf{P} = 3$, womit das System auch vollständig beobachtbar ist. Bei diesem Beispiel mußte die vollständige Beobachtbarkeit und Steuerbarkeit formal mit den Gln. (B) und (C) untersucht werden, da die Jordanmatrix $\mathbf{A}$ in Gl. (A) zwar eine notwendige Bedingung $(M(\lambda) = \mathbf{Q}(\lambda))$ erfüllt, aber der Nachweis der auch hinreichenden Bedingung für das Gesamtsystem gegeben werden mußte.

Nun betrachten wir noch die *a-Steuerbarkeit* eines Einfachsystems. In Satz 8.4 wurde festgelegt, daß die Matrix S den Rang $S = p$ haben muß, wo p die Anzahl der Ausgangssignale ist. Im Falle des Einfachsystems ist $p = 1$ und S hat die Form:

$$S = [C_1\ B_1,\ C_1\ A\ B_1,\ \ldots\ldots\ldots,\ C_1\ A^{n-1}\ B_1,\ D],\tag{8.25}$$

und ist also eine Zeilenmatrix, da D und auch alle anderen Elemente Skalare sind, da das Produkt einer Zeile mit einer Spalte (z. B. $C_1\ B_1$) ein Skalar ist. Somit bedeutet die Forderung nach a-Steuerbarkeit eines Einfachsystems, daß die Elemente S_i nicht durchweg verschwinden dürfen.

Satz 8.9: Ein Einfachsystem ist dann vollständig a-steuerbar, wenn nicht sämtliche Elemente der $1n$ (Zeilen-)Matrix S verschwinden.

Daher genügt für die vollständige a-Steuerbarkeit schon das Nichtverschwinden des Durchgangselementes D oder auch des Elementes $C_1\ B_1$. Man kann dann leicht nachweisen, daß der Satz gilt:

Satz 8.10: Ein vollständig z-steuerbares und beobachtbares Einfachsystem ist auch stets a-steuerbar.

Wir gehen nun auch kurz auf die Bedeutung der Steuerbarkeit und Beobachtbarkeit des durch rationale Funktionen beschriebenen Einfachsystems ein. Wendet man auf Gl. (8.10) die Laplace-Transformation an und setzt dann die erste Gleichung in die zweite ein, findet man:

$$X(s) = [C\ (1\ s - A)^{-1}\ B + D]\ Y(s)\tag{8.26}$$

und damit auch die komplexe Übertragungsfunktion $F(s)$ des Einfachsystems zu

$$F(s) = \frac{X(s)}{Y(s)} = C\ (1\ s - A)^{-1}\ B + D\tag{8.27a}$$

$$F(s) = C\frac{(1\ s - A)_{\text{adj.}}}{|1\ s - A|}\ B + D = C\frac{T_{n-1}(s)\ K(s)}{Q(s)}\ B + D.\tag{8.27b}$$

Dabei ist $Q(s)$ das charakteristische Polynom des Systems diesmal mit der Variablen s notiert. Mit $K(s)$ ist die Polynommatrix bezeichnet, die aus der zu $Q(s) = [1\ s - A]$ gehörenden adjungierten Matrix $Q(s)_{\text{adj.}}$ entsteht, wenn ein gegebenenfalls in allen Minoren $(n - 1)$-ter Ordnung von $|Q(s)|$ vorhandener gemeinsamer Determinantenteiler abgespalten wurde. Nur wenn $M(s) = Q(s)$ gilt, ist $T_{n-1}(s) = $ const. Gilt dagegen

$$Q(s) \neq M(s),$$

dann muß aber gerade gelten:

$$Q(s) = T_{n-1}(s)\ M(s).\tag{8.28}$$

In Gl. (8.27) kann also durch $T_{n-1}(s)$ gekürzt werden, so daß dann das Nennerpolynom von $F(s)$ nicht mehr das charakteristische Polynom $Q(s)$, sondern nur noch das Minimalpolynom $M(s)$ ist. Diese Tatsache hat für die Stabilitätsanalyse eine große Bedeutung, da durch die komplexe Übertragungsfunktion $F(s)$ nur der vollständig beobachtbare und steuerbare Teil eines Einfachsystems erfaßt wurde und gegebenenfalls in $T_{n-1}(s)$ vorhandene Wurzeln mit positiven Realteilen (instabile Wurzeln) nicht erfaßt werden, wenn man die Stabilitätsanalyse nicht mit Hilfe des *Eigenwertproblems* an der Systemmatrix $\mathbf{A}$ vornimmt.

Satz 8.11: Die komplexe Übertragungsfunktion $F(s)$ eines Einfachsystems erfaßt nur den vollständig steuerbaren und beobachtbaren Teil des Systems.

Beispiel 8.6: Als Beispiel betrachten wir noch einmal das Einfachsystem aus Beispiel 8.4 und Bild 8.3:

$$\begin{bmatrix} \dot{u}_1(t) \\ \dot{u}_2(t) \\ \dot{u}_3(t) \end{bmatrix} = \begin{bmatrix} -3 & 0 & 0 \\ 0 & -3 & 0 \\ 0 & 0 & -2 \end{bmatrix} \begin{bmatrix} u_1(t) \\ u_2(t) \\ u_3(t) \end{bmatrix} + \begin{bmatrix} 1 \\ 1 \\ 1 \end{bmatrix} y(t) \tag{A}$$

$$x(t) = \begin{bmatrix} 1 & 2 & 2 \end{bmatrix} \mathbf{u}(t).$$

Wir bilden nun $F(s)$ entsprechend Gl. (8.27a):

$$F(s) = \begin{bmatrix} 1 & 2 & 2 \end{bmatrix} \begin{bmatrix} s+3 & 0 & 0 \\ 0 & s+3 & 0 \\ 0 & 0 & s+2 \end{bmatrix}^{-1} \begin{bmatrix} 1 \\ 1 \\ 1 \end{bmatrix} =$$

$$= \begin{bmatrix} 1 & 2 & 2 \end{bmatrix} \frac{\begin{bmatrix} (s+3)(s+2) & 0 & 0 \\ 0 & (s+3)(s+2) & 0 \\ 0 & 0 & (s+3)^2 \end{bmatrix}}{(s+3)^2(s+2)} \cdot \begin{bmatrix} 1 \\ 1 \\ 1 \end{bmatrix}$$

$$F(s) = \begin{bmatrix} 1 & 2 & 2 \end{bmatrix} \begin{bmatrix} (s+3)^{-1} & 0 & 0 \\ 0 & (s+3)^{-1} & 0 \\ 0 & 0 & (s+2)^{-1} \end{bmatrix} \begin{bmatrix} 1 \\ 1 \\ 1 \end{bmatrix}$$

$$= \begin{bmatrix} (s+3)^{-1}, & 2(s+3)^{-1}, & 2(s+2)^{-1} \end{bmatrix} \cdot \begin{bmatrix} 1 \\ 1 \\ 1 \end{bmatrix} = \begin{bmatrix} \dfrac{3}{(s+3)} + \dfrac{2}{(s+2)} \end{bmatrix} =$$

$$= \frac{5\left(s + \dfrac{12}{5}\right)}{(s+3)(s+2)}. \tag{B}$$

An diesem einfachen Beispiel ist ganz einleuchtend zu sehen, daß die komplexe Übertragungsfunktion $F(s)$ mit den beiden Polen $s = -3$ und $s = -2$ nur zwei Energiespeicher des dynamischen Systems erfaßt, obwohl, wie man auch aus Bild 8.3 leicht ablesen kann, tatsächlich 3 Energiespeicher vorhanden sind, die man besonders bei vorhandenen unterschiedlichen Anfangsbedingungen erfassen muß. Auch eine Nachbildung auf dem Analogrechner ist nur dann richtig, wenn sie von Gl. (A) und nicht von (B) ausgeht.

8.4 Numerische und strukturelle Invarianten der Mehrfachsysteme

Wir wollen nun, ähnlich wie im vorstehenden Abschnitt für Einfachsysteme, die wesentlichen mit der Steuerbarkeit und Beobachtbarkeit zusammenhängenden Fragen für die Mehrfachsysteme behandeln. Wir gehen von dem in Gl. (8.1) beschriebenen System mit einer nn Matrix $\mathbf{A}$, wobei n die Zahl der Zustandsvariablen ist, aus. Das System habe p Ausgangssignale und q Eingangssignale. Um den Anschluß an die Gesetzmäßigkeiten des Einfachsystems leichter zu finden, behandeln wir zunächst die mit Definition 8.2 und Satz 8.3 *streng z-steuerbaren* Systeme, da in der, das Kriterium bildenden, Matrix $\mathbf{Q}_i$

$$\mathbf{Q}_i = [\mathbf{B}_i, \mathbf{A}\,\mathbf{B}_i, \ldots\ldots\ldots, \mathbf{A}^{n-1}\,\mathbf{B}_i], \quad i = 1, 2, \ldots, q \tag{8.4}$$

die $\mathbf{B}_i$ Spaltenmatrixen ähnlich der Matrix $\mathbf{B}_1$ für das Einfachsystem sind. Ganz analog zu den Überlegungen für Einfachsysteme kann man diesen Satz formulieren:

Satz 8.12: Für die *strenge z-Steuerbarkeit* eines (p, q) Mehrfachsystems ist notwendig, daß

$$Q(\lambda) = M(\lambda). \tag{8.29}$$

Es können also nur Systeme mit einer nichtderogatorischen Systemmatrix $\mathbf{A}$ streng z-steuerbar sein, denn laut Definition 8.2 sollen sie ja durch jede der q Eingangsvariablen $y_i(t)$ alleine vollständig z-steuerbar sein.

Um die hinreichenden Strukturbedingungen für die strenge z-Steuerbarkeit eines (p, q) Mehrfachsystems zu finden, dessen Systemmatrix in Jordankanonischer Form vorliegt bzw. auf diese Form transformiert wurde, muß man ähnliche Überlegungen wie bei den Einfachsystemen anstellen. Man kann dann wieder die beiden wichtigen Fälle der nichtderogatorischen Matrizen $\mathbf{A}$ unterscheiden, je nachdem, ob sie n durchweg verschiedene Eigenwerte λ_i oder bei $s < n$ aber p_i-fachen Eigenwerten auch dann nur einen $(d_i = 1)$-fachen Rangabfall in der charakteristischen Matrix $\mathbf{Q}(\lambda_i)$ haben.

Satz 8.13: Ein in Jordankanonischer Form vorliegendes System mit n durchweg verschiedenen Eigenwerten λ_i ist dann *streng z-steuerbar*, wenn für die Elemente B_{kl} der Eingangsmatrix gilt:

$$B_{kl} \neq 0, \quad \begin{array}{l} k = 1, 2, \ldots\ldots\ldots, p \\ l = 1, 2, \ldots\ldots\ldots, q \end{array} \tag{8.30}$$

Satz 8.14: Ein nichtderogatorisches Mehrfachsystem mit $s < n$ Eigenwerten λ_i, dessen Systemmatrix $\mathbf{A}$ Jordanform hat, ist dann *streng z-steuerbar*, wenn für die B_{kl} der Eingangsmatrix **B** gilt:

$$B_{kl} \neq 0, \quad \begin{array}{l} k = \sum_{v=1}^{i} p_v, \quad i = 1, 2, \ldots, s \\ l = 1, 2, \ldots, q. \end{array} \tag{8.31}$$

Anders als bei den Einfachsystemen ist bei Mehrfachsystemen die Bedingung Gl. (8.29) für die vollständige z-Steuerbarkeit (Beobachtbarkeit) im allgemeinen nicht mehr notwendig. Denn wenn auch in der Vektorfolge $\mathbf{A}^0$, $\mathbf{A}^1$, $\mathbf{A}^2 \ldots$, $\mathbf{A}^{n-1}$ ab $\mathbf{A}^v$ mit $v < n-1$ die Vektorpotenzen linear abhängig werden, kann der dadurch hervorgerufene Rangverlust der Matrizen **Q** bzw. **P** durch entsprechende Besetzung der Matrizen **B** bzw. **C** wieder aufgehoben sein. In anderen Worten, auch Systeme mit derogatorischen Matrizen **A** (für die $Q(\lambda) \neq M(\lambda)$ gilt) können bei geeigneten Spalten $\mathbf{B}_i$ und $\mathbf{C}_i$ noch vollständig steuerbar und beobachtbar sein. Für die in Jordankanonischer Form vorliegenden derogatorischen Systeme ist dieser Satz, der in [9, 23, 33] bewiesen ist, von Bedeutung:

Satz 8.15: Ein Mehrfachsystem ist dann vollständig z-steuerbar (beobachtbar), wenn (mit $\mathbf{J} = \mathbf{T}^{-1}\,\mathbf{A}\,\mathbf{T}$) in den k-ten Zeilen von $\mathbf{T}^{-1}\,\mathbf{B}$ und in den l-ten Zeilen von $(\mathbf{C}\,\mathbf{T})^T$ jeweils mindestens ein von Null verschiedenes Element vorhanden ist und die zu Jordankästchen mit gleichen Eigenwerten zugeordneten Zeilenvektoren von $\mathbf{T}^{-1}\,\mathbf{B}$ (bzw. $(\mathbf{C}\,\mathbf{T})^T$) nicht linear abhängig sind. Dabei ist k jeweils die Endzeile eines jeden Jordankästchens $\mathbf{J}_{vi}$ und l die Anfangszeile eines jeden $\mathbf{J}_{vi}$.

Die Bedingungen für vollständige z-Steuerbarkeit (Beobachtbarkeit) sind also bei einem Mehrfachsystem wesentlich schwächer als bei den Einfachsystemen.

Beispiel 8.7: Wir untersuchen die z-Steuerbarkeit und Beobachtbarkeit des Zweifachsystems in Bild 8.5, das die gleiche Systemmatrix **A** wie das Einfachsystem des Beispiels 8.4 hat:

$$\dot{\mathbf{u}}(t) = \begin{bmatrix} -3 & 0 & 0 \\ 0 & -3 & 0 \\ 0 & 0 & -2 \end{bmatrix} \mathbf{u}(t) + \begin{bmatrix} 1 & 0 \\ 0 & 1 \\ 1 & 1 \end{bmatrix} \begin{bmatrix} y_1(t) \\ y_2(t) \end{bmatrix}$$

$$\begin{bmatrix} x_1(t) \\ x_2(t) \end{bmatrix} = \begin{bmatrix} 1 & 1 & 1 \\ 1 & 1 & 1 \end{bmatrix} \mathbf{u}(t)\,. \tag{A}$$

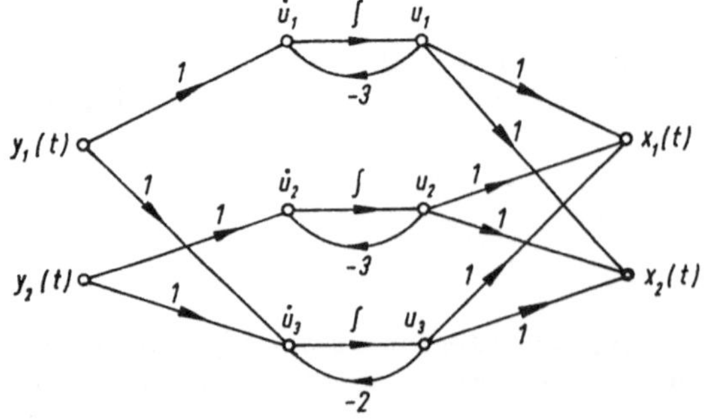

Bild 8.5
Signalflußdiagramm des vollständig z-steuerbaren aber nicht vollständig beobachtbaren Systems aus Beispiel 8.7.

Aufgrund des vorstehenden Satzes 8.15 ist das System nur vollständig steuerbar, obwohl hier $M(\lambda) = (\lambda + 3)\,(\lambda + 2)$ und $Q(\lambda) = (\lambda + 3)^2\,(\lambda + 2)$, also $M(\lambda) \neq Q(\lambda)$ ist. Denn es liegen 3 einreihige Jordankästchen $\mathbf{J}_{vi}$ vor und gleichzeitig ist in $\mathbf{B}$ keine Zeile und in $\mathbf{C}$ keine Spalte nur mit Nullelementen besetzt, aber die zu den beiden Eigenwerten $\lambda_1 = \lambda_2 = -3$ gehörenden ersten beiden Spalten der Matrix $\mathbf{C}$ sind linear abhängig, so daß das System nicht vollständig beobachtbar ist. Zur Übung, und vor allem, um den bei einem so kleinen System schon recht beachtlichen Aufwand aufzuzeigen, bilden wir die Matrizen $\mathbf{Q}$ und $\mathbf{P}$ aus Satz 8.2 und Satz 8.5:

$$\mathbf{Q} = [\mathbf{B}\ \mathbf{AB}\ \mathbf{A^2B}] = \begin{bmatrix} 1 & 0 & -3 & 0 & 9 & 0 \\ 0 & 1 & 0 & -3 & 0 & 9 \\ 1 & 1 & -2 & -2 & 4 & 4 \end{bmatrix}. \tag{B}$$

Der Rang von $\mathbf{Q}$ muß laut Gl. (8.2) gleich $n = 3$ sein, es muß also in Gl. (B) mindestens eine von Null verschiedene 3reihige Determinante zu bilden sein. Dies ist z. B. schon für die aus den drei ersten Spalten gebildete Unterdeterminante der Fall:

$$\begin{vmatrix} 1 & 0 & -3 \\ 0 & 1 & 0 \\ 1 & 1 & -2 \end{vmatrix} = 1 . \tag{C}$$

Entsprechend gilt für $\mathbf{P}$:

$$\mathbf{P} = [\mathbf{C}^T,\ \mathbf{A}^T\,\mathbf{C}^T,\ (\mathbf{A}^T)^2\,\mathbf{C}^T] = \begin{bmatrix} 1 & 1 & -3 & -3 & 9 & 9 \\ 1 & 1 & -3 & -3 & 9 & 9 \\ 1 & 1 & -2 & -2 & 4 & 4 \end{bmatrix}. \tag{D}$$

Hier erkennt man sogleich an den linear abhängigen ersten beiden Zeilen, daß $\mathbf{P}$ einen Rang $\mathbf{P} \neq 3$ hat. Das System Gl. (A) ist also nicht vollständig beobachtbar.

Überprüft man die Bedingung der *vollständigen a-Steuerbarkeit*, (Gln. (8.6) und (8.7)), dann findet man für die Mehrfachsysteme, daß dann, wenn der Rang der Durchgangsmatrix $\mathbf{D}$ nicht schon selbst gleich

$$\text{Rang } \mathbf{D} = p \tag{8.32}$$

ist, daß die Forderung

$$\text{Rang } \mathbf{S} = p \tag{8.7}$$

schärfer ist als

$$\text{Rang } \mathbf{P} = n \tag{8.9}$$

für die vollständige z-Beobachtbarkeit.

Satz 8.16: Hat in einem pq Mehrfachsystem die gegebenenfalls vorhandene Durchgangsmatrix $\mathbf{D}$ nicht den Rang $\mathbf{D} = p$, dann ist für die a-Steuerbarkeit notwendig, daß das System vollständig z-steuerbar und beobachtbar ist.

Man beachte, daß im Gegensatz zum Einfachsystem diese vollständige z-Steuerbarkeit und Beobachtbarkeit *nicht* hinreichend für die vollständige a-Steuerbarkeit ist. Notwendig und hinreichend ist nur die Bedingung Gl. (8.7).

Betrachten wir nun auch bei den Mehrfachsystemen die Laplacetransformierten dynamischen Gleichungen, so geht durch Einsetzen der ersten Gleichung in die zweite die Laplacetransformierte Gl. (8.1) über in

$$X(s) = [C\,(1\,s - A)^{-1}\,B + D]\,Y(s) \tag{8.33}$$

und mit der komplexen Übertragungsmatrix $F(s)$, die die Eingangssignale mit den Ausgangssignalen verbindet [23, 27],

$$X(s) = F(s)\,Y(s) \tag{8.34}$$

erhält man durch Vergleich der Gln. (8.33) und (8.34) auch:

$$F(s) = C\,(1\,s - A)^{-1}\,B + D. \tag{8.35}$$

Wählt man die gleichen Bezeichnungen wie beim Einfachsystem für die adjungierte Matrix $Q(s)_{\text{adj.}}$ nun aber für die Matrix $F(s)$:

$$Q(s)_{\text{adj.}} = T_{n-1}(s)\,K(s), \tag{8.36}$$

dann gilt für $F(s)$ auch

$$F(s) = C\,\frac{T_{n-1}(s)\,K(s)}{Q(s)}\,B + D = C\,\frac{K(s)}{M(s)}\,B + D, \tag{8.37}$$

da auch derogatorische Mehrfachsysteme vollständig z-steuerbar und beobachtbar sein können. In der Übertragungsmatrix $F(s)$ eines Mehrfachsystems dürfen also unter Umständen Linearfaktoren entsprechend Gl. (8.37) gekürzt werden, ohne daß dies Einfluß auf die Stabilitätsanalyse des Systems hat (anders als beim Einfachsystem!).

8.5 Die kanonische Struktur des dynamischen Gleichungssystems

Wir gehen wieder von dem dynamischen Gleichungssystem eines Übertragungssystems aus:

$$\begin{aligned}\dot{u}(t) &= A\,u(t) + B\,y(t)\\ x(t) &= C\,u(t) + D\,y(t)\end{aligned} \tag{8.1}$$

Untersucht man den allgemeinsten Fall eines (p, q) Mehrfachsystems (das 1,1 Einfachsystem ist hier eingeschlossen), dann findet man, daß man den Zustandsvektor $u(t)$ in Teilvektoren zerlegen kann:

$$u(t) = \begin{bmatrix} u^S(t) \\ u^G(t) \\ u^N(t) \\ u^B(t) \end{bmatrix}. \tag{8.38}$$

Definition 8.5: Die Teilvektoren eines nicht vollständig z-steuerbaren und beobachtbaren Systems sind so dem System zugeordnet:

$\mathbf{u}^S(t)$ dem nur z-steuerbaren,

$\mathbf{u}^G(t)$ dem steuerbaren und beobachtbaren,

$\mathbf{u}^N(t)$ dem weder steuer- noch beobachtbaren,

$\mathbf{u}^B(t)$ dem nur beobachtbaren

Teil des Übertragungssystems.

Satz 8.17: (*Kalman*) In einem zeitinvarianten System gehören zu den Teilvektoren aus Definition 8.5 die Dimensionszahlen: n^S, n^G, n^N und n^B und es gilt

$$n = n^S + n^G + n^N + n^B. \tag{8.39}$$

Von *Kalman* [9] wurde gezeigt, daß jedes Übertragungssystem Gl. (8.1) auf folgende kanonische Form transformiert werden kann:

$$
\begin{bmatrix} \dot{\mathbf{u}}^S(t) \\ \dot{\mathbf{u}}^G(t) \\ \dot{\mathbf{u}}^N(t) \\ \dot{\mathbf{u}}^B(t) \end{bmatrix}
=
\begin{bmatrix}
\mathbf{A}^{SS} & \mathbf{A}^{SG} & \mathbf{A}^{SN} & \mathbf{A}^{SB} \\
0 & \mathbf{A}^{GG} & 0 & \mathbf{A}^{GB} \\
0 & 0 & \mathbf{A}^{NN} & \mathbf{A}^{NB} \\
0 & 0 & 0 & \mathbf{A}^{BB}
\end{bmatrix}
\begin{bmatrix} \mathbf{u}^S(t) \\ \mathbf{u}^G(t) \\ \mathbf{u}^N(t) \\ \mathbf{u}^B(t) \end{bmatrix}
+
\begin{bmatrix} \mathbf{B}^S \\ \mathbf{B}^G \\ 0 \\ 0 \end{bmatrix}
\mathbf{y}(t)
$$

$$\mathbf{x}(t) = \begin{bmatrix} 0 & \mathbf{C}^G & 0 & \mathbf{C}^B \end{bmatrix} \mathbf{u}(t) + \mathbf{D}\,\mathbf{y}(t). \tag{8.40}$$

Die Teilmatrizen von $\mathbf{A}$, $\mathbf{B}$ und $\mathbf{C}$ sind so indiziert, wie sie die Teilvektoren von $\mathbf{u}(t)$ untereinander oder auch mit den Eingangs- und Ausgangssignalen verknüpfen. So bedeutet z. B. $\mathbf{A}^{NB}$, daß diese Matrix als (n^N, n^B) Matrix die $\dot{\mathbf{u}}^N(t)$ mit den $\mathbf{u}^B(t)$ verbindet.

Die $\mathbf{u}^N(t)$ und $\mathbf{u}^B(t)$ sind nichtsteuerbare Zustandsgrößen, die weder direkt von einigen (oder allen) $y_i(t)$ noch indirekt von anderen z-steuerbaren Zustandsvariablen beeinflußbar sind. Daher sind die entsprechenden Teilmatrizen von $\mathbf{A}$ und $\mathbf{B}$ die in Gl. (8.40) angegebenen Nullmatrizen, was entsprechend auch für die nichtbeobachtbaren Zustandsvariablen $\mathbf{u}^S(t)$ und $\mathbf{u}^N(t)$ und den damit zusammenhängenden Teilmatrizen in $\mathbf{A}$ und $\mathbf{C}$ zutrifft.

Die durch Gl. (8.40) festgelegte kanonische Struktur, die „kanonische Systemdarstellung nach *Kalman*" heißen soll, kann durch ein Matrizenblockschaltbild (Bild 8.6) [23, 9, 15] dargestellt werden. Bild 8.6 zeigt anschaulich die Zusammenhänge zwischen den einzelnen Systemteilen.

Unterwirft man Gl. (8.40) der Laplacetransformation und setzt zunächst die Anfangswerte $\mathbf{u}_0 = \mathbf{u}(t)|_{t=t_0}$ gleich Null: $\mathbf{u}_0 \equiv 0$, findet man für den Zusammenhang zwischen $\mathbf{Y}(s)$ und $\mathbf{X}(s)$:

$$
\mathbf{X}(s) = \left\{ \begin{bmatrix} 0 & \mathbf{C}^G & 0 & \mathbf{C}^B \end{bmatrix}
\begin{bmatrix}
\mathbf{1}s - \mathbf{A}^{SS} & -\mathbf{A}^{SG} & -\mathbf{A}^{SN} & -\mathbf{A}^{SB} \\
0 & \mathbf{1}s - \mathbf{A}^{GG} & 0 & -\mathbf{A}^{GB} \\
0 & 0 & \mathbf{1}s - \mathbf{A}^{NN} & -\mathbf{A}^{NB} \\
0 & 0 & 0 & \mathbf{1}s - \mathbf{A}^{BB}
\end{bmatrix}^{-1}
\begin{bmatrix} \mathbf{B}^S \\ \mathbf{B}^G \\ 0 \\ 0 \end{bmatrix}
+ \mathbf{D} \right\} \mathbf{Y}(s)
$$

$$\tag{8.41}$$

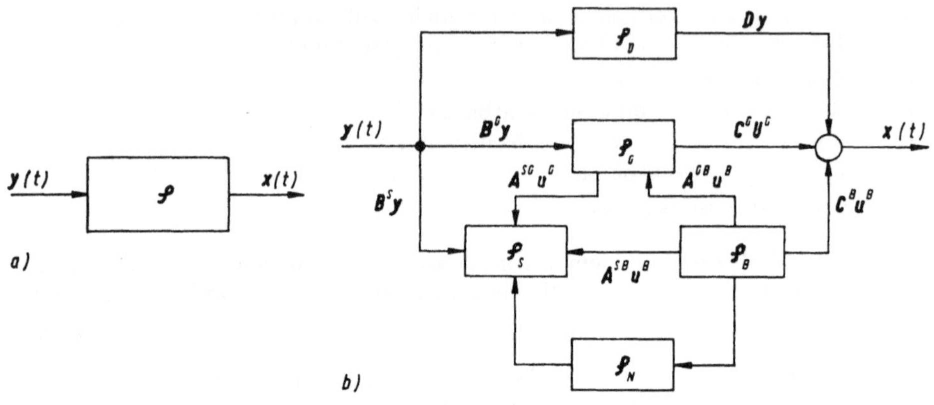

Bild 8.6.   Kanonische Darstellung nach *Kalman* eines dynamischen Systems.

Nach Ausmultiplikation der Teilmatrizen folgt hieraus für die komplexe Übertragungsmatrix $\mathbf{F}(s)$, die $\mathbf{Y}(s)$ mit $\mathbf{X}(s)$ verbindet, das wichtige Ergebnis:

$$\mathbf{F}(s) = \mathbf{C}^G\,(\mathbf{1}\,s - \mathbf{A}^{GG})^{-1}\,\mathbf{B}^G + \mathbf{D}, \tag{8.42}$$

das wir in dem Satz zusammenfassen:

Satz 8.18: Die komplexe Übertragungsmatrix $\mathbf{F}(s)$ zu einem dynamischen Gleichungssystem erfaßt nur den vollständig z-steuerbaren und beobachtbaren Teil des dynamischen Systems.

Daraus ergibt sich auch nachträglich die Erklärung für den hier gewählten Index G für den vollständig z-steuerbaren und beobachtbaren Zustandsteilvektor $\mathbf{u}^G(t)$ und damit auch $\mathbf{A}^{GG}$, $\mathbf{B}^G$ und $\mathbf{C}^G$.

Denn unterwirft man $\mathbf{F}(s)$ der inversen Laplacetransformation:

$$\mathscr{L}^{-1}\{\mathbf{F}(s)\} = \mathbf{g}(t), \tag{8.43}$$

erhält man als Ergebnis die Gewichtsfunktionenmatrix $\mathbf{g}(t)$ des Übertragungssystems, der bei dem dynamischen Gleichungssystem Gl. (8.40) die Matrizen $\mathbf{A}^{GG}$, $\mathbf{B}^G$ und $\mathbf{C}^G$ zugeordnet sind.

8.6 Interpretation im Strukturbild

In diesem Abschnitt soll, *Pralle* [23] folgend, den Begriffen *Steuerbarkeit* und *Beobachtbarkeit* eine physikalische Interpretation gegeben werden. Will man die Struktureigenschaften möglichst übersichtlich darstellen, ist es zweckmäßig, ein gegebenes System zunächst in Jordankanonischer Form darzustellen. Diese Form empfiehlt sich außer für die Darstellung der zeitlichen Systemantworten bei gegebenen Anfangsbedingungen und Eingangserregungen auch dann, wenn ein System an einem Analogrechner mit einem minimalen

Aufwand an Rechenelementen nachgebildet werden soll. Andererseits ist die Transformation eines gegebenen Systems auf Jordanform ungeschickt, wenn man den Einfluß bestimmter Systemparameter auf das dynamische Systemverhalten am Analogrechner studieren will. Die Ähnlichkeitstransformation

$$\mathbf{J} = \mathbf{T}^{-1}\,\mathbf{A}\mathbf{T},$$

die das Systemverhalten und damit auch die Eingangssignale $y_i(t)$ und die Ausgangssignale $x_i(t)$ nicht berührt, stellt also eine weitgehende innere Entkopplung der Zustandsvariablen $u_i(t)$ des Systems dar. Das Wort Entkopplung hat hier aber eine andere Bedeutung als es sonst bei Mehrfachsystemen hat!, wo mit Entkopplung normalerweise eine Autonomisierung von „äußeren" Systemvariablen, also Klemmenvariablen, gemeint ist [27]. Die von uns angestrebte Interpretation der *Steuerbarkeit* und *Beobachtbarkeit* soll mittels eines einfachen Beispiels erfolgen:

Beispiel 8.8: Gegeben sei ein derogatorisches Zweifachsystem in Jordankanonischer Normalform der dynamischen Gleichungen:

$$\begin{bmatrix} \dot{u}_1(t) \\ \dot{u}_2(t) \\ \dot{u}_3(t) \\ \dot{u}_4(t) \end{bmatrix} = \begin{bmatrix} \lambda_{11} & 1 & 0 & 0 \\ 0 & \lambda_{12} & 0 & 0 \\ 0 & 0 & \lambda_{13} & 0 \\ 0 & 0 & 0 & \lambda_2 \end{bmatrix} \begin{bmatrix} u_1(t) \\ u_2(t) \\ u_3(t) \\ u_4(t) \end{bmatrix} + \begin{bmatrix} B_{11} & B_{12} \\ B_{21} & B_{22} \\ B_{31} & B_{32} \\ B_{41} & B_{42} \end{bmatrix} \begin{bmatrix} y_1(t) \\ y_2(t) \end{bmatrix}$$

$$\begin{bmatrix} x_1(t) \\ x_2(t) \end{bmatrix} = \begin{bmatrix} C_{11} & C_{12} & C_{13} & C_{14} \\ C_{21} & C_{22} & C_{23} & C_{24} \end{bmatrix} \mathbf{u}(t) + \begin{bmatrix} D_{11} & D_{12} \\ D_{21} & D_{22} \end{bmatrix} \begin{bmatrix} y_1(t) \\ y_2(t) \end{bmatrix}.$$

$$(A)$$

Das System hat also einen dreifachen Eigenwert $\lambda_{11} = \lambda_{12} = \lambda_{13}$ mit dem Rangabfall $d_1 = 2$ für $\mathbf{Q}(\lambda_1)$. Es existieren also zu λ_1 nur zwei linear unabhängige Eigenvektoren. Das Minimalpolynom des Systems lautet

$$M(\lambda) = (\lambda - \lambda_1)^2\,(\lambda - \lambda_2)\,. \tag{B}$$

Wir wählen die Anfangsbedingungen $\mathbf{u}_0 = \mathbf{u}(t)\,|_{t=t_0} \equiv \mathbf{0}$ und finden durch Anwendung der Laplacetransformation auf Gl. (A) für die Zustandsvariablen:

$$U_1(s) = \frac{1}{s - \lambda_{11}}\,U_2(s) + B_{11}\,Y_1(s) + B_{12}\,Y_2(s)$$

$$U_2(s) = \frac{1}{s - \lambda_{12}}\,B_{21}\,Y_1(s) + B_{22}\,Y_2(s)$$

$$U_3(s) = \frac{1}{s - \lambda_{13}}\,B_{31}\,Y_1(s) + B_{32}\,Y_2(s)$$

$$U_4(s) = \frac{1}{s - \lambda_2}\,B_{41}\,Y_1(s) + B_{42}\,Y_2(s)$$

$$(C)$$

und für die Ausgangsgrößen:

$$X_1(s) = C_{11}\,U_1(s) + C_{12}\,U_2(s) + C_{13}\,U_3(s) + C_{14}\,U_4(s) + D_{11}\,Y_1(s) + D_{12}\,Y_2(s)$$

$$X_2(s) = C_{21}\,U_1(s) + C_{22}\,U_2(s) + C_{23}\,U_3(s) + C_{24}\,U_4(s) + D_{21}\,Y_1(s) + D_{22}\,Y_2(s)\,.$$

$$(D)$$

13 *

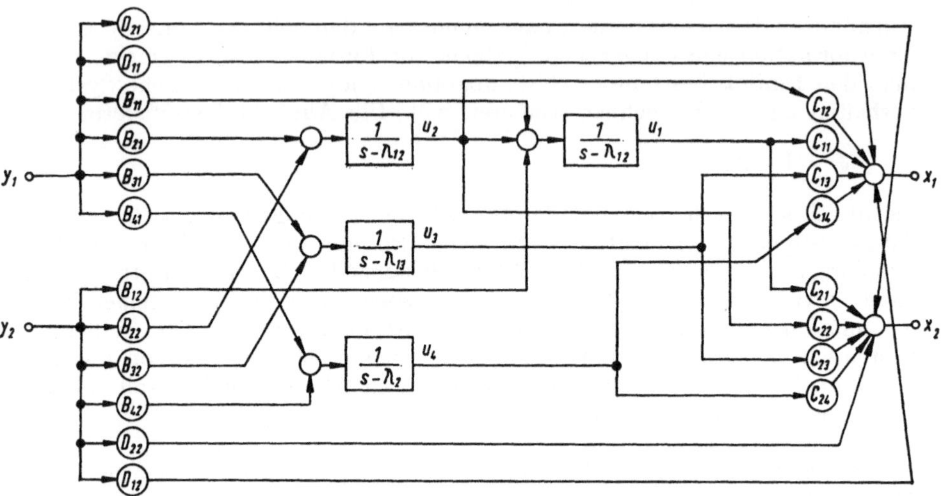

Bild 8.7. Strukturbild zu Beispiel 8.8.

Nach diesen Gln. (C) und (D) läßt sich das Strukturbild 8.7 entwerfen, das z. B. auch gleich dazu dienen kann, eine Analogrechnerschaltung zu programmieren. In diesem Strukturbild (Analogrechnerschaltung) lassen sich dann auch leicht eventuell interessierende Anfangswerte $u_i(t)\,|_{t=t_0}$ berücksichtigen.

Durch die Ähnlichkeitstransformation $\mathbf{J} = \mathbf{T}^{-1}\,\mathbf{AT}$ werden die inneren Kopplungen zwischen den dann vorhandenen Zustandsvariablen auf ein Minimum reduziert, so daß die topologische Struktur besonders einfach wird, ohne daß die dynamischen Eigenschaften (Eigenbewegungen, Steuerbarkeit und Beobachtbarkeit) verändert werden. An dem Strukturbild dieses Beispiels 8.8 lassen sich die Begriffe Steuerbarkeit und Beobachtbarkeit interpretieren. So ist die notwendige Bedingung für die Steuerbarkeit und Beobachtbarkeit des Systemteils, der dann durch die komplexe Übertragungsmatrix $\mathbf{F}(s)$ erfaßt wird, leicht in Bild 8.7 abzulesen. Denn jeder der Übertragungskästen mit der

komplexen Übertragungsfunktion $F_i(s) = \dfrac{1}{s - \lambda_i}$ kann als ein Energiespeicher

des Systems gedeutet werden. Ein Übertragungssystem ist also nur dann vollständig z-steuerbar, wenn jeder dieser Energiespeicher über einen Eingangskanal mittelbar oder auch unmittelbar über andere Energiespeicher im System geladen oder entladen werden kann. Das bedeutet, daß die entsprechenden Elemente der (transformierten) Eingangsmatrix $\mathbf{T}^{-1}\,\mathbf{B}$ nicht Null sein dürfen. Dieses Nichtverschwinden der Elemente, in Bild 8.7 also die B_{kl}, ist aber nur notwendig, wenn mehrfache Eigenwerte in verschiedenen Jordankästchen vorhanden sind. Die derogatorischen Matrizen können als „Paralleldarstellung" der Energiespeicher mit gleichen Eigenwerten λ_i gedeutet werden (s. a. Kapitel 3 und 4). Ist ein System derogatorisch, dann müssen die vorhandenen B_{kl}, z. B. in Bild 8.7 B_{21}, B_{31}, B_{22}, B_{32}, bei den parallelgeschalteten Energiespeichern mit gleichen λ_i so vorgegeben sein, daß keine lineare Abhängigkeit der auf die Energiespeicher effektiv einwirkenden Signale vorhanden ist. Denn die Definition der vollständigen z-Steuerbarkeit besagt ja, daß jeder Energiezustand (Zustandsvektor) des Systems erzielbar sein soll. Bei linearer Abhängigkeit der „Ansteuerung" zu zwei parallelgeschalteten Speichern gleicher Größe (gleiche λ_i) ist diese Forderung nicht erfüllbar, denn beide hier betrachteten Energiespeicher „laufen parallel", so daß ihr Energiezustand immer nur gleichzeitig in einem festliegenden proportionalen Verhältnis geändert werden kann.

Analog kann die vollständige Beobachtbarkeit eines Systems so gedeutet werden, daß jeder Energiespeicher des Systems unmittelbar oder mittelbar über andere Speicher von außen gemessen werden kann. Im Falle der nicht-beobachtbaren Systemteile fehlen dann also die entsprechenden C_{kl}, oder bei vorhandenen C_{kl} sind diese so gegeben, daß sich eine lineare Abhängigkeit der aus den Energiespeichern kommenden Signale derart ergibt, daß von außen nicht entschieden werden kann, aus welchem der Energiespeicher der gemessene Energiezustand tatsächlich kommt.

Die nichtsteuerbaren und/oder nichtbeobachtbaren Systemteile, die von den komplexen Übertragungsfunktionen zwischen den Ein- und Ausgangsklemmen des Systems, den Klemmenverhalten des Systems, nicht erfaßt werden, können so gedeutet werden, daß durch einen impliziten Rechenvorgang durch die Linearfaktoren der entsprechenden Energiespeicher die Zählerpolynome $Z_{kl}(s)$ und die Nennerpolynome $N_{kl}(s)$ der Übertragungsfunktion $F_{kl}(s)$ gekürzt wurden. Diese gekürzten Linearfaktoren sind gerade die Elementarteiler, die das Minimalpolynom $M(s)$ mit dem charakteristischen Polynom $Q(s)$ des Systems verbinden:

$$Q(s) = T_{n-1}(s)\,M(s). \tag{8.44}$$

Das Kürzen der Linearfaktoren ist so lange ohne Bedeutung, wie die durch sie repräsentierten Pol- und Nullstellen in der linken s-Halbebene liegen. Handelt es sich aber um instabile Pole, dann kann durch die komplexen Übertragungsfunktionen $F_{kl}(s)$ ein stabiles System vorgetäuscht werden, welches in Wirklichkeit instabil ist. Dies kann sich bei Analogrechenschaltungen beispielsweise durch ein mehr oder weniger schnelles „Wegdriften" bemerkbar machen.

Man sollte nun ja nicht meinen, daß diese Erscheinung nur akademisch sei, da man ja an der Jordanschen Normalform ablesen kann, ob instabile Eigenwerte vorhanden sind. Man bedenke aber, daß im allgemeinen Fall ein analysiertes System in der allgemeinen Form der Gl. (8.1) vorliegt:

$$\dot{\mathbf{u}}(t) = \mathbf{A}\,\mathbf{u}(t) + \mathbf{B}\,\mathbf{y}(t)$$

$$\mathbf{x}(t) = \mathbf{C}\,\mathbf{u}(t) + \mathbf{D}\,\mathbf{y}(t), \tag{8.1}$$

wobei $\mathbf{A}$ normalerweise keine kanonische oder wenigstens Dreiecksform hat, so daß man die Eigenwerte λ_i ablesen könnte. Bildet man aus Gl. (8.1) im allgemeinen Fall mittels Laplacetransformation die komplexe Übertragungsmatrix $\mathbf{F}(s)$ (das Einfachsystem mit $F(s)$ ist eingeschlossen), dann haben die

$F_{kl}(s)$ aus $F(s)$ Zähler- und Nennerpolynome, die ohne eine mit Hilfe einer Nullstellenprozedur erfolgte Linearfaktorenzerlegung die Wurzeln nicht erkennen lassen.

Auch wenn ein „offenes" Teilsystem stabil ist, können die zusammengesetzten, insbesondere rückgekoppelten, Systeme instabil sein, wie jeder Regelungstechniker weiß. Im nächsten Abschnitt werden wir aber sehen, daß die Steuerbarkeit und Beobachtbarkeit von Teilsystemen noch nicht die Steuerbarkeit und Beobachtbarkeit des aus diesen komponierten Gesamtsystems bedeutet.

Die Bedeutung des von *Kalman* für die moderne Optimierungstheorie entdeckten und ausgearbeiteten Prinzips der *Steuerbarkeit* und *Beobachtbarkeit* liegt für lineare zeitinvariante Systeme u. a. darin, daß in vielen praktischen Fällen die bei umfangreichen Systemen recht schwierige Eigenwertbestimmung durch eine einfache Ranguntersuchung an den Matrizen $\mathbf{P}$ und $\mathbf{Q}$ ersetzt werden kann, wenn man nur feststellen will, ob die komplexen Übertragungsfunktionen das Stabilitätsverhalten richtig wiedergeben. Die Ranguntersuchung ist mittels des Gaußschen Algorithmus [34] vor allem mit Hilfe digitaler Rechner relativ leicht durchzuführen.

8.7 Zusammengesetzte Systeme

Es werden nun noch einige Gesichtspunkte zur Steuerbarkeit und Beobachtbarkeit zusammengesetzter Systeme betrachtet. Wir untersuchen die a) parallelgeschalteten, b) seriengeschalteten und c) rückgekoppelten Systeme. Jedes Teilsystem soll durch ein dynamisches Gleichungssystem der Form der Gl. (8.1) beschrieben sein, so daß hier die allgemeinen und in der Praxis wichtigen Mehrfachsysteme besprochen werden, die aber den Spezialfall des (1,1) Systems (Einfachsystems) einschließen. Bevor wir die einzelnen Grundtypen der zusammengesetzten Systeme besprechen, sei darauf hingewiesen, daß selbstverständlich auch für diese zusammengesetzten Systeme die Definitionen und Kriterien für die Steuerbarkeit und Beobachtbarkeit gelten, die in den Abschnitten 8.2 und 8.3 notiert sind. Denn diese Definitionen und Kriterien sind unabhängig von der äußeren Struktur der Systeme. Andererseits interessiert, auf welche neue Systeme gegebenenfalls vorhandene steuerbare und beobachtbare Teilsysteme führen. Um die Übersichtlichkeit für den Anfang zu wahren, sollen alle Teilsysteme nicht derogatorisch sein und jeweils durchweg verschiedene Eigenwerte λ_i haben.

a) *Parallelschaltung*

Wir beginnen mit den beiden parallelgeschalteten Systemen $\mathcal{S}_a$ und $\mathcal{S}_b$ in Bild 8.8. Beide Systeme sollen p Ausgänge und q Eingänge haben, also (p, q)

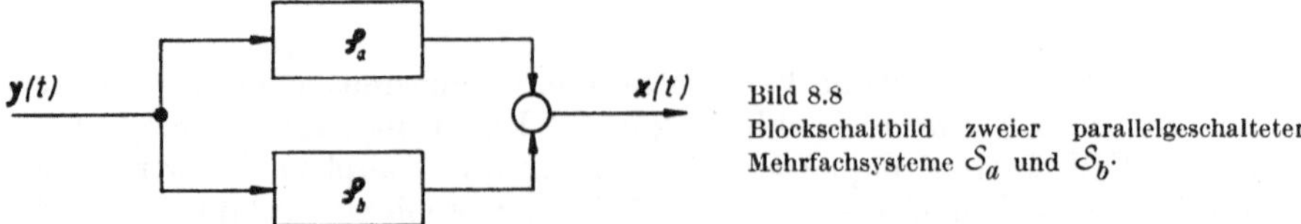

Bild 8.8
Blockschaltbild zweier parallelgeschalteter Mehrfachsysteme $\mathcal{S}_a$ und $\mathcal{S}_b$.

Systeme sein. Das Gesamtsystem wird durch

$$\begin{bmatrix} \dot{\mathbf{u}}_a(t) \\ \dot{\mathbf{u}}_b(t) \end{bmatrix} = \begin{bmatrix} \mathbf{A}_a & \mathbf{0} \\ \mathbf{0} & \mathbf{A}_b \end{bmatrix} \begin{bmatrix} \mathbf{u}_a(t) \\ \mathbf{u}_b(t) \end{bmatrix} + \begin{bmatrix} \mathbf{B}_a \\ \mathbf{B}_b \end{bmatrix} \mathbf{y}(t)$$

$$\mathbf{x}(t) = \begin{bmatrix} \mathbf{C}_a & \mathbf{C}_b \end{bmatrix} \begin{bmatrix} \mathbf{u}_a(t) \\ \mathbf{u}_b(t) \end{bmatrix} + \begin{bmatrix} \mathbf{D}_a \\ \mathbf{D}_b \end{bmatrix} \mathbf{y}(t)$$

(8.45)

beschrieben. Dieses Gleichungssystem Gl. (8.45) kann nun nach den erläuterten Methoden durch Ranguntersuchungen an den Matrizen $\mathbf{Q}$ und $\mathbf{P}$ auf Steuerbarkeit und Beobachtbarkeit untersucht werden. Da aber die Matrix $\mathbf{A}_p$ des parallelgeschalteten Systems in Gl. (8.45) von Diagonalform ist,

$$\mathbf{A}_p = \begin{bmatrix} \mathbf{A}_a & \mathbf{0} \\ \mathbf{0} & \mathbf{A}_b \end{bmatrix},$$

(8.46)

können allgemeine Aussagen gemacht werden:

Satz 8.19: Werden zwei Systeme $\mathcal{S}_a$ und $\mathcal{S}_b$ parallelgeschaltet und gehören zu dem System $\mathcal{S}_a$ die n_a Eigenwerte $[\lambda_{a1}, \lambda_{a2}, \ldots, \lambda_{ana}]$ und zu $\mathcal{S}_b$ die n_b Eigenwerte $[\lambda_{b1}, \lambda_{b2}, \ldots, \lambda_{bnb}]$, dann hat das parallelgeschaltete System $\mathcal{S}_p$

$$n = n_a + n_b$$

(8.47)

Eigenwerte

$$[\lambda_1, \lambda_2, \ldots\ldots, \lambda_n] = [\lambda_{a1}, \ldots\ldots, \lambda_{ana}, \lambda_{b1}, \ldots\ldots, \lambda_{bnb}].$$

(8.48)

Das heißt, man kann die Eigenwerte beider Systeme zusammenfassen. Aus dieser Eigentümlichkeit versteht sich auch folgender Satz sogleich:

Satz 8.20: Notwendig für die vollständige z-Steuerbarkeit (Beobachtbarkeit) eines aus zwei parallelgeschalteten Systemen $\mathcal{S}_a$ und $\mathcal{S}_b$ bestehenden Systems $\mathcal{S}_p$ ist, daß jedes der Systeme $\mathcal{S}_a$ und $\mathcal{S}_b$ für sich alleine vollständig z-steuerbar (beobachtbar) ist.

Um die hinreichenden Bedingungen für die Steuerbarkeit und Beobachtbarkeit eines Systems zu finden, müssen wesentlich umfangreichere Untersuchungen angestellt werden, die eng mit dem Begriff „Grad einer rationalen Matrix" zusammenhängen [23], der aber hier nicht behandelt wird, da dies über den Rahmen dieses Buches hinausführen würde. Für die uns besonders interessierenden Einfachsysteme, (1,1) Systeme, existiert aber folgender Satz, der durch ein Beispiel leicht zu illustrieren ist:

Satz 8.21: Notwendig und hinreichend für die vollständige z-Steuerbarkeit (Beobachtbarkeit) eines aus zwei parallelgeschalteten Systemen $\mathcal{S}_a$ und $\mathcal{S}_b$ bestehenden (1,1) Systems ist die vollständige z-Steuerbarkeit (Beobachtbarkeit) jedes der Systeme $\mathcal{S}_a$ und $\mathcal{S}_b$ *und* daß $\mathcal{S}_a$ und $\mathcal{S}_b$ keine gemeinsamen Eigenwerte haben.

Beispiel 8.9: In Bild 8.9 ist das Signalflußdiagramm eines aus den Teilsystemen $\mathcal{S}_a$ und $\mathcal{S}_b$ parallelgeschalteten Einfachsystems gezeigt, dem wir das zugehörige dynamische Gleichungssystem entnehmen zu:

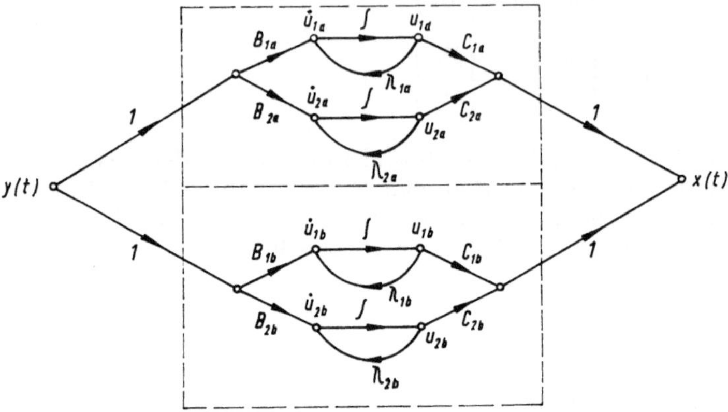

Bild 8.9. Signalflußdiagramm eines aus zwei Teilsystemen $\mathcal{S}_a$ und $\mathcal{S}_b$ bestehenden Einfachsystems $\mathcal{S}_p$ aus Beispiel 8.9.

$$
\begin{bmatrix} \dot{u}_{1a}(t) \\ \dot{u}_{2a}(t) \\ \dot{u}_{1b}(t) \\ \dot{u}_{2b}(t) \end{bmatrix} = \begin{bmatrix} \lambda_{1a} & 0 & 0 & 0 \\ 0 & \lambda_{2a} & 0 & 0 \\ 0 & 0 & \lambda_{1b} & 0 \\ 0 & 0 & 0 & \lambda_{2b} \end{bmatrix} \begin{bmatrix} u_{1a}(t) \\ u_{2a}(t) \\ u_{1b}(t) \\ u_{2b}(t) \end{bmatrix} + \begin{bmatrix} B_{1a} \\ B_{2a} \\ B_{1b} \\ B_{2b} \end{bmatrix} y(t)
$$

$$
x(t) \quad = [\; C_{1a} \quad C_{1b} \quad C_{2a} \quad C_{2b} \;] \, [u_{1a}(t), u_{2a}(t), u_{1b}(t), u_{2b}(t)]^T .
$$

(A)

Sind in diesem System zwei Eigenwerte gleich, z. B. $\lambda_{1a} = \lambda_{1b}$, dann ist das Minimalpolynom $M(\lambda)$ nicht mehr gleich dem charakteristischen Polynom, also das parallelgeschaltete System ist derogatorisch, was bedeutet, daß das System nicht mehr voll-

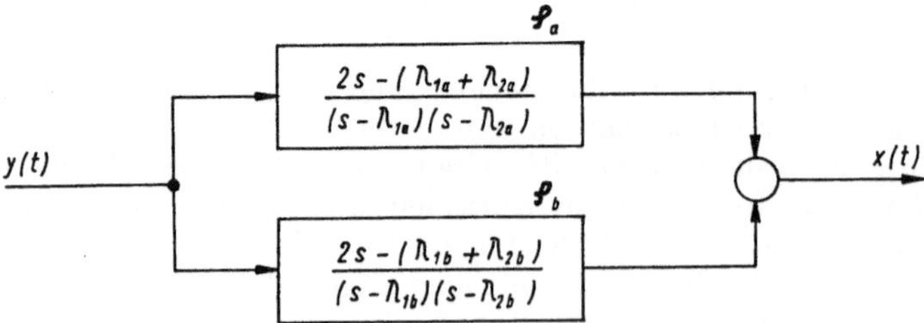

Bild 8.10. Blockschaltbild zu Beispiel 8.9.

ständig z-steuerbar und beobachtbar ist. Zu dem gleichen Ergebnis kommt man auch bei Anwendung der Theorie für rationale Übertragungsfunktionen. In Bild 8.10 sind die Blockschaltbilder der Systeme aus Bild 8.9 unter Verwendung der rationalen Übertragungsfunktionen dargestellt. Setzt man $\lambda_{1a} = \lambda_{1b}$ und alle B_i und C_k aus

Bild 8.9 gleich 1, und um die Übersichtlichkeit zu erhöhen, bildet man die Übertragungsfunktion $F_p(s) = F_a(s) + F_b(s)$, findet man

$$F_p(s) = \frac{2\,s - (\lambda_{1a} + \lambda_{2a})}{(s - \lambda_{1a})\,(s - \lambda_{2a})} + \frac{2\,s - (\lambda_{1a} + \lambda_{2b})}{(s - \lambda_{1a})\,(s - \lambda_{2b})}$$

$$= \frac{2\,s - (\lambda_{1a} + \lambda_{2a})\,(s - \lambda_{2b}) + 2\,s - (\lambda_{1a} + \lambda_{2b})\,(s - \lambda_{2a})}{(s - \lambda_{1a})\,(s - \lambda_{2a})\,(s - \lambda_{2b})}\,.$$

(B)

Es geht also auch hier, wie es bei der Untersuchung des dynamischen Gleichungssystems
vorausgesetzt wurde, ein Eigenwert, der einem Energiespeicher (z. B. in der Elektrotechnik einem Kondensator) zugeordnet ist, verloren.

b) Serienschaltung

Werden zwei Systeme $\mathcal{S}_a$ und $\mathcal{S}_b$ in Serie geschaltet (Bild 8.11), dann ergibt
sich für $\mathcal{S}_s$ aus den dynamischen Gleichungen der Teilsysteme:

$$\dot{u}_a(t) = A_a\,u_a(t) + B_a\,y(t)$$
$$x_a(t) = C_a\,u_a(t) + D_a\,y(t)$$

(8.49 a)

$$\dot{u}_b(t) = A_b\,u_b(t) + B_b\,x_a(t)$$
$$x(t) = C_b\,u_b(t) + D_b\,x_a(t)$$

(8.49 b)

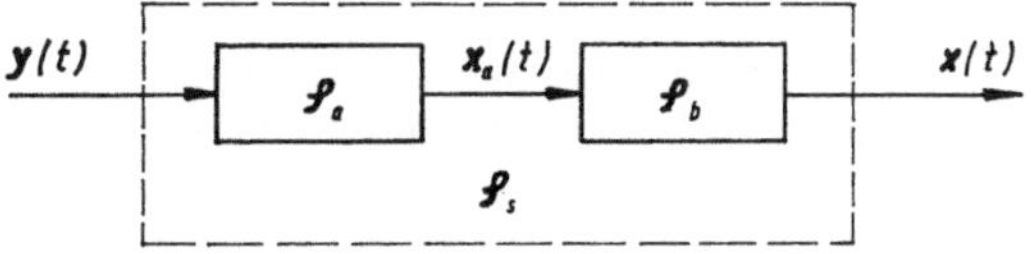

Bild 8.11
Serienschaltung zweier Systeme.

das dynamische Gleichungssystem des Gesamtsystems $\mathcal{S}_s$ durch Elimination
von $x_a(t)$

$$\begin{bmatrix} \dot{u}_a(t) \\ \dot{u}_b(t) \end{bmatrix} = \begin{bmatrix} A_a & 0 \\ B_b\,C_a & A_b \end{bmatrix} \begin{bmatrix} u_a(t) \\ u_b(t) \end{bmatrix} + \begin{bmatrix} B_a \\ B_b\,D_a \end{bmatrix} y(t)$$

(8.50)

$$x(t) = \begin{bmatrix} D_b\,C_a & C_b \end{bmatrix} \begin{bmatrix} u_a(t) \\ u_b(t) \end{bmatrix} + D_b\,D_a \cdot y(t).$$

In Gl. (8.50) ist die Systemmatrix A_s eine Dreiecksmatrix

$$A_s = \begin{bmatrix} A_a & 0 \\ B_b\,C_a & A_b \end{bmatrix},$$

(8.51)

so daß auch hier wieder das Gesamtsystem alle Eigenwerte der Teilsysteme hat:

Satz 8.22: Werden zwei Systeme $\mathcal{S}_a$ und $\mathcal{S}_b$ in Serie geschaltet und gehören zu $\mathcal{S}_a$ die n_a Eigenwerte λ_{ai} und zu $\mathcal{S}_b$ die n_b Eigenwerte λ_{bj}, dann hat das Seriensystem $\mathcal{S}_s$ die

$$n = n_a + n_b \tag{8.52}$$

Eigenwerte

$$(\lambda_1, \lambda_2, \ldots, \lambda_n) = (\lambda_{a1}, \ldots, \lambda_{ana}, \lambda_{b1}, \ldots, \lambda_{bnb}). \tag{8.53}$$

Auch für die Seriensysteme gilt zunächst der Satz:

Satz 8.23: Notwendig (aber nicht hinreichend) für die vollständige z-Steuerbarkeit (Beobachtbarkeit) des aus den Teilsystemen $\mathcal{S}_a$ und $\mathcal{S}_b$ bestehenden Seriensystems $\mathcal{S}_s$ ist die vollständige z-Steuerbarkeit (Beobachtbarkeit) jedes der Systeme $\mathcal{S}_a$ und $\mathcal{S}_b$.

Hinreichende Bedingungen sind nur durch die Anwendung von Satz 8.2 und Satz 8.5 auf Gl. (8.50) zu finden (wenn man nicht die zu den Systemen $\mathcal{S}_a$ und $\mathcal{S}_b$ gehörenden rationalen Matrizen auf ihren Grad hin untersuchen will [23]). Denn für weitergehende Aussagen z. B. für (1,1) Systeme stört vor allem der Term $\mathbf{B}_b\, \mathbf{C}_a$ in den Gln. (8.50) bzw. (8.51), den man auch als ,,Koppelmatrix'' zwischen den beiden Systemen bezeichnen kann.

c) Rückgekoppelte Systeme

Wir wollen hier zwei wichtige Untergruppen der rückgekoppelten Systeme besprechen und beginnen mit den Systemen mit Einheitsrückführung (Bild 8.12)

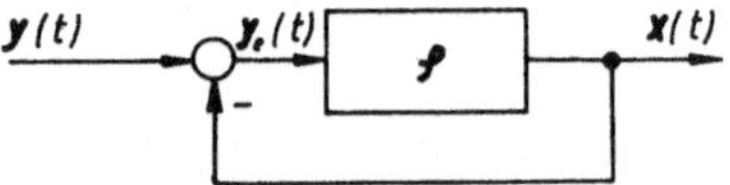

Bild 8.12
Durch Einheitsrückführung gegengekoppeltes System.

in der für die Regelungstechnik wichtigen Form der Gegenkopplung (negative Rückkopplung). Das System wird zunächst durch diese Gleichungen beschrieben:

$$\dot{\mathbf{u}}(t) = \mathbf{A}\,\mathbf{u}(t) + \mathbf{B}\,\mathbf{y}_e(t)$$
$$\mathbf{x}(t) = \mathbf{C}\,\mathbf{u}(t) + \mathbf{D}\,\mathbf{y}_e(t) \tag{8.54}$$
$$\mathbf{y}_e(t) = \mathbf{y}(t) \quad - \mathbf{x}(t)$$

oder, nach Auswertung der Schließungsbedingung:

$$\dot{\mathbf{u}}(t) = [\mathbf{A} - \mathbf{B}\,(1 + \mathbf{D})^{-1}\,\mathbf{C}]\,\mathbf{u}(t) + \mathbf{B}\,[1 - (1 + \mathbf{D})^{-1}\,\mathbf{D}]\mathbf{y}(t)$$
$$\mathbf{x}(t) = [(1 + \mathbf{D})^{-1}\,\mathbf{C}]\,\mathbf{u}(t) \qquad + (1 + \mathbf{D})^{-1}\,\mathbf{D}\mathbf{y}(t). \tag{8.55}$$

Diese Form der dynamischen Gleichungen des gegengekoppelten Systems ist nur richtig, wenn die Matrix $(1 + \mathbf{D})$ nichtsingulär, also

$$|1 + \mathbf{D}| \neq 0, \tag{8.56}$$

ist, was die physikalisch sinnvolle Bedeutung einer endlichen „direkten Verstärkung" $(1 + \mathbf{D})^{-1}\mathbf{D}$ hat. An Gl. (8.55) ist deutlich zu erkennen, daß die Eigenwerte eines gegengekoppelten Systems verändert werden, denn das System $\mathcal{S}_r$ hat nun eine Systemmatrix der Form

$$\mathbf{A}_r = \mathbf{A} - \mathbf{B}\,(1 + \mathbf{D})^{-1}\,\mathbf{C}. \tag{8.57}$$

Die Dimension n des Zustandsvektors $\mathbf{u}(t)$ und damit die Zahl n der Eigenwerte λ_i bleibt aber ungeändert.

Satz 8.24: Die Anzahl n der Eigenwerte λ_i eines Übertragungssystems wird durch eine Einheitsrückkopplung nicht geändert:

$$n_0 = n_r. \tag{8.58}$$

Dabei ist mit n_0 die Zahl der λ_i des offenen Systems und mit n_r die des rückgekoppelten Systems bezeichnet.

In [23] ist die Gültigkeit auch dieses wichtigen Satzes bewiesen:

Satz 8.25: Ein vollständig z-steuerbares (beobachtbares) System bleibt auch als durch Einheitsrückführung gekoppeltes System vollständig z-steuerbar und beobachtbar.

Als nächstes betrachten wir den in Bild 8.13a dargestellten komplizierteren Fall des aus den Systemen $\mathcal{S}_a$ im Vorwärtskanal und $\mathcal{S}_b$ im Rückführkanal aufge-

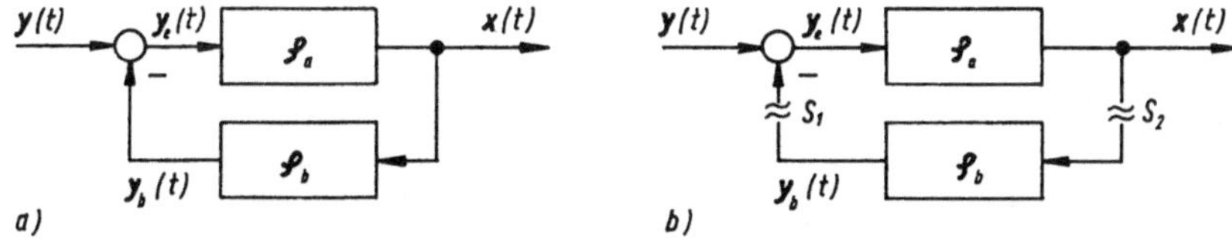

Bild 8.13. Allgemeines rückgekoppeltes System
a) ohne Schnitt
b) mit Schnittstellen

bauten Rückkopplungssystems. Setzt man die Systemgleichungen der Teilsysteme

$$\begin{aligned}
\dot{\mathbf{u}}_a(t) &= \mathbf{A}_a\,\mathbf{u}_a(t) + \mathbf{B}_a\,(\mathbf{y}(t) - \mathbf{y}_b(t)) \\
\mathbf{x}(t) &= \mathbf{C}_a\,\mathbf{u}_a(t) + \mathbf{D}_a\,(\mathbf{y}(t) - \mathbf{y}_b(t))
\end{aligned} \tag{8.59a}$$

$$\begin{aligned}
\dot{\mathbf{u}}_b(t) &= \mathbf{A}_b\,\mathbf{u}_b(t) + \mathbf{B}_b\,\mathbf{x}(t) \\
\mathbf{y}_b(t) &= \mathbf{C}_b\,\mathbf{u}_b(t) + \mathbf{D}_b\,\mathbf{x}(t)
\end{aligned} \tag{8.59b}$$

ineinander ein, findet man für das Gesamtsystem:

$$\begin{bmatrix} \dot{u}_a(t) \\ \dot{u}_b(t) \end{bmatrix} = \begin{bmatrix} A_a - B_a\,D_b\,(1+D_a\,D_b)^{-1}\,C_a, & B_a\,[D_b\,(1+D_a\,D_b)^{-1}\,D_a - 1]\,C_b \\ B_a\,(1+D_a\,D_b)^{-1}\,C_a, & A_b - (1+D_a\,D_b)^{-1}\,D_a\,C_b \end{bmatrix} \begin{bmatrix} u_a(t) \\ u_b(t) \end{bmatrix}$$

$$+ \begin{bmatrix} B_a\,[1 - D_b\,(1+D_a\,D_b)^{-1}\,D_a] \\ B_b \qquad (1+D_a\,D_b)^{-1}\,D_a \end{bmatrix} y(t)$$

$$\mathbf{x}(t) = [(1+D_a\,D_b)^{-1}\,C_a, \qquad -(1+D_a\,D_b)^{-1}\,D_a\,C_b] \begin{bmatrix} u_a(t) \\ u_b(t) \end{bmatrix} +$$

$$+ (1+D_a\,D_b)^{-1}\,D_a\,y(t). \tag{8.60}$$

wenn man die Nichtsingularität des „direkten Verstärkungsfaktors" voraussetzen darf:

$$|1 + D_a\,D_b| \neq 0. \tag{8.61}$$

Um nun Aussagen über die Steuerbarkeit und Beobachtbarkeit des Gesamtsystems machen zu können, soll das System an den Stellen S_1 und S_2 geschnitten werden (Bild 8.13 b), so daß man zunächst zwei Seriensysteme erhält:

1. für Schnitt S_1 des Systems $\mathcal{S}_1$, bei dem $\mathcal{S}_b$ hinter $\mathcal{S}_a$ folgt,
2. für Schnitt S_2 des Systems $\mathcal{S}_2$, bei dem $\mathcal{S}_a$ hinter $\mathcal{S}_b$ folgt.

Wir können nun aus den vorstehenden Sätzen 8.22 und 8.24 diesen Satz ableiten:

Satz 8.25: Hat in der allgemeinen Rückkopplungsschaltung das System $\mathcal{S}_a$ im Vorwärtskanal n_a Eigenwerte λ_{ai} und das System $\mathcal{S}_b$ im Rückführkanal n_b Eigenwerte λ_{bj}, dann hat das rückgekoppelte System

$$n_r = n_a + n_b \tag{8.62}$$

Eigenwerte λ_i.

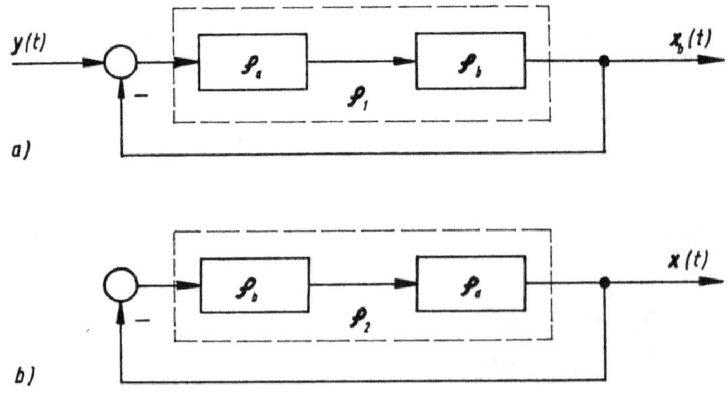

Bild 8.14
a) Zur Steuerbarkeit
b) zur Beobachtbarkeit des rückgekoppelten Systems aus Bild 8.13.

Dieser Satz folgt vor allem aus der Tatsache, daß nach Schließung der Schnittstellen S_1 und S_2 für die Systeme $\mathcal{S}_1$ bzw. $\mathcal{S}_2$ jeweils eine Einheitsrückkopplung vorliegt (Bild 8.14).

Aus Satz 8.25 folgt nun in bezug auf die durch die Schnitte S_1 und S_2 erzeugten „offenen" Systeme $\mathcal{S}_1$ und $\mathcal{S}_2$ für das rückgekoppelte System:

Satz 8.26: Für die vollständige z-Steuerbarkeit (Beobachtbarkeit) eines aus den Systemen $\mathcal{S}_a$ und $\mathcal{S}_b$ bestehenden Rückkopplungssystems $\mathcal{S}_r$ ist notwendig und hinreichend, daß $\mathcal{S}_1$ vollständig z-steuerbar ($\mathcal{S}_2$ vollständig beobachtbar) ist.

Dieser Satz hat für die Rechenpraxis eine große Bedeutung, da die Prüfung der Steuerbarkeit und Beobachtbarkeit eines offenen Systems $\mathcal{S}_1$ bzw. $\mathcal{S}_2$ wesentlich weniger Mühe macht (man vergleiche hierzu die Gln. (8.60) und (8.55)), als bei dem rückgekoppelten System.

9. Die Stabilitätsanalyse dynamischer Systeme

9.1 Einleitung

Bei der Untersuchung eines dynamischen Systems, und dabei speziell eines Regelungssystems, ist die Stabilitätsanalyse von fundamentaler Bedeutung. In der Praxis entscheidet das Ergebnis der Stabilitätsanalyse über die technische Brauchbarkeit der zu untersuchenden Systeme. Eine besonders wichtige Aufgabe der Regelungstechnik liegt auch gerade da vor, wo ein zunächst instabiles System durch geeignete (im allgemeinen Rückkopplungs-)Maßnahmen stabilisiert werden muß. Eine theoretische Stabilitätsuntersuchung eines vorliegenden Systems wird immer an Hand eines mathematischen, das technische oder physikalische System mehr oder weniger gut beschreibenden, Modells durchgeführt. Wir werden hier die Stabilitätsanalyse nur an dem dynamischen Gleichungssystem durchführen, da diese Zustandsraumdarstellung vor allem bei der Systemanalyse mittels Analog- und/oder Digitalrechenanlagen wesentliche Vorteile bietet.

Obwohl der Ingenieur und Regelungstechniker intuitiv den Begriff „Stabilität" erfaßt und im allgemeinen auch weiß, was im einzelnen gemeint ist, so ist der Stabilitätsbegriff doch sehr vielschichtig und muß von Fall zu Fall sorgfältig definiert werden und wir werden deshalb im nächsten Abschnitt zunächst einige Definitionen der *Stabilität* geben, die weitgehend von der theoretischen Mechanik ausgehen. Wie ja überhaupt der Stabilitätsbegriff ursprünglich in der Mechanik zuerst ausgiebig studiert wurde und erst von dort aus Eingang in die moderne Regelungstheorie gefunden hat. Es gibt nun eine Vielzahl von Stabilitätsanalysemethoden, von denen jedem Regelungstechniker einige (z. B. das Hurwitz- oder das Nyquist-Kriterium) geläufig sind. Die überwiegende Zahl dieser Verfahren ist aber nur für lineare zeitinvariante Systeme geeignet. Dies ist immer dann der Fall, wenn es sich um Methoden handelt, die die Fourier- oder Laplacetransformierten Differentialgleichungen des Systems voraussetzen.

Im folgenden sollen einige wichtige Verfahren der Stabilitätsanalyse angegeben werden, die auf das dynamische Gleichungssystem eines dynamischen Systems oder auf den Zustandsvektor $u(t)$ anzuwenden sind. Obwohl wir in dieser Schrift nur lineare, zeitinvariante kontinuierliche Systeme behandeln, wird auch eine kurze Einführung in die Ljapunovsche Stabilitätstheorie gegeben, die Grundlagen der wenigen Methoden liefert, die sowohl auf lineare wie auf nichtlineare Übertragungssysteme angewendet werden können. Dies deshalb, da die Schwierigkeiten in dem Maße zunehmen, wie man von den linearen zeitinvarianten zu den zeitvariablen und schließlich zu den nichtlinearen Systemen vordringt. Die hier in den Vordergrund gestellte Einführung der Zustandsraumdarstellung eines Regelungssystems ist ja geeignet, auch nichtlineare Systeme zu beschreiben, ganz im Gegensatz zu der Methode der rationalen Funktionen und rationalen Übertragungsmatrizen, die nur für lineare zeitinvariante Systeme anwendbar ist. Als Regelungsingenieur sollte man sich bewußt sein, daß in vielen Fällen ein lineares Modell zwar eine ausreichende Darstellung eines technischen dynamischen Systems sein mag, daß aber in manch anderem Fall eine genauere Beschreibung durch ein nichtlineares Modell den steigenden Anforderungen an die Regelgenauigkeit und Regelgüte komplizierter Anlagen angemessener ist, so daß man sich in zunehmendem Maße auch mit den sicherlich komplizierteren Methoden der modernen Regelungstheorie vertraut machen muß [25]. Schließlich sei noch ausdrücklich betont, daß die im folgenden besprochenen Stabilitätsdefinitionen nur eine Auswahl der für die Praxis wichtigsten darstellen. Beim genaueren Studium der recht umfangreichen Literatur über Stabilitätsprobleme wird man feststellen, daß es mindestens ebensoviele Stabilitätsdefinitionen wie Konvergenzdefinitionen gibt, da der Stabilitätsbegriff mathematisch sehr eng mit diesem verknüpft ist.

9.2 Grunddefinitionen zum Stabilitätsbegriff

Wir gehen wieder von dem dynamischen Gleichungssystem als mathematisches Modell des zu untersuchenden linearen dynamischen Systems aus:

$$\dot{\mathbf{u}}(t) = \mathbf{A}\,\mathbf{u}(t) + \mathbf{B}\,\mathbf{y}(t), \quad \mathbf{u}_0 = \mathbf{u}(t)\,|_{t=t_0} \tag{9.1a}$$

$$\mathbf{x}(t) = \mathbf{C}\,\mathbf{u}(t) + \mathbf{D}\,\mathbf{y}(t), \tag{9.1b}$$

und benützen nun die in Kapitel 6 besprochene Lösung der Vektordifferentialgleichung der Zustandsvariablen $\mathbf{u}(t)$ (Gl. 6.44):

$$\mathbf{u}(t) = \boldsymbol{\Phi}(t - t_0)\,\mathbf{u}_0 + \int_{t_0}^{t} \boldsymbol{\Phi}(t - \tau)\,\mathbf{B}\,\mathbf{y}(\tau)\,\mathrm{d}\tau$$

$$= \mathrm{e}^{\mathbf{A}\,(t-t_0)}\mathbf{u}_0 + \int_{t_0}^{t} \mathrm{e}^{\mathbf{A}\,(t-\tau)}\,\mathbf{B}\,\mathbf{y}(\tau)\,\mathrm{d}\tau \tag{9.2}$$

zur Beschreibung des Verhaltens des dynamischen Systems. Man kann den ersten Summanden in Gl. (9.2) als eine Beschreibung der Systembewegung von $t = -\infty$ bis zum Zeitpunkt t_0 interpretieren, die dann in den Anfangswerten $\mathbf{u}_0 = \mathbf{u}(t)\,|_{t=t_0}$ mündet. Der zweite Summand beschreibt die Zustandsänderung von $t = t_0$ bis zum Beobachtungszeitpunkt t aufgrund der Eingangssignale $\mathbf{y}(t)$.

Benützen wir diese Gl. (9.2) nun auch für die Gl. (9.1b), erhalten wir als Systemreaktionen folgende vier Terme, die unten so einzeln besprochen werden sollen, wie es die geschweiften Klammern angeben:

$$\mathbf{u}(t) = \underbrace{\underbrace{\boldsymbol{\Phi}(t - t_0)\,\mathbf{u}_0}_{3} + \int_{t_0}^{t} \boldsymbol{\Phi}(t - \tau)\,\mathbf{B}\,\mathbf{y}(\tau)\,\mathrm{d}\tau}_{1} \tag{9.3a}$$

$$\mathbf{x}(t) = \underbrace{\mathbf{C}\,\boldsymbol{\Phi}(t - t_0)\,\mathbf{u}_0 + \underbrace{\int_{t_0}^{t} \mathbf{C}\,\boldsymbol{\Phi}(t - \tau)\,\mathbf{B}\,\mathbf{y}(\tau)\,\mathrm{d}\tau + \mathbf{D}\,\mathbf{y}(t)}_{4}}_{2}. \tag{9.3b}$$

Definition 9.1: Um die Aussagen für die Zustandsvektorbewegungen übersichtlicher zu gestalten, werden wir im folgenden anstelle Gl. (9.1 a) auch das homogene System durch die abgekürzte Form

$$\dot{\mathbf{u}}(t) = \mathbf{f}\,(\mathbf{u}(t),\, t) \tag{9.4}$$

kennzeichnen.

(Das homogene System hat also das Eingangssignal $\mathbf{y}(t) \equiv 0$ für alle t.) Durch diese hier für die in dieser Schrift nahezu ausschließlich behandelten linearen Systeme eingeführte Abkürzung ist aber gleichzeitig eine Verallgemeinerung der Systembeschreibung auch auf nichtlineare Systeme gegeben, wenn man $\mathbf{f}(\mathbf{u})$ als eine beliebige nichtlineare Funktion der Zustandsvariablen $\mathbf{u}(t)$ deutet.

Diese Gl. (9.4) hat dann unter der Voraussetzung der Existenz und Eindeutigkeit für die Lösungskurven im Anschluß an die Anfangsbedingungen u_0 die Lösung

$$\mathbf{u}(t) = \mathbf{\Omega}(t_0,\, \mathbf{u}_0,\, t) \tag{9.5a}$$

mit

$$\mathbf{\Omega}(t_0,\, \mathbf{u}_0,\, t_0) = \mathbf{u}_0. \tag{9.5b}$$

Definition 9.2: Mit *Bewegung* ist für die folgenden Stabilitätsdefinitionen jede Trajektorie bezeichnet, die von jedem beliebigen Zustand $\mathbf{u}(t)$, d. h. auch von jedem Punkt in dem n-dimensionalen Raum R_n, ausgeht.

Definition 9.3: Mit Gleichgewichtszustand ist jeder Zustand $\mathbf{u}_g$ gemeint, für den mit Gl. (9.4) gilt:

$$\mathbf{f}(\mathbf{u}_g,\, t) \equiv 0, \quad \text{für alle} \quad t \geq 0. \tag{9.6}$$

Diese Definition der Gl. (9.6) ist für in weiten Grenzen beliebige Funktionen $\mathbf{f}(\mathbf{u},\, t)$ gültig. Für die hier vor allem betrachteten linearen zeitinvarianten Systeme ist mit

$$\mathbf{f}\,(\mathbf{u}(t),\, t) = \mathbf{A}\,\mathbf{u}(t) \tag{9.7}$$

dieser Satz von Bedeutung [33]:

Satz 9.1: Ein lineares zeitinvariantes dynamisches freies System Gl. (9.7) hat

a) nur einen Gleichgewichtszustand $\mathbf{u}_g$, wenn die Matrix $\mathbf{A}$ nichtsingulär ist

$$|\mathbf{A}| \neq 0 \tag{9.8}$$

und

b) beliebig viele Gleichgewichtslagen für

$$|\mathbf{A}| \equiv 0. \tag{9.9}$$

Die durch diesen Satz festgelegten Eigenschaften eines linearen Systems sind für diese ebenso charakterisierend wie das *Superpositionsgesetz* (2.2), denn die nichtlinearen Systeme mit beliebigen Funktionen $\mathbf{f}\,(\mathbf{u}(t),\, t)$ können einen oder auch mehrere Gleichgewichtszustände $\mathbf{u}_g$ haben, die durch Gl. (9.6) ausgezeichnet sind.

Definition 9.4: Sind die Gleichgewichtszustände $\mathbf{u}_g$ in Gl. (9.6) isoliert voneinander, d. h. ist $\mathbf{u}$ in einer Umgebung von $\mathbf{u}_g$ die einzige Lösung von Gl. (9.6), dann soll $\mathbf{u}_g$ eine *isolierte Gleichgewichtslage* genannt werden.

Durch eine geeignete Koordinatentransformation für den Zustandsraum R_n kann man dann immer erreichen, daß die isolierten Gleichgewichtslagen den Ursprung des neuen Koordinatensystems bilden, so daß dann anstelle von Gl. (9.6) auch (nur für isolierte $\mathbf{u}_g$) gilt:

$$\mathbf{f}_1(0, t) = 0, \quad \text{für alle} \quad t \geq 0, \tag{9.10}$$

dabei soll durch den Index 1 ausdrücklich gekennzeichnet sein, daß $\mathbf{f}_1$ infolge der Koordinatentransformation an $\mathbf{u}(t)$ aus $\mathbf{f}\,(\mathbf{u}(t), t)$ hervorgegangen ist.

Definition 9.5: Ein Gleichgewichtszustand $\mathbf{u}_g$ heißt *stabil* im Sinne *Ljapunovs* — oder auch *L*-stabil —, wenn es für jede reelle Zahl $\varepsilon > 0$ eine reelle Zahl $\delta\,(\varepsilon, t_0)$ derart gibt, daß aus der Ungleichung

$$\|\mathbf{u}_0 - \mathbf{u}_g\| < \delta \tag{9.11a}$$

folgt

$$\|\Omega\,(t, u_0, t_0)\| < \varepsilon, \quad \text{für alle} \quad t \geq t_0. \tag{9.11b}$$

Die in dieser Stabilitätsdefinition verwendete Bezeichnung $\|\mathbf{x}\|$ ist die *Euklidische* Norm eines Vektors $\mathbf{x}$ (der „Betrag"):

$$\|\mathbf{x}\| = \sqrt{x_1^2 + x_2^2 + \ldots x_n^2} = (\mathbf{x}^T\mathbf{x})^{\frac{1}{2}}, \tag{9.12}$$

bei der die x_i die n Komponenten von $\mathbf{x}$ sind. Der in Definition 9.5 festgelegte Stabilitätsbegriff ist recht allgemein gefaßt, besonders dadurch, daß angenommen wurde, daß die Zahl δ sowohl von der Schranke ε als auch von der Anfangszeit t_0 abhängt. Für zeitinvariante Systeme, wie wir sie hier ausschließlich behandeln, ist δ nur eine Funktion von ε also $\delta(\varepsilon)$, solche Systeme, für die dies gilt, werden auch gleichförmig stabil genannt. In Bild 9.1 ist die

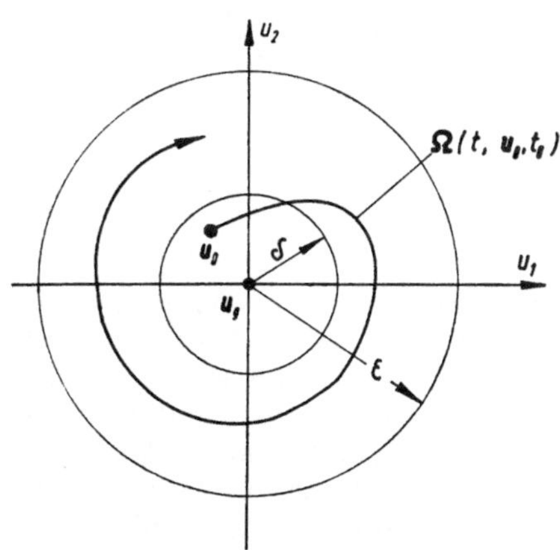

Bild 9.1
Zur Interpretation eines *L*-stabilen Systems
2. Ordnung.

Definition 9.5 für ein System zweiter Ordnung (mit zwei Energiespeichern) erläutert. Der betrachtete Gleichgewichtszustand $\mathbf{u}_g$ sei der Ursprung des zweidimensionalen Koordinatensystems. Der Anfangszustand $\mathbf{u}_0$ liegt innerhalb des Kreises mit dem Radius δ, also in dem Gebiet $G(\delta)$. Das System ist dann L-stabil, wenn die *Trajektorie* $\Omega\,(t, \mathbf{u}_0, t_0)$ für alle $t \geq t_0$ innerhalb des Kreises, dem Gebiet $G(\varepsilon)$, mit dem Radius ε bleibt. Für den Fall des n-dimensionalen Zustandsvektors werden durch ε und δ in R_n n-dimensionale sphärische Gebiete definiert.

Definition 9.6: Ein Gleichgewichtszustand $\mathbf{u}_g$ wird *asymptotisch stabil*, oder auch asymptotisch L-stabil, genannt, wenn er L-stabil ist und wenn für alle genügend nahe $\mathbf{u}_g$ gewählten Anfangszustände $\mathbf{u}_0$ die Bewegung $\Omega\,(t, \mathbf{u}_0, t_0)$ mit wachsendem t gegen $\mathbf{u}_g$ konvergiert. Das heißt, es muß eine reelle Zahl δ existieren so, daß mit

$$\| \mathbf{u}_0 - \mathbf{u}_g \| < \delta \tag{9.13a}$$

gilt

$$\lim_{t \to \infty} (\Omega(t, \mathbf{u}_0, t_0) - \mathbf{u}_g) = \mathbf{0}. \tag{9.13b}$$

In Bild 9.2 ist der Verlauf der Trajektorie eines asymptotisch stabilen Systems zweiter Ordnung zur Erläuterung der vorstehenden Definition angedeutet.

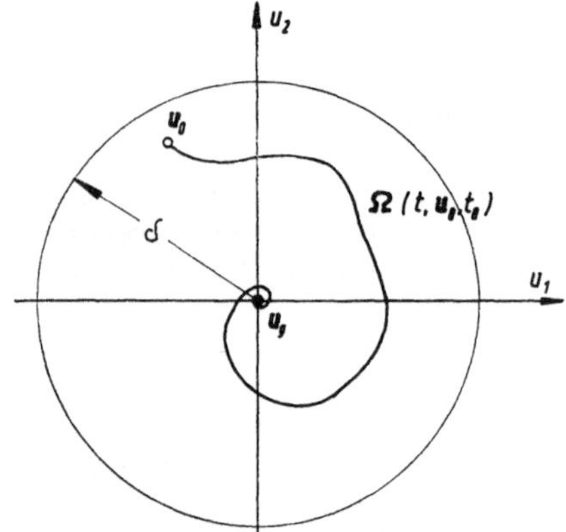

Bild 9.2
Verlauf der Trajektorie $\Omega\,(t, \mathbf{u}_0, t_0)$ eines asymptotisch stabilen Systems 2. Ordnung.

Für die Praxis sind die asymptotisch L-stabilen Systeme von wesentlich größerer Bedeutung als die nur L-stabilen Systeme. Zu der letzten Klasse gehören z. B. alle die nichtlinearen Systeme mit einem stabilen Grenzzyklus, die „im Großen stabilen" Systeme, das sind z. B. Regelsysteme mit Zweipunktreglern [25]. Die Begriffe „stabil im Großen" und „stabil im Kleinen" sollen hier nicht weiter definiert werden, da sie für lineare zeitinvariante Systeme, von denen dieses Buch alleine handelt, nicht von Interesse sind.

Definition 9.7: Ein Gleichgewichtszustand u_g heißt *instabil*, wenn er weder L-stabil noch asymptotisch L-stabil ist.

9.3 Die Stabilität des linearen zeitinvarianten Übertragungssystems

Nach den vorstehend gegebenen allgemein gehaltenen Stabilitätsdefinitionen, die auf *Ljapunov* [8, 11] zurückgehen und hier auch durch den Buchstaben L mit seinem Namen verknüpft sein sollen, wollen wir nun diese Begriffe für die uns letztlich interessierenden dynamischen Übertragungssysteme $\mathcal{S}$ weiterführen.

Definition 9.8: Ein dynamisches System $\mathcal{S}$ heiße *total Z-stabil* (d. h. total stabil bezüglich des Zustandsvektors $u(t)$), wenn für alle beschränkten Eingangssignale mit

$$\| y(t) \| \leq M, \qquad M < \infty \text{ und const.} \tag{9.14a}$$

und alle Anfangszustände $u_0(t)|_{t=0}$ der Zustandsvektor $u(t)$ ebenfalls beschränkt bleibt

$$\| u(t, u_0, y(t)) \| < N_1, \qquad \begin{aligned} N_1 &< \infty \text{ und const.} \\ t &\geq t_0. \end{aligned} \tag{9.14b}$$

Diese Stabilitätsdefinition umfaßt also den Ausdruck 1 in Gl. (9.3a) und geht über die im vorstehenden Abschnitt behandelte L-Stabilität (Definition 9.5) hinaus, die in Gl. (9.3a) nur den Ausdruck 3 umfaßt.

Definition 9.9: Ein dynamisches System $\mathcal{S}$ heiße *total A-stabil*, d. h. total stabil bezüglich des Ausgangssignalvektors $x(t)$, wenn für alle beschränkten Eingangssignale

$$\| y(t) \| < M, \qquad M < \infty \text{ und const.} \tag{9.15a}$$

und alle beschränkten Anfangszustände $u_0 = u(t_0)$ der Ausgangssignalvektor $x(t)$ ebenfalls beschränkt bleibt:

$$\| x(t, u_0, y(t)) \| < N_2, \qquad \begin{aligned} N_2 &< \infty \text{ und const.} \\ t &\geq t_0. \end{aligned} \tag{9.15b}$$

Der Begriff der totalen Z-Stabilität ist wesentlich schärfer als der der totalen A-Stabilität, da in dem letzteren alle nichtbeobachtbaren Zustände *nicht* miterfaßt werden. Nur im Falle des vollständig z-beobachtbaren Systems $\mathcal{S}$ ist Definition 9.9 mit Definition 9.8 identisch.

Man kann nun außer der totalen Stabilität für den Zustandsvektor $u(t)$ und den Ausgangsvektor $x(t)$ die entsprechenden Begriffe: total asymptotisch

Z-stabil (A-stabil) ausgehend von Definition 9.6 präzisieren, doch soll dies hier aus Platz- und Übersichtlichkeitsgründen unterbleiben.

Geht man von den dynamischen Gleichungen eines linearen zeitinvarianten Systems $\mathcal{S}$ mit Hilfe der Laplace-Transformation zu der rationalen Übertragungsmatrix $\mathbf{F}(s)$ über, dann wird man normalerweise das System als zum Beobachtungszeitpunkt energiefrei ansehen. Der Anfangszustand wird also der *Nullzustand*

$$\mathbf{u}_0 = \mathbf{u}(t_0) \equiv \mathbf{0} \tag{9.16}$$

sein. Für diesen Fall interessiert noch

Definition 9.10: Ein System $\mathcal{S}$ heiße *NZA*-stabil (Nullzustand-*A*-stabil), wenn für beschränkte Eingangssignale

$$\|\mathbf{y}(t)\| < M < \infty, \qquad M = \text{const.} \tag{9.17a}$$

und den Nullzustand

$$\mathbf{u}_0 \equiv \mathbf{0} \tag{9.16}$$

der Ausgangssignalvektor $\mathbf{x}(t)$ beschränkt ist:

$$\|\mathbf{x}(t)\| < N_3 < \infty, \qquad \begin{matrix} N_3 = \text{const.} \\ t \quad \geq t_0. \end{matrix} \tag{9.17b}$$

Ausgehend von den vorstehend gegebenen Stabilitätsdefinitionen betrachten wir zunächst die Stabilität des homogenen Systems $\mathcal{S}$, d. h. des nicht durch Eingangssignale $\mathbf{y}(t)$ gestörten Systems, das durch diese homogenen dynamischen Gleichungen beschrieben wird:

$$\begin{aligned} \dot{\mathbf{u}}(t) &= \mathbf{A}\,\mathbf{u}(t) \\ \mathbf{x}(t) &= \mathbf{C}\,\mathbf{u}(t). \end{aligned} \tag{9.18}$$

Satz 9.2: Das homogene zeitinvariante System $\mathcal{S}_n$ Gl. (9.18) ist

a) *L*-stabil genau dann, wenn

 I. alle Eigenwerte der Matrix $\mathbf{A}$ nichtpositive Realteile besitzen und außerdem

 II. das Minimalpolynom $M(\lambda)$ zu $\mathbf{A}$ nur einfache Nullstellen auf der imaginären Achse der λ-Ebene besitzt.

b) asymptotisch *L*-stabil genau dann, wenn alle Eigenwerte der Matrix $\mathbf{A}$ negative Realteile besitzen.

Man beachte hier zunächst, daß der in [33] bewiesene Satz 9.2 sich mit den Definitionen 9.5 und 9.6 nur auf die 1. Gl. in Gl. (9.18), also auf den Zustandsvektor $\mathbf{u}(t)$ bezieht. Dieser Satz drückt einmal die bekannte Tatsache aus, daß die Systemmatrix $\mathbf{A}$ alleine für das Stabilitätsverhalten eines Systems verantwortlich ist, wobei hier keinerlei Unterschied zwischen Einfach- und Mehrfachsystemen besteht, ganz anders als bei dem Problem der Steuer- und/oder Beobachtbarkeit oder auch anders als bei der analogen Stabilitätsbetrachtung im Bereich der komplexen Übertragungsmatrizen $\mathbf{F}(s)$. Das Stabilitätsproblem der durch ein dynamisches Gleichungssystem beschriebenen Übertragungs(Regelungs-)systeme ist deshalb ein rein algebraisches Problem (*Kalman* [9]), da es auf das *spezielle Eigenwertproblem* der linearen Algebra führt

$$(1\,\lambda - \mathbf{A})\,\mathbf{u}(t) = 0. \tag{9.19}$$

Interessanterweise wird die Stabilität des homogenen Systems $\mathcal{S}_n$ aber nicht nur von dem charakteristischen Polynom $Q(\lambda)$:

$$Q(\lambda) = |\,\mathbf{Q}(\lambda)\,| = |\,1\,\lambda - \mathbf{A}\,|, \tag{9.20}$$

sondern auch von dem Minimalpolynom $M(\lambda)$

$$Q(\lambda) = T_{n-1}(\lambda)\,M(\lambda) \tag{9.21}$$

bestimmt. $M(\lambda)$ hat zwar die gleichen Eigenwerte wie das charakteristische Polynom, doch können einige der λ_i in $Q(\lambda)$ öfter als in $M(\lambda)$ enthalten sein. Wie wir aus Kapitel 7 wissen, hat dann die adjungierte Matrix einen allen Elementen dieser Matrix $\mathbf{Q}(\lambda)_{\text{adj.}}$ gemeinsamen Teiler $T_{n-1}(\lambda)$. Im einzelnen bedeutet Satz 9.2a, daß die L-Stabilität eines Systems auch dann noch sichergestellt ist, wenn das charakteristische Polynom $Q(\lambda)$ mehrfache Wurzeln auf der imaginären Achse der λ-Ebene hat, nur darf $M(\lambda)$ dort nur einfache Nullstellen haben.

Beispiel 9.1: Eine Systemmatrix $\mathbf{A}$ habe die Jordanform $\mathbf{J}$

$$\mathbf{A} = \begin{bmatrix} i\,\omega_1 & 0 & 0 & 0 \\ 0 & i\,\omega_1 & 0 & 0 \\ 0 & 0 & -i\,\omega_1 & 0 \\ 0 & 0 & 0 & -i\,\omega_1 \end{bmatrix}. \tag{A}$$

Das charakteristische Polynom hat also das zweifache konjugiert komplexe Wurzelpaar $\lambda_{1/2} = i\,\omega$ und $\lambda_{2/3} = -i\,\omega$, wogegen das Minimalpolynom nur lautet

$$M(\lambda) = (\lambda - i\,\omega_1)\,(\lambda + i\,\omega_1)\,. \tag{B}$$

Mit Gl. (6.8) hat die von $\mathbf{u}_0 = [u_1(t_0),\ u_2(t_0),\ u_3(t_0),\ u_4(t_0)]^T$ ausgehende Trajektorie die Form:

$$\mathbf{u}(t) = e^{\mathbf{J}t}\,\mathbf{u}_0 = \begin{bmatrix} e^{i\,\omega_1 t} & 0 & 0 & 0 \\ 0 & e^{i\,\omega_1 t} & 0 & 0 \\ 0 & 0 & e^{-i\,\omega_1 t} & 0 \\ 0 & 0 & 0 & e^{-i\,\omega_1 t} \end{bmatrix} \mathbf{u}_0\,. \tag{C}$$

Für eine beliebige Wahl von $\mathbf{u}_0$, wobei nur gelten muß

$$\|\mathbf{u}_0\| < M < \infty,$$

stellen sich für $t \to \infty$ nur Dauerschwingungen endlicher Amplituden ein.

Hätte die Systemmatrix $\mathbf{A}$ aber die Jordanform

$$\mathbf{A} = \begin{bmatrix} \mathrm{i}\,\omega_1 & 1 & 0 & 0 \\ 0 & \mathrm{i}\,\omega_1 & 0 & 0 \\ 0 & 0 & -\mathrm{i}\,\omega_1 & 1 \\ 0 & 0 & 0 & -\mathrm{i}\,\omega_1 \end{bmatrix} \tag{D}$$

gehabt, mit $Q(\lambda) = M(\lambda) = (\lambda + \mathrm{i}\,\omega_1)^2\,(\lambda - \mathrm{i}\,\omega_1)^2$, dann genügt die Trajektorie des Zustandsvektors $\mathbf{u}(t)$ der Gleichung

$$\mathbf{u}(t) = \mathrm{e}^{\mathbf{J}t}\,\mathbf{u}_0 = \begin{bmatrix} \mathrm{e}^{\mathrm{i}\,\omega_1 t} & t\,\mathrm{e}^{\mathrm{i}\,\omega t} & 0 & 0 \\ 0 & \mathrm{e}^{\mathrm{i}\,\omega_1 t} & 0 & 0 \\ 0 & 0 & \mathrm{e}^{-\mathrm{i}\,\omega_1 t} & t\,\mathrm{e}^{-\mathrm{i}\,\omega_1 t} \\ 0 & 0 & 0 & \mathrm{e}^{-\mathrm{i}\,\omega_1 t} \end{bmatrix} \mathbf{u}_0 \,. \tag{E}$$

Für gewisse $\mathbf{u}_0$, z. B. hier schon für $\mathbf{u}_0 = [0\ \ 1\ \ 0\ \ 0]^T$, wächst $\mathbf{u}(t)$ mit $t \to \infty$ über alle Grenzen, obwohl $\mathbf{u}_0$ mit

$$\|\mathbf{u}_0\| = (\mathbf{u}_0{}^T\,\mathbf{u}_0)^{\frac{1}{2}} = \left([0, 1, 0, 0] \begin{bmatrix} 0 \\ 1 \\ 0 \\ 0 \end{bmatrix} \right)^{\frac{1}{2}} = 1$$

sicherlich beschränkt ist. Das System mit $\mathbf{A}$ nach Gl. (D) ist also nicht mehr L-stabil.

Bei Übertragungssystemen und vor allem in der Regelungstechnik muß aus praktischen Gründen i. a. *asymptotische* L-Stabilität gefordert werden, da Dauerschwingungen in linearen zeitinvarianten Systemen unerwünscht sind. Damit dürfen bei der Stabilitätsanalyse Eigenwerte auch nicht auf der imaginären Achse der λ-Ebene liegen (Satz 9.2b).

9.4 Die Stabilität rückgekoppelter Systeme

Aus Kapitel 8 ist bekannt, daß die komplexe Übertragungsmatrix $\mathbf{F}(s)$, bzw. die komplexe Übertragungsfunktion $F(s)$ beim Einfachsystem, nur den vollständig z-steuerbaren und beobachtbaren Teil eines dynamischen Modells beschreibt. Daraus folgt sofort die für die Praxis wichtige Erscheinung der Stabilitätsanalyse, daß die Stabilitätsaussagen über ein durch ein dynamisches Gleichungssystem Gl. (9.1) beschriebenes System vollständiger sein können, als diesbezügliche Aussagen über $\mathbf{F}(s)$ bzw. $F(s)$. Wir kommen an dieser Stelle noch einmal auf die Kalmankanonische Form der Systemmatrix $\mathbf{A}$ zurück,

Gl. (8.40). Unter Verwendung von Gl. (8.40) lautet das charakteristische Polynom $Q(\lambda)$ eines auf Kalmankanonische Form transformierten Systems:

$$Q(\lambda) = |\lambda\mathbf{1}-\mathbf{A}| = \begin{vmatrix} (\mathbf{1}\lambda-\mathbf{A}^{SS}) & -\mathbf{A}^{SG} & -\mathbf{A}^{SN} & -\mathbf{A}^{SB} \\ 0 & (\mathbf{1}\lambda-\mathbf{A}^{GG}) & 0 & -\mathbf{A}^{GB} \\ 0 & 0 & (\mathbf{1}\lambda-\mathbf{A}^{NN}) & -\mathbf{A}^{NB} \\ 0 & 0 & 0 & (\mathbf{1}\lambda-\mathbf{A}^{BB}) \end{vmatrix} \quad (9.22\,\text{a})$$

bzw. auch

$$Q(\lambda) = |\mathbf{1}\,\lambda-\mathbf{A}^{SS}| \cdot |\mathbf{1}\lambda-\mathbf{A}^{GG}| \cdot |\mathbf{1}\lambda-\mathbf{A}^{NN}| \cdot |\mathbf{1}\lambda-\mathbf{A}^{BB}| . \quad (9.22\,\text{b})$$

Darin haben die Einheitmatrizen $\mathbf{1}$ jeweils die passende Ordnung n_S, n_G, n_N und n_B.

Definition 9.11: Die n Eigenwerte λ_i eines auf Kalmankanonische Form transformierten dynamischen Systems $\mathcal{S}$ lassen sich in vier Gruppen aufteilen:

1. die n_S Eigenwerte des z-steuerbaren aber nicht beobachtbaren Teils $\mathbf{A}^{SS}$,
2. die n_G Eigenwerte des z-steuerbaren und beobachtbaren Teils $\mathbf{A}^{GG}$,
3. die n_N Eigenwerte des weder z-steuerbaren noch beobachtbaren Teils $\mathbf{A}^{NN}$,
4. die n_B Eigenwerte des nicht z-steuerbaren aber beobachtbaren Teils $\mathbf{A}^{BB}$.

Es gilt

$$n = n_S + n_G + n_N + n_B. \quad (9.23)$$

Sind einige der n Eigenwerte λ_i instabil, d. h. genauer, sind durch diese instabilen Eigenwerte λ_i instabile Eigenbewegungen des Systems verursacht, dann besteht eine wesentliche Aufgabe der Regelungstechnik darin zu versuchen, ob durch geeignete, vor allem Rückkopplungsmaßnahmen, das System stabilisiert werden kann, was bedeutet, daß durch Strukturveränderung des Systems oder der instabilen Teilsysteme die Eigenwerte des Systems verändert werden. Wir betrachten nun zwei wichtige Sonderfälle, bei denen das gegebene mit $\mathcal{S}_0$ (offenes System) bezeichnete dynamische Gebilde durch eine konstante Rückkopplung, d. h. eine energiespeicherfreie Rückkopplung, verändert werden soll: a) äußere Rückführung, b) innere Rückführung.

a) Äußere Rückführung

Dieser Sonderfall, der identisch mit der in der klassischen Regelungstechnik „normalen" Rückkopplung des Ausgangssignals zum Eingangssignal ist, ist in Bild 9.3 skizziert. Der Ausgangssignalvektor $\mathbf{x}(t)$ des offenen Mehrfach-

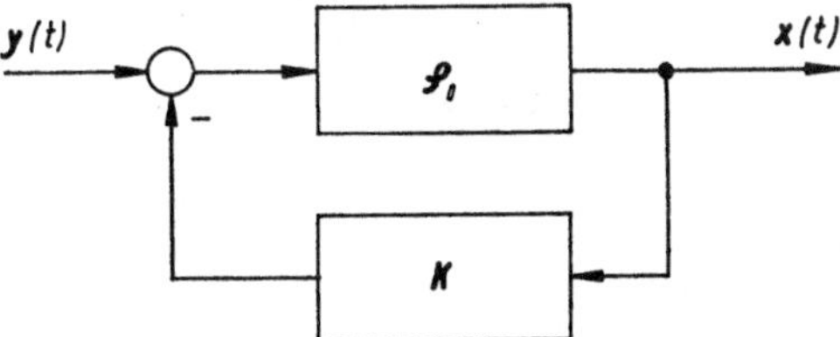

Bild 9.3
Äußere Rückkopplung eines Mehrfachsystems
$\mathcal{S}_0$.

systems $\mathcal{S}_0$ wird über die energiespeicherfreie Rückkopplungsmatrix $\mathbf{K}$ zum Systemeingang zurückgeführt. Die charakteristische Gleichung des Systems erhält dadurch diese Form, wenn $[1 + \mathbf{D\,K}]$ nichtsingulär ist:

$$Q(\lambda) = |\,1\,\lambda - [\mathbf{A} - \mathbf{B\,K}\,(1 + \mathbf{D\,K})^{-1}\,\mathbf{C}]\,| \tag{9.24a}$$

und wenn man die Kalman-kanonische Form berücksichtigt:

$$Q(\lambda) =$$

$$\begin{vmatrix}
(1\lambda - \mathbf{A}^{SS}), & -(\mathbf{A}^{SG} - \mathbf{B}^G\,\mathbf{K}\,(1+\mathbf{D\,K})^{-1}\,\mathbf{C}^G, & -\mathbf{A}^{SN}, & -(\mathbf{A}^{SB} - \mathbf{B}^S\,\mathbf{K}\,(1+\mathbf{D\,K})^{-1}\,\mathbf{C} \\
0, & (1\lambda - (\mathbf{A}^{GG} - \mathbf{B}^G\,\mathbf{K}\,(1+\mathbf{D\,K})^{-1}\,\mathbf{C}^G), & 0, & -(\mathbf{A}^{GB} - \mathbf{B}^G\,\mathbf{K}\,(1+\mathbf{D\,K})^{-1}\,\mathbf{C} \\
0, & 0, & 1\lambda - \mathbf{A}^{NN}, & -\mathbf{A}^{NB} \\
0, & 0, & 0, & 1\lambda - \mathbf{A}^{BN}
\end{vmatrix}$$

$$\tag{9.24}$$

Daraus folgt dann auch, wegen der Dreiecksstruktur dieser Determinanten:

$$Q(\lambda) = |1\lambda - \mathbf{A}^{SS}| \cdot |1\lambda - (\mathbf{A}^{GG} - \mathbf{B}^G\,\mathbf{K}\,(1+\mathbf{D\,K})^{-1}\,\mathbf{C}^G)| \cdot |1\lambda - \mathbf{A}^{NN}| \times$$
$$\times\, |1 - \mathbf{A}^{BB}|. \tag{9.25}$$

Vor allem aus Gl. (9.25) ist ganz deutlich zu erkennen, daß durch eine äußere Rückkopplung nur die Eigenwerte λ_i, die zu der vollständig z-steuerbaren und beobachtbaren Teilmatrix $\mathbf{A}^{GG}$ der Systemmatrix $\mathbf{A}$ gehören, durch eine entsprechende Wahl der Rückkopplungsmatrix $\mathbf{K}$ in der äußeren Rückführung modifiziert werden können. Diese für die praktische Regelungstechnik, insbesondere für komplexe Mehrfachsysteme, wichtige Tatsache, die in der Literatur und in der Praxis vor der Entdeckung durch *Kalman* [9] nicht beachtet wurde, fassen wir zusammen in:

Satz 9.3: In einem nicht vollständig z-steuerbaren und beobachtbaren dynamischen System können nur die Eigenwerte λ_i der vollständig z-steuerbaren und beobachtbaren Teilmatrix $\mathbf{A}^{GG}$ durch eine äußere Rückkopplung verändert werden.

Beispiel 9.2: Gegeben ist das im Signalflußdiagramm des in Bild 9.4a dargestellten dynamischen Systems

$$\dot{\mathbf{u}}(t) = \begin{bmatrix} 3 & 0 \\ 0 & 3 \end{bmatrix} \mathbf{u}(t) + \begin{bmatrix} 1 \\ 1 \end{bmatrix} y(t)$$

$$x(t) = [\,1 \quad 1\,]\,\mathbf{u}(t)\,. \tag{A}$$

Das System hat zwei instabile Wurzeln $\lambda_1 = \lambda_2 = 3$, von denen eine zu einem nicht steuerbaren und beobachtbaren Teil des Systems gehört, da bei diesem Einfachsystem das Minimalpolynom $M(\lambda) = (\lambda - 3)$ nicht mit dem charakteristischen Polynom $Q(\lambda) = (\lambda - 3)^2$ übereinstimmt. Wird das System $\mathcal{S}_0$ mit einer Rückführung K ver-

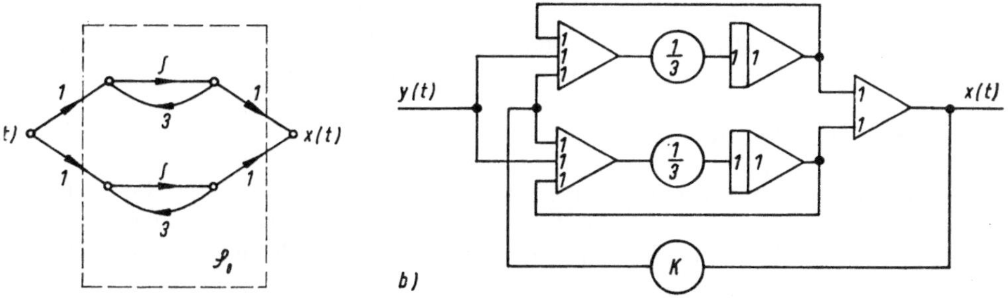

Bild 9.4
a) Signalflußdiagramm
b) Analogrechnerschaltung zu Beispiel 9.2.

sehen, wie es in der Analogrechenschaltung des Bildes 9.4 b angedeutet ist, erhält man für das charakteristische Polynom $Q_r(\lambda)$ des rückgekoppelten Systems mit Gl. (9.24 a):

$$Q_r(\lambda) = \left| \begin{bmatrix} \lambda & 0 \\ 0 & \lambda \end{bmatrix} - \begin{bmatrix} 3 & 0 \\ 0 & 3 \end{bmatrix} + \begin{bmatrix} K & K \\ K & K \end{bmatrix} \right| = (\lambda - 3 + K)^2 - K^2 =$$

$$= \lambda^2 - (6 - 2\,K)\,\lambda - 6\,K + 9 \tag{B}$$

mit den Wurzeln

$$\lambda_{1/2} = 3 - K \pm \sqrt{(3 - K)^2 + 6\,K - 9}$$
$$\lambda_1 = 3 \tag{C}$$
$$\lambda_2 = 3 - 2\,K,$$

also das durch Satz 9.3 feststehende Ergebnis, daß die zu dem nichtbeobachtbaren Teil des Systems gehörende Wurzel nicht verändert wird, d. h. auch, das rückgekoppelte System bleibt immer für alle K instabil. Dieses Ergebnis hätte man der Analogrechnerschaltung nicht ohne weiteres angesehen. Ohne durch das Wissen um die Steuerbarkeit und Beobachtbarkeit dieses Systems vorgewarnt zu sein, hätte man mit Hilfe der komplexen Schreibweise leicht folgende falsche Darstellung machen können:

$$F_{\text{ges.}} = F_1(s) + F_2(s) = \frac{1}{s - 3} + \frac{1}{s - 3} = \frac{2}{s - 3}. \tag{D}$$

Würde man diese Funktion auf dem Analogrechner programmieren, hat man nur einen Energiespeicher. Ein solches System, das aber die gestellte Aufgabe nicht richtig wiedergibt, kann selbstverständlich durch eine Rückkopplung für $2\,K > 3$ stabilisiert werden.

b) *Innere Rückführung*

Wir wenden uns nun einer in der klassischen Regelungstechnik in dieser Form normalerweise nicht diskutierten Rückkopplung zu, die in Bild 9.5 dargestellt

Bild 9.5
Blockschaltbild eines zunächst offenen Systems $\mathcal{S}_0$ mit innerer Rückführung.

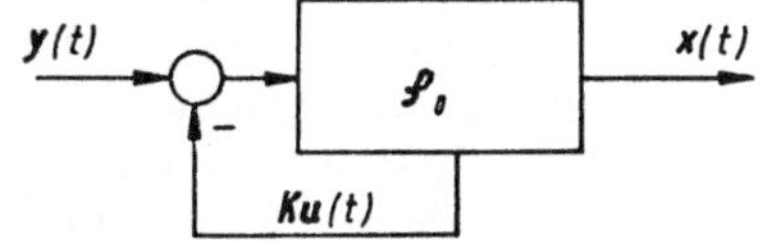

ist. Das zunächst offene System $\mathcal{S}_0$ soll durch die Rückführung der Zustandsvariablen $u(t)$ mit Hilfe der Koppelmatrix $\mathbf{K}$ zu dem Systemeingang verändert werden. Die Matrix $\mathbf{K}$ soll eine reelle (q, n) Matrix der Form

$$\mathbf{K} = [\mathbf{K}^S,\ \mathbf{K}^G,\ \mathbf{K}^N,\ \mathbf{K}^B] \tag{9.26}$$

sein. Die insgesamt n Spalten verteilen sich mit Gl. (9.23) auf die Matrix $\mathbf{K}$ wie folgt: $\mathbf{K}^S$ hat n_S, $\mathbf{K}^G$ die n_G, $\mathbf{K}^N$ die n_N und $\mathbf{K}^B$ die n_B Spalten. Das charakteristische Polynom des rückgekoppelten Systems ergibt sich aus Bild 9.5 über:

$$\dot{\mathbf{u}}(t) = \mathbf{A}\,\mathbf{u}(t) + \mathbf{B}\,\mathbf{y}_e(t)$$

$$\mathbf{y}_e(t) = \mathbf{y}(t) - \mathbf{K}\,\mathbf{u}(t)$$

zu

$$Q(\lambda) = |\,1\,\lambda - (\mathbf{A} - \mathbf{B}\,\mathbf{K})\,| \tag{9.27}$$

und in Kalmankanonischer Form zu:

$$Q_r(\lambda) = |\,\mathbf{Q}_r(\lambda)\,| =$$

$$\begin{vmatrix} 1\lambda-(\mathbf{A}^{SS}-\mathbf{B}^S\mathbf{K}^S), & -(\mathbf{A}^{SG}-\mathbf{B}^S\mathbf{K}^G), & -(\mathbf{A}^{SN}-\mathbf{B}^S\mathbf{K}^N), & -(\mathbf{A}^{SB}-\mathbf{B}^S\mathbf{K}^B) \\ \mathbf{B}^G\mathbf{K}^G, & 1\lambda-(\mathbf{A}^{GG}-\mathbf{B}^G\mathbf{K}^G), & \mathbf{B}^G\mathbf{A}^{NN}, & -(\mathbf{A}^{GB}-\mathbf{B}^G\mathbf{K}^B) \\ 0, & 0, & (1\lambda-\mathbf{A}^{NN}), & -\mathbf{A}^{NB} \\ 0, & 0, & 0, & 1\lambda-\mathbf{A}^{BB} \end{vmatrix}$$

$$\tag{9.28}$$

Schließlich erhält man durch Auswertung der Determinante in Gl. (9.28)

$$Q_r(\lambda) = \begin{vmatrix} 1\lambda-(\mathbf{A}^{SS}-\mathbf{B}^S\mathbf{K}^B), & -(\mathbf{A}^{SG}-\mathbf{B}^S\mathbf{K}^G) \\ \mathbf{B}^G\mathbf{K}^G, & 1\lambda-(\mathbf{A}^{GG}-\mathbf{B}^G\mathbf{K}^G) \end{vmatrix} \cdot |\,1\lambda-\mathbf{A}^{NN}\,| \cdot |\,1\lambda-\mathbf{A}^{BB}\,|$$

$$\tag{9.29}$$

An dieser Form der charakteristischen Gleichung sieht man, daß für $\mathbf{K}^G \neq 0$ und $\mathbf{K}^S \neq 0$ durch „innere Rückführung" die Eigenwerte der steuerbaren Systemteile verändert werden können.

Satz 9.4: Durch Rückführung der Zustandsvariablen $u(t)$ eines Systems $\mathcal{S}$ zu seinem Eingang $y(t)$ können die und nur die Eigenwerte λ_i des steuerbaren Teilsystems (also des Systems, zu dem $u_S(t)$ und $u_G(t)$ gehören) modifiziert werden.

In der Praxis werden die Zustandsvariablen normalerweise nicht ohne weiteres direkt zugänglich sein (Probleme des schwarzen Kastens). Dennoch hat die vorstehende Untersuchung eine gewisse Bedeutung. Denn es ist sichergestellt, daß die nichtsteuerbaren Anteile eines Systems, also die Teile, zu denen $u_N(t)$ und $u_B(t)$ gehören, weder durch äußere noch durch innere Rückführung stabilisiert werden können, wenn sie instabile Eigenwerte haben. Enthält der nur steuerbare Teil eines Systems (mit $\mathbf{u}_S(t)$) instabile Eigenwerte, dann kann man in der Praxis versuchen, durch geeignete Maßnahmen, indem man z. B. weitere Meßorgane (Hilfsregelgrößen) an einer komplexen Anlage anbringt, die Zustände $\mathbf{u}(t)$ so zu erfassen, daß das System stabilisiert werden kann.

In diesem Zusammenhang ist dann auch der Begriff der Meßfilter (engl.: observer) von Interesse, mit deren Hilfe unter speziellen Voraussetzungen aus meßbaren Systemausgangssignalen die notwendigen Zustandsvariablen gewonnen werden können (Luenberger [13]).

9.5 Algebraische Stabilitätskriterien

Die Stabilität eines linearen zeitinvarianten dynamischen Systems kann, von der theoretischen Seite der Vektor- und Matrizenalgebra her gesehen, immer durch die Ermittlung der Eigenwerte λ_i des Systems, also seiner Systemmatrix $\mathbf{A}$, ermittelt werden. Diese Eigenwertsbestimmung kann an der Matrix $\mathbf{A}$ selbst oder an dem zugehörigen charakteristischen Polynom $Q(\lambda)$ vorgenommen werden. Beide Methoden stoßen bei der numerischen Praxis auf Schwierigkeiten, wenn die Zahl n der Reihen (oder Spalten) von $\mathbf{A}$ und damit der Grad n von $Q(\lambda)$ groß ist. In geschlossener Form können bekanntlich die Wurzeln eines Polynoms nur bis zum Grad $n = 4$ bestimmt werden. Interessiert man sich nur für eine Ja-Nein-Entscheidung für die Stabilität eines Systems, will man also nur wissen, ob alle Wurzeln in der linken λ-Halbebene liegen, kann man mit Erfolg die algebraischen Stabilitätskriterien heranziehen. Der Vollständigkeit halber sei hier darauf hingewiesen, daß neben den algebraischen Stabilitätskriterien noch andere Methoden die gewünschte Ja-Nein-Entscheidung liefern können, wobei besonders die sogenannten Frequenzgangverfahren hervorgehoben seien, die alle letzlich auf den Satz von Cauchy zurückgehen (*Nyquist*-, *Cremer-Leonhard*-Verfahren) [10, 11].

Definition 9.12: Methoden, mit denen man, ohne die Wurzeln λ_i eines Polynoms selbst bestimmen zu müssen, durch Anwendung der algebraischen Grundrechenoperationen feststellen kann, ob die λ_i alle in der linken λ-Halbebene liegen, also alle negative Realteile haben, heißen algebraische Stabilitätskriterien. Die Stabilitätskriterien beruhen alle auf einer sinnvollen Anwendung und Ausdeutung der Vietaschen Wurzelsätze. Es gibt eine ganze Reihe solcher Kriterien, doch sollen hier nur die bekanntesten, die von *Routh* (1877) und *Hurwitz* (1895), und das in der Netzwerktheorie gut bekannte von *Cauer* (1939) angegeben werden. Alle drei Kriterien gestatten die Entscheidung, ob ein Polynom

$$P(\lambda) = a_0 \lambda^n + a_1 \lambda^{n-1} + \ldots + a_{n+1} \lambda + a_n \tag{9.30}$$

ein Hurwitz-Polynom ist.

Definition 9.13: Ein Polynom $P(\lambda)$ mit nur reellen Konstanten a_i der Form Gl. (9.30) heiße ein Hurwitz-Polynom, wenn alle n Wurzeln λ_i nur negative Realteile haben:

$$P(\lambda) \neq 0 \quad \text{für} \quad \lambda \geq 0. \tag{9.31}$$

a) *Das Routh-Kriterium*

Beim Stabilitätskriterium nach Routh werden aus den Polynomkoeffizienten a_i in Gl. (9.30) mit Hilfe des in folgendem Schema dargestellten Algorithmus Routhsche Probefaktoren genannte Zahlen R_i berechnet:

Faktor	a_0	a_1	a_2	a_3	a_4	a_5	$a_6 \dots a_n$
$-\dfrac{a_0}{a_1}$	$-a_0$		$-\dfrac{a_0\,a_3}{a_1}$		$-\dfrac{a_0\,a_5}{a_1}$		$-\dfrac{a_0\,a_7}{a_1}\ \dots$
		$\boldsymbol{a_1}$	a_2'	a_3	a_4'	a_5	a_6'
$-\dfrac{a_1}{a_2'}$		$-a_1$		$-\dfrac{a_1\,a_4'}{a_2'}$		$-\dfrac{a_1\,a_6'}{a_2'}$	
			$\boldsymbol{a_2'}$	a_3'	a_4'	a_5'	$a_6'\ \dots$
$-\dfrac{a_2'}{a_3'}$			$-a_2'$		$-\dfrac{a_2\,a_5'}{a_3'}\ \dots$		
				$\boldsymbol{a_3'}$	a_4''	a_5'	$a_6''\ \dots$
$-\dfrac{a_3'}{a_4''}$				$-a_3'$		$-\dfrac{a_3\,a_6''}{a_4''}$	
					$\boldsymbol{a_4''}$	a_5''	a_6''
							$\boldsymbol{a_n}$

Der vorstehende Algorithmus, bei dem in jedem Schritt eine Zeile mit einer um 1 erniedrigten Koeffizientenzahl entsteht, umfaßt folgende Teilschritte:

1. Alle a_i des zu untersuchenden Polynoms $P(\lambda)$ sind in der Reihenfolge fallender Potenzen von λ nebeneinander anzuordnen.

2. Der erste Koeffizient ist durch den zweiten zu dividieren.

3. Mit dem so gewonnenen, negativ zu nehmenden, Faktor ist jeder zweite Koeffizient, mit dem zweiten beginnend, zu multiplizieren.

4. Das Produkt ist jeweils unter dem links stehenden zu notieren.

5. Die zweite Reihe wird zur ersten addiert.

6. Wie unter 2., 3. und 4. ist eine vierte Zeile zu bilden, die zu der dritten addiert wird.

7. Das Schema ist so lange fortzusetzen, bis in der letzten Zeile der Koeffizient a_n alleine steht.

8. Die jeweils erste Zahl einer jeden ungeraden Zeile (im vorstehenden Schema die fetten Zahlen) ist ein Routhscher Probekoeffizient:

$$R_0 = a_0,\ R_1 = a_1,\ R_2 = a_2',\ \dots\dots\dots, R_n = a_n. \tag{9.32}$$

Satz 9.5: Ein gegebenes Polynom ist ein Hurwitzpolynom, hat also nur Wurzeln λ_i mit negativen Realteilen, wenn alle $(n + 1)$ Routhschen Probefaktoren zu einem Polynom $P(\lambda)$ vom Grade n positiv sind:

$$R_i > 0, \quad \text{für} \quad i = 0, 1, 2, \ldots, n. \tag{9.33}$$

Findet man auch nur einen negativen Koeffizienten R_i, dann kann eine reine Stabilitätsuntersuchung an dieser Stelle abgebrochen werden, da dann sicher ist, daß mindestens eine Wurzel mit positivem Realteil in $P(\lambda)$ vorhanden ist. Fährt man aber bis zum Ende der Prozedur fort, dann gibt die Zahl der Vorzeichenwechsel der R_i die genaue Anzahl der Wurzeln λ_i mit positivem Realteil an.

Beispiel 9.3: Gegeben ist das auf die Lage seiner Wurzeln zu untersuchende Polynom

$$P(\lambda) = \lambda^5 + 2\,\lambda^4 + 2\,\lambda^3 + 46\,\lambda^2 + 89\,\lambda + 260 = 0 \tag{A}$$

Wir ordnen die Polynomkoeffizienten nach dem oben angegebenen Schema und berechnen die R_i (fett herausgehoben):

Faktor	a_0	a_1	a_2	a_3	a_4	a_5
	1	2	2	46	89	260
$-\dfrac{1}{2}$	-1		-23		-130	
		2	-21	46	-41	260
$\dfrac{2}{21}$		-2		$-3{,}9$		
			$-\mathbf{21}$	42,1	-41	260
$\dfrac{21}{42,1}$			21		129,7	
				42,1	88,7	260
$\dfrac{-42,1}{88,7}$				$-42,1$		
					88,7	260
$\dfrac{-88,7}{260}$					$-88,7$	
						260

Die $(n + 1) = 6$ Probefaktoren R_i lauten also:

$$R_0 = 1, \quad R_1 = 2, \quad R_2 = -21, \quad R_3 = 42{,}1, \quad R_4 = 88{,}7, \quad R_5 = 260.$$

Das Polynom hat mindestens eine instabile Wurzel (mit positivem Realteil) wegen des negativen R_2, und zwar genau 2 Wurzeln mit positivem Realteil wegen des zweimaligen Vorzeichenwechsels von R_1 nach R_2 und R_2 nach R_3.

b) *Das Hurwitz-Kriterium*

Das zwar rechentechnisch weniger bequeme (allerdings divisionsfreie) Stabilitätskriterium von Hurwitz ist wegen seiner eleganten Notierung und Ableitung berühmt geworden. Für die Stabilitätsanalyse, also für die Untersuchung, ob ein Polynom $P(\lambda)$ ein Hurwitz-Polynom ist, wird aus den $(n+1)$ Koeffizienten $a_0, \ldots, a_n$ eines Polynoms n-ten Grades eine nach *Hurwitz* benannte $(n-1)$-reihige Determinante nach folgendem Schema gebildet:

$$\Delta_n = \begin{vmatrix} a_1 & a_3 & a_5 & a_7 & \cdots\cdots & 0 & 0 & 0 \\ a_0 & a_2 & a_4 & a_8 & \cdots\cdots & 0 & 0 & 0 \\ 0 & a_1 & a_3 & a_5 & \cdots\cdots & a_n & 0 & 0 \\ 0 & a_0 & a_2 & a_4 & \cdots\cdots & a_{n-1} & 0 & 0 \\ \vdots & \vdots & \vdots & \vdots & & \vdots & \vdots & 0 \\ & & & & & & & 0 \\ \vdots & \vdots & \vdots & & & \vdots & \vdots & a_{n-1} \end{vmatrix} \tag{9.34}$$

In der Hauptdiagonalen stehen also die Polynomkoeffizienten in ihrer natürlichen Reihenfolge bis auf die fehlenden beiden a_0 und a_n.

Satz 9.6 (*Hurwitz*): Ein Polynom $P(\lambda)$ hat dann und nur dann Wurzeln mit nur negativen Realteilen, wenn

1. alle a_i positiv sind:

$$a_i > 0, \quad i = 0, 1, 2, \ldots, n \tag{9.35a}$$

und

2. die Hurwitz-Determinante Δ_n Gl. (9.34) und alle ihre Hauptunterdeterminanten positiv sind:

$$\Delta_i > 0, \quad i = 1, 2, \ldots, n. \tag{9.35b}$$

Die erste Bedingung Gl. (9.35a) ist nur notwendig. Sie folgt direkt aus den Vietaschen Wurzelsätzen, denn der bei λ^0 stehende Koeffizient (das konstante Glied) des zu $P(\lambda)$ gehörenden Hauptpolynoms ist gerade gleich dem Produkt aller n Wurzeln λ_i:

$$P_n(\lambda) = \lambda^n + \frac{a_1}{a_2}\lambda^{n+1} \ldots + \frac{a_{n-1}}{a_0}\lambda + \frac{a_n}{a_0} = \prod_{i=1}^{n} (\lambda - \lambda_i). \tag{9.36a}$$

$$\frac{a_n}{a_0} = \prod_{i=1}^{n} (-\lambda_i). \tag{9.36b}$$

Dieses Produkt ist immer reell und dann positiv, wenn die Realteile der λ_i alle negativ sind. Man bedenke auch, daß gegebenenfalls vorhandene komplexe Wurzeln immer als konjugiert komplexe Paare auftreten.

Definition 9.14: Man bezeichnet ein Polynom als Hauptpolynom $P_n(\lambda)$, wenn das Polynom (durch Division durch a_0) so normiert ist, daß der Koeffizient bei der höchsten Potenz von λ, also bei λ^n, gleich Eins ist.

Mit den Hauptunterdeterminanten λ_i Gl. (9.35b) in Satz 9.6 sind alle die i-reihigen ($1 \leq i < n - 2$) Unterdeterminanten (Minoren) gemeint, die Teile der Hauptdiagonalen von Δ_n zur Hauptdiagonale haben und jeweils die $(i - 1)$-te Hauptunterdeterminante enthalten. Diese Minoren sind in Gl. (9.34) durch Strichelung skizziert und haben diese allgemeine Form:

$$\Delta_i = \begin{vmatrix} a_1 & a_3 & \cdots\cdots & a_{2i-1} \\ a_0 & a_2 & \cdots\cdots & a_{2i-2} \\ 0 & a_1 & \cdots\cdots & a_{2i-3} \\ \vdots & \vdots & & \vdots \\ 0 & 0 & \cdots\cdots & a_i \end{vmatrix} \; ; \; i = 1, 2, \ldots, n \, . \tag{9.37}$$

Beispiel 9.4: Wir untersuchen dasselbe Polynom wie in Beispiel 9.3:

$$P(\lambda) = \lambda^5 + 2\,\lambda^4 + 2\,\lambda^3 + 46\,\lambda^2 + 89\,\lambda + 260 \tag{A}$$

nun mit Hilfe des Hurwitz-Kriteriums. Das Polynom hat den Grad n = 5, so daß wir eine 4reihige Hurwitz-Determinante aufstellen müssen:

$$\Delta_4 = \begin{vmatrix} 2 & 46 & 260 & 0 \\ 1 & 2 & 89 & 0 \\ 0 & 2 & 46 & 260 \\ 0 & 1 & 2 & 89 \end{vmatrix} \, . \tag{B}$$

I. Alle Koeffizienten a_i ($i = 0, 1, \ldots, 5$) sind positiv.

II. Schrittweises Ermitteln der Werte der Hauptminoren λ_i, beginnend mit $i = 2$:

$$\Delta_2 = \begin{vmatrix} 2 & 46 \\ 1 & 2 \end{vmatrix} = 4 - 46 = -42 \, . \tag{C}$$

An dieser Stelle kann die Untersuchung schon abgebrochen werden, da Δ_2 nicht die zweite Hurwitzbedingung (9.35b) erfüllt.

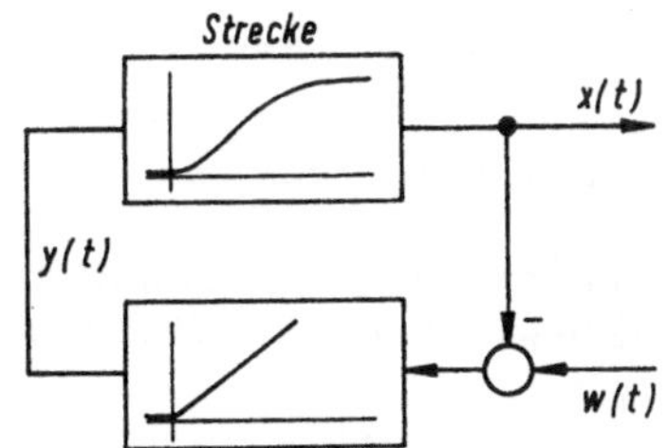

Bild 9.6
Regelkreis des Beispiels 9.5.

Beispiel 9.5: Es sollen mit Hilfe des Hurwitz-Kriteriums die Stabilitätsgrenzen der Parametereinstellungen einer Strecke 3. Ordnung mit I-Regler (Bild 9.6) ermittelt werden, wenn die Strecke durch die Differentialgleichung:

$$s_3\,\dddot{x}(t) + s_2\,\ddot{x}(t) + s_1\,\dot{x}(t) + x(t) = y(t) \tag{A}$$

und der Regler durch

$$y(t) = c_R \int [w(t) - x(t)]\,\mathrm{d}t \tag{B}$$

beschrieben wird. Für die Stabilität ist allein die homogene Differentialgleichung des geschlossenen Regelkreises maßgebend, also, mit $w(t) = 0$, wird durch Kombination der Gln. (A) und (B).

$$s_3\,\overset{(IV)}{x}(t) + s_2\,\dddot{x}(t) + s_1\,\ddot{x}(t) + \dot{x}(t) + c_R\,x(t) = 0. \tag{C}$$

Zu dieser Differentialgleichung 4. Ordnung gehört das charakteristische Polynom vom Grade $n = 4$:

$$Q(\lambda) = s_3\,\lambda^4 + s_2\,\lambda^3 + s_1\,\lambda^2 + \lambda + c_R = 0 \tag{D}$$

I. Alle Koeffizienten von Gl. (D) müssen positiv sein.

II. Die Hurwitz-Determinanten haben hier bei den gegebenen Koeffizienten die Form

$$\Delta_3 = \begin{vmatrix} s_2 & 1 & 0 \\ s_3 & s_1 & c_R \\ 0 & s_2 & 1 \end{vmatrix} = s_2\,s_1 - s_3 - s_2^2\,c_R \tag{E}$$

$$\Delta_2 = \begin{vmatrix} s_2 & 1 \\ s_3 & s_1 \end{vmatrix} = s_1\,s_2 - s_3\,. \tag{F}$$

Diese Bedingungen sind so zu interpretieren:

1. Die Strecke darf nur positive Koeffizienten s_i haben.

2. Es muß $s_1\,s_2 - s_3 > 0$ gelten und

3. aus Gl. (E) folgt, zusammen mit der ersten Hurwitz-Bedingung, daß für c_R sein muß

$$0 < c_R < \frac{s_1}{s_2} - \frac{s_3}{s_2^2}\,, \tag{G}$$

wenn der so gegebene Regelkreis stabil arbeiten soll.

c) *Das Cauer-Kriterium*

Beim Stabilitätskriterium nach Cauer wird von einem von *Cauer* angegebenen und bewiesenen Satz [7] Gebrauch gemacht.

Satz 9.7: Ein Polynom $P(\lambda)$ ist ein Hurwitz-Polynom, wenn mit

$$P(\lambda) = G(\lambda) + U(\lambda) \tag{9.38a}$$

der Quotient aus geradem Teil $G(\lambda)$ und ungeradem Teil $U(\lambda)$ eine Reaktanz-funktion ist. Das bedeutet, eine Kettenbruchentwicklung von $\Psi(\lambda) = \dfrac{G(\lambda)}{U(\lambda)}$ darf nur Glieder in λ oder λ^{-1} mit positiven reellen Koeffizienten c_i haben:

$$c_i > 0, \quad i = 1, 2, ..., n. \tag{9.38b}$$

Die Zahl der Vorzeichenwechsel innerhalb der n Koeffizienten c_i gibt die Zahl der Wurzeln mit positiven Realteilen an.

Ausgehend von dem Polynom

$$P(\lambda) = a_0 + a_1\,\lambda + a_2\,\lambda^2 + \ldots + a_n\,\lambda^n, \tag{9.39}$$

das für dieses Kriterium günstiger in der vorstehenden Form notiert wird, bildet man also die gebrochene rationale Funktion:

$$\Psi(\lambda) = \frac{G(\lambda)}{U(\lambda)} = \frac{a_n\,\lambda^n + a_{n-2}\,\lambda^{n-2} + \ldots + a_2\,\lambda^2 + a_0}{a_{n-1}\,\lambda^{n-1} + a_{n-3}\,\lambda^{n-3} + \ldots + a_3\,\lambda^3 + a_1\,\lambda}. \tag{9.40}$$

$\Psi(\lambda)$ muß nun in einen Kettenbruch verwandelt werden, je nachdem, ob I. der Grad n gerade oder II. ungerade ist:

I. *gerade* n:

$$\Psi(\lambda) = c_1\,\lambda + \cfrac{1}{c_2\,\lambda + \cfrac{1}{c_3\,\lambda + \cfrac{}{\ddots + \cfrac{1}{c_n\,\lambda}}}} \tag{9.41}$$

II. *ungerade* n:

$$\Psi(\lambda) = c_1\,\lambda^{-1} + \cfrac{1}{c_2\,\lambda^{-1} + \cfrac{1}{c_3\,\lambda^{-1} + \cfrac{}{\ddots + \cfrac{1}{c_n\,\lambda^{-1}}}}}. \tag{9.42}$$

Die c_i werden schrittweise durch Division der Teilpolynome gewonnen, z. B. für geradzahlige n:

$$\Psi(\lambda) = \frac{G(\lambda)}{U(\lambda)} = c_1\,\lambda + \frac{G'(\lambda)}{U(\lambda)} = c_1\,\lambda + \frac{a'_{n-2}\,\lambda^{n-2} + \ldots + a'_0}{a_{n-1}\,\lambda^{n-1} + \ldots + a_1\,\lambda} \qquad (9.43\,\text{a})$$

$$\Psi_1(\lambda) = \frac{U(\lambda)}{G'(\lambda)} = c_2\,\lambda + \frac{U'(\lambda)}{G'(\lambda)}\,, \qquad (9.43\,\text{b})$$

$$\Psi_2(\lambda) = \frac{G'(\lambda)}{U'(\lambda)} = c_3\,\lambda + \frac{G''(\lambda)}{U'(\lambda)}\,. \qquad (9.43\,\text{c})$$
$$\vdots$$

Diese Teilschritte müssen insgesamt n-mal durchgeführt werden, bis alle Terme in $G(\lambda)$ und $U(\lambda)$ ausgeschöpft sind. Die für die Stabilitätsuntersuchung maßgebenden Koeffizienten c_i lassen sich aus den jeweils höchsten Polynomkoeffizienten a_i wie folgt angeben:

$$c_1 = \frac{a_n}{a_{n-1}}\,, \quad c_2 = \frac{a_{n-1}}{a'_{n-2}}\,, \quad c_3 = \frac{a'_{n-2}}{a'_{n-3}}\,, \quad \ldots\ldots\ldots \qquad (9.44)$$

Die Stabilitätsprüfung kann abgebrochen werden, sobald man ein negatives c_i gefunden hat. Geht die Kettenbruchentwicklung für $i < n$ glatt auf, dann liegt mindestens eine Wurzel auf der imaginären Achse der λ-Ebene.

Beispiel 9.6: Wir untersuchen nun das Polynom aus den Beispielen 9.3 und 9.4 mit Hilfe des Cauer-Kriteriums.

$$P(\lambda) = \lambda^5 + 2\,\lambda^4 + 2\,\lambda^3 + 46\,\lambda^2 + 89\,\lambda + 260\,. \qquad (A)$$

Da hier $n = 5$ ungerade ist, müßte $\psi(\lambda)$ entsprechend Gl. (9.42) entwickelt werden. Man kann hier aber genauso auch $\psi^{-1}(\lambda) = \dfrac{U(\lambda)}{G(\lambda)}$ entwickeln, was rechentechnisch vielleicht etwas günstiger ist:

$$\psi^{-1}(\lambda) = Z(\lambda) = (\lambda^5 + 2\,\lambda^3 + 89\,\lambda) : (2\,\lambda^4 + 46\,\lambda^2 + 260)$$

$$= \frac{1}{2}\,\lambda - \frac{21\,\lambda^3 + 41}{2\,\lambda^4 + 46\,\lambda^2 + 260}$$

$$Z_1(\lambda) = (2\,\lambda^4 + 46\,\lambda^2 + 260) : (-21\,\lambda^3 - 41\,\lambda)$$

$$= -\frac{2}{21}\,\lambda + \frac{42{,}1\,\lambda^2 + 260}{(-21\,\lambda^3 - 41\,\lambda)}\,.$$

An dieser Stelle kann die Entwicklung abgebrochen werden, da wegen des negativen Vorzeichens in $c'_2 = -\dfrac{2}{21}$ auf mindestens eine instabile Wurzel geschlossen werden kann. Um bei dieser Gelegenheit noch die enge Verwandtschaft des Cauer-Kriteriums mit dem von Routh zu zeigen, fahren wir in der Entwicklung fort:

$$Z_2(\lambda) = (-\,21\,\lambda^3 - 41\,\lambda) : (42{,}1\,\lambda^2 + 260)$$

$$= -\,\frac{21}{42{,}1}\,\lambda + \frac{88{,}7\,\lambda}{42{,}1\,\lambda^2 + 260}$$

$$Z_3(\lambda) = (42{,}1\,\lambda + 260) : 88{,}7\,\lambda = \frac{42{,}1}{88{,}7}\,\lambda + \frac{260}{88{,}7\,\lambda}\,.$$

Mit

$$c_1 = \frac{1}{2}\,,\quad c_2 = -\,\frac{2}{21}\,,\quad c_3 = -\,\frac{21}{42{,}1}\,,\quad c_4 = \frac{42{,}1}{88{,}7}\,,\quad c_5 = \frac{88{,}7}{260}$$

erhält man also den Kettenbruch:

$$\psi^{-1}(\lambda) = Z(\lambda) = c_1'\,\lambda + \cfrac{1}{c_2'\,\lambda + \cfrac{1}{c_3'\,\lambda + \cfrac{1}{c_4'\,\lambda + \cfrac{1}{c_5'\,\lambda}}}}\,. \tag{B}$$

Schaut man auch auf das Rechenschema des Routh-Kriteriums in Beispiel 9.3, S. 221 dann sieht man, daß die c_i hier die mit $-\,1$ multiplizierten Multiplikatoren auf der linken Seite des Routhschen Schemas sind. Der insgesamt zweimalige Wechsel des Vorzeichens in den c_i läßt auf zwei instabile Wurzeln, also Wurzeln mit positiven Realteilen, schließen.

9.6 Stabilitätsanalyse nach Ljapunov

Die mit dem Namen *Ljapunovs* verknüpften Stabilitätsbetrachtungen sind für die Theorie der dynamischen Systeme von großer Bedeutung, da sie zu den wenigen Methoden zählen, die auch bei nichtlinearen Systemen anwendbar sind, ja dort gerade erst besonders tragfähig werden. Wenn man die in dieser Einführung linearen zeitinvarianten kontinuierlichen Systeme auch alleine mit Hilfe der Eigenwerte λ_i und den zugehörigen Eigenvektoren bzw. den vorstehend behandelten algebraischen Stabilitätskriterien auf stabiles und vor allem asymptotisch stabiles Verhalten prüfen kann, so sollte ein in die moderne Zustandsvektorbeschreibung der Regelungssysteme einführendes Buch auch einen ersten Einblick in die Methoden von *Ljapunov* geben.

In der Literatur sind zwei von *Ljapunov* herrührende Methoden bekannt: a) die „1. Methode von Ljapunov" und b) die „2. Methode von Ljapunov". Vor allem die letztere, die auch die „direkte" Methode genannt wird, hat besondere Bedeutung. Wir schildern nun kurz einige wesentliche Gesichtspunkte beider Methoden.

15 *

a) *Die 1. Methode von Ljapunov*

Die 1. Methode umfaßt alle Stabilitätsanalyseverfahren, bei denen eine *explizite Lösung* der das System beschreibenden *Differentialgleichungen* notwendig ist. Bei diesem Vorgehen muß dann jeder Gleichgewichtszustand getrennt auf Stabilität untersucht werden. Insbesondere bei der Untersuchung nichtlinearer Systeme wird bei dieser Methode eine Zwangslinearisierung in der Nähe eines jeden betrachteten Gleichgewichtszustandes $u_g(t)$ vorgenommen, indem für den nichtlinearen Zusammenhang eine Taylor-Entwicklung um diesen betrachteten Punkt $u_g(t)$ angesetzt wird, bei der dann nur noch das 1. Glied, das ein lineares zeitinvariantes dynamisches Gleichungssystem ist, weiterbehandelt wird. *Ljapunov* konnte zeigen, daß, wenn die Eigenwerte λ_i der bei der Zwangslinearisierung entstandenen (n, n) Systemmatrix $\mathbf{A}$ alle einen nichtverschwindenden Realteil haben (Re $\lambda_i \neq 0$, $i = 1, 2, \ldots, n$), das Stabilitätsverhalten des ursprünglich nichtlinearen Systems für kleine Störungen aus der Gleichgewichtslage identisch ist mit dem des linearisierten Systems.

Hat die Systemmatrix $\mathbf{A}$ des linearisierten Systems aber einen oder mehrere Eigenwerte auf der imaginären Achse der λ-Ebene (Re $\lambda_i = 0$, $i \neq 0$), dann muß das nichtlineare ursprüngliche System weiter eingehend untersucht werden und man spricht von den „kritischen Fällen".

Der 1. Methode haftet als wesentlicher Nachteil die Tatsache an, daß für die zu untersuchenden nichtlinearen Systeme keinerlei Aussagen gemacht werden können, wie groß die „kleinen Auslenkungen" aus der Ruhelage tatsächlich sein dürfen, damit die für das linearisierte System gefundenen Stabilitätsaussagen auch für das nichtlineare System tatsächlich gültig bleiben. Es werden also nur Aussagen für die „Stabilität im Kleinen", also in der nächsten Nachbarschaft einer Gleichgewichtslage $u_g(t)$, angegeben.

b) *Die 2. (oder direkte) Methode von Ljapunov*

Bei dieser Methode wird versucht, Aussagen über die Stabilität der Gleichgewichtslagen u_g des Zustandsvektors $u(t)$ zu gewinnen, *ohne die Lösungen* der Differentialgleichungen des zu untersuchenden dynamischen Systems, also die Trajektorien der „gestörten Bewegung", kennen zu müssen. Die damit gewonnenen Informationen über das Stabilitätsverhalten sind exakt und beruhen insbesondere bei der Behandlung nichtlinearer Systeme nicht auf einer irgendwie gearteten Näherung, woraus sich auch die vielbenützte Bezeichnung „direkte Methode" erklärt.

Die zweite Methode von Ljapunov beruht dabei auf einer Verallgemeinerung der Idee, daß die in einem System gespeicherte potentielle Energie für asymptotisch stabile Gleichgewichtslagen ein Minimum annimmt. Die Idee besteht ferner darin, geeignete, für den Zustandsraum R_n (dem Raum, in dem die Trajektorien des Zustandsvektors $u(t)$ dargestellt werden) definierte, Funktionen, Ljapunov-Funktionen genannt, in bezug auf ihre Vorzeichen und das ihrer zeitlichen Ableitungen zu diskutieren. Diese Ljapunov-Funktionen können dann als verallgemeinerte „Energie-Funktionen" gedeutet werden.

Die Ljapunov-Funktionen sind also im allgemeinen Funktionen der Komponenten $u_1(t)$, $u_2(t)$, $\ldots$, $u_n(t)$ des n-dimensionalen Zustandsvektors $\mathbf{u}(t)$ und der Zeit t und werden hier unter Verwendung des Buchstabens V mit

$$V\left(u_1(t),\ u_2(t),\ \ldots,\ u_n(t),\ t\right)$$

bzw. $\hspace{12cm}$ (9.45)

$$V\left(\mathbf{u}(t),\ t\right)$$

bezeichnet. Hängt eine Ljapunov-Funktion nicht explizite von der Zeit ab, schreiben wir auch

$$V\left(u_1(t),\ \ldots,\ u_n(t)\right)$$

bzw. $\hspace{12cm}$ (9.45 a)

$$V\left(\mathbf{u}(t)\right).$$

Z. B. in [8, 16] sind die Beweise für die im folgenden nur zitierten und erläuterten Sätze zu finden, die sich alle auf das durch Gl. (9.4) beschriebene System

$$\dot{\mathbf{u}}(t) = \mathbf{f}\left(\mathbf{u}(t),\ t\right) \hspace{8cm} (9.4)$$

beziehen, wobei hier zunächst keinerlei Beschränkung auf lineare zeitinvariante Systeme mit $\mathbf{f}\left(\mathbf{u}(t), t\right) = \mathbf{A}\,\mathbf{u}(t)$ erfolgen soll, sondern $\mathbf{f}\left(\mathbf{u}(t),\ t\right)$ eine beliebige nichtlineare Funktion des Zustandsvektors $\mathbf{u}(t)$ sein kann.

Zuvor noch eine für die folgenden Sätze benötigte Definition:

Definition 9.15: Eine Funktion $f(x)$ oder auch $f(\mathbf{x})$ wird positiv definite genannt, wenn sie für alle Werte des Arguments, mit Ausnahme des Wertes $x = 0$ bzw. $\mathbf{x} = \mathbf{0}$, einen Wert größer Null hat:

$$\begin{aligned} f(\mathbf{x}) &> 0 \quad \text{für alle} \quad x \neq 0 \\ f(\mathbf{x}) &> 0 \quad \text{für alle} \quad \mathbf{x} \neq \mathbf{0}. \end{aligned} \hspace{4cm} (9.46)$$

Entsprechend gilt für die negativ definiten Funktionen:

$$\begin{aligned} f(\mathbf{x}) &< 0 \quad \text{für alle} \quad x \neq 0 \\ f(\mathbf{x}) &< 0 \quad \text{für alle} \quad \mathbf{x} \neq \mathbf{0}. \end{aligned} \hspace{4cm} (9.47)$$

Satz 9.8 (*Ljapunov*): Läßt sich eine positiv definite Funktion $V\left(\mathbf{u}(t), t\right)$ so angeben, daß ihre für die Systemgleichung Gl. (9.4) gebildete zeitliche Ableitung $\dot{V}$ nicht positiv ist,

$$\frac{\mathrm{d}}{\mathrm{d}t} V\left(\mathbf{u}(t), t\right) = \dot{V}\left(\mathbf{u}(t), t\right) \leq 0, \hspace{5cm} (9.48)$$

so ist die betrachtete Gleichgewichtslage $\mathbf{u}_g$ stabil.

Satz 9.9 (*Ljapunov*): Läßt sich eine positiv definite dekreszente Funktion $V(\mathbf{u}(t), t)$ derart angegeben, daß ihre für die Systemgleichung (9.4) gebildete Ableitung negativ definite ist:

$$\dot{V}(\mathbf{u}(t), t) < 0, \tag{9.49}$$

so ist die betrachtete Gleichgewichtslage asymptotisch stabil.

Satz 9.10 (*Krasovskij*): Läßt sich eine überall positiv definite, radial unbeschränkte, dekreszente Funktion $V(\mathbf{u}(t), t)$ so angeben, daß die für Gl. (9.4) gebildete Ableitung $\dot{V}(\mathbf{u}(t), t)$ negativ definite ist, so ist die betrachtete Gleichgewichtslage asymptotisch stabil im Ganzen.

Definition 9.16: Eine Funktion $V(\mathbf{u}(t), t)$, die den Bedingungen der Sätze 9.8, 9.9 und 9.10 genügt, heiße eine zu dem System Gl. (9.4) gehörende Ljapunov-Funktion.

Die vorstehend aufgeführten Sätze garantieren für die zu untersuchenden Systeme zunächst nur Stabilität der Zustandsvariablen $\mathbf{u}(t)$ (z-Stabilität), wobei Satz 9.8 die schwächste und 9.10 die stärkste Stabilitätsgarantie liefert. Im Fall der linearen zeitinvarianten Systeme sind mit $f(\mathbf{u}, t) = \mathbf{A}\,\mathbf{u}(t)$ die Sätze 9.9 und 9.10 identisch.

Die Stabilitätssätze der direkten Methode von Ljapunov sind recht einleuchtend, wenn man sich ihre Aussagekraft an Beispielen (siehe weiter unten) einmal vor Augen geführt hat. Auch die Beweise sind relativ einfach nachzuvollziehen. So stellt sich diese Methode als im Prinzip einfach heraus, obwohl sie in der Praxis der Anwendung in sehr vielen konkreten Fällen oft auf unüberwindlich scheinende Hindernisse stößt. Diese praktischen Schwierigkeiten beruhen darauf, geeignete Ljapunov-Funktionen $V(\mathbf{u}(t), t)$ zu finden, mit deren Hilfe die gewünschten Stabilitätsaussagen in ausreichender Weise gemacht werden können. So flexibel das Konzept ist, so ist bis heute noch keine allgemeine Methode bekannt, mit der man zu jedem beliebigen dynamischen System eine geeignete Ljapunov-Probefunktion konstruieren kann. So ist es nicht verwunderlich, daß in einer Fülle von Aufsätzen, Kongreßberichten sowie Buchabschnitten immer wieder für neue Probleme geeignete Probefunktionen, als auch für bekannte Probleme verbesserte Funktionen angegeben werden. Diese Verbesserungen beziehen sich einmal auf leichtere analytische Anwendbarkeit, zum anderen aber auch auf einen präziseren und geeigneteren Stabilitätsbereich. Vor allem bei der Anwendung auf regelungstechnische Probleme zeigt sich oft, daß durch eine, der analytischen Untersuchung zugrundeliegende, Probefunktion Stabilität nur für einen relativ engen Bereich der Parametervariation der Reglerparameter garantiert wird, während eine Analogrechnerstudie eine wesentlich größere Parameteränderung bis zur Erreichung der Stabilitätsgrenzen ergeben mag. Ganz allgemein führt die *direkte Methode* normalerweise nicht an den exakten Stabilitätsrand, sondern garantiert nur Stabilität (bzw. Instabilität) in einem untersuchten Bereich. In anderen Worten liefert diese Methode oftmals nur hinreichende, aber keine notwendigen Bedingungen. Für viele prinzipielle Untersuchungen z. B. auch bei den linearen zeitinvarianten Systemen hat sich die direkte Methode von Ljapunov aber als äußerst nützlich erwiesen.

Beispiel 9.7: An diesem, [16] entnommenen, Beispiel eines nichtlinearen dynamischen Systems zweiter Ordnung soll das Prinzip der direkten Methode erläutert werden. Gegeben ist das System (9.4) mit

$$\begin{bmatrix} \dot{u}_1(t) \\ \dot{u}_2(t) \end{bmatrix} = \mathbf{f}(u_1(t),\, u_2(t)) = \begin{bmatrix} u_2(t) - a\, u_1(t)\, (u_1^2(t) + u_2^2(t)) \\ -u_1(t) - a\, u_2(t)\, (u_1^2(t) + u_2^2(t)) \end{bmatrix}. \tag{A}$$

In Gl. (A) ist a eine positive Konstante und man erkennt, daß mit Gl. (9.6) der Ursprung des Koordinatensystems des Zustandsraums ein Gleichgewichtszustand $\mathbf{u}_g$ ist:

$$\mathbf{u}_g(t) = \mathbf{0}, \tag{B}$$

für den nun Stabilität nachgewiesen werden soll. Es wird nun (intuitiv und gegebenenfalls nach einem Probierverfahren oder nach einem der in der Literatur angegebenen, das systematische Auffinden erleichternden Verfahren) eine skalare Funktion der Zustandsvariablen $u_i(t)$ definiert:

$$V(\mathbf{u}(t)) = u_1^2(t) + u_2^2(t). \tag{C}$$

Es sei betont, daß dies eine beliebige der möglicherweise beliebig vielen Funktionen sei, die sich als Ljapunov-Probefunktionen erweisen mögen. Eine Überprüfung von Gl. (C) ergibt, daß $V(\mathbf{u}(t))$ die Definition 9.15, Gl. (9.46), erfüllt, also positiv definite ist, denn für alle Werte von $u_1(t)$ und $u_2(t)$, mit Ausnahme von $u_1(t) = u_2(t) = 0$, ist $V(\mathbf{u}(t)) > 0$. Wir bilden nun die zeitliche Ableitung von $V(\mathbf{u}(t))$:

$$\frac{\mathrm{d}}{\mathrm{d}t}\, V(\mathbf{u}(t)) = \dot{V}(\mathbf{u}(t)) = 2\, u_1(t)\, \dot{u}_1(t) + 2\, u_2(t)\, \dot{u}_2(t). \tag{D}$$

Nun wird die gewählte Funktion $V(\mathbf{u}(t))$ tatsächlich auf das gegebene System (A) angewendet, indem die Ableitungen $\dot{u}_1(t)$ und $\dot{u}_2(t)$ aus Gl. (A) in Gl. (D) eingesetzt werden:

$$\dot{V}(\mathbf{u}(t)) = -2\, a(u_1^2(t) + u_2^2(t))^2. \tag{E}$$

Eine Betrachtung dieser Funktion $\dot{V}$ zeigt, daß sie negativ definite ist und deshalb V eine Ljapunov-Funktion ist. Da sogar die Bedingung des Satzes 9.10 erfüllt ist, ist das System sogar im Ganzen stabil.

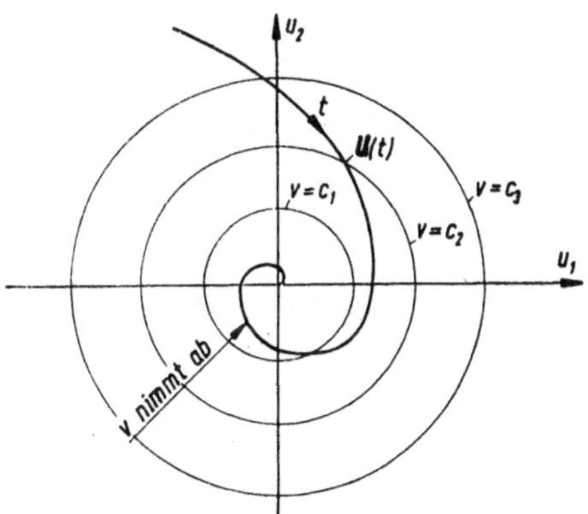

Bild 9.7
Darstellung der Ljapunov-Funktion $V(\mathbf{u}(t))$ und der Trajektorie $\mathbf{u}(t)$ des Beispiels 9.7.

Läßt man $V(\mathbf{u}(t))$ konstante Werte annehmen: $V(\mathbf{u}(t)) = c_1,\ c_2,\ c_3\ \dots$ mit $c_k < c_{k+1}$, $k = 0, 1, 2, \dots$, dann kann man die Verhältnisse bei diesem System zweiter Ordnung durch eine zweidimensionale Darstellung in Bild 9.7 darstellen und erkennt hier rein anschaulich, daß $V(\mathbf{u}(t))$ entlang der repräsentativen Trajektorie $\mathbf{u}(t)$ stetig abnimmt, also eine dekreszente Funktion ist ($\mathbf{u}(t)$ steht repräsentativ für alle möglichen, von beliebigen Anfangswerten $\mathbf{u}(t_0)$ ausgehenden, Trajektoren).

Aus dem vorstehenden Beispiel erklärt sich auch einleuchtend die Interpretation der Ljapunov-Funktion als „verallgemeinerten Abstand" vom Nullpunkt des Zustandsraums.

9.7 Anwendung der direkten Methode auf lineare, zeitinvariante Systeme

Wir wenden uns noch einmal den hier in dieser Einführung im Vordergrund stehenden linearen, zeitinvarianten kontinuierlichen dynamischen Systemen zu. Es sollen in diesem Abschnitt einige Anwendungen der im vorstehenden Abschnitt kurz skizzierten 2. oder direkten Methode von Ljapunov auf diese Systeme erläutert werden.

Es wird von dieser Systemgleichung

$$\dot{\mathbf{u}}(t) = \mathbf{A}\,\mathbf{u}(t), \quad |\mathbf{A}| \neq 0 \tag{9.50}$$

ausgegangen. Die Stabilität eines so beschriebenen Systems (z-Stabilität, da wir uns hier zunächst nicht für den Systemausgang $\mathbf{x}(t)$ interessieren) läßt sich nun mit der direkten Methode unter Anwendung spezieller Ergebnisse und Methoden des Matrizenkalküls leicht untersuchen. Als erstes betrachten wir einen auf der direkten Methode basierenden wichtigen Satz, zu dessen Verständnis wir zunächst noch diese Definitionen voranstellen:

Definition 9.17: Eine *reelle quadratische Form* Q ist ein homogenes Polynom zweiten Grades in n Veränderlichen $x_1, x_2, \ldots, x_n$. Sie kann stets durch

$$Q = \mathbf{X}^T\,\mathbf{A}\,\mathbf{X} = \sum_{i,k=1}^{n} A_{ik}\,X_i\,X_k, \quad A_{ik} = A_{ki} \tag{9.51}$$

dargestellt werden, worin $\mathbf{A}$ eine reelle symmetrische Matrix ist.

Die quadratische Form ist also eine skalare Größe, die nach Einsetzen von festen Zahlenwerten für die Variablen X_i eine Zahl ergibt.

Definition 9.18: Unter einer Hermiteschen Form versteht man die komplexe Verallgemeinerung der quadratischen Form, also

$$H = \mathbf{X}^*\,\mathbf{A}\,\mathbf{X}, \quad A_{ik} = \bar{A}_{ki}$$

$$\mathbf{X}^* = \bar{\mathbf{X}}^T. \tag{9.52}$$

Definition 9.19: Eine quadratische Form heißt positiv definite (negativ definite), wenn für alle Werte der Variablen X_i mit $\mathbf{X}^T = [X_1, X_2, \ldots, X_n]$ gilt:

$$Q = \mathbf{X}^T \mathbf{A} \mathbf{X} > 0 \; (< 0), \quad \mathbf{X} \neq \mathbf{0}. \tag{9.53}$$

Man nennt auch eine Matrix $\mathbf{A}$ positiv definite (negativ definite), wenn die mit ihr gebildete quadratische Form diese Eigenschaften hat.

In der Matrizentheorie ist dieser, die positive Definiteheit bestimmende, Satz abgeleitet [4], der für die lineare Systemtheorie eine gewisse Bedeutung hat:

Satz 9.11 (Sylvester-Kriterium): Eine quadratische Form ist dann und nur dann positiv definite, wenn für die Hauptabschnittsdeterminante der Matrix $\mathbf{A}$ in Gl. (9.51) gilt:

$$D_1 > 0, \quad D_2 > 0, \ldots \ldots \ldots, D_n > 0 \tag{9.54}$$

mit

$$D_1 = A_{11}, D_2 = \begin{vmatrix} A_{11} & A_{12} \\ A_{21} & A_{22} \end{vmatrix}, \ldots, D_n = \begin{vmatrix} A_{11}, A_{12}, \ldots, A_{1n} \\ A_{21}, A_{22}, \ldots, A_{2n} \\ \vdots \quad \vdots \quad \quad \vdots \\ A_{n1}, A_{n2}, \ldots, A_{nn} \end{vmatrix}. \tag{9.55}$$

Mittels der vorstehenden Definitionen läßt sich nun der mit Hilfe der 2. Methode von Ljapunov ableitbare Satz formulieren:

Satz 9.12: Der Gleichgewichtszustand $\mathbf{u}_z = 0$ eines der Bewegungsgleichung (9.50) genügenden dynamischen linearen zeitinvarianten Systems ist dann und nur dann asymptotisch stabil, wenn für eine beliebige reelle positiv definite Matrix $\mathbf{G}$ eine reelle positiv definite Matrix $\mathbf{H}$ existiert derart, daß

$$\mathbf{A}^T \mathbf{H} + \mathbf{H} \mathbf{A} = - \mathbf{G} \tag{9.56}$$

gilt.

Um die Bedeutung der Ljapunovschen Theorie zu zeigen, soll der Beweis dieses Satzes hier angedeutet werden. Als Ljapunov-Funktion $V(\mathbf{u}(t), t)$ wird die quadratische Form

$$V(\mathbf{u}(t), t) = \mathbf{u}^T(t) \mathbf{H} \mathbf{u}(t) > 0 \tag{9.57}$$

gewählt, die positiv definite sein muß wegen der Sätze von Ljapunov Gl. (9.8) und (9.9). Dann ist aber mit den Regeln der Differentiation von Matrizen zunächst auch:

$$\dot{V}(\mathbf{u}(t)) = \dot{\mathbf{u}}^T(t) \mathbf{H} \mathbf{u}(t) + \mathbf{u}^T(t) \mathbf{H} \dot{\mathbf{u}}(t).$$

Ersetzen wir nun die Ableitungen $\dot{\mathbf{u}}^T(t)$ und $\dot{\mathbf{u}}(t)$ wie immer bei der direkten Methode durch die gegebenen Stücke der zu untersuchenden homogenen Bewegungsgleichung (9.50), erhält man hieraus:

$$\begin{aligned}
\dot{V}(\mathbf{u}(t)) &= (\mathbf{A}\,\mathbf{u}(t))^T\,\mathbf{H}\,\mathbf{u}(t) + \mathbf{u}^T(t)\,\mathbf{H}\,\mathbf{A}\,\mathbf{u}(t) \\
&= \mathbf{u}^T(t)\,\mathbf{A}^T\,\mathbf{H}\,\mathbf{u}(t) + \mathbf{u}^T(t)\,\mathbf{H}\,\mathbf{A}\,\mathbf{u}(t) \\
&= \mathbf{u}^T(t)\,[\mathbf{A}^T\,\mathbf{H} + \mathbf{H}\,\mathbf{A}]\,\mathbf{u}(t).
\end{aligned} \tag{9.58}$$

Nun muß aber wegen Satz 9.9 auch gelten, daß

$$\dot{V}(\mathbf{u}(t)) < 0 \tag{9.59}$$

ist, d. h., wenn man in der quadratischen Form $\dot{V}(\mathbf{u}(t))$ in Gl. (9.58) den Klammerausdruck durch die Matrix $\mathbf{G}$ ersetzt, folgt aus den Gln. (9.58) und (9.59):

$$\dot{V}(\mathbf{u}(t)) = -\,\mathbf{u}^T\,\mathbf{G}\,\mathbf{u}(t),$$

was dann auf die Bestimmungsgleichung (9.56) führt. Auf diesem Wege kann die hinreichende Seite des Satzes 9.12 bewiesen werden. Entsprechend muß dann noch die Notwendigkeit der Bedingung Gl. (9.56) nachgewiesen werden [16].

Man kann die Bedingung Gl. (9.56) als Stabilitätskriterium benützen, wenn man die Matrix $\mathbf{H}$ bei vorgegebener Matrix $\mathbf{G}$ elementweise berechnet, denn Gl. (9.56) entspricht einem System von $\dfrac{n(n+1)}{2}$ linearen Gleichungen für die Elemente H_{ki}. Nun ist dieses lineare Gleichungssystem nur dann eindeutig auflösbar, wenn weder ein Eigenwert λ_i von $\mathbf{A}$ noch eine der Summen $\lambda_i + \lambda_j$ verschwindet:

$$\left.\begin{aligned}
\lambda_i &\neq 0 \\
\lambda_i + \lambda_j &\neq 0
\end{aligned}\right\} \quad \begin{aligned} i &= 1, 2, \ldots, n \\ j &= 1, 2, \ldots, n. \end{aligned} \tag{9.60}$$

Das bedeutet, daß die Matrix $\mathbf{H}$ nur dann eine Matrix positiv definiter Form ist, wenn alle Eigenwerte λ_i der Systemmatrix $\mathbf{A}$ negative Realteile haben:

$$\operatorname{Re}\lambda_i < 0 \qquad i = 1, 2, \ldots, n. \tag{9.61}$$

Wendet man auf die aus $\mathbf{A}$ und der vorgegebenen Matrix $\mathbf{Q}$ berechneten Matrix $\mathbf{H}$ den Satz 9.11 an, wird man auf die Stabilitätsbedingungen eines Kriteriums

$$H_{11} > 0, \quad \begin{vmatrix} H_{11} & H_{12} \\ H_{12} & H_{22} \end{vmatrix} > 0, \ldots, \quad \begin{vmatrix} H_{11} & H_{12} & \ldots & H_{1n} \\ H_{12} & H_{22} & \ldots & H_{2n} \\ \vdots & \vdots & & \vdots \\ H_{1n} & H_{2n} & \ldots & H_{nn} \end{vmatrix} > 0 \tag{9.62}$$

geführt, das den algebraischen Stabilitätskriterien von Routh, Hurwitz, Cauer usw. gleichwertig ist.

Für die praktische Auswertung kann Satz 9.12 abgewandelt (eingeengt) werden, indem für die vorzugebende Matrix **G** die einfachste positiv definite reelle symmetrische Matrix, nämlich die Einheitsmatrix **1**, vorgegeben wird:

Satz 9.13: Eine notwendige und hinreichende Bedingung für die asymptotische Stabilität der Gleichgewichtslage $u_0 = 0$ eines durch Gl. (9.50) beschriebenen dynamischen Systems ist, daß eine positiv definite Hermitesche (positiv definite reelle symmetrische) Matrix **H** diese Bedingung erfüllt:

$$\mathbf{A^* H} + \mathbf{H A} = -\mathbf{1} \tag{9.63a}$$

mit

$$\mathbf{u}^T(t)\,\mathbf{H}\,\mathbf{u}(t) > 0, \quad \text{für alle } \mathbf{u}(t) \neq 0 \tag{9.63b}$$

In Gl. (9.63a) ist $\mathbf{A^*}$ die Matrix $\overline{\mathbf{A}}^T$, wobei $\overline{\mathbf{A}}$ die konjugiert komplexen Elemente zu **A** hat. Diese Berücksichtigung der gegebenenfalls vorhandenen komplexen Elemente muß deshalb erfolgen, da ja nicht gesagt ist, daß eine Systemmatrix **A** immer nur mit reellen Koeffizienten vorliegt, sondern es kann ja z. B. auch die Jordanform eines schwingungsfähigen Systems gegeben sein.

Für das lineare zeitinvariante kontinuierliche System mit der Bewegungsgleichung

$$\dot{\mathbf{u}}(t) = \mathbf{A}\,\mathbf{u}(t)$$

kann also immer durch Lösung des linearen Gleichungssystems aus $\dfrac{n\,(n+1)}{2}$ Gleichungen eine Ljapunov-Funktion in Form einer quadratischen Form gefunden werden, um die asymptotische Stabilität des Systems festzustellen bzw. sicherzustellen. Eine im Prinzip so einfache, allgemein anwendbare Methode existiert nur bei den linearen, nicht aber bei den nichtlinearen Systemen.

Beispiel 9.8: Wir erläutern das vorstehend Gesagte an einem einfachen System [16], das in Bild 9.8 dargestellt ist. Das System kann so beschrieben werden:

$$\begin{bmatrix} \dot{u}_1(t) \\ \dot{u}_2(t) \end{bmatrix} = \begin{bmatrix} -1 & -2 \\ 1 & -4 \end{bmatrix} \begin{bmatrix} u_1(t) \\ u_2(t) \end{bmatrix} + \begin{bmatrix} 0 \\ 1 \end{bmatrix} y(t), \quad \mathbf{u}_0 = \begin{bmatrix} u_1(t_0) \\ u_2(t_0) \end{bmatrix} \tag{A}$$

$$x(t) = \begin{bmatrix} 1 & 0 \end{bmatrix}\,\mathbf{u}(t).$$

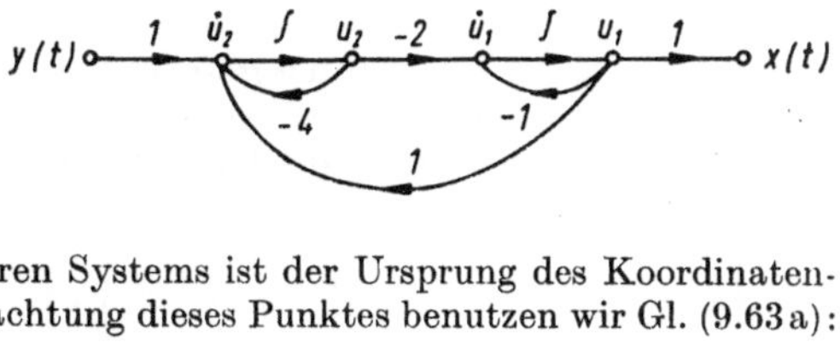

Bild 9.8
Signalflußdiagramm zu Beispiel 9.8.

Der Gleichgewichtszustand dieses linearen Systems ist der Ursprung des Koordinatensystems $\mathbf{u}_g = 0$. Für die Stabilitätsbetrachtung dieses Punktes benutzen wir Gl. (9.63a):

$$\mathbf{A}^T\,\mathbf{H} + \mathbf{H}\,\mathbf{A} = -\mathbf{1},$$

oder, nach Einsetzen von **A** aus Gl. (A):

$$\begin{bmatrix} -1 & 1 \\ -2 & -4 \end{bmatrix} \begin{bmatrix} H_{11} & H_{12} \\ H_{12} & H_{22} \end{bmatrix} + \begin{bmatrix} H_{11} & H_{12} \\ H_{12} & H_{22} \end{bmatrix} \begin{bmatrix} -1 & -2 \\ 1 & -4 \end{bmatrix} = \begin{bmatrix} -1 & 0 \\ 0 & -1 \end{bmatrix} \quad \text{(B)}$$

$$\begin{bmatrix} -H_{11}+H_{12} -H_{11}+H_{12}; & -H_{12}+H_{22}-2H_{11}-4H_{12} \\ -2H_{11}+4H_{12}-H_{12}+H_{22}; & -2H_{12}-4H_{22}-2H_{12}-4H_{22} \end{bmatrix} = \begin{bmatrix} -1 & 0 \\ 0 & -1 \end{bmatrix} . \quad \text{(C)}$$

Daraus folgt dieses simultane Gleichungssystem:

$$\begin{aligned} -2\,H_{11} + 2\,H_{12} &= -1 \\ -2\,H_{11} - 5\,H_{12} + H_{22} &= 0 \\ -4\,H_{12} - 8\,H_{22} &= -1, \end{aligned} \quad \text{(D)}$$

und nach dessen Auswertung:

$$\mathbf{H} = \begin{bmatrix} \dfrac{23}{60} & -\dfrac{7}{60} \\[2ex] -\dfrac{7}{60} & \dfrac{11}{60} \end{bmatrix} . \quad \text{(E)}$$

Die Matrix **H** ist positiv definite (Satz 9.11, Gln. (9.54) und (9.55)), da $H_{11} > 0$ und $|\mathbf{H}| = \dfrac{51}{900} > 0$; damit ist das zu untersuchende System asymptotisch stabil.

Zur Übung überprüfen wir, ob

$$V(\mathbf{u}(t)) = \mathbf{u}^T(t)\,\mathbf{H}\,\mathbf{u}(t)$$

tatsächlich eine Ljapunov-Funktion ist:

$$V(\mathbf{u}(t)) = \frac{1}{60}\,(23\,u_1^2(t) - 14\,u_1(t)\,u_2(t) + 11\,u_2^2(t)). \quad \text{(F)}$$

Daraus folgt

$$\dot{V}(\mathbf{u}(t)) = \frac{1}{60}\,(46\,\dot{u}_1(t)\,u_1(t) - 14(\dot{u}_1(t)\,u_2(t) + u_1(t)\,\dot{u}_2(t)) + 22\,\dot{u}_2(t)\,u_2(t)),$$

und nach Einsetzen von $\dot{u}_1(t)$ und $\dot{u}_2(t)$ des homogenen Systems Gl. (A):

$$\dot{v}(\mathbf{u}(t)) = -(u_1^2(t) + u_2^2(t)), \quad \text{(G)}$$

also die Bestätigung, daß das System (A) asymptotisch stabil ist.

Beispiel 9.9: Das in Bild 9.9 dargestellte System [2] soll untersucht werden. Das so gegebene, zunächst ungeregelte, System ist ein ungedämpfter Schwinger 2. Ordnung, der durch dieses dynamische Gleichungssystem beschrieben wird:

$$\begin{bmatrix} \dot{u}_1(t) \\ \dot{u}_2(t) \end{bmatrix} = \begin{bmatrix} 0 & 1 \\ -1 & 0 \end{bmatrix} \begin{bmatrix} u_1(t) \\ u_2(t) \end{bmatrix} + \begin{bmatrix} 0 \\ 1 \end{bmatrix} y(t) \quad \text{(A)}$$

$$x(t) = \begin{bmatrix} 1 & 0 \end{bmatrix} \mathbf{u}(t).$$

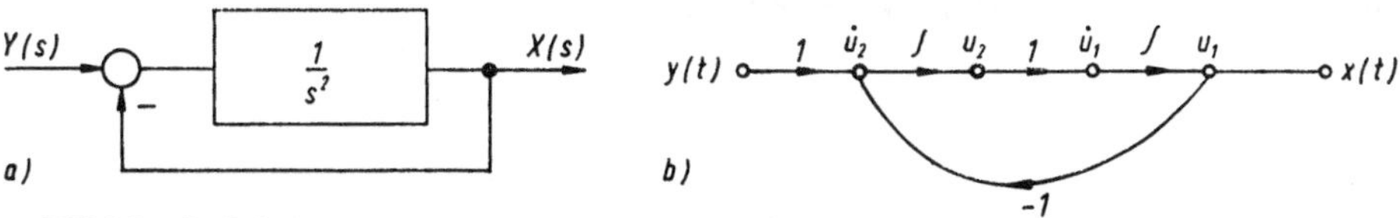

Bild 9.9.   Zu Beispiel 9.9.

Gesucht ist das Regelsignal $y(t)$, das dem System asymptotische Stabilität verleiht. Es wird folgende Funktion als Ljapunov-Probefunktion versucht:

$$V(\mathbf{u}(t)) = \mathbf{u}^T(t)\,\mathbf{1}\,\mathbf{u}(t) = u_1^2(t) + u_2^2(t)\ . \tag{B}$$

Daraus folgt dann mit Gl. (A):

$$\begin{aligned}
\dot{V}(\mathbf{u}(t)) &= 2\,(\dot{u}_1(t)\,u_1(t) + \dot{u}_2(t)\,u_2(t)) \\
&= 2\,(u_1(t)\,u_2(t) - u_1(t)\,u_2(t) + u_2(t)\,y\,(t)) \\
&= 2\,u_2(t)\,y(t).
\end{aligned} \tag{C}$$

Damit $V(\mathbf{u}(t))$ tatsächlich eine Ljapunov-Funktion wird, muß für $y(t)$ gewählt werden:

$$y(t) = -\,K\,u_2(t). \tag{D}$$

Das bedeutet, daß dem System eine „Geschwindigkeits"-proportionale Gegenkopplung gegeben werden muß, wenn asymptotische Stabilität des Systems erreicht werden soll (Bild 9.10), ein Ergebnis, das selbstverständlich bei diesem sehr einfachen Beispiel ohne

Bild 9.10
Stabilisiertes System aus Beispiel 9.9.

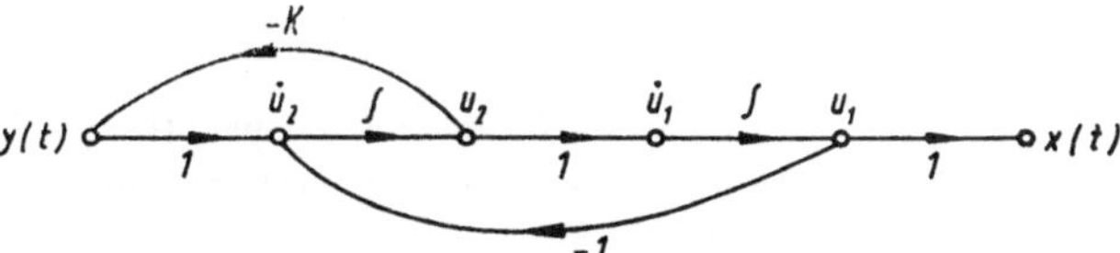

die anspruchsvolle Ljapunovsche 2. Methode auch einfacher hätte gewonnen werden können. Das Beispiel sollte aber das prinzipiell Wichtige dieser Methode für die moderne Systemtheorie erläutern helfen.

Bezeichnungen und Formelzeichen

$\mathbf{A}$ Systemmatrix

$\mathbf{A}^{BB}$ Nur beobachtbarer Teil einer Systemmatrix

$\mathbf{A}^{GG}$ Beobachtbarer und steuerbarer Teil einer Systemmatrix

$\mathbf{A}^{NN}$ Weder beobachtbarer noch steuerbarer Teil einer Systemmatrix

$\mathbf{A}^{SS}$ Nur steuerbarer Teil einer Systemmatrix

$\mathbf{A} = [A_{kl}]$ Matrix

$\overline{\mathbf{A}}$ Konjugiert komplexe Matrix

$\mathbf{A}^T$ Transponierte Matrix

$\mathbf{A}^*$ Konjugiert komplexe transponierte Matrix

$\mathbf{A}^{-1} = \dfrac{[\,|A_{kl}|\,]}{|\mathbf{A}|}$ Inverse Matrix

$\mathbf{A}_{\text{adj.}} = [\,|A_{kl}|\,]$ Adjungierte Matrix

$\mathbf{1}$ Einheitsmatrix

$|\mathbf{A}| = \Lambda$ Determinante

$\mathbf{B}$ Ansteuermatrix

$\mathbf{B}^{GG}$ Ansteuermatrix des beobachtbaren und steuerbaren Teils des Zustandsvektors

$\mathbf{B}^{SS}$ Ansteuermatrix des nur steuerbaren Teils des Zustandsvektors

$\mathbf{C}$ Ausgangsmatrix

$\mathbf{C}^{BB}$ Ausgangsmatrix des nur beobachtbaren Teils des Zustandsvektors

$\mathbf{C}^{GG}$ Ausgangsmatrix des steuerbaren und beobachtbaren Teils des Zustandsvektors

$\mathbf{D}$ Durchgangsmatrix

D Durchgangsverstärkung des Einfachsystems

$E_i(\lambda)$ Elementarteiler

e_{vi} Elementarteilerexponent

$\mathbf{F}(s)$ Komplexe Übertragungsmatrix

$F(s)$ Komplexe Übertragungsfunktion

$\mathbf{g}(t)$ Gewichtsmatrix

$g(t)$ Gewichtsfunktion

$\mathbf{H} = \mathbf{H}^*$ Hermitesche Matrix

$H = \mathbf{x}^* \mathbf{H} \mathbf{x}$ Hermitesche Form

$\mathbf{J}$ Jordanmatrix

$M(\lambda)$ Minimalpolynom

m_i Vielfachheit der Wurzeln von $M(\lambda)$

$\mathbf{N}$	Normalform
$\mathbf{N}(\lambda)$	Smithsche Normalform
$\mathbf{P}$	Matrix zur Bestimmung der vollständigen z-Beobachtbarkeit
$\mathbf{P}(\lambda)$	linksseitige Transformationsmatrix
$P(\lambda)$	Allgemeines Polynom
p_i	Vielfachheit der Wurzeln von $Q(\lambda)$
$\mathbf{Q}$	Matrix zur Bestimmung der vollständigen z-Steuerbarkeit
$\mathbf{Q}_i$	Matrix zur Bestimmung der strengen z-Steuerbarkeit
$\left.\begin{array}{l}\mathbf{Q}(\lambda)\\ \mathbf{Q}(s)\end{array}\right\}$	Charakteristische Matrix
$\left.\begin{array}{l}Q(\lambda)\\ Q(s)\end{array}\right\}$	Charakteristisches Polynom
$Q = \mathbf{x}^T \mathbf{A}\, \mathbf{x}$	Quadratische Form
$R(\lambda)$	Ersatzpolynom
$R(s)$	Komplexe Übertragungsfunktion eines Reglers
$\mathcal{S}$	System
$\mathbf{S}$	Matrix zur Bestimmung der vollständigen a-Steuerbarkeit
$S(s)$	Komplexe Übertragungsfunktion einer Regelstrecke
$\mathbf{T}$	Transformationsmatrix
$\mathbf{T}(\lambda)$	Transformationsmatrix für Polynommatrizen
t	Zeitvariable
$\mathbf{u}(t)$	Zustandsvektor
$u_i(t)$	Zustandsvariable
$w(t)$	Führungsgröße
$\mathbf{x}(t)$	Ausgangssignalvektor
$x_i(t)$	Ausgangssignal
$x(t)$	Regelgröße
$\mathbf{X}(s)$	Laplace-transformierter Ausgangssignalvektor
$X(s)$	Laplace-transformierte Regelgröße
$\mathbf{y}(t)$	Eingangssignalvektor
$y_i(t)$	Eingangssignal
$y(t)$	Stellgröße
$\mathbf{Y}(s)$	Laplace-transformierter Eingangssignalvektor
$Y(s)$	Laplace-transformierte Stellgröße
$z(t)$	Störgröße
λ_i	Eigenwert
$\boldsymbol{\Phi}(t) = \mathrm{e}^{At}$	Fundamentalmatrix

Literaturverzeichnis

[1]   *Doetsch, G.:* Einführung in Theorie und Anwendung der Laplace-Transformation. Basel: Birkhäuser, 1958.

[2]   *Dorf, R. C.:* Time-Domain Analysis and Design of Control Systems. London, New York: Addison-Wesley, 1965.

[3]   *Effertz, F. H.; Kolberg, F.:* Einführung in die Dynamik selbsttätiger Regelungssysteme. Düsseldorf: VDI, 1963.

[4]   *Gantmacher, F. R.:* Matrizenrechnung I und II. Berlin: VEB Deutscher Verlag der Wissenschaften, 1958.

[5]   *Gilbert, E. G.:* Controllability and Observability in Multivariable Control Systems, J. S. I. A. M. Control Ser. A, 1 (1963) 2, S. 128—151.

[6]   *Giloi, W; Lauber, R.:* Analogrechnen. Berlin: Springer, 1963.

[7]   *Guillemin, E. A.:* Mathematische Methoden des Ingenieurs. München: Oldenbourg, 1966.

[8]   *Hahn, W.:* Theorie und Anwendung der direkten Methode von Ljapunov. Berlin: Springer, 1959.

[9]   *Kalman, R. E.:* Mathematical Description of Linear Dynamical Systems. J. S. I. A. M. Control Ser. A, 1 (1963) 2, S. 152—192.

[10] *Kaufmann, H.:* Dynamische Vorgänge in linearen Systemen der Nachrichten- und Regelungstechnik. München: Oldenbourg, 1959

[11] *Lasalle, J.; Lefschetz, S.:* Stability by Ljapunov's direct Method. New York, London: Academic Press, 1961.

[12] *Leonhard, A.:* Die selbsttätige Regelung. Berlin: Springer, 1962.

[13] *Luenberger, D. G.:* Observers for Multivariable Systems. J. E. E. E. Tr. on Automatic Control Vol. AC 11, No. 2, April 1966.

[14] *Merz, L.:* Grundkurs der Regelungstechnik. München: Oldenbourg, 1964.

[15] *Morgan, B. S.:* The Synthesis of Linear Multivariable Systems by State Variable Feedback. Dissertation University of Michigan, 1963.

[16] *Ogata, K.:* State Space Analysis of Control Systems. Englewood: Prentice-Hall, 1967.

[17] *Oldenbourg, R. C.; Sartorius, H.:* Dynamik selbsttätiger Regelungen. München: Oldenbourg, 1951.

[18] *Oppelt, W.:* Kleines Handbuch technischer Regelvorgänge. Weinheim: Chemie, 1964.

[19] *Papoulis, A.:* The Fourier Integral and its Applications. New York: McGraw-Hill, 1962.

[20] *Pestel, E.; Kollmann, E.:* Grundlagen der Regelungstechnik. Braunschweig: Vieweg, 1968.

[21] *Pestel, E.:* Anwendung der Ljapunovschen Methode und des Verfahrens von Krylov-Bogoljubov auf ein technisches Beispiel. München: Oldenbourg, 1956 (Nichtlineare Regelungsvorgänge, Herausgeber: *Hahn, W.*).

[22] *Porter, W. A.:* Modern Foundations of Systems Engineering. New York: Macmillan, 1966.

[23] *Pralle, H.:* Zur Analyse linearer zeitinvarianter Mehrfachsysteme. Dissertation TH Hannover, 1967.

[24] *Schäfer, O.:* Grundlagen der selbsttätigen Regelung. München: Franzis, 1961.

[25] *Schlitt, H.:* Stochastische Vorgänge in linearen und nichtlinearen Regelkreisen. Braunschweig: Vieweg, 1968.

[26] *Schwartz, L.:* Theorie des Distributions. Paris: Hermann et Cie, 1951.

[27] *Schwarz, H.:* Mehrfachregelungen. Berlin: Springer, 1967.

[28] *Takahashi, Y.:* Eine kurze Einführung in die Theorie des Zustandsraumes. Regelungstechnik 14, Heft 10, 1966.

[29] *Thoma, M.:* Theorie linearer Regelungssysteme Braunschweig: Vieweg, 1969.

[30] *Ton, J. T.:* Modern Control Theory. New York: McGraw-Hill, 1964.

[31] *Tuel, W.C.:* On the Transformation to (Phase-variable) Canonical Form. J. E. E. E. on Automatic Control, July 1966.

[32] *Wunsch, G.:* Moderne Systemtheorie. Leipzig: Akademische Verlagsgesellschaft, 1962.

[33] *Zadeh, L. A.; Desoer, C. A.:* Linear System Theory. New York: McGraw-Hill, 1963.

[34] *Zurmühl, R.:* Matrizen. Berlin: Springer, 1961.

Berichtigungen

1. Seite 20: in Gl. (2.24a) lies: F_{1n} statt F_{12}

2. Seite 21: 6. Zeile v. u. muß heißen: m $\ddot{\mathbf{x}} = \mathbf{k}(t)$

3. Seite 23: in Abb. 3.2b (unten) lies: A_{12} statt A_{22}

4. Seite 24: in Abb. 3.3 lies: q_1 statt q_e

5. Seite 28: in Gl. (3.1) lies: $m \leq n$ statt $m \leq u$

6. Seite 31: in Gl. (3.19) lies: $u_n(t) = x(t)$ statt $u(t) = x(t)$
   in Gl. (3.19) lies: $- a_{n-1}$ statt a_{n-1}

7. Seite 49: in Gl. (3.46) lies: Re $s_i < 0$ statt Re $\sigma_i < 0$

8. Seite 61: 6. Zeile v. o. lies: $m = r < n$ statt $m = r < 1$

9. Seite 65: 11. Zeile v. u. lies: in (4.13) statt in (4.3)

10. Seite 68: 11. Zeile v. o. lies: Nichtphasenminimumsysteme statt Phasenminimumsysteme

11. Seite 80: Gl. (4.35) lies: α_{r+1} statt α_{r-1}

12. Seite 85: 11. Zeile v. o. lies: $\mathbf{x} = \mathbf{B}\,\mathbf{z}$

    12. Zeile v. o. lies: führt auf $\mathbf{z} = \mathbf{B}\,\mathbf{A}\,\mathbf{x} = \mathbf{C}\,\mathbf{x}$ mit $\mathbf{C} = \mathbf{B}\,\mathbf{A}$
    worin $\mathbf{B}\,\mathbf{A}$ ...

13. Seite 181: 11. Zeile v. u. lies: a_m statt a_n

Sachregister

Stochastische Vorgänge in linearen und nichtlinearen Regelkreisen

Von Prof. Dr. Herbert Schlitt.
THEORIE GEREGELTER SYSTEME, herausgegeben von
Prof. Dr.-Ing. Eduard Pestel. Braunschweig: Vieweg, 1967.
DIN C 5. XII, 328 Seiten mit 223 Abb. Halbleinen DM 64,—
(Best.-Nr. 4849).

Inhalt: Lineare Systeme: Einführung in die Behandlung von
regellosen Signalen — Kennzeichnung regelloser Signale
durch zeitliche Mittelwerte — Spektrale Darstellung von
Funktionen verschiedener Konvergenzeigenschaften —
Beschreibung regelloser Signale im Frequenzbereich —
Heuristische Einführung der spektralen Leistungsdichte —
Spezielle Korrelationsverfahren — Kenngrößen für lineare
Übertragungssysteme — Systemtheorie für stochastische
Signale — Klassifizierungsmöglichkeiten für stochastische
Signale — Gefiltertes Rauschen. Nichtlineare Systeme
(Vorbemerkungen zur Geschichte der nichtlinearen Theorie):
Nichtlineare Systeme mit sinusförmigen Eingangssignalen —
Beispiele für Beschreibungsfunktionen — Nichtlineare
Systeme mit stationären stochastischen Eingangssignalen —
Beispiele für die Berechnung von äquivalenten Verstärkungs-
faktoren für Gaußsche Signale — Allgemeinere
Approximationsverfahren — Das optimale lineare
Ersatzsystem — Abhängigkeit der Korrelationsfunktionen
und Leistungsspektren von der nichtlinearen Funktion
$y = f(x)$, Reihenentwicklungen — Geschlossene Regelkreise
mit einem nichtlinearen Teilsystem — Beispiele zur
Berechnung geschlossener Regelkreise — Sprungphänomene
in geschlossenen Regelkreisen.

Das Buch vermittelt eine Einführung in die statistischen
Verfahren der Regelungs- und Nachrichtentechnik. Im ersten
Teil werden die Grundlagen der statistischen Signaltheorie
und deren Querverbindung zur Theorie der linearen Systeme
behandelt. Der Schwerpunkt liegt jedoch im zweiten Teil des
Bandes, in dem die Beeinflussung stochastischer Signale
durch nichtlineare Regelkreise sehr ausführlich dargestellt
wird. Zur Förderung des Verständnisses für die sehr
komplizierten Zusammenhänge bei nichtlinearen Regelkreisen
mit stochastischen Eingangssignalen werden zahlreiche
Beispiele in aller Ausführlichkeit behandelt.

Friedr. Vieweg & Sohn

Grundlagen der Regelungstechnik

Lehrbuch für Ingenieurschulen, Akademien und
Technische Universitäten.
Von Prof. Dr.-Ing. Eduard Pestel und
Dr.-Ing. Eckhard Kollmann.
THEORIE GEREGELTER SYSTEME, herausgegeben von
Prof. Dr.-Ing. Eduard Pestel. Braunschweig: Vieweg,
2., verbesserte Auflage, 1968. DIN C 5. VII, 322 Seiten mit
396 Abb., 20 Tabellen und 148 Übungsaufgaben.
Halbleinen DM 33,— (Best.-Nr. 4847),
Paperback DM 19,80 (Best.-Nr. 4852).

Inhalt: Einleitung — Der Aufbau von Regelkreisen —
Einführung in die mathematische Beschreibung —
Die Übertragungsfunktion — Das Wurzelortverfahren —
Die Frequenzgangmethode — Optimierung und Regelkreis-
synthese — Anwendung des Analogrechners in der
Regelungstechnik.

Die Fachpresse zur 1. Auflage: Die Regelungstechnik ist
ebenso alt wie die Technik überhaupt; nur hat man in
unserer Zeit diesem Gebiet einen besonders
wissenschaftlichen Charakter gegeben, und es gehört zum
guten Ton jedes modernen Ingenieurs, mit Begriffen wie
„Stellgröße", „Regelgröße", „Regelstrecke" usw. zu
operieren. Man hat dieser neuen Disziplin auch ein
mathematisches Kleid angemessen, das ihr recht gut steht.
Und nun, nachdem man nicht mehr so aus der Hand alle
bisher bekannten Regelprobleme eindeutig nach dem Gefühl
behandeln kann, sondern sich dafür besonderer
Nomenklaturen bedienen muß, bedarf man auch eines
Lehrbuches, das einen hübsch behutsam mit den gestellten
Problemen vertraut macht. Solch ein Lehrbuch liegt nun in
dem oben genannten Werk vor, wobei die Verfasser sich
Mühe geben, alle Leser Schritt für Schritt mit den
Fragestellungen bekanntzumachen. Anhand von Übungs-
beispielen am Schluß der sieben Kapitel kann man an sich
selbst erproben, ob man das bis dahin Gelesene verstanden
hat. Und es gelingt; also ein Beweis dafür, daß es die
Verfasser verstanden haben, didaktisch richtig vorgegangen
zu sein und sich verständlich gemacht zu haben.
Das ist wohl das beste Zeugnis, das man einem Lehrbuch
geben kann; und so sei es auch an dieser Stelle allen
Ingenieuren bestens empfohlen. Das Industrieblatt, Stuttgart

Friedr. Vieweg & Sohn